DIANGONGDIANZIJISHU

电工电子技术

(第3版)

王 琳 主 编
汪 励 副主编
陶国正 主 审

北京理工大学出版社
BEIJING INSTITUTE OF TECHNOLOGY PRESS

内容简介

本书主要内容有直流电路、线性电路的暂态分析、正弦交流电路、三相交流电路及其应用、磁路与变压器、交流电动机及其控制、放大器基础、集成运算放大器及其应用、直流稳压电源、门电路和组合逻辑电路、触发器和时序逻辑电路等。

本书内容简明，文字叙述详细，阐述严谨，例题、习题丰富，可作为高等院校非电类专业“电工电子技术”课程的教材，也可作为职工大学或工程技术人员的培训教材或参考书。

图书在版编目（CIP）数据

电工电子技术/王琳主编．—3版．—北京：北京理工大学出版社，2019.11
ISBN 978-7-5682-6073-2

Ⅰ．①电…　Ⅱ．①王…　Ⅲ．①电工技术-高等学校-教材②电子技术-高等学校-教材
Ⅳ．①TM②TN

中国版本图书馆CIP数据核字（2019）第253399号

出版发行／北京理工大学出版社有限责任公司
社　　址／北京市海淀区中关村南大街5号
邮　　编／100081
电　　话／（010）68914775（总编室）
（010）82562903（教材售后服务热线）
（010）68948351（其他图书服务热线）
网　　址／http://www.bitpress.com.cn
经　　销／全国各地新华书店
印　　刷／涿州市新华印刷有限公司
开　　本／787毫米×1092毫米　1/16
印　　张／17
字　　数／410千字
版　　次／2019年11月第3版　2019年11月第1次印刷
定　　价／64.00元

责任编辑／陈莉华
文案编辑／陈莉华
责任校对／周瑞红
责任印制／施胜娟

图书出现印装质量问题，请拨打售后服务热线，本社负责调换

第3版前言

本书是在第2版教材的基础上根据近几年的教学改革情况以及教材使用中发现的具体问题重新修订的。修订过程中结合高校教育培养应用型人才的需要，对教材内容重新优化。本着“必须、够用”的原则，降低理论深度，精选教材内容。增加了知识拓展、先导案例解决等环节，扩展了学生的知识面；并增加了线上学生自测题，便于学生自我检测学习效果。

本书着重培养学生应用理论知识分析和解决实际问题的能力，是一本体系完整、深浅适度、重在应用、着重能力培养的高等教材。

本书共分11章，主要内容有：直流电路；线性电路的暂态分析；正弦交流电路；三相交流电路及其应用；磁路与变压器；交流电动机及其控制；放大器基础；集成运算放大器及其应用；直流稳压电源；门电路和组合逻辑电路；触发器和时序逻辑电路。

本书可作为高等院校非电类专业的“电工电子技术”课程教材。

本书由王琳主编，汪励担任副主编，由陶国正主审。参加编写工作的有王琳（第1章、第2章、第5章、第6章、第7章、第8章）、汪励（第3章、第4章、第9章）、金建平（第10章、第11章），全书由王琳统稿。

由于编者水平有限，虽然尽最大的努力对本版内容做了增删和改进，但书中难免有错误和不妥之处，欢迎广大读者批评指正，以便我们再版时修正。

编　者

目录

Contents

第 1 章 直流电路 …… 1
1.1 电路的基本概念 …… 1
1.2 电路的基本物理量 …… 2
1.3 电路的基本元件 …… 6
1.4 电路的工作状态 …… 15
1.5 基尔霍夫定律 …… 16
1.6 电路的基本分析方法 …… 20
本章小结 …… 29
习题一 …… 31

第 2 章 线性电路的暂态分析 …… 36
2.1 换路定律及初始值的确定 …… 36
2.2 一阶电路的零输入响应 …… 39
2.3 一阶电路的零状态响应 …… 43
2.4 三要素法 …… 47
本章小结 …… 49
习题二 …… 49

第 3 章 正弦交流电路 …… 52
3.1 正弦交流电的基本概念 …… 52
3.2 正弦量的相量表示法 …… 55
3.3 单一参数的正弦交流电路 …… 57
3.4 *RLC* 串联电路 …… 63
3.5 功率因数的提高 …… 67
本章小结 …… 68
习题三 …… 69

第 4 章 三相交流电路及其应用 …… 71
4.1 三相电源 …… 71
4.2 三相电路分析 …… 75
4.3 三相电路的功率 …… 79
4.4 发电、输电及工业企业配电 …… 81
4.5 安全用电 …… 84
本章小结 …… 88

习题四 …… 90

第 5 章　磁路与变压器 …… 94

5.1　磁路及基本物理量 …… 94

5.2　交流铁芯线圈 …… 96

5.3　变压器 …… 97

本章小结 …… 101

习题五 …… 101

第 6 章　交流电动机及其控制 …… 103

6.1　三相异步电动机 …… 103

6.2　常用低压电器 …… 112

6.3　典型控制电路 …… 116

本章小结 …… 120

习题六 …… 121

第 7 章　放大器基础 …… 122

7.1　半导体二极管及其模型 …… 122

7.2　半导体三极管及其模型 …… 126

7.3　放大电路的基本知识 …… 131

7.4　放大电路的三种基本组态 …… 136

7.5　工程实用放大电路的构成原理及特点 …… 142

7.6　功率放大器 …… 145

7.7　场效应管放大电路 …… 149

本章小结 …… 154

习题七 …… 155

第 8 章　集成运算放大器及其应用 …… 158

8.1　集成运算放大器简介 …… 159

8.2　放大电路中的负反馈 …… 162

8.3　集成运算放大器的应用 …… 166

8.4　用集成运放构成振荡电路 …… 171

8.5　使用运算放大器应注意的几个问题 …… 175

本章小结 …… 176

习题八 …… 177

第 9 章　直流稳压电源 …… 181

9.1　整流电路 …… 181

9.2　滤波电路 …… 186

9.3　直流稳压电路 …… 188
本章小结 …… 192
习题九 …… 192

第10章　门电路和组合逻辑电路 …… 194
10.1　逻辑代数基础知识 …… 194
10.2　基本逻辑门电路 …… 203
10.3　组合逻辑电路的分析与设计 …… 213
10.4　常用组合逻辑器件 …… 218
本章小结 …… 229
习题十 …… 229

第11章　触发器和时序逻辑电路 …… 233
11.1　触发器 …… 234
11.2　计数器 …… 239
11.3　寄存器 …… 244
11.4　脉冲单元电路 …… 246
本章小结 …… 253
习题十一 …… 254

参考答案 …… 256
参考文献 …… 262

本门课程对应岗位

本课程为培养电工领域高技能型人才提供了必要的理论知识及职业技能，通过强化训练与考核，能获得电工操作工、电气工程师、电子工程师等高级职业资格。本门课程对应岗位有从事电气与电子领域生产制造岗位、生产企业的一线操作工和电气与电子设备操作等高级工类岗位等。

岗位需求知识点

[1] 掌握直流电路和交流电路的基本概念、基本原理。
[2] 学会直流电路和交流电路的基本分析和计算方法。
[3] 掌握二极管以及简单直流电源电路的基本结构、工作原理。
[4] 学会二极管电路的基本分析和计算方法。
[5] 掌握三极管及基本放大电路和集成运算放大电路的基本结构和基本工作原理。
[6] 学会三极管基本放大电路和集成运放的分析和计算方法。
[7] 掌握门电路及触发器电路的基本性能和基本分析方法。
[8] 掌握变压器的基本结构、工作原理和简单计算方法。
[9] 掌握电动机的基本结构和工作原理。
[10] 掌握低压电器的基本结构、基本性能和主要工作原理。
[11] 掌握电动机基本控制电路的组成和工作原理。

第1章　直流电路

本章知识点

[1] 了解电路模型及理想电路元件的意义。
[2] 理解电压与电流参考方向的意义。
[3] 掌握电路的基本定律并能正确应用。
[4] 了解电源的有载工作、开路与短路状态，理解电功率和额定值的意义。
[5] 理解实际电源的两种模型及其等效变换。
[6] 掌握支路电流法、叠加原理和戴维南定理等电路的基本分析方法。

先导案例

直流电路是大家比较熟悉的电路，比如手电筒电路。如何画直流电路图？用什么物理量来表征直流电路？怎样分析计算这些物理量？

1.1　电路的基本概念

1.1.1　电路的组成与功能

日常生活和工作中，人们会遇到各种各样的电路，如照明电路、收音机中选取所需电台的调谐电路、电视机中的放大电路，以及生产和科研中各种专门用途的电路等。电路是由电气设备和元器件按一定方式连接起来的整体，它提供电流流通的路径。图1-1所示的是一个最简单的实际电路——手电筒电路，它由电池、灯泡、开关及连接导线组成。电源（如电池）、负载（如灯泡）、导线和控制设备（如开关及连接导线）是电路的基本组成部分。

随着电流的流动，电路中进行着不同形式能量之间的转换。

电源是对外提供电能的装置，它将其他形式的能量转换成电能。例如，干电池和蓄电池将化学能转换成电能，发电机将热能、水能、风能、原子能等转换成电能。电源是电路中能量的来源，是推动电流运动的源泉，在它的内部进行着由非电能到电能的转换。

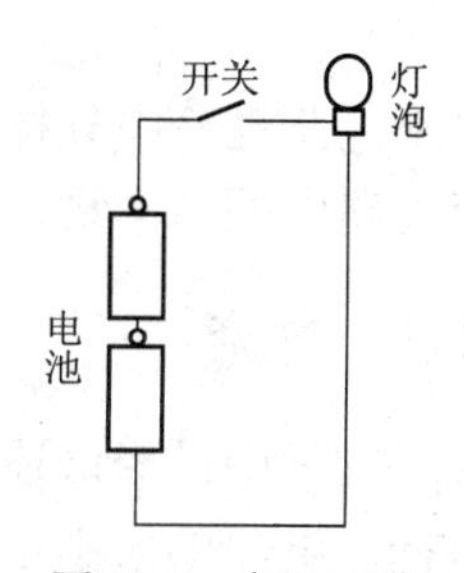

图1-1　实际电路

负载是取用电能的装置，它把电能转换为其他形式的能量。例如，白炽灯将电能转换成光能，电动机将电能转换为机械能，电炉将电能转换为热能等。

导线和控制设备用来连接电源和负载，为电流提供通路，起传递和控制电能的作用，并根据负载需要接通和断开电路。

电路的功能和作用一般有两类。第一类功能是进行能量的传输、转换和分配。常用于电力及一般用电系统中的电力系统电路就是一个典型的例子：发电机组将其他形式的能量转换成电能，经输电线、变压器传输到各用电部门，在用电部门又把电能转换成光能、热能、机械能等其他形式的能量而加以利用。在这类电路中，一般要求在传输和转换过程中尽可能地减少能量损耗以提高效率。第二类功能是进行信号的传递与处理（如音乐、图像、文字、温度、压力等）。例如，功率放大器的输入是由麦克风将声音转换而成的电信号，通过晶体管组成的放大电路，输出至音箱的便是放大了的电信号，从而实现了放大功能；电视机可将接收到的信号，经过处理、转换，输出图像和声音。对于这一类电路，虽然也有能量的传输和转换问题，但人们更关心的是信号传递的质量，如要求快速、准确、不失真等。

1.1.2　电路模型

实际的电路器件在工作时的电磁性质是比较复杂的，不是单一的。例如，白炽灯、电阻炉，它们在通电工作时能把电能转换成热能，消耗电能，具有电阻的性质，但其电压和电流还会产生电场和磁场，故也具有储存电场能量和磁场能量即电容和电感的性质。

在进行电路的分析和计算中，如果要考虑一个器件所有的电磁性质将是十分困难的。为此，对于组成实际电路的各种器件，要忽略其次要因素，只抓住其主要电磁特性，把工程实际中的各种设备和电路元件用有限的几个理想化的电路元件来表示。例如，白炽灯可用消耗电能的性质，而没有电场和磁场特性的理想电阻元件来近似表征。这种由一个或几个具有单一电磁特性的理想电路元件所组成的电路就是实际电路的电路模型，图 1-2 即为图 1-1 所示电路的模型。

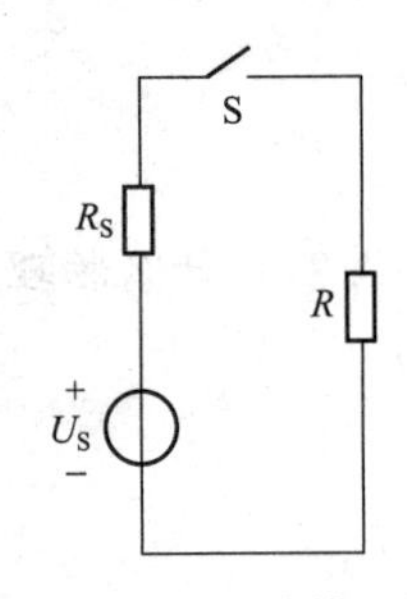

图 1-2　电路模型

用特定的符号表示实际电路元件而连接成的图形叫作电路图。在进行理论分析时所指的电路就是这种电路模型。这种替代会带来一定的误差，但在一定的条件下可以忽略这一微小的误差，待研究清楚基本规律后，在遇实际工程问题中需要更精密地做研究时，再考虑由于这种替代所带来的误差。

电路元件通常包括电阻元件、电感元件、电容元件、理想电压源和理想电流源。前三种元件均不产生能量，称为无源元件；后两种元件是电路中提供能量的元件，称为有源元件。

1.2　电路的基本物理量

在电路理论中分析和研究的物理量很多，但主要是电流、电压和电功率，其中电流、电压是电路中的基本物理量。

1.2.1　电流

在物理中已经讲述过，电荷的定向移动形成电流。电流的实际方向一般是指正电荷运动的方向。电流的大小通常用电流强度来表示，电流强度指单位时间内通过导体横截面的电荷量。电流强度习惯上简称为电流。

电流主要分为两类：一类为恒定电流，其大小和方向均不随时间而变化，简称为直流，常简写作 dc 或 DC，其强度用符号 I 表示；另一类为交流电流，其大小和方向均随时间而变化，其强度用符号 i 表示，常简写作 ac 或 AC。

对于直流电流，单位时间内通过导体横截面的电荷量是恒定不变的，其电流强度为

$$I=\frac{Q}{t} \tag{1-1}$$

对于交流电流，若假设在一很小的时间间隔 $\mathrm{d}t$ 内，通过导体横截面的电荷量为 $\mathrm{d}q$，则该瞬间电流强度为

$$i=\frac{\mathrm{d}q}{\mathrm{d}t} \tag{1-2}$$

电流的单位是安培，SI 符号为 A。它表示 1 秒（s）内通过导体横截面的电荷量为 1 库仑（C）。有时也会用到千安（kA）、毫安（mA）或微安（μA）等，其关系如下：

$$1\ \text{kA}=10^{3}\ \text{A},\ 1\ \text{mA}=10^{-3}\ \text{A},\ 1\ \mu\text{A}=10^{-6}\ \text{A}$$

在分析比较复杂的电路时，某一段电路中电流的实际方向很难立即判断出来，有时电流的实际方向还会不断改变，因此在电路中很难标明电流的实际方向。为了分析方便，引入电流的“参考方向”这一概念。

在一段电路或一个电路元件中，事先任意假设的一个电流方向称为电流的参考方向。电流的参考方向可以任意假设，但电流的实际方向是客观存在的，因此，所假设的电流参考方向并不一定就是电流的实际方向。本书中用实线箭头表示电流的参考方向，用虚线箭头表示电流的实际方向。电流的参考方向与实际方向如图 1-3 所示。

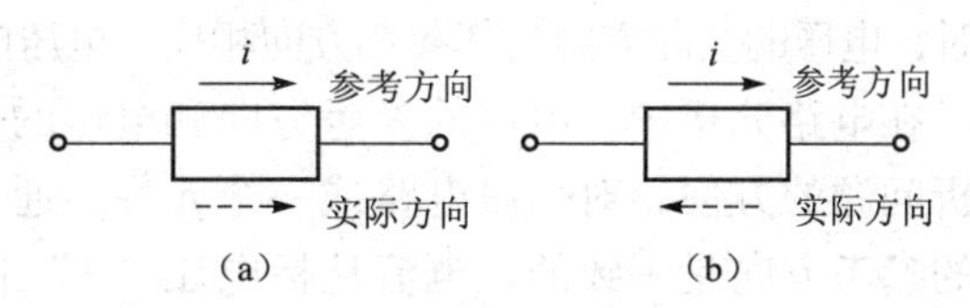

图 1-3　电流的参考方向与实际方向

（a）$i>0$；（b）$i<0$

当 $i>0$ 时，电流的实际方向与假设的参考方向一致；当 $i<0$ 时，电流的实际方向与假设的参考方向相反。

当然，电流的参考方向也可以用双下标表示，如 i_{ab} 表示其参考方向由 a 指向 b。

电流的实际方向是实际存在的，不因其参考方向选择的不同而改变，即存在 $i_{\mathrm{ab}}=-i_{\mathrm{ba}}$。本书中不加特殊说明时，电路中的公式和定律都是建立在参考方向的基础上的。

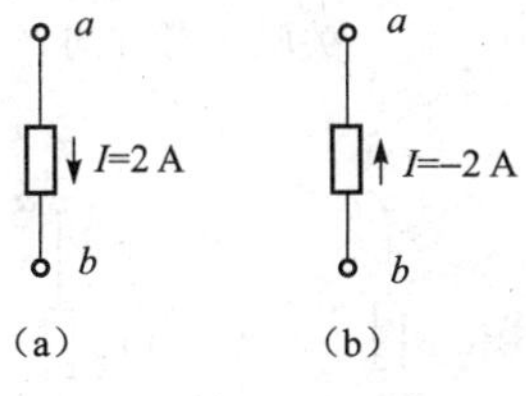

图 1-4　例 1-1 图

（a）$I>0$；（b）$I<0$

例 1-1　如图 1-4 所示，电路上电流的参考方向已选定。试指出各电流的实际方向。

解： 图 1-4（a）中，$I>0$，表明 I 的实际方向与参考方向相同，电流 I 由 a 流向 b，大小为 2 A。

图 1-4（b）中，$I<0$，表明 I 的实际方向与参考方向相反，电流 I 由 a 流向 b，大小为 2 A。

1.2.2　电压及其参考方向

电路分析中另一个基本物理量是电压。

在物理中已经讲述过，直流电路中 a、b 两点间电压的大小等于电场力把单位正电荷由

a 点移动到 b 点所做的功。电压的实际方向就是正电荷在电场中受电场力作用移动的方向。

在直流电路中，电压为一恒定值，用 U 表示，即

$$U = \frac{W}{Q} \tag{1-3}$$

在交流电路中，电压为一变化值，用 u 表示，即

$$u = \frac{\mathrm{d}W}{\mathrm{d}q} \tag{1-4}$$

电压的单位是伏特（volt），简称伏，SI 符号为 V，即电场力将 1 库仑（C）正电荷由 a 点移至 b 点所做的功为 1 焦耳（J）时，a、b 两点间的电压为 1 V。

有时也需用千伏（kV）、毫伏（mV）或微伏（μV）作电压的单位。

像电流需要指定参考方向一样，在电路分析中，也需要指定电压的参考方向。在元件或电路中两点间可以任意选定一个方向作为电压的参考方向。电路图中，电压的参考方向一般用“+”“-”极性表示（电压参考方向由“+”极性指向“-”极性），如图 1-5 所示。

当然，电压的参考方向也可用实线箭头或双下标 u_{ab}（电压参考方向由 a 点指向 b 点）表示。

当 $u>0$，即电压值为正时，电压的实际方向与其参考方向一致；反之，当 $u<0$，即电压值为负时，电压的实际方向与其参考方向相反。电压的参考方向与实际方向的关系如图 1-6 所示。

在电路分析中，电流的参考方向和电压的参考方向都可以各自独立地任意假设。但为了分析问题的方便，对一段电路或一个元件，通常采用关联参考方向，即电压的参考方向与电流的参考方向是一致的。电流从标电压“+”极性的一端流入，并从标电压“-”极性的另一端流出，如图 1-7 所示。

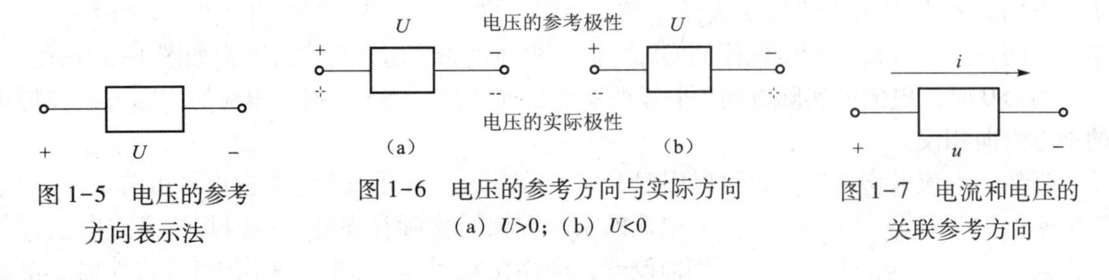

图 1-5　电压的参考方向表示法

图 1-6　电压的参考方向与实际方向
（a）$U>0$；（b）$U<0$

图 1-7　电流和电压的关联参考方向

例 1-2　如图 1-8 所示，电路上电压的参考方向已选定。试指出各电压的实际方向。

解： 图 1-8（a）中，$U>0$，表明 U 的实际方向与参考方向相同，电压 U 由 a 指向 b，大小为 10 V。

图 1-8（b）中，$U<0$，表明 U 的实际方向与参考方向相反，电压 U 由 b 指向 a，大小为 10 V。

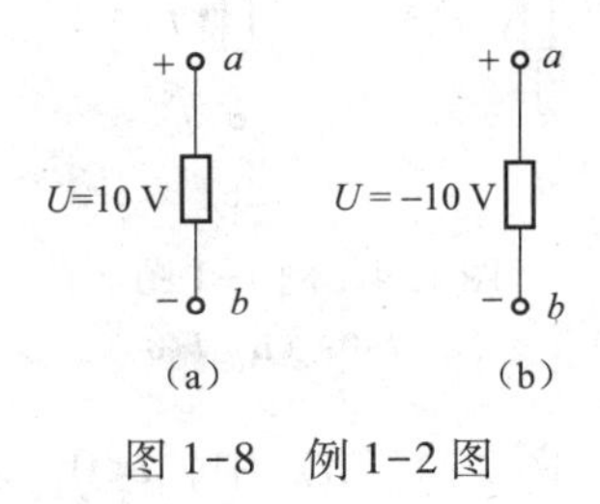

图 1-8　例 1-2 图
（a）$U>0$；（b）$U<0$

1.2.3　电位和电动势

1. 电位

在电路分析中，经常用到电位这一物理量。定义：电场力把单位正电荷从电路中某点移到参考点所做的功称为该点的电位，用大写字母 V 表示。

在电路中，要求得某点的电位值，必须在电路中选择一点作为参考点，这个参考点叫作零电位点。零电位点可以任意选择。电路中某点的电位就是该点与参考点之间的电压。

在电工技术中，为了工作安全，通常把电路的某一点与大地连接，称为接地。这时，电路的接地点就是电位等于零的参考点。它是分析线路中其余各点电位高低的比较标准，用符号“⊥”表示。

电路中某点的电位，就是从该点出发，沿任选的一条路径“走”到参考点的电压。因此，计算电位的方法，与计算电压的方法完全一样。

2. 电动势

为了维持电路中的电流，必须有一种外力持续不断地把正电荷从低电位移到高电位。在各种电源内部的这种外力称为电源力。电源力可以由电池利用化学能产生，也可以由发电机利用机械能产生。

电源力将单位正电荷从电源的负极移到电源的正极所做的功，称为电源的电动势。在直流电路中，电动势用字母 E（或 U_S）表示，对于交变电源用小写字母 e 或 u_s 表示，电动势的单位与电压相同，也是伏特（V）。

电动势 E 可表示为

$$E=\frac{W}{Q}$$

电源电动势的正方向规定从电源的负极指向正极。

在具有电动势的电路中，能产生持续的电压，若电路闭合，则有电流产生。

1.2.4　电功率与电能

1. 功率

在电路的分析和计算中，功率和能量的计算是十分重要的。这是因为：一方面，电路在工作时总伴随有其他形式能量的相互交换；另一方面，电气设备和电路部件本身都有功率的限制，在使用时要注意其电流或电压是否超过额定值，过载会使设备或部件损坏，或是无法正常工作。

电路吸收（或消耗）的功率等于单位时间内电路吸收（或消耗）的能量。由此可定义为

$$p=\frac{\mathrm{d}W}{\mathrm{d}t}=ui \tag{1-5}$$

在直流电路中，电流、电压均为恒定量，故

$$P=UI \tag{1-6}$$

在式（1-5）和式（1-6）中，电流和电压为关联参考方向，计算的功率为电路吸收（或消耗）的功率。当某段电路上电流和电压为非关联参考方向时，这段电路吸收（或消耗）的功率为

$$p=-ui \tag{1-7}$$

或

$$P=-UI \tag{1-8}$$

在 SI 中，功率的单位为瓦特（Watt），简称瓦，SI 符号为 W。

根据实际情况，电路吸收（或消耗）的功率有以下几种情况：

① $p>0$，说明该段电路吸收（或消耗）功率为 p；

② $p=0$，说明该段电路不吸收（或消耗）功率；

③ $p<0$，说明该段电路实际上是输出（或提供）功率，输出（或提供）的功率为 $-p$。

例 1-3 试求图 1-9 中元件的功率。

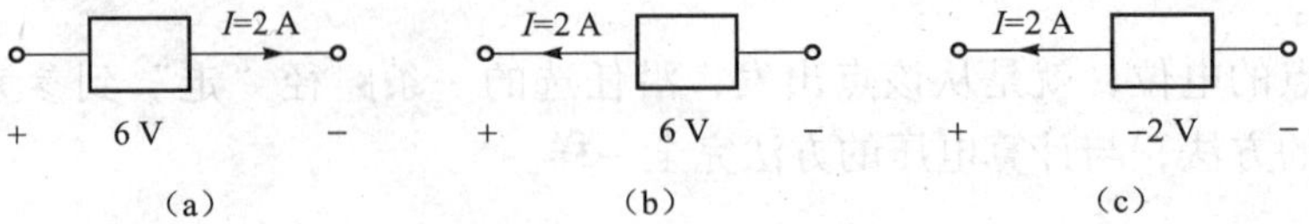

$I=2$ A　$+$ 6 V $-$　　$I=2$ A　$+$ 6 V $-$　　$I=2$ A　$+$ -2 V $-$

(a)　　(b)　　(c)

图 1-9　例 1-3 图

解：(a) 电流和电压为关联参考方向，故元件吸收的功率为

$$P=UI=6\times2=12\ (\mathrm{W})$$

此时元件吸收（或消耗）的功率为 12 W。

(b) 电流和电压为非关联参考方向，故元件吸收的功率为

$$P=-UI=-6\times2=-12\ (\mathrm{W})$$

此时元件输出（或提供）的功率为 12 W。

(c) 电流和电压为非关联参考方向，故元件吸收的功率为

$$P=-UI=-(-2)\times2=4\ (\mathrm{W})$$

此时元件吸收（或消耗）的功率为 4 W。

2. 电能

在 $t_0\sim t$ 的时间内，元件吸收的电能可根据电压的定义（a、b 两点的电压在量值上等于电场力将单位正电荷由 a 点移动到 b 点时所做的功）求得，即

$$W=\int_{t_0}^{t}u(t)i(t)\,\mathrm{d}t \tag{1-9}$$

在直流电路中，电流、电压均为恒定量，在 $0\sim t$ 段时间内电路消耗的电能为

$$W=UIt=Pt \tag{1-10}$$

若功率的单位为 W，时间的单位为 s，则电能的 SI 单位是焦耳，符号为 J。

在实际生活中，电能的单位常用千瓦时（kW · h）。1 kW · h 的电能通常叫作一度电。一度电为

$$1\ \mathrm{kW\cdot h}=1\ 000\ \mathrm{W}\times3\ 600\ \mathrm{s}=3.6\times10^{6}\ \mathrm{J}$$

1.3　电路的基本元件

电路元件是构成电路的最基本单元，研究元件的规律是分析和研究电路规律的基础。

1.3.1　电阻元件

1. 电阻与电阻元件

电荷在电场力的作用下做定向运动时，通常要受到阻碍作用。物体对电子运动呈现的阻碍作用，称为该物体的电阻。电阻用符号 R 表示，其 SI 单位为欧姆（Ω）。电阻的十进倍数单位有千欧（kΩ）、兆欧（MΩ）等。

当电荷在电场力的作用下，在导体内部做定向运动时，受到的阻碍作用叫作电阻作用。由具有电阻作用的材料制成的电阻器、白炽灯、电烙铁、电炉等实际元件，当其内部有电流流过时，就要消耗电能，并将电能转换为热能、光能等能量而消耗掉。我们将这类具有对电流有阻碍作用，消耗电能特征的实际元件，集中化、抽象化为一种理想电路元件——电阻元件。

电阻元件是一种对电流有“阻碍”作用的耗能元件。

2. 电导

电阻的倒数称为电导，用符号 G 表示，即

$$G = \frac{1}{R} \tag{1-11}$$

电导是反映材料导电能力的一个参数。电导的单位是西门子，简称西，其 SI 符号为 S。

3. 电阻元件的伏安特性——欧姆定律

电阻元件作为一种理想电路元件，在电路图中的图形符号如图 1-10 所示。电阻的大小与材料有关，而与电压、电流无关。若给电阻通以电流 i，这时电阻两端会产生一定的电压 u，电压 u 与电流 i 的比值为一个常数，这个常数就是电阻 R，即 $R = \frac{u}{i}$，这也就是物理中介绍过的欧姆定律，其表达式可表示为

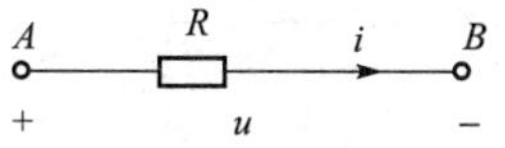

图 1-10　电阻

$$u = Ri \tag{1-12}$$

值得说明的是，式（1-12）是在电压 u 与电流 i 为关联参考方向下成立的。若 u、i 为非关联参考方向，则欧姆定律可表示为

$$u = -Ri \tag{1-13}$$

当然，欧姆定律也可以表示为

$$i = Gu \text{（}u\text{、}i\text{ 为关联参考方向）} \tag{1-14}$$

或

$$i = -Gu \text{（}u\text{、}i\text{ 为非关联参考方向）} \tag{1-15}$$

式（1-12）~式（1-15）反映了电阻元件本身所具有的规律，也就是电阻元件对其电压、电流的约束关系，即伏安关系（VAR）。

如果把电阻元件上的电压取作横坐标，电流取作纵坐标，画出电压与电流的关系曲线，则这条曲线称为该电阻元件的伏安特性曲线，如图 1-11 所示。

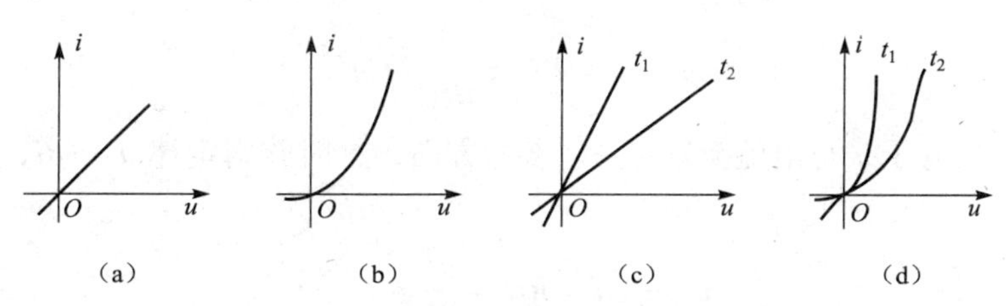

图 1-11　电阻元件的伏安特性曲线

（a）线性时不变电阻；（b）非线性时不变电阻；（c）线性时变电阻；（d）非线性时变电阻

若电阻元件的伏安特性曲线不随时间变化，则该元件为时不变电阻，如图 1-11 中的

(a) 和 (b) 所示；否则为时变电阻，如图 1-11 中的 (c) 和 (d) 所示。若电阻元件的伏安特性曲线为一条经过原点的直线，则称其为线性电阻，如图 1-11 中的 (a) 和 (c) 所示；否则为非线性电阻，如图 1-11 中的 (b) 和 (d) 所示。

所以，图 1-11 中的 (a) 为线性时不变电阻，图 1-11 中的 (b) 为非线性时不变电阻，图 1-11 中的 (c) 为线性时变电阻，图 1-11 中的 (d) 为非线性时变电阻。

因而，广义的电阻元件定义如下：在任一时刻 t，一个二端元件的电压 u 和电流 i 两者之间的关系可由 u-i 平面上的一条曲线确定，则此二端元件称为电阻元件。

严格地说，电阻器、白炽灯、电烙铁、电炉等实际电路元件的电阻或多或少都是非线性的。但在一定范围内，它们的电阻值基本不变，若当作线性电阻来处理，是可以得到满足实际需要的结果。线性电阻在实际电路中应用最为广泛，本书将主要讨论线性元件及含线性元件的电路，以后如果不加特别说明，本书中的电阻元件皆指线性电阻元件。

为了叙述方便，常将线性电阻元件简称为电阻。这样，“电阻”及其相应的符号 R 一方面表示一个电阻元件，另一方面也表示这个元件的参数。

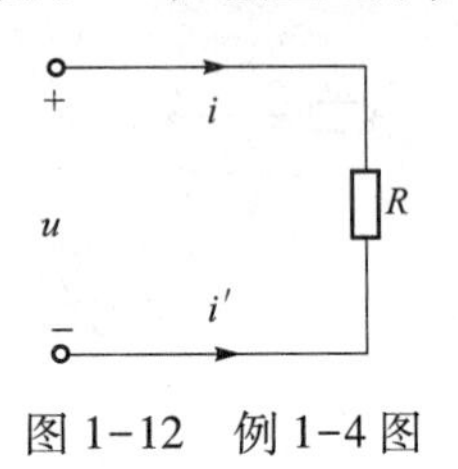

图 1-12　例 1-4 图

例 1-4　如图 1-12 所示，已知 $R=100\ \text{k}\Omega$，$u=50\ \text{V}$，求电流 i 和 i'，并标出电压 u 及电流 i、i' 的实际方向。

解： 因为电压 u 和电流 i 为关联参考方向，所以

$$i=\frac{u}{R}=\frac{50}{100\times10^3}=0.5\ (\text{mA})$$

而电压 u 和电流 i' 为非关联参考方向，所以

$$i'=-\frac{u}{R}=-\frac{50}{100\times10^3}=-0.5\ (\text{mA})$$

或

$$i'=-i=-0.5\ (\text{mA})$$

电压 $u>0$，表明实际方向与参考方向相同；电流 $i>0$，表明实际方向与参考方向相同；电流 $i'<0$，表明实际方向与参考方向相反。从图 1-12 中可以看出，电流 i 和 i' 的实际方向相同，说明电流实际方向是客观存在的，与参考方向的选取无关。

4. 电阻元件上消耗的功率与能量

(1) 电阻元件的功率

当电阻元件上电压 u 与电流 i 为关联参考方向时，由欧姆定律 $u=Ri$，得元件吸收的功率为

$$p=ui=Ri^2=\frac{u^2}{R}=Gu^2 \tag{1-16}$$

若电阻元件上电压 u 与电流 i 为非关联参考方向，这时欧姆定律 $u=-Ri$，元件吸收的功率为

$$p=-ui=Ri^2=\frac{u^2}{R}=Gu^2 \tag{1-17}$$

由式 (1-16) 和式 (1-17) 可知，p 恒大于等于零。这说明：任何时候电阻元件都不可能输出电能，而只能从电路中吸收电能，所以电阻元件是耗能元件。

对于一个实际的电阻元件，其元件参数主要有两个：一个是电阻值，另一个是功率。如

果在使用时超过其额定功率（是考虑电阻安全工作的限额值），则元件将被烧毁。

例如，一个 1 000 Ω、5 W 的金属膜电阻误接到 220 V 电源上，立即冒烟、烧毁。这个金属膜电阻吸收的功率为

$$p=\frac{220^2}{1\ 000}=48.4\ (\mathrm{W})$$

但这个金属膜电阻按设计仅能承受 5 W 的功率，所以易引起电阻烧毁。

（2）电阻元件消耗的电能

如果电阻元件把吸收的电能转换成热能，则从 t_0 到 t 时间内，电阻元件的热［量］Q 也就是这段时间内吸收的电能 W 为

$$Q=W=\int_{t_0}^{t} p\mathrm{d}t=\int_{t_0}^{t} Ri^2\mathrm{d}t$$

若电阻通过直流电流时，上式可化为

$$W=P(t-t_0)=I^2R(t-t_0)$$

例 1-5　有 220 V、100 W 灯泡一个，每天用 5 h，一个月（按 30 天计算）消耗的电能是多少度？

解： $W=Pt=100\times10^{-3}\times5\times30=15$（kW · h）= 15（度）

1.3.2　电容元件

1. 电容与电容元件

电容器由两个导体中间隔以绝缘介质组成。这两个导体就是电容器的两个极板，极间由绝缘介质隔开。在电容两个极板间加一定电压后，两个极板上会分别聚集起等量异性电荷，并在介质中形成电场。去掉电容两个极板上的电压，电荷能长久储存，电场仍然存在。因此电容器是一种能储存电场能量的元件。

电容元件是实际电容器的理想化模型，简称电容。电容元件的特性由两个极板上所加的电压 u 和极板上储存的电荷 q 来表征。电容量 C 的定义是：升高单位电压极板所能容纳的电荷，即

$$C=\frac{q}{u} \tag{1-18}$$

在式（1-18）中，电容量 C 简称为电容，因此电容既表示电容元件，又表示电容元件的参数。

电容的 SI 单位为法拉（F）。实际电容的电容量很小，因此常用的电容量单位为微法（μF）、皮法（pF），它们与 SI 单位 F 的关系是

$$1\ \mu\mathrm{F}=10^{-6}\ \mathrm{F},\ 1\ \mathrm{nF}=10^{-9}\ \mathrm{F},\ 1\ \mathrm{pF}=10^{-12}\ \mathrm{F}$$

2. 电容元件的电压与电流关系

如果加在电容两个极板上的电压为直流电压，则极板上的电荷量不发生变化，电路中没有电流，电容相当于开路，所以电容有隔断直流的作用。如果加在电容上的电压随时间变化，则极板上的电荷就会随之变化，电路中就会产生传导电流。如图 1-13 所示，当 u、i 为关联参考方向时

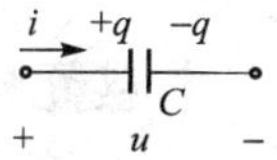

图 1-13　电容元件

$$i=\frac{\mathrm{d}q}{\mathrm{d}t}=C\frac{\mathrm{d}u}{\mathrm{d}t} \tag{1-19}$$

可见，任一时刻通过电容的电流与电容两端电压的变化率成正比，而与该时刻的电压值无关。当电压升高时，$\frac{\mathrm{d}u}{\mathrm{d}t}>0$，则$\frac{\mathrm{d}q}{\mathrm{d}t}>0$，$i>0$，极板上电荷量增加，电容器充电；当电压降低时，$\frac{\mathrm{d}u}{\mathrm{d}t}<0$，则$\frac{\mathrm{d}q}{\mathrm{d}t}<0$，$i<0$，极板上电荷量减少，电容器放电。为直流电压时$\frac{\mathrm{d}u}{\mathrm{d}t}=0$，所以$i=0$。

当 u、i 为非关联参考方向时，有

$$i=-C\frac{\mathrm{d}u}{\mathrm{d}t} \tag{1-20}$$

3. 电容元件储存的能量

在电压、电流关联参考方向下，任一时刻电容元件吸收的瞬时功率为

$$p(t)=u(t)\,i(t)=Cu(t)\frac{\mathrm{d}u(t)}{\mathrm{d}t}$$

由式（1-20）可见，电容上电压与电流的实际方向可能相同，也可能不同，因此瞬时功率可正可负，当$p(t)>0$时，表明电容实际为吸收功率，即电容被充电；$p(t)<0$时，表明电容实际为输出功率，即电容放电。

在 dt 时间内，电容元件吸收的能量为

$$\mathrm{d}W_{\mathrm{C}}(t)=p(t)\,\mathrm{d}t=Cu(t)\,\mathrm{d}u(t)$$

$t=0$ 时，$u(0)=0$，则从 0~ t 时间内，电容元件吸收的能量为

$$W_{\mathrm{C}}(t)=\int_0^t p(t)\,\mathrm{d}t=C\int_0^{u(t)}u(t)\,\mathrm{d}u(t)=\frac{1}{2}Cu^2(t)$$

即

$$W_{\mathrm{C}}(t)=\frac{1}{2}Cu^2(t) \tag{1-21}$$

由式（1-21）可知，电容在任一时刻 t 储存的能量仅与此时刻的电压有关，而与电流无关，并且 $W_{\mathrm{C}}\geqslant 0$。电容充电时将吸收的能量全部转变为电场能量，放电时又将储存的电场能量释放回电路，它不消耗能量，因此称电容是储能元件。

例 1-6 已知 100 μF 的电容两端所加电压 $u(t)=10\sin 100t$ V，u、i 为关联参考方向，试求电流 $i(t)$ 的表达式。

解

$$i(t)=C\frac{\mathrm{d}u(t)}{\mathrm{d}t}=100\times10^{-6}\times\frac{\mathrm{d}10\sin 100t}{\mathrm{d}t}$$
$$=100\times10^{-6}\times10\times100\cos 100t=0.1\cos 100t\,(\mathrm{A})$$

1.3.3 电感元件

1. 电感与电感元件

把金属导线绕在一骨架上，就构成一个实际的电感器。当电感器中有电流通过时，就会在其周围产生磁场，并储存磁场能量。电感元件是理想化的电路元件，它是实际电路中储存

磁场能量这一物理性质的科学抽象。当忽略电感器的导线电阻时，电感器就成为理想化的电感元件，简称电感。

当电感元件中通过电流 i 时，在每匝线圈中会产生磁通 Φ，若线圈有 N 匝，则与 N 匝线圈交链的磁通总量为 $N\Phi$，称为磁链 Ψ，即 $\Psi = N\Phi$。由于 Ψ 是由电流 i 产生的，所以 Ψ 是 i 的函数，并且规定磁通 Ψ 的参考方向与电流 i 的参考方向之间符合右手螺旋关系（即关联参考方向），此时，磁链与电流的关系为

$$\Psi(t) = Li(t)$$

式中 L 称为电感元件的电感或自感，其电路符号如图 1-14 所示。电感 L 既表示电感元件，又表示元件参数。

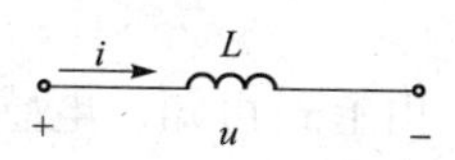

图 1-14　电感元件

在国际单位制中，Ψ 的单位是韦伯（Wb），i 的单位是安培（A），则电感 L 的单位是亨利（H），常用的电感单位还有毫亨（mH）、微亨（μH），它们与 SI 单位的关系是

$$1\ \text{mH} = 10^{-3}\ \text{H},\ 1\ \mu\text{H} = 10^{-6}\ \text{H}$$

如果以 i 为横坐标，Ψ 为纵坐标，则 Ψ 与 i 的关系可用 Ψ-i 平面上的曲线来表示，该曲线称为电感元件的特性曲线。如果特性曲线是一条通过坐标原点的直线，则此电感元件称为线性电感。本书只讨论线性电感。

2. 电感元件的电压与电流关系

当电感元件中的电流发生变化时，自感磁链也发生变化，元件内将产生自感电动势，当自感电动势 e_L 和自感磁通的参考方向符合右手螺旋关系（即关联参考方向）时，有

$$e_L = -\frac{d\Psi}{dt}$$

因为 Ψ 与 i 在关联参考方向（满足右手螺旋关系）下，满足关系式 $\Psi = Li$，所以

$$e_L = -\frac{d\Psi}{dt} = -\frac{dLi}{dt} = -L\frac{di}{dt}$$

由于自感电动势的存在，在电感两端产生电压 u_L。通常选择电感元件上电流、自感电动势、电压三者为关联参考方向，于是有

$$u_L = -e_L = L\frac{di}{dt} \tag{1-22}$$

上式是电感元件伏安关系的微分形式，由此可知：

① 电感元件上任一时刻的电压与该时刻电感电流的变化率成正比，电流变化越快（di/dt 越大），u 也越大，即使某时刻 $i=0$，也可能有电压。

② 对于直流电，电流不随时间变化，则 $u=0$，电感相当于短路。

③ 如果任一时刻电感电压为有限值，则 di/dt 为有限值，电感上的电流不能发生跃变。

当电感元件上电压与电流为非关联参考方向时，式（1-22）可改写为

$$u_L = -L\frac{di}{dt} \tag{1-23}$$

3. 电感元件储存的能量

在电感元件电压、电流的关联参考方向下，任一时刻电感元件吸收的瞬时功率为

$$p(t) = u(t)i(t) = Li(t)\frac{di(t)}{dt}$$

同电容一样，电感元件上的瞬时功率可正可负。当 $p>0$ 时，表明电感从电路中吸收功率，储存磁场能量；当 $p<0$ 时，表明电感向电路发出功率，释放磁场能量。电感元件不消耗能量，也是一种储能元件。

在 $\mathrm{d}t$ 时间内，电感元件吸收的能量为

$$\mathrm{d}W(t)=p(t)\mathrm{d}t=Li(t)\mathrm{d}i(t)$$

设 $t=0$ 时，$i(0)=0$，则从 0 到 t 的时间内，电感元件吸收的能量为

$$W_{\mathrm{L}}(t)=\int_0^t p(t)\mathrm{d}t=L\int_0^{i(t)} i(t)\mathrm{d}i(t)=\frac{1}{2}Li^2(t) \tag{1-24}$$

由上式可知，电感在任一时刻的储能仅与该时刻的电流值有关，只要电流存在，电感就储存有磁场能，并且 $W_{\mathrm{L}}\geqslant 0$。

例 1-7　电感电流 $i(t)=10\mathrm{e}^{-0.5t}$ mA，$L=1$ H，求电感上电压的表达式，当 $t=0$ 时的电感电压、$t=0$ 时的磁场能量。（u 、i 参考方向一致）

解　u 、i 为关联参考方向时

$$u_{\mathrm{L}}(t)=L\frac{\mathrm{d}i(t)}{\mathrm{d}t}=1\times\frac{\mathrm{d}10\mathrm{e}^{-0.5t}}{\mathrm{d}t}=1\times10\times(-0.5)\mathrm{e}^{-0.5t}=-5\mathrm{e}^{-0.5t}\ (\mathrm{mV})$$

$$u_{\mathrm{L}}(0)=-5\ (\mathrm{mV})$$

$$W_{\mathrm{L}}(0)=\frac{1}{2}Li^2(0)=\frac{1}{2}\times1\times100\times10^{-6}=5\times10^{-5}\ (\mathrm{J})$$

1.3.4　电压源

1. 理想电压源

电池是人们日常使用的一种电源，它有时可以近似地用一个理想电压源来表示。理想电压源简称电压源，它是这样一种理想二端元件：它的端电压总可以按照给定的规律变化而与通过它的电流无关。

常见的电压源有交流电压源和直流电压源。电压源的图形符号如图 1-15 所示。图 1-15（a）既可表示交流电压源又可表示直流电压源，图 1-15（b）仅表示直流电压源。

电压源具有以下两个特点：

① 电压源对外提供的电压总保持定值 U_{S} 或者是给定的时间函数 $u_{\mathrm{s}}(t)$，不会因所接的外电路不同而改变。

② 通过电压源的电流的大小由外电路决定，随外接电路的不同而不同。

图 1-16 给出了直流电压源的伏安特性，它是一条与横轴平行的直线，表明其端电压与电流的大小无关。

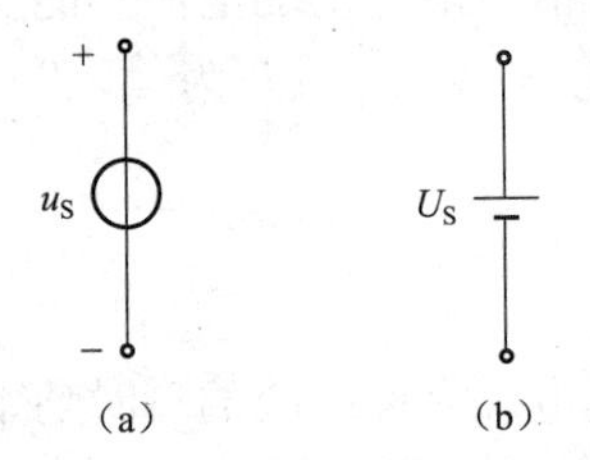

图 1-15　电压源的图形符号

（a）交、直流电压源符号；（b）直流电压源符号

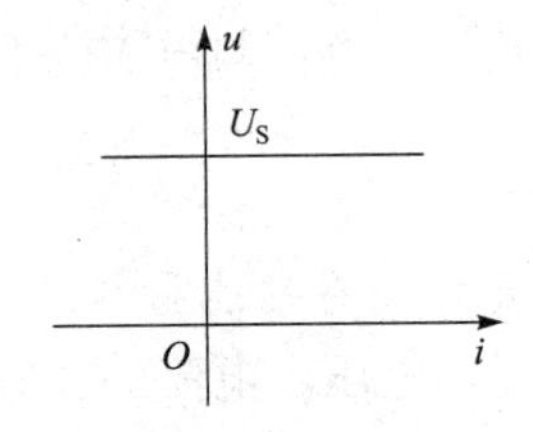

图 1-16　直流电压源的伏安特性

由于实际电源的功率有限，而且存在内阻，因此恒压源是不存在的，它只是理想化模型，只有理论上的意义。

需要说明的是，将端电压不相等的电压源并联，是没有意义的。将端电压不为零的电压源短路，也是没有意义的。

2. 实际电压源

理想电压源是一种理想元件，一般实际电源的端电压会随着电流的变化而变化。例如，当干电池接上负载后，通过电压表来测量电池两端的电压，发现其电压会逐渐降低，这是由于电池内部有电阻的缘故。所以，干电池不是一个理想的电压源。

对于一个实际电源，可以用一个电压源 U_S 与内阻 R_S 的串联组合来表示，这个模型称为实际电源的电压源模型，如图 1-17（a）所示。

当实际电压源与外部电路接通后，如图 1-17（b）所示，实际电压源的端电压 U 为

$$U=U_S-IR_S \tag{1-25}$$

由式（1-25）可知，R_S越小，R_S的分压作用越小，输出电压 U 越大。

实际电压源的伏安特性如图 1-17（c）所示。

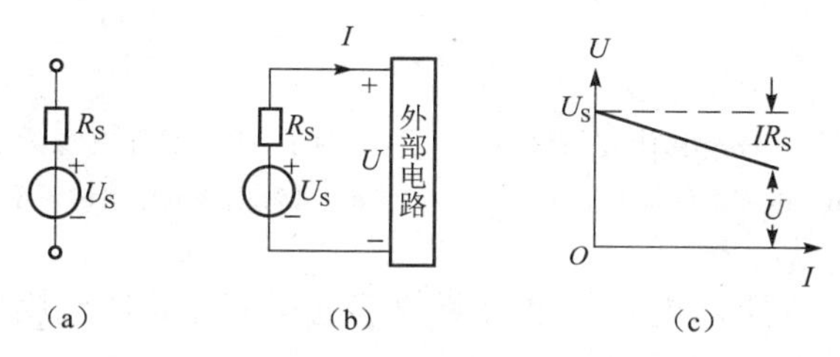

图 1-17　实际电源的电压源模型及伏安特性

（a）电压源模型；（b）与外部电路接通；（c）实际电压源伏安特性

1.3.5　电流源

1. 理想电流源

理想电流源简称为电流源。电流源是这样一种理想二端元件：电流源发出的电流总可以按照给定的规律变化而与其端电压无关。

电流源的图形符号及直流伏安特性如图 1-18 所示。

电流源有以下两个特点：

① 电流源向外电路提供的电流总保持定值 I_S 或者是给定的时间函数 $i_S(t)$，不会因所接的外电路不同而改变。

② 电流源的端电压的大小由外部电路决定，随外接电路的不同而不同。

恒流源是理想化模型，现实中并不存在。实际的恒流源一定有内阻，且功率总是有限的，因而产生的电流不可能完全输出给外部电路。

需要说明的是，将电流不相等的电流源串联，是没有意义的。将电流不为零的电流源开路，也是没有意义的。

2. 实际电流源

理想电流源也是一种理想元件，一般实际电源的输出电流是随着端电压的变化而变化

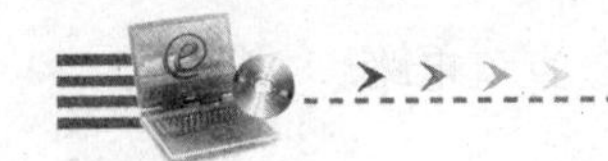

的。例如，实际的光电池即使没有与外部电路接通，还是有一部分电流在内部流动。因此，实际电源可以用一个理想电流源 I_S 和内阻 R'_S 相并联的模型来表示，这个模型称为实际电源的电流源模型，如图 1-19（a）所示。

当实际电流源与外部电路相连时，实际电流源的输出电流 I 为

$$I = I_S - \frac{U}{R'_S} \tag{1-26}$$

由式（1-26）可知，R'_S 越大，R'_S 的分流作用越小，输出电流 I 越大。

实际电流源的伏安特性如图 1-19（b）所示。

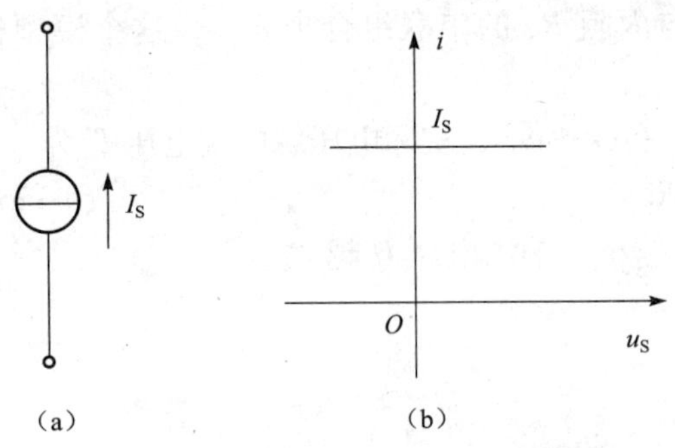

图 1-18　电流源的图形符号及其伏安特性

（a）电流源的符号；（b）电流源的伏安特性

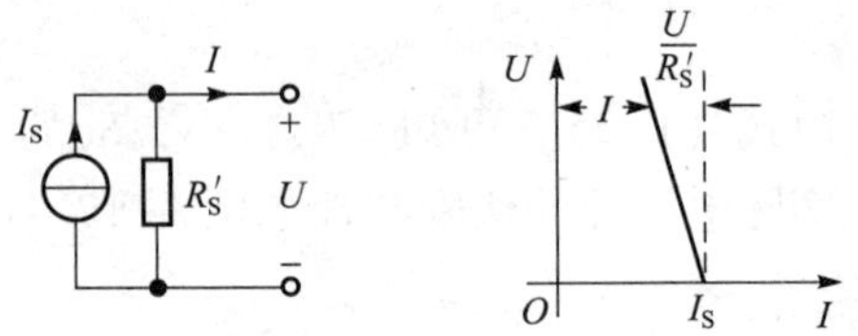

图 1-19　实际电源的电流源模型及伏安特性

（a）实际电源的电流源模型；（b）实际电源的伏安特性

例 1-8　计算图 1-20 所示电路中电流源的端电压 U_1，5 Ω 电阻两端的电压 U_2 和电压源、电流源、电阻的功率 P_1、P_2、P_3。

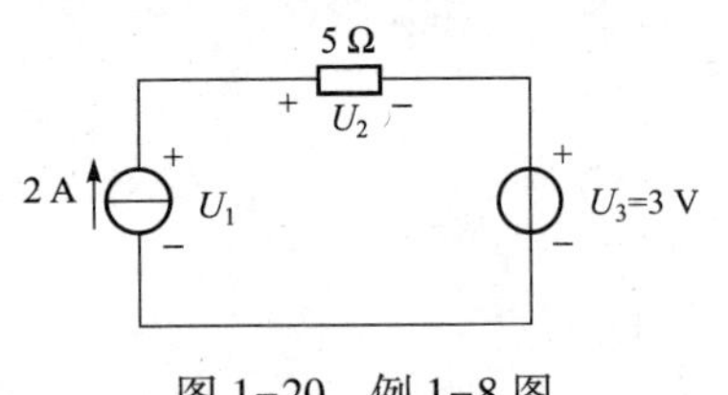

图 1-20　例 1-8 图

解　电压源的电流、电压选择为关联参考方向，所以

$$U_2 = 5\times2 = 10\ (\text{V})$$

$$U_1 = U_2 + U_3 = 10+3 = 13\ (\text{V})$$

电压源的电压、电流为关联参考方向，所以

$$P_1 = 2\times3 = 6\ (\text{W})\ (\text{吸收})$$

电流源的电压、电流为非关联参考方向，所以

$$P_2 = -13\times2 = -26\ (\text{W})\ (\text{输出})$$

电阻的电流、电压选择为关联参考方向，所以

$$P_3 = 10\times2 = 20\ (\text{W})\ (\text{吸收})$$

1.3.6　受控源

1. 受控源的概念

以上所讨论的理想电压源和理想电流源都称为独立电源，即电压源的电压和电流源的电流是一固定值或是一固定的时间函数，不受其他电流或电压的控制。此外，在电子电路中还会遇到另一种类型的电源：电压源的电压和电流源的电流受电路中其他部分的电压或电流的控制，这种电源称为受控电源，又称非独立电源。例如，晶体管的集电极电流受到基极电流的控制，运算放大器的输出电压受到输入电压的控制，这类器件的电路模型要用到受控

电源。

需要注意的是，受控源和独立源虽然同为电源，但它们有本质的区别。独立源在电路中直接起“激励”作用，这样才能在电路中产生电压和电流（即响应），并能独立地向电路提供能量和功率；而受控源不能直接起到激励的作用，也不能独立地产生响应，它的电压或电流要受到电路中其他电压或电流的控制。控制量存在，则受控源存在；当控制量为零时，则受控源也为零。受控源不能产生电能，其输出的能量和功率是由独立源提供的。

2. 受控源的分类

受控源有两对端钮：一对为输入端钮，输入控制量，用以控制输出电压或电流；另一对为输出端钮，输出受控电压或电流，所以受控源是一个二端口元件。为了区别于独立源符号，受控源在电路中用菱形符号表示。

根据控制量是电压还是电流，受控的是电压源还是电流源，受控源分为四种类型：电压控制电压源（VCVS）、电流控制电压源（CCVS）、电压控制电流源（VCCS）、电流控制电流源（CCCS）。它们的电路符号分别如图 1-21（a）、（b）、（c）、（d）所示。其中，μ 为电压放大系数；r 为转移电阻；g 为转移电导；β 为电流放大系数。这四个系数为常数时，受控制量与控制量成正比，这种受控源称为线性受控源；否则，称为非线性受控源。

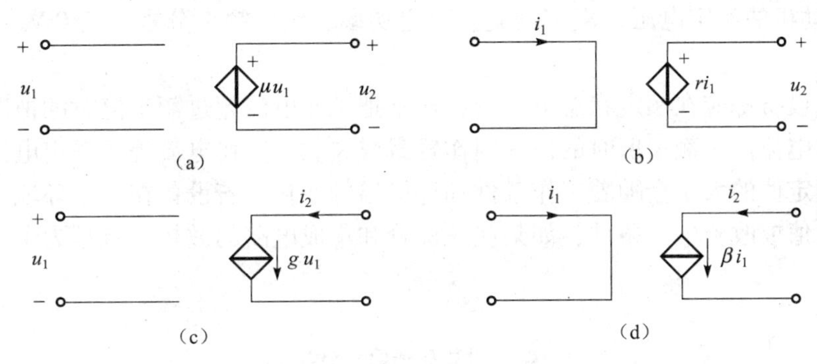

图 1-21　四种受控源

（a）VCVS；（b）CCVS；（c）VCCS；（d）CCCS

1.4　电路的工作状态

电路的工作状态有三种，分别是开路、短路和有载工作状态。

1.4.1　电路的开路工作状态

开路是指电源与负载没有构成闭合路径。在图 1-2 所示的电路中，当开关 S 断开时，电路即处于开路状态，此时电路中的电流为零，电源无电能输出。因此，电路开路也称为电源空载。

1.4.2　电路的短路工作状态

短路是指电源未经负载而直接通过导线接成闭合路径。电源短路时，流过灯泡的电流为零，又因为电源内阻一般都很小，所以短路电流很大，严重时将会烧毁电源，因此，应尽量避免。为了防止短路事故造成的危害，通常在电路中装设熔断器或自动断路器，一旦发生短路，便能迅速将故障部分切断，从而保护电源免于烧坏。

1.4.3 电路的有载工作状态

如图 1-2 所示，当开关 S 闭合时，电源与负载构成闭合通路，电路便处于有载工作状态。

1.4.4 电气设备的额定值

各种电气设备在运行时，所允许通过的电流、所承受的电压以及所输入或输出的功率，都有一定的限额，若超过这个限额，设备会遭到损毁或缩短使用寿命。例如，若发电机线圈中的电流过大，线圈就会因过热而损坏绝缘；再如电容器，若承受过高电压，两极板之间的介质就会被击穿；各种指针式仪表，若超过其量程则不能读数或打弯指针等。这些使用限额叫作额定值。

额定值的项目很多，主要包括额定电流、额定电压及额定功率等，分别用 I_N、U_N 和 P_N 表示，通常都标在设备的铭牌或外壳上。例如，滑线变阻器的额定电流和额定电阻为 1 A 和 300 Ω；某电动机的额定电压、额定电流、额定功率、额定频率分别为 380 V、8.6 A、4 kW 和 50 Hz 等。

各种电气设备都应在额定状态下运行，通常把工作电流超过额定值时的情况叫作超载或过载；把工作电流低于额定值时的情况叫作轻载或欠载；工作电流等于额定电流时则称为满载。此外，额定值的大小会随着工作条件和环境温度变化，若设备在高温环境下使用，则应适当降低额定值或改善散热条件，如某些三极管和集成电路的散热片就是为了安全使用而装设的。

1.5 基尔霍夫定律

前面曾介绍了电阻、电感、电容、电压源、电流源等基本元件所具有的规律，也就是元件对其电压和电流的约束关系；而电路作为由元件互连所形成的整体，也有其应服从的约束关系，这就是基尔霍夫定律。

1.5.1 几个相关的电路名词

基尔霍夫定律是集中参数电路的基本定律，它包括电流定律和电压定律。为了便于讨论，先介绍几个名词。

（1）支路

电路中每一段无分支的电路，称为支路。一个或几个二端元件首尾相连中间没有分叉，使各元件上通过的电流相等，就是一条支路。如图 1-22 中 *AB*、*ACB*、*ADB* 所示都是支路。其中支路 *ACB* 和 *ADB* 中含有电源，称为有源支路（或含源支路）；支路中没有电源的，称为无源支路。

（2）节点

电路中三条或三条以上支路的连接点称为节点。例如，图 1-22 中的 *A*、*B* 所示都是节

点，而 C、D 不是节点。

（3）回路

电路中任一闭合路径称为回路。例如，图 1-22 中 $ABCA$、$ABDA$、$ADBCA$ 所示等都是回路。

（4）网孔

回路内部不包含其他支路的回路称为网孔。例如，图 1-22 中回路 $ABCA$、$ABDA$ 所示都是网孔，而回路 $ADBCA$ 不是网孔。在同一个电路中，网孔个数小于回路个数。

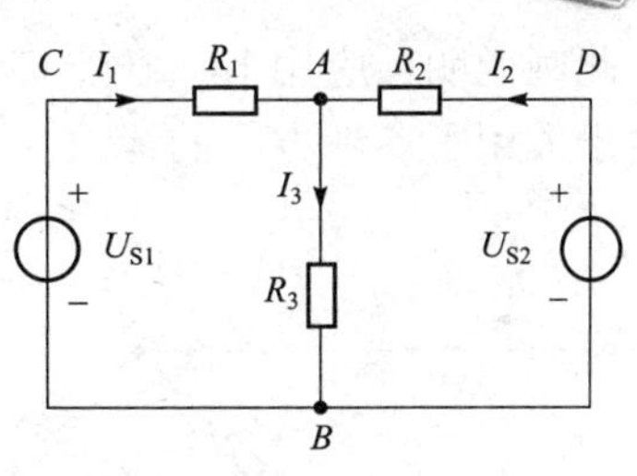

图 1-22　电路

1.5.2　基尔霍夫电流定律

在电路中，任一时刻流入一个节点的电流之和等于从该节点流出的电流之和，这就是基尔霍夫电流定律（简称 KCL）。它是根据电流的连续性原理，即电路中任一节点，在任一时刻均不能堆积电荷的原理推导出来的。

基尔霍夫电流定律可用数学式表示为

$$\sum I_i = \sum I_o \tag{1-27}$$

式中，I_i 为流入节点的电流；I_o 为流出节点的电流。

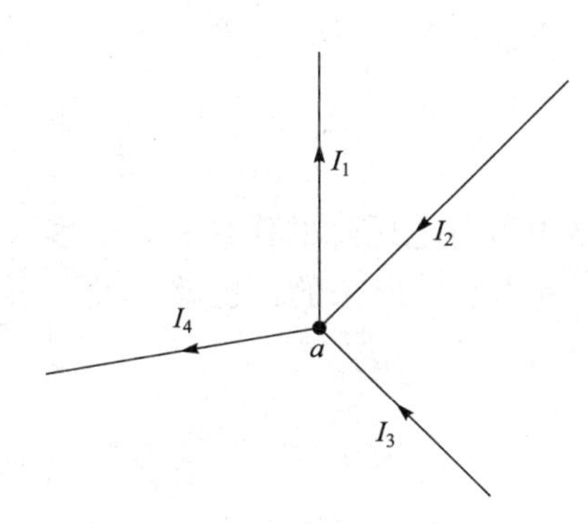

图 1-23　基尔霍夫电流定律

例如，在图 1-23 所示的电路中，各支路电流的参考方向已选定并标于图上，对节点 a，KCL 可表示为

$$I_2+I_3=I_1+I_4$$

上式也可以改写为

$$-I_1+I_2+I_3-I_4=0$$

若规定流入节点的电流为正，流出为负，则有一般形式：

$$\sum I=0 \tag{1-28}$$

对于交变电流，则有

$$\sum i=0 \tag{1-29}$$

这是基尔霍夫电流定律的另一种表述，即在任何时刻，对于电路中任一节点，流入节点电流的代数和等于零。

在图 1-23 所示电路中，在给定的电流参考方向下，已知 $I_1=1$ A，$I_2=-2$ A，$I_3=4$ A，试求出 I_4。

根据 KCL，写出方程

$$-I_1+I_2+I_3-I_4=0$$

代入已知数据

$$-1+(-2)+4-I_4=0$$

得

$$I_4=1\ (\text{A})$$

I_4 为正值，说明 I_4 的参考方向与实际方向一致。

此例说明：应用 KCL 时，应按照电流的参考方向来列方程式。至于电流本身的正负值是由于采用了参考方向的缘故。

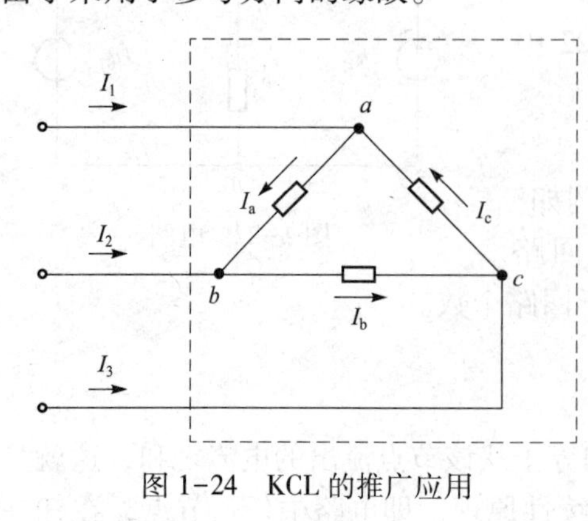

图 1-24　KCL 的推广应用

KCL 虽然是应用于节点的，但推广应用到电路中任一假设的闭合面时仍是正确的。如图 1-24 所示电路，用虚线框对三角形电路作一闭合面，根据图上各电流的参考方向，列出 KCL 方程，则有

$$I_1+I_2+I_3=0$$

对电路中 a、b 和 c 三个节点列出 KCL 方程，得

$$I_1-I_a+I_c=0$$

$$I_2+I_a-I_b=0$$

$$I_3+I_b-I_c=0$$

将上述三式相加得

$$I_1+I_2+I_3=0$$

KCL 是对汇集于一个节点的各支路电流的一种约束。

1.5.3　基尔霍夫电压定律

在任一时刻，在电路中沿任一回路绕行一周，回路中所有电压降的代数和等于零，这就是基尔霍夫电压定律（简称 KVL）。它是根据能量守恒定律推导出来的，也就是说，当单位正电荷沿任一闭合路径移动一周时，其能量不改变。

基尔霍夫电压定律的数学表达式为

$$\sum U=0 \qquad (1-30)$$

对于交变电压，则有

$$\sum u=0 \qquad (1-31)$$

应用 KVL 时，需要先任意假定一个回路绕行方向，凡电压的参考方向与绕行方向一致时，该电压前面取“+”号；凡电压的参考方向与绕行方向相反时，则取“-”号。

图 1-25 给出某电路中的一个回路，其电流、电压的参考方向及回路绕行方向在图上已标出。根据 KVL 可列出下列方程

$$U_{ab}+U_{bc}+U_{cd}+U_{de}-U_{fe}-U_{af}=0$$

另一方面，还可以写成

$$U_{ab}+U_{bc}+U_{cd}+U_{de}=U_{fe}+U_{af}$$

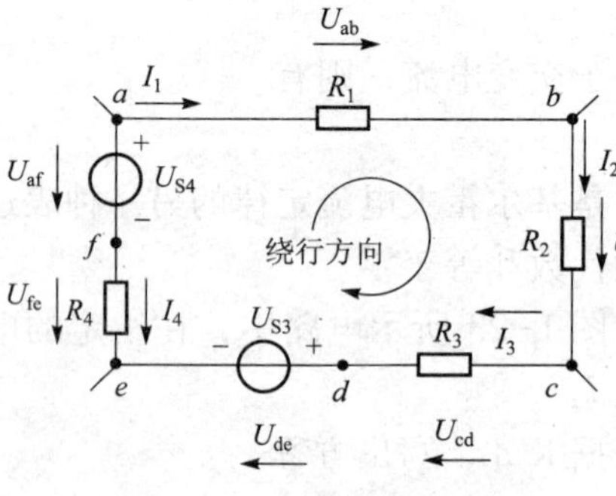

图 1-25　基尔霍夫电压定律

上式表明，电路中两点间的电压值是确定的。例如，从 a 点到 e 点的电压，无论沿路径 $abcde$ 或沿路径 afe，两节点间的电压值是相同的（$U_{ab}+U_{bc}+U_{cd}+U_{de}=U_{fe}+U_{af}$），也就是说两点间电压与路径的选择无关。

如果把各元件的电压和电流约束关系代入，对于图 1-26 所示电路，可以写出 KVL 的另

一种表达式。

图1-25中，$U_{ab}=I_1R_1$，$U_{bc}=I_2R_2$，$U_{cd}=I_3R_3$，$U_{de}=U_{S3}$，$U_{fe}=I_4R_4$，$U_{af}=U_{S4}$，代入式（1-30）并整理可得

$$I_1R_1+I_2R_2+I_3R_3-I_4R_4=U_{S4}-U_{S3} \tag{1-32}$$

式（1-32）实际上是电阻元件上电压和电流的约束关系与基尔霍夫电压定律结合在一起的表现。

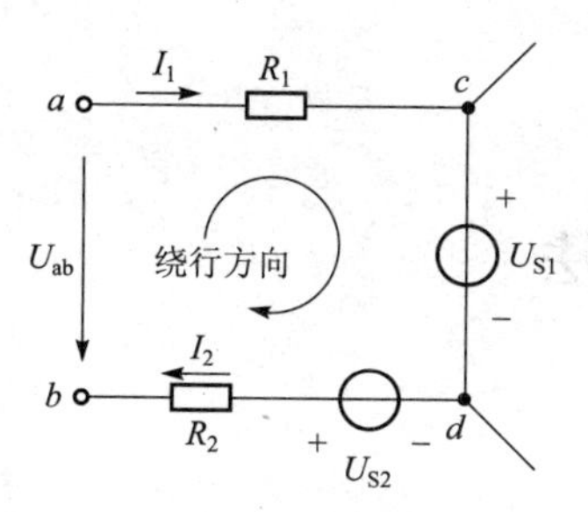

图1-26　KVL应用在不闭合电路

基尔霍夫电压定律不仅可以用在任一闭合回路，还可推广到任一不闭合的电路上，但要将开口处的电压列入方程。如图1-26所示电路，在 a、b 点处没有闭合，沿绕行方向一周，根据KVL，则有

$$I_1R_1+U_{S1}-U_{S2}+I_2R_2-U_{ab}=0$$

或

$$U_{ab}=I_1R_1+U_{S1}-U_{S2}+I_2R_2$$

由此可得到任何一段含源支路的电压和电流的表达式。一个不闭合电路开口处从 a 到 b 的电压降 U_{ab} 应等于由 a 到 b 路径上全部电压降的代数和。

例1-9　一段有源支路 ab 如图1-27所示，已知 $U_{ab}=5$ V，$U_{S1}=6$ V，$U_{S2}=14$ V，$R_1=2\ \Omega$，$R_2=3\ \Omega$，设电流参考方向如图所示，求 $I=$？

解　这一段含源支路可看成是一个不闭合回路，开口 a、b 处可看成是一个电压大小为 U_{ab} 的电压源，那么根据KVL，选择顺时针绕行方向，可得

$$IR_1+U_{S1}+IR_2-U_{S2}-U_{ab}=0$$

或 U_{ab} 应等于由 a 到 b 路径上全部电压降的代数和，得

$$U_{ab}=IR_1+U_{S1}+IR_2-U_{S2}$$

$$I=\frac{U_{ab}+U_{S2}-U_{S1}}{R_1+R_2}=\frac{5+14-6}{2+3}=2.6\ (\mathrm{A})$$

例1-10　如图1-28所示的电路中，已知 $R_1=10$ kΩ，$R_2=20$ kΩ，$U_{S1}=6$ V，$U_{S2}=6$ V，$U_{AB}=0.3$ V。试求电流 I_1、I_2 和 I_3。

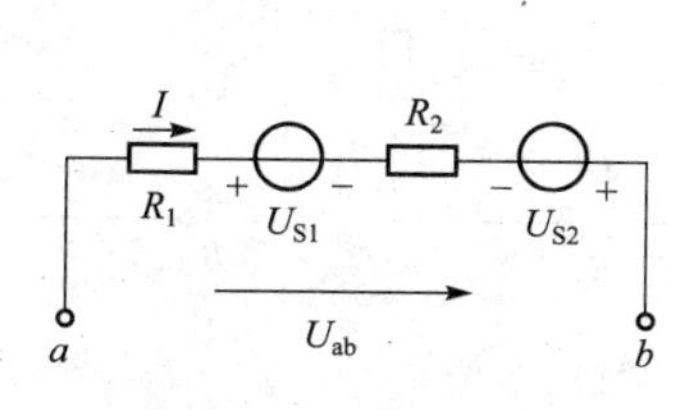

图1-27　例1-9图

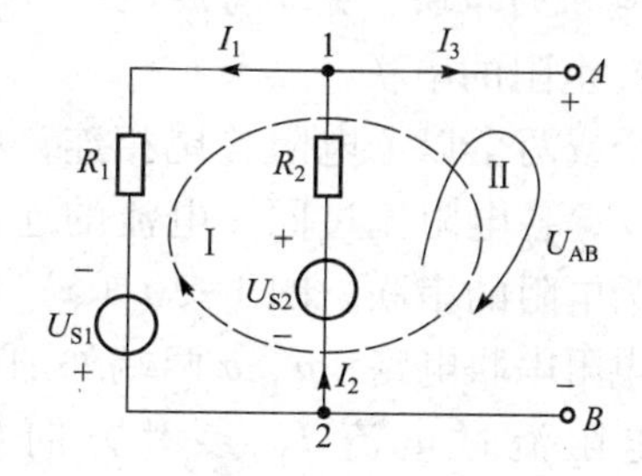

图1-28　例1-10图

解　对回路Ⅰ应用基尔霍夫电压定律得

$$U_{AB}+U_{S1}-R_1I_1=0$$

即

$$-0.3+6-10I_1=0$$

故

$$I_1=0.57\ (\mathrm{mA})$$

对回路Ⅱ应用基尔霍夫电压定律得

$$U_{AB}-U_{S2}+I_2R_2=0$$

即

$$-0.3-6+20I_2=0$$

故

$$I_2=0.315\ (\mathrm{mA})$$

对节点1应用基尔霍夫电流定律得

$$-I_1+I_2-I_3=0$$

即

$$-0.57+0.315-I_3=0$$

故

$$I_3=-0.255\ (\mathrm{mA})$$

1.6 电路的基本分析方法

1.6.1 电路的等效变换

1. 电路等效的概念

在电路分析中，可以把由多个元件组成的电路作为一个整体看待。若这个整体只有两个端钮与外电路相连，则称为二端网络或单口网络。二端网络的一般符号如图1-29所示。二端网络的端钮电流称为端口电流；两个端钮之间的电压称为端口电压。

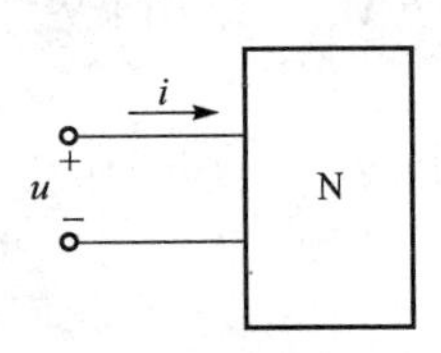

图1-29 二端网络的符号

一个二端网络的特性由网络端口电压与端口电流的关系（即伏安关系）来表征。若两个二端网络内部结构和参数完全不同，但端纽具有相同的伏安关系，则称这两个二端网络为等效网络。相互等效的电路对外电路的影响是完全相同的，即把电路中某一部分用其等效电路代替后，未被代替部分（包括被代替部分端钮上）的电压和电流均应保持不变，因此我们所说“等效”是指“对外等效”。

利用电路的等效变换分析电路，可以把复杂电路的一部分用一个较为简单的等效电路代替，简化电路分析和计算，它是电路分析中常用的方法。但要注意的是，若要求被代替的那部分电路中的电压和电流时，必须回到原电路中求。

2. 电阻的串联、并联与混联

（1）电阻的串联

两个或两个以上电阻首尾相连，中间没有分支，各电阻流过同一电流的连接方式，称为电阻的串联。图1-30（a）所示为三个电阻串联电路，a、b 两端外加电压 U，各电阻流过电流 I，参考方向如图所示。

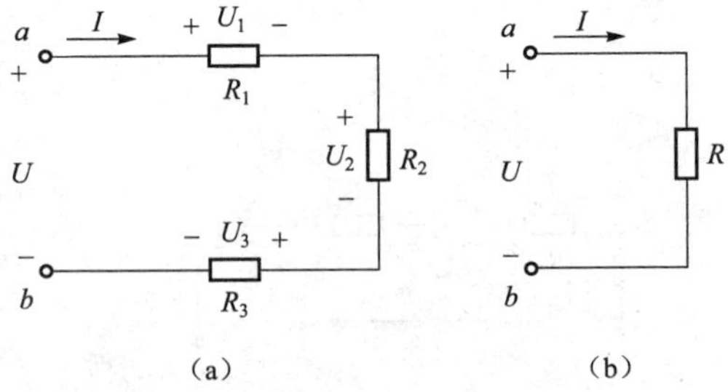

图1-30 电阻的串联

（a）三个电阻串联电路；（b）等效电路

根据KVL和欧姆定律，可列出

$$U=U_1+U_2+U_3=IR_1+IR_2+IR_3=I(R_1+R_2+R_3) \tag{1-33}$$

由图1-30（b），根据欧姆定律，可列出

$$U=IR \tag{1-34}$$

两个电路等效的条件是具有完全相同的伏安特性，即式（1-33）与式（1-34）完全一致，由此可得

$$R = R_1 + R_2 + R_3 \tag{1-35}$$

式中，R 称为串联等效电阻。

推广到一般情况：n 个电阻串联等效电阻等于各个电阻之和，即

$$R = \sum_{k=1}^{n} R_k \tag{1-36}$$

（2）电阻的并联

两个或两个以上电阻的首尾两端分别连接在两个节点上，各电阻处于同一电压下的连接方式，称为电阻的并联。图 1-31（a）所示为三个电阻并联电路，a、b 两端外加电压 U，总电流为 I，各支路电流分别为 I_1、I_2 和 I_3，参考方向如图所示。

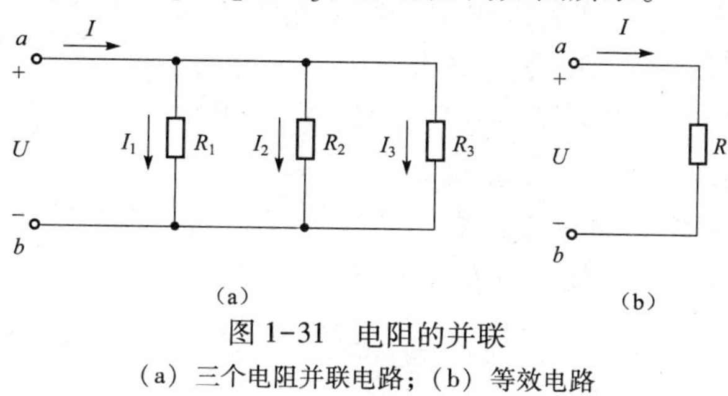

图 1-31　电阻的并联

（a）三个电阻并联电路；（b）等效电路

根据 KCL 和欧姆定律，可列出

$$I = I_1 + I_2 + I_3 = \frac{U}{R_1} + \frac{U}{R_2} + \frac{U}{R_3} = \left(\frac{1}{R_1} + \frac{1}{R_2} + \frac{1}{R_3}\right) U \tag{1-37}$$

由图 1-31（b），根据欧姆定律，可列出

$$I = \frac{U}{R} \tag{1-38}$$

两个电路等效的条件是具有完全相同的伏安特性，即式（1-37）与式（1-38）完全一致，由此可得

$$\frac{1}{R} = \frac{1}{R_1} + \frac{1}{R_2} + \frac{1}{R_3} \tag{1-39}$$

或

$$G = G_1 + G_2 + G_3 \tag{1-40}$$

式中，R 称为并联等效电阻；G 称为并联等效电导。

推广到一般情况：n 个电阻并联等效电阻的倒数等于各个电阻的倒数之和，或 n 个电阻并联等效电导等于各个电导之和，即

$$\frac{1}{R} = \sum_{k=1}^{n} \frac{1}{R_k} \quad 或 \quad G = \sum_{k=1}^{n} G_k \tag{1-41}$$

通常遇到最多的是两个电阻并联的情况，如图 1-32（a）所示，其等效电阻[图 1-32(b)]为

$$R = \frac{R_1 R_2}{R_1 + R_2} \tag{1-42}$$

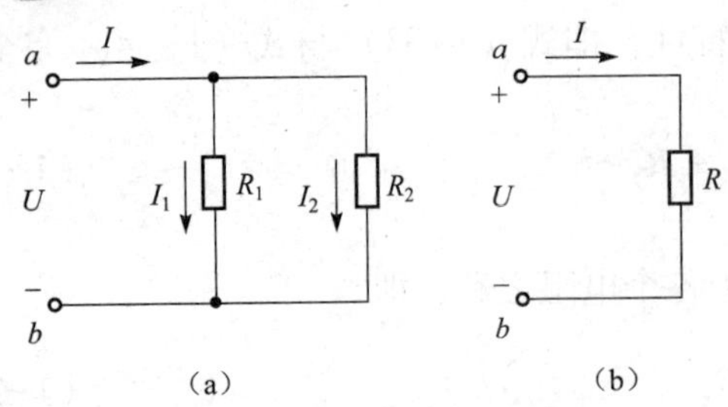

图 1-32　两个电阻的并联

（a）两个电阻并联电路；（b）等效电路

利用分流公式（1-42）得各支路电流为

$$\begin{cases} I_1 = \dfrac{R_2}{R_1 + R_2} I \\ I_2 = \dfrac{R_1}{R_1 + R_2} I \end{cases} \tag{1-43}$$

需特别指出，在运用分流公式时，要注意总电流与支路电流的参考方向。

（3）电阻的混联

电阻的连接既有串联又有并联时，称为电阻的串、并联（简称混联）。这种电路在实际工作中应用广泛，形式多种多样。

在分析这样的电路时，往往先求出串并联电路二端网络的等效电阻，然后利用定律和公式求出其他量。那么，关键就是求等效电阻，即判断出哪些电阻串联，哪些电阻并联。对于较简单的电路可以通过观察直接得出，如图 1-33 所示的混联电路中，可以直接看出 $R_1 \sim R_4$ 串并联关系，故可求出 a、b 端钮的等效电阻 R_{ab} 为

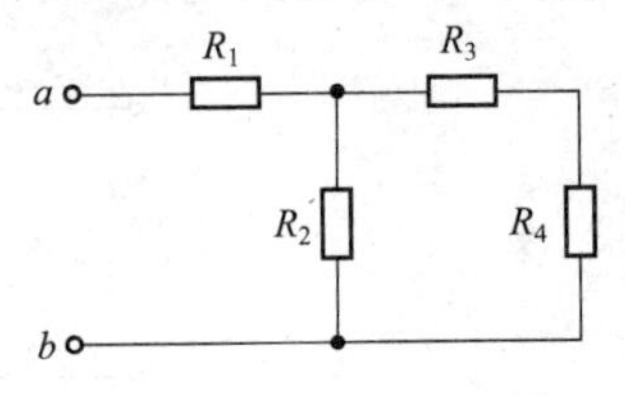

图 1-33　电阻的混联

$$R_{ab} = R_1 + \frac{R_2(R_3 + R_4)}{R_2 + R_3 + R_4} \tag{1-44}$$

当电阻串并联关系不能直观地看出时，可以在不改变元件间连接关系的条件下将电路画成比较容易判断串并联关系的直观图。

3. 理想电源的串联与并联

n 个理想电压源串联，如图 1-34（a）所示，就端口特性而言可等效为一个理想电压源，如图 1-34（b）所示，其电压等于各电压源电压的代数和，即

$$U_S = \sum_{k=1}^{n} U_{Sk} \tag{1-45}$$

其中各电压源电压 U_{Sk} 的参考方向与等效电压源 U_S 的参考方向一致时取正，反之取负。

n 个理想电流源并联，如图 1-35（a）所示，就端口特性而言可等效为一个理想电流源，如图 1-35（b）所示，其电流等于各电流源电流的代数和，即

$$I_S = \sum_{k=1}^{n} I_{Sk} \tag{1-46}$$

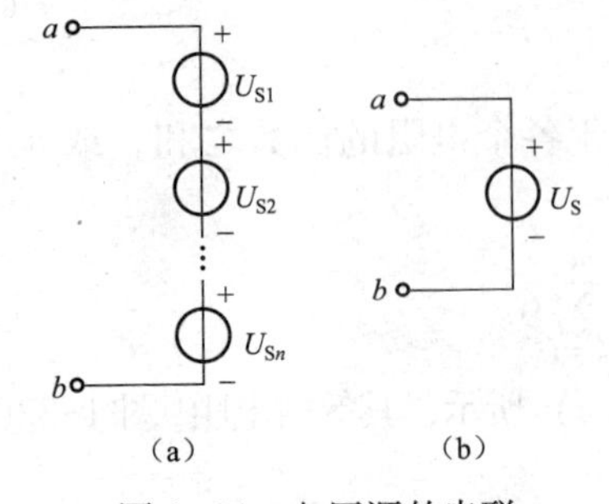

图 1-34　电压源的串联

（a）电压源串联电路；（b）等效电路

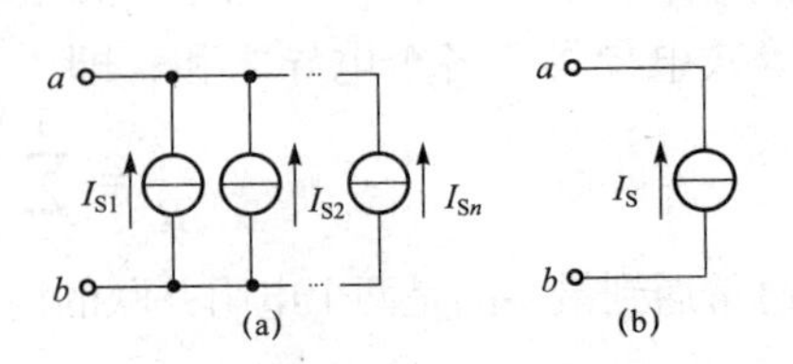

图 1-35　电流源的并联

（a）电流源并联电路；（b）等效电路

其中各电流源电流 I_{Sk} 的参考方向与等效电流源 I_S 的参考方向一致时取正，反之取负。

只有电压相等、极性一致的电压源才允许并联，其等效电压源为其中任一电压源，否则违背 KVL。

只有电流相等、方向一致的电流源才允许串联，其等效电流源为其中任一电流源，否则违背 KCL。

4. 两种电源模型的等效变换

前面已经介绍了实际电压源和实际电流源模型，分别如图 1-36（a）、（b）所示。那么，实际电源用哪一种电源模型来表示？对外电路而言，只要两种电源模型的外部特性一致，则它们对外电路的影响是一样的。因此，实际电源可以用实际电压源模型表示，也可以用实际电流源模型表示。为了方便电路的分析和计算，常常把两种电源模型进行等效变换。

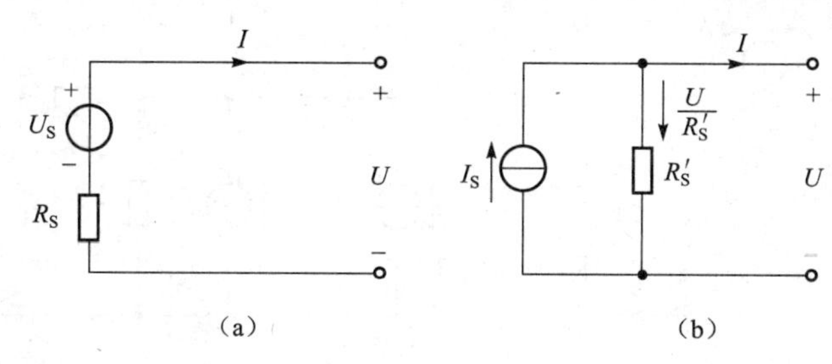

图 1-36　两种电源模型
（a）电压源模型；（b）电流源模型

对于图 1-36（a），其伏安特性为

$$U = U_S - IR_S \tag{1-47}$$

对于图 1-36（b），其伏安特性为

$$I = I_S - \frac{U}{R'_S} \tag{1-48}$$

根据等效的定义，图 1-36（a）与图 1-36（b）若要相互等效，则两者的伏安特性必须一致，比较式（1-47）与式（1-48），可得

$$I_S = \frac{U_S}{R_S},\ R'_S = R_S \tag{1-49}$$

这就是两种电源模型等效的条件。在运用式（1-49）进行等效变换时，要注意 U_S 和 I_S 参考方向的关系：I_S 的参考方向与 U_S 从负极指向正极的方向相一致。

需要强调的是，两种电源模型等效变换仅对外电路成立，对电源内部及内部功率是不等效的。理想电压源和理想电流源不能进行等效变换，它们不具备相同的伏安特性。

例 1-11　试求图 1-37（a）、（c）所示电路的等效变换。

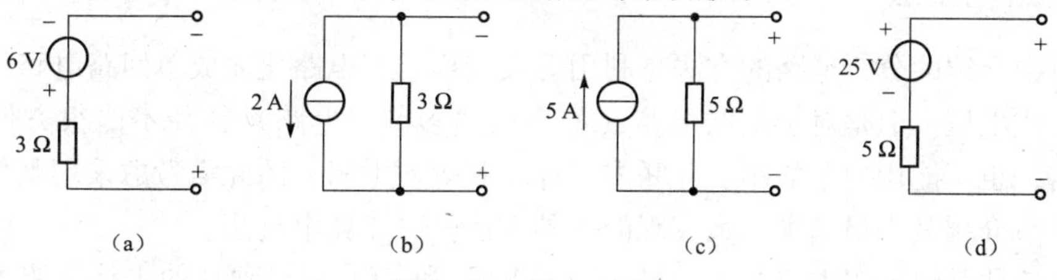

图 1-37　例 1-11 图

解 图1-37（a）所示为一实际电压源模型，可等效变换为如图1-37（b）所示的实际电流源模型

$$I_S = \frac{U_S}{R} = \frac{6}{3} = 2\ (A)$$

图1-37（c）所示为一实际电流源模型，可等效变换为如图1-37（d）所示的实际电压源模型

$$U_S = RI_S = 5 \times 5 = 25(V)$$

例1-12 利用电源的等效变换求图1-38（a）所示电路中2 Ω电阻上的电流I。

解 利用电源的等效变换进行化简，化简过程如图1-38（b）、（c）、（d）、（e）：

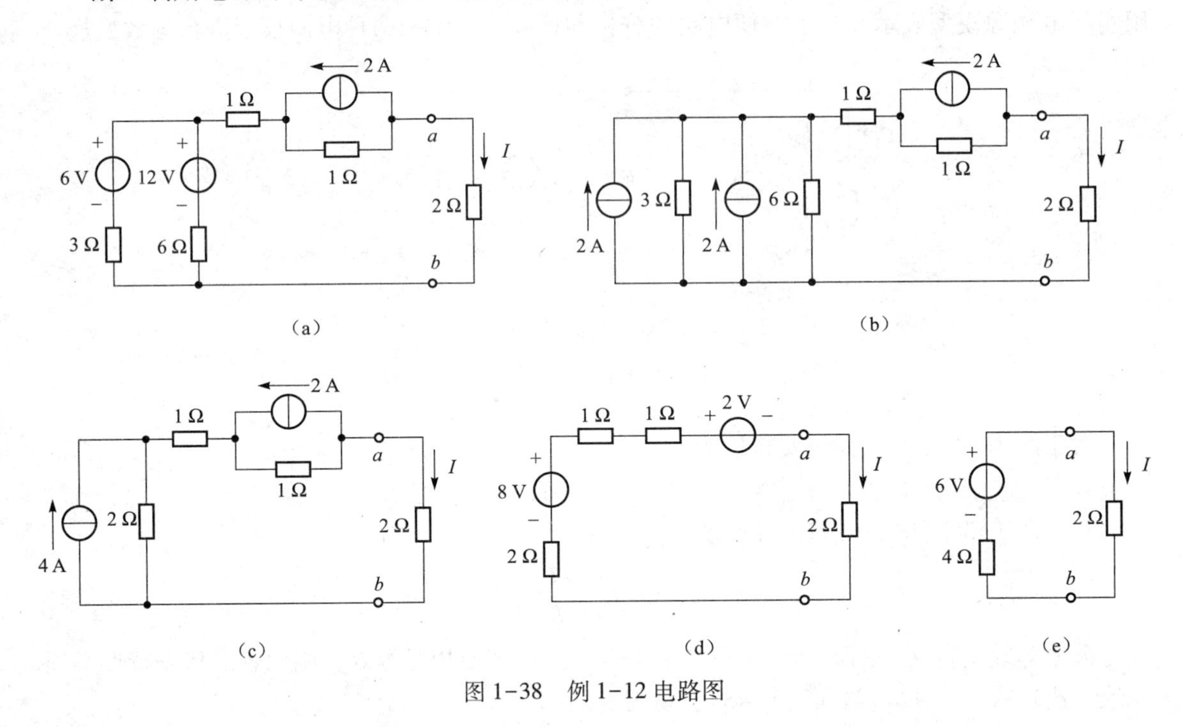

图1-38 例1-12电路图

$$I = \frac{6}{4 + 2} = 1\ (A)$$

从例1-12的分析过程可以看出，利用电源等效变换分析电路，可将电路化简成单回路电路来求解，这种方法通常适用于多电源电路。但须注意的是，在整个变换过程中，所求量的所在支路不能参与等效变换，把它看成外电路始终保留。

1.6.2 支路电流法

前几节中介绍的分析电路的方法是利用等效变换，将电路化简成单回路电路后求出待求支路的电流或电压。但是对于复杂电路（如多回路多节点电路）往往不能很方便地化简为单回路电路，也不能用简单的串、并联方法计算其等效电阻，因此需考虑采用其他分析电路的方法。本节介绍其中最基本、最直观的一种方法——支路电流法。

支路电流法是以支路电流为未知量，利用KVL和KCL列出独立的支路电流方程和独立

的回路电压方程，联立方程求出各支路电流，然后根据电路的基本关系求出其他未知量。下面以图 1-39 所示电路为例来说明支路电流法的分析过程。

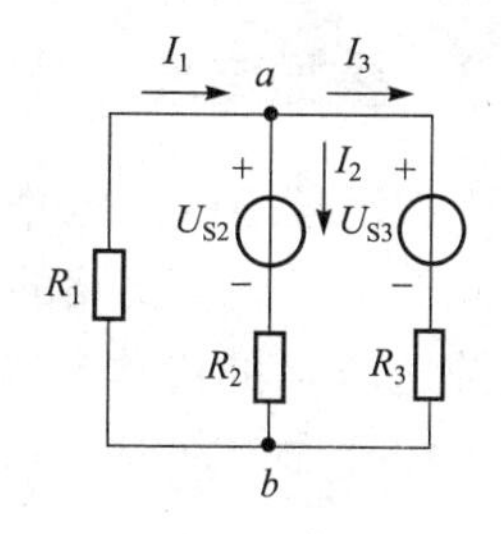

图 1-39　支路电流法举例

设图 1-39 中各电压源电压和电阻阻值均已知，求各支路电流。从图中可看出支路数 $b=3$，节点数 $n=2$，各支路电流的参考方向如图所示。未知量为三个，因此需列出三个方程来求解。

首先，根据电流的参考方向对节点列 KCL 方程

节点 a：
$$I_1 - I_2 - I_3 = 0 \tag{1-50}$$

节点 b：
$$-I_1 + I_2 + I_3 = 0 \tag{1-51}$$

比较式（1-50）与式（1-51）可看出两式完全相同，故只有一个方程是独立的。因此可以得出结论：具有 n 个节点的电路，只能列出 $n-1$ 个独立的 KCL 方程。所以，n 个节点中，只有 $n-1$ 个节点是独立的，称为独立节点。

其次，对回路列 KVL 方程，图 1-39 中有三个回路，绕行方向均选择顺时针方向。

左面回路：
$$I_1R_1 + U_{S2} + I_2R_2 = 0 \tag{1-52}$$

右面回路：
$$U_{S3} + I_3R_3 - I_2R_2 - U_{S2} = 0 \tag{1-53}$$

整个回路：
$$I_1R_1 + U_{S3} + I_3R_3 = 0 \tag{1-54}$$

将式（1-52）与式（1-53）相加正好得到式（1-54），可见在这三个回路方程中，独立的方程为任意两个，这个数目正好与网孔个数相等。因此可以得出结论：若电路有 n 个节点，b 条支路，m 个网孔，可列出 $b-(n-1)$ 个独立的 KVL 方程，且 $b-(n-1)=m$。通常情况下，可选取网孔作为回路列 KVL 方程，因为每个网孔都是一个独立回路（包含一条在已选回路中未出现过的新支路），对独立回路列 KVL 方程能保证方程的独立性。值得注意的是，网孔是独立回路，但独立回路不一定是网孔。

通过以上实例可得出，以支路电流为未知量的线性电路，应用 KCL 和 KVL 一共可列出 $(n-1)+[b-(n-1)]=b$ 个独立方程，可以解出 b 个支路电流。

综上所述，归纳支路电流法的计算步骤如下：

① 选定各支路电流的参考方向。

② 选择 $n-1$ 个独立节点列 KCL 方程。

③ 选取 $b-(n-1)$ 个独立回路，设定各独立回路的绕行方向，对其列 KVL 方程。

④ 联立求解上述 b 个独立方程，得出待求的各支路电流，然后按 VCR 求得支路电压。

例 1-13　在图 1-39 所示电路中，已知 $R_1=6\ \Omega$，$R_2=R_3=5\ \Omega$，$U_{S2}=80\ \text{V}$，$U_{S3}=90\ \text{V}$，试求各支路电流。

解　设各支路电流的参考方向如图 1-39 所示，并指定网孔的绕行方向为顺时针方向，应用 KCL 和 KVL 列出式（1-50）、式（1-52）及式（1-53）的方程组，并将数据代入，可得

$$I_1 - I_2 - I_3 = 0$$
$$6I_1 + 80 + 5I_2 = 0$$
$$90 + 5I_3 - 5I_2 - 80 = 0$$

解得 $I_1=-10$（A），$I_2=-4$（A），$I_3=-6$（A）。

1.6.3 叠加定理

叠加定理是线性电路的一个重要定理。叠加定理可表述为：当线性电路中有几个独立电源共同作用时，各支路的电流（或电压）等于各个独立电源单独作用时在该支路产生的电流（或电压）的代数和（叠加）。

运用叠加定理时，可把电路中的电压源和电流源分成几组，按组计算电流和电压再叠加。

例 1-14 如图 1-40（a）所示电路，已知 $I_S=3\ A$，$U_S=20\ V$，$R_1=20\ \Omega$，$R_2=10\ \Omega$，$R_3=30\ \Omega$，$R_4=10\ \Omega$，试用叠加定理计算 U。

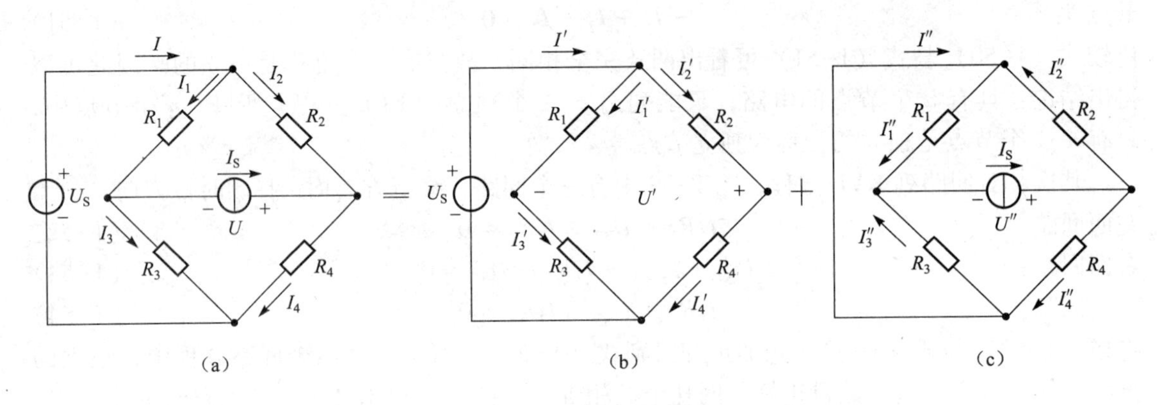

图 1-40 例 1-14 图

解 按叠加定理，作出电压源和电流源分别作用的分电路，如图 1-40（b）、(c) 所示。

① 电压源单独作用时

$$I'_1=I'_3=\frac{U_S}{R_1+R_3}=\frac{20}{20+30}=0.4\ (A)$$

$$I'_2=I'_4=\frac{U_S}{R_2+R_4}=\frac{20}{10+10}=1\ (A)$$

$$U'=R_4I'_4-R_3I'_3=10\times1-30\times0.4=-2\ (V)$$

② 电流源单独作用时

$$I''_1=\frac{R_3}{R_1+R_3}I_S=\frac{30}{20+30}\times3=1.8(A)$$

$$I''_2=\frac{R_4}{R_2+R_4}I_S=\frac{10}{10+10}\times3=1.5(A)$$

$$U''=R_2I''_2+R_1I''_1=10\times1.5+20\times1.8=51(V)$$

③ 将分量进行叠加

$$U=U'+U''=-2+51=49\ (V)$$

应用叠加定理时，应注意以下几点：

① 叠加定理只能用来计算线性电路的电流和电压，对非线性电路叠加定理不适用。由于功率不是电压或电流的一次函数，所以也不能应用叠加定理来计算。

② 叠加时，电路的连接及所有电阻保持不变。不作用的电压源用短路代替；不作用的电流源用开路代替。

③ 所求响应分量叠加时，若分量的参考方向与原电路中该响应的参考方向一致，则该分量取正号，反之取负号。

1.6.4　戴维南定理

如图 1-41（a）所示二端网络，其内部含有电源的称为有源二端网络，符号用图 1-41（b）表示。

根据前面所学知识可知，无源二端网络的等效电路仍然是一条无源支路，支路中的电阻等于二端网络内所有电阻化简后的等效电阻。那么，有源二端网络的等效电路是什么呢？这就是本节所需解决的问题，即介绍戴维南定理。

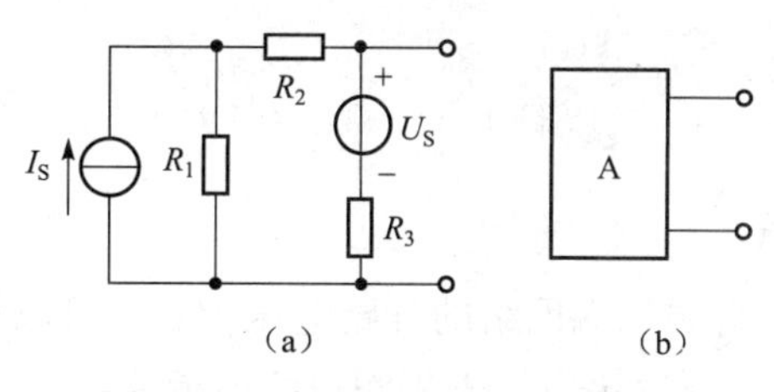

图 1-41　有源二端网络及其符号
（a）有源二端网络；（b）有源二端网络符号

现以图 1-42（a）所示电路为例来导出戴维南定理。

如要求出图 1-42（a）中 R_L 以左的有源二端网络的等效电路，根据所学知识可采用以下方法：利用电源两种模型的等效变换进行化简，如图 1-42（b）、（c）、（d）所示。最后化简成一个 8 V 电压源和一个 8 Ω 电阻串联的模型，如图 1-42（e）所示。

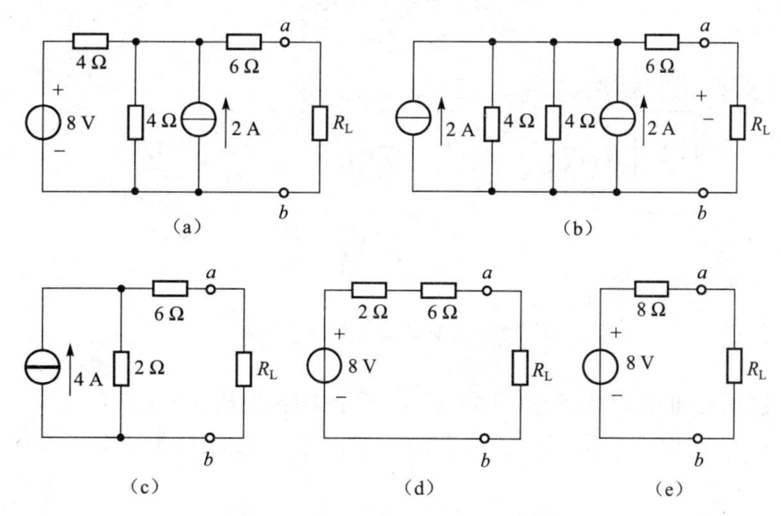

图 1-42　有源二端网络的化简

将上述分析进行总结可得：一个线性含源二端电阻网络，对外电路来说，总可以用一个电压源和电阻串联的模型来代替。该电压源的电压等于含源二端网络的开路电压 U_{OC}，电阻等于该网络中所有电压源短路、电流源开路时的等效电阻 R_0，如图 1-43 所示。这就叫戴维南定理。

综上所述，归纳戴维南定理的计算步骤如下：

① 将所求量的所在支路（或待求支路）与电路的其他部分断开，形成一个二端网络。

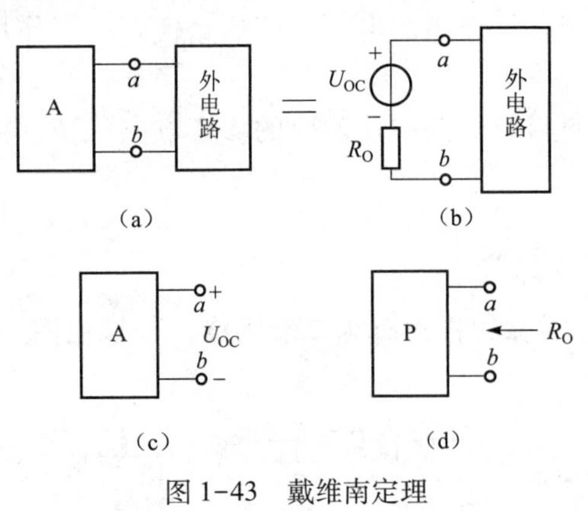

图 1-43　戴维南定理

② 求二端网络的开路电压 U_{OC}。

③ 将二端网络中的所有电压源用短路代替、电流源用开路代替，得到无源二端网络，求该二端网络端钮的等效电阻 R_0。

④ 画出戴维南等效电路，并与待求支路相连，得到一个无分支闭合电路，再求电压或电流。

需要注意的是，画戴维南等效电路时，电压源的极性必须与开路电压的极性保持一致。此外，等效电路的参数 U_{OC}、R_0 除了用计算的方法外，还可采用实验的方法测得。

含源二端网络的开路电压 U_{OC}，可以用电压表直接测得，如图 1-44（a）所示。等效电阻 R_0 可以用电流表先测短路电流 I_{SC}，如图 1-44（b）所示，再计算出 R_0。

$$R_0 = \frac{U_{OC}}{I_{SC}}$$

若二端网络不能短路，可外接一保护电阻 R'，再测出电流 I'_{SC}，如图 1-44（c）所示，则

$$R'_0 = \frac{U_{OC}}{I'_{SC}} - R'$$

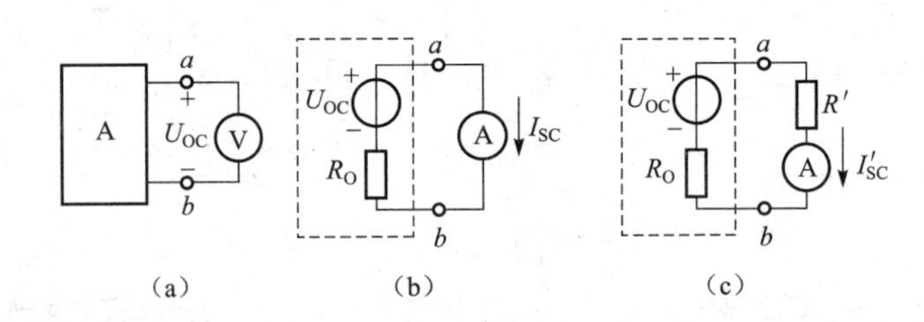

图 1-44　等效电路的参数测定

例 1-15　试用戴维南定理求图 1-45（a）所示电路中 R_L 的电流 I。

解　将电阻 R_L 移出，其余部分成为含源二端网络，如图 1-45（b）所示，先求该图的开路电压 U_{OC}，可得

$$U_{OC} = 5I_1 - 5I_2 = 5 \times \frac{12}{5+5} - 5 \times \frac{12}{10+5} = 2(\mathrm{V})$$

再求等效电阻 R_0，将含源二端网络转化成无源二端网络，如图 1-45（c）所示电路，得

$$R_0 = \frac{5 \times 5}{5+5} + \frac{10 \times 5}{10+5} = 5.8\ (\Omega)$$

画出戴维南等效电路，并将移出的支路接入等效电路，如图 1-45（d）所示，通过 R_L 的电流为

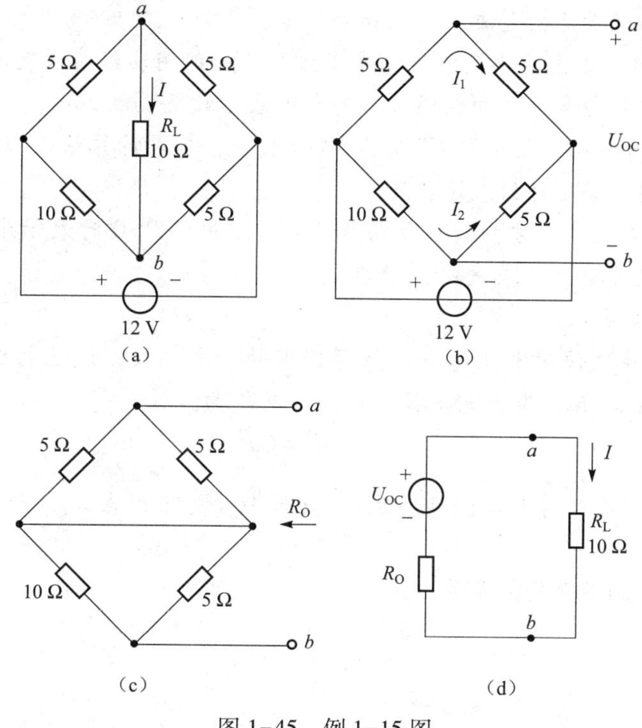

图1-45　例1-15图

$$I=\frac{U_{OC}}{R_O+R_L}=\frac{2}{5.8+10}=0.13\ (A)$$

知识拓展

在实际应用中常会遇到许多电子器件是非线性元件，如：半导体二极管、三极管等。分析含有非线性元件的电路的基本依据仍然是KCL、KVL和元件的伏安特性，分析计算方法有解析法和图解法两类。

先导案例解决

对实际的元器件，根据它所应用的条件及所表现出的主要物理特性，对其做某种近似理想化，用所定义的一种或几种理想元件模型的组合连接，可构成实际元器件的电路模型。

电流、电压（点位）和功率是分析电路的基本变量。

对物理量的分析计算主要运用欧姆定律、基尔霍夫定律等进行分析计算。

本章小结

1. 电流、电压和电功率

电路中的主要物理量是指电流、电压和电功率。

① 在计算电流时，首先要设定电流的参考方向，一般用实线箭头表示。如果计算结果 I 为正值，表示实际方向与参考方向相同，若为负值表示相反。

② 电压 U 的参考方向一般用“+”“−”极性表示，如果计算结果 U 为正值，表示实际方向与参考方向相同，若为负值表示相反。

③ 在 U 与 I 为关联参考方向时，电功率 $P=UI$，并且 $P>0$ 时表示元件吸收（或消耗）功率，$P<0$ 时表示元件输出（或提供）功率。

2. 元件的约束关系

① 电阻 R 是反映元件对电流有一定阻碍作用的一个参数，线性电阻在电压 u 与电流 i 为关联参考方向时有 $u=Ri$，即欧姆定律。电阻的功率为

$$p=ui=Ri^2=Gu^2$$

② 电容 C 是一种能储存电场能量的元件，$C=\dfrac{q}{u}$。电容 C 在 u、i 为关联参考方向时 $i=C\dfrac{\mathrm{d}u}{\mathrm{d}t}$。电容在任一时刻储存的能量为

$$W_{\mathrm{C}}=\frac{1}{2}Cu^2$$

③ 电感 L 是一种能储存磁场能量的元件，$L=\dfrac{\psi}{i}$。电感 L 在 u、i 为关联参考方向时 $u=L\dfrac{\mathrm{d}i}{\mathrm{d}t}$。电感在任一时刻储存的能量为

$$W_{\mathrm{L}}=\frac{1}{2}Li^2$$

④ 直流理想电压源是一个二端元件，它的端电压是一固定值，用 U_{S} 表示，通过它的电流由外电路决定。

⑤ 直流理想电流源是一个二端元件，它向外电路提供一恒定电流，用 I_{S} 表示，它的端电压由外电路决定。

实际电压源模型用一理想电压源与一电阻串联的组合模型表示，在实际使用中不允许短路；实际电流源模型用一理想电流源与一电阻并联的组合模型表示，实际电流源不允许开路。

⑥ 受控源。电压源的电压和电流源的电流受电路中其他部分的电压或电流的控制，这种电源称为受控源。受控源分为四种：电压控制电压源（VCVS）、电流控制电压源（CCVS）、电压控制电流源（VCCS）、电流控制电流源（CCCS）。

3. 电路的工作状态

电路有开路、短路和有载三种工作状态。

开路是指电源与负载没有构成闭合路径，此时电路中的电流为零。

短路是指电源未经负载而直接通过导线接成闭合路径。短路时电流很大，严重时会烧毁电源。

有载工作状态时电源与负载构成闭合通路。

4. 电路互联的约束关系

基尔霍夫定律是分析电路的最基本定律，它贯穿整个电路分析的始终。

① KCL 是对电路中任一节点而言的，运用 KCL 方程 $\sum I=0$ 时，应事先选定各支路电流的参考方向，规定流入节点的电流为正（或为负），流出节点的电流为负（或为正）。

② KVL 是对电路中任一回路来讲的，运用 KVL 方程 $\sum U=0$ 时，应事先选定各元件上电压参考方向及回路绕行方向，规定当电压方向与绕行方向一致时取正号，否则取负号。

③ 基尔霍夫定律的应用。基尔霍夫定律的应用是分析、计算复杂电路的一种最基本方法。

5. 电路的基本分析方法

（1）等效变换

① 等效网络的概念。端口电压与电流关系相同的两个网络称为等效网络。等效网络互换，它们的外部情况不变。

② n 个电阻串联的等效电阻公式为

$$R=\sum_{k=1}^{n} R_k$$

③ n 个电阻并联的等效电导公式为

$$G=\sum_{k=1}^{n} G_k$$

④ 两种电源模型的等效变换。电压源与电阻串联的模型和电流源与电阻并联的模型可以进行等效变换，等效变换公式为

$$I_S=\frac{U_S}{R_S},\quad R'_S=R_S$$

（2）支路电流法

支路电流法是以支路电流为未知量，利用 KVL 和 KCL 列出独立的支路电流方程和独立的回路电压方程，联立方程求出各支路电流，然后根据电路的基本关系求出其他未知量。

（3）叠加定理

当线性电路中有几个独立电源共同作用时，各支路的电流（或电压）等于各个独立电源单独作用时在该支路产生的电流（或电压）的代数和（叠加）。

（4）戴维南定理

一个线性含源二端电阻网络，对外电路来说，总可以用一个电压源和电阻串联的模型来代替。该电压源的电压等于含源二端网络的开路电压 U_{OC}，电阻等于该网络中所有电压源短路、电流源开路时的等效电阻 R_0。

习　题　一

1-1　如图 1-46 所示，当 $U=-100$ V 时，试写出 U_{AB} 和 U_{BA} 各为多少伏。

1-2　在图 1-47 中，所标的是各元件电压、电流的参考方向。求各元件功率，并判断它是耗能元件还是电源。

1-3　求图 1-48 中电压 U_{ab}，并指出电流和电压的实际方向。已知电阻 $R=5\ \Omega$。

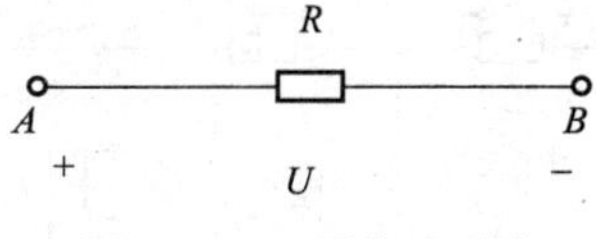

图 1-46　习题 1-1 图

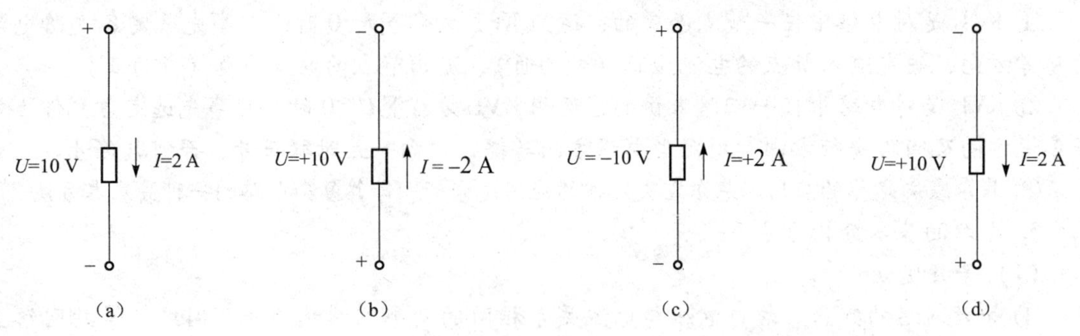

图 1-47　习题 1-2 图

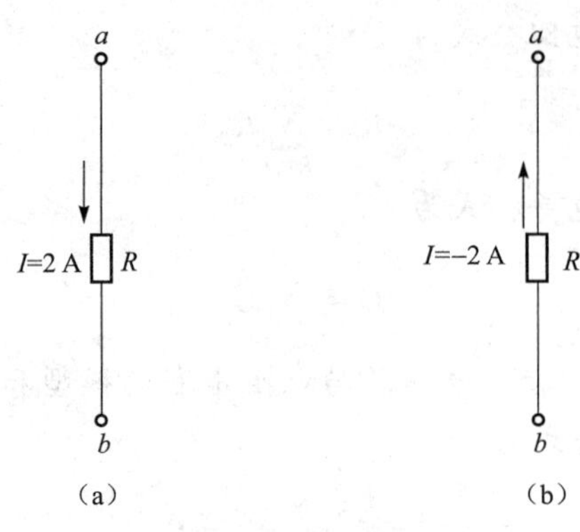

图 1-48　习题 1-3 图

1-4　求图 1-49 所示电路中的未知电流。

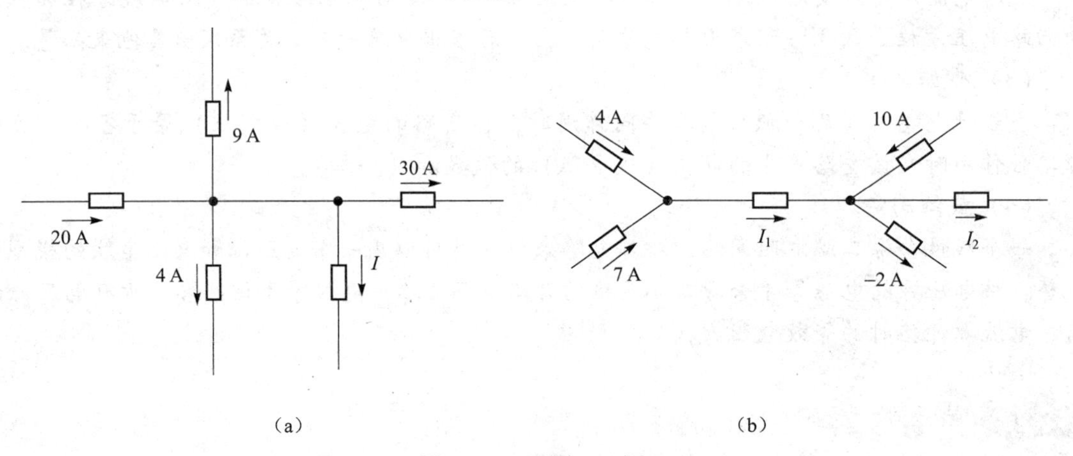

图 1-49　习题 1-4 图

1-5　在图 1-50 中，已知 $I_1=10$ mA，$I_2=-15$ mA，$I_5=20$ mA，求电路中其他电流的值。

1-6　在图 1-51 中，已知 $I_1=-2$ mA，$I_2=1$ mA。试确定电路元件 3 中的电流 I_3 及其两端电压 U_3，并说明它是电源还是负载。

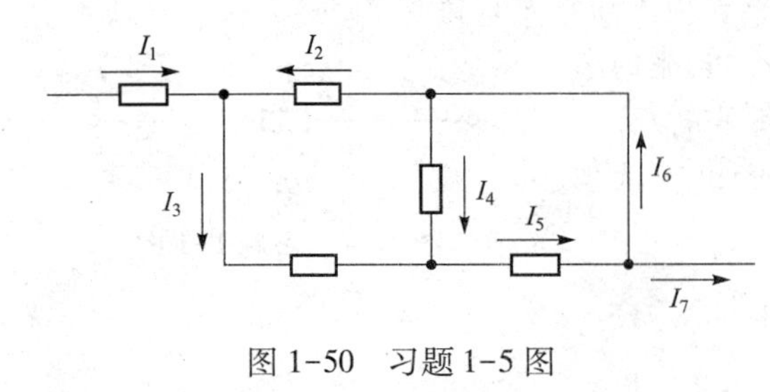

图 1-50　习题 1-5 图

1-7　图1-52所示电路中，根据KCL列出方程，有几个是独立的？根据KVL列出所有的网孔方程。

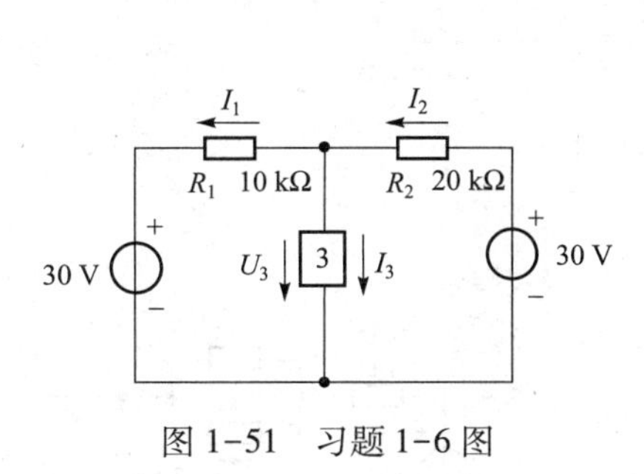

图1-51　习题1-6图

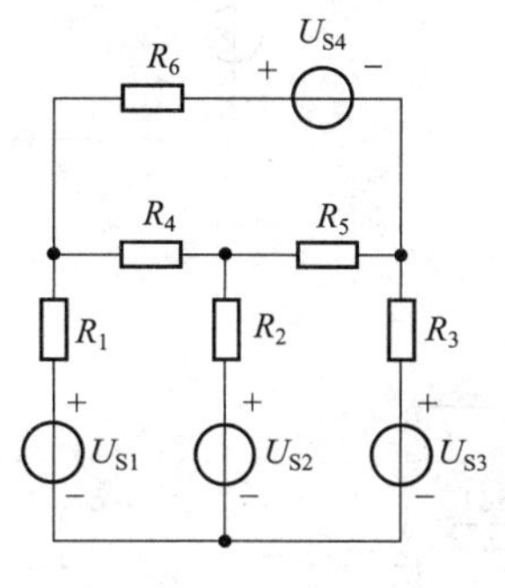

图1-52　习题1-7图

1-8　求图1-53所示电路中各有源支路中的未知量。

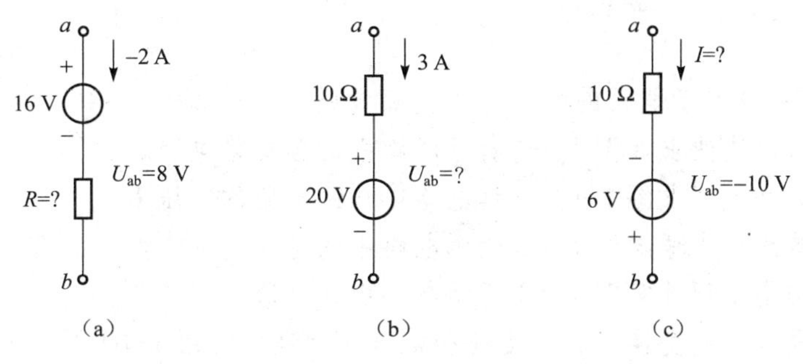

图1-53　习题1-8图

1-9　求图1-54所示电路中a、b两点间的电压U_{ab}。

1-10　在图1-55所示电路中，已知$I_{S1}=2$ A，$I_{S2}=3$ A，$R_1=1$ Ω，$R_2=2$ Ω，$R_3=2$ Ω，求I_3、U_{ab}和两理想电流源的端电压U_{cb}和U_{db}。

1-11　求图1-56所示电路中的电压U和电流I。

1-12　求图1-57所示电路的等效电阻R_{ab}。

1-13　计算如图1-58所示电路中的电流I。

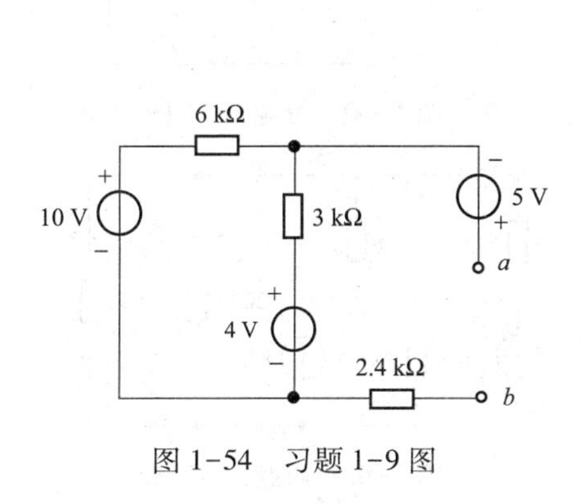

图1-54　习题1-9图

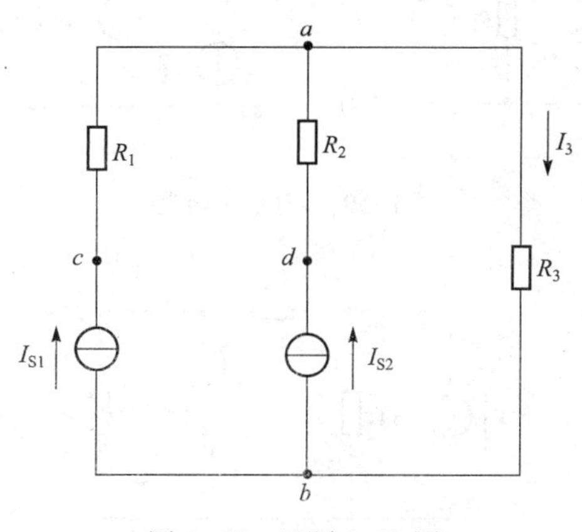

图1-55　习题1-10图

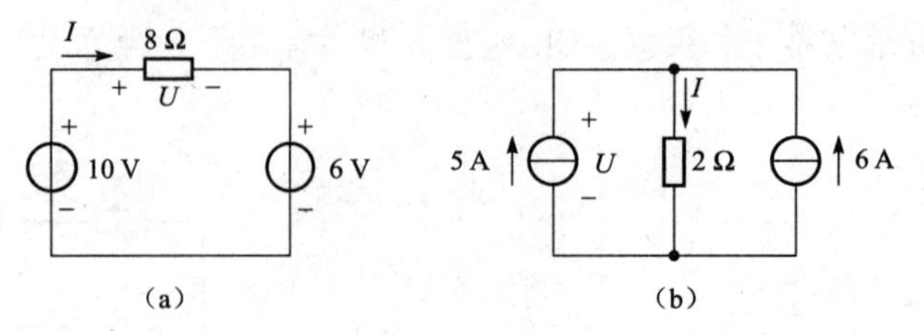

图 1-56　习题 1-11 图

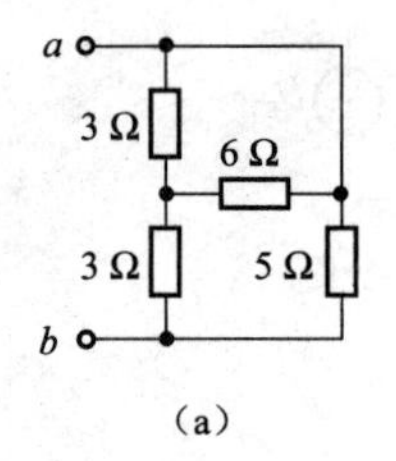

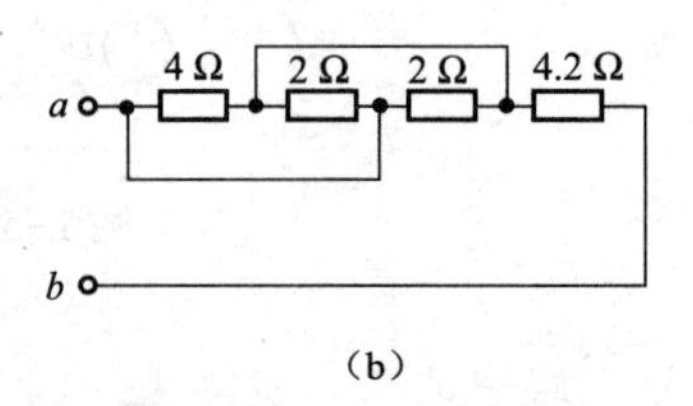

图 1-57　习题 1-12 图

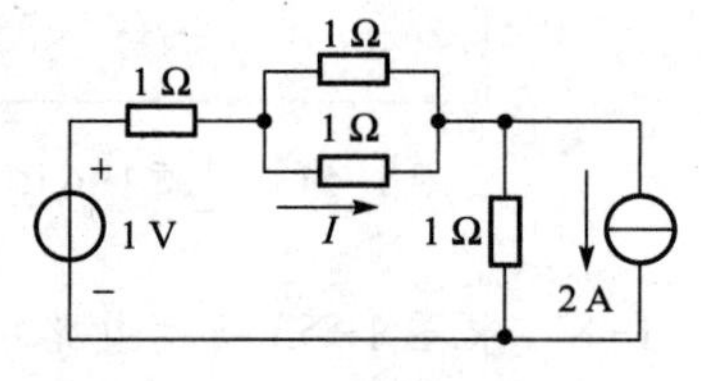

图 1-58　习题 1-13 图

1-14　求图 1-59 所示电路的端口等效电源模型。

1-15　用支路电流法求如图 1-60 所示电路中的各支路电流。

1-16　试用叠加定理求图 1-61 所示电路中 6 Ω 电阻的电压 U。

1-17　试用戴维南定理求图 1-62 所示电路中的电流 I。

1-18　用戴维南定理计算图 1-63 所示电路中的电流 I。

1-19　试用电源等效变换、叠加定理和戴维南定理求解图 1-64 所示电路的电流 I。

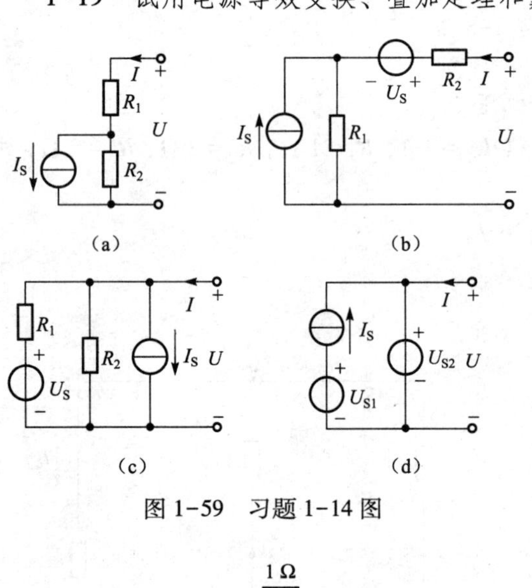

图 1-59　习题 1-14 图

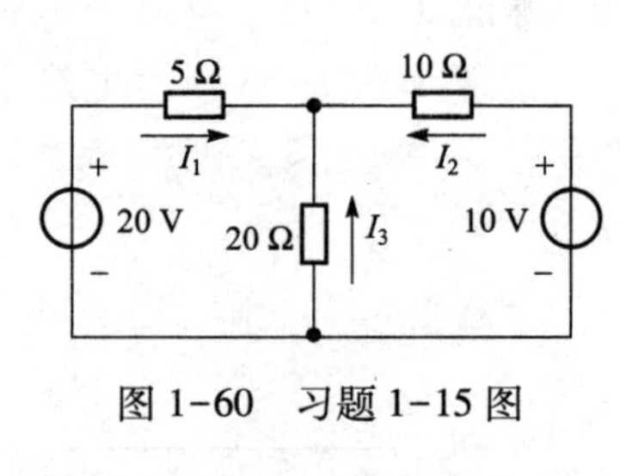

图 1-60　习题 1-15 图

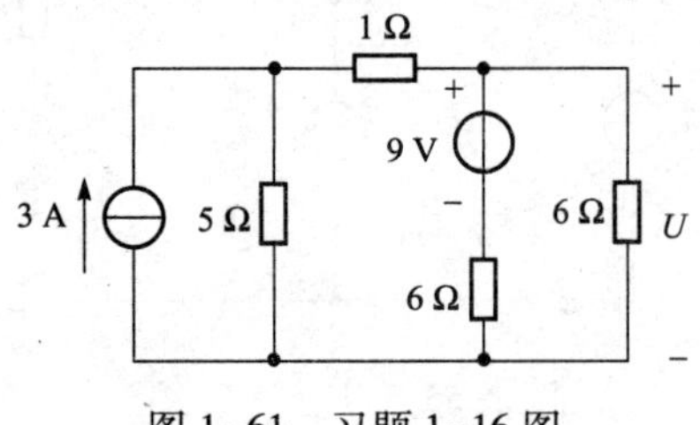

图 1-61　习题 1-16 图

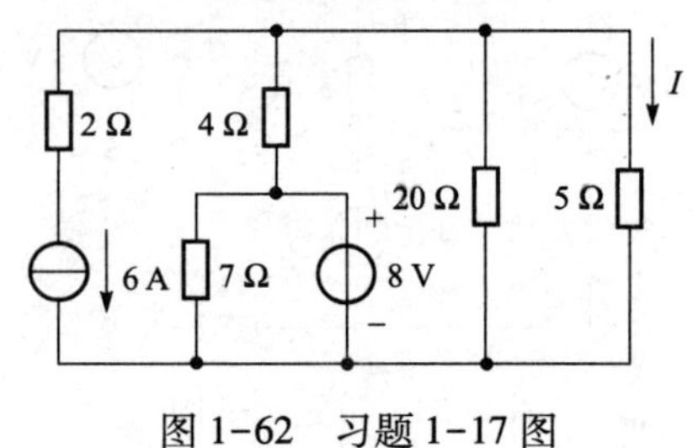

图 1-62　习题 1-17 图

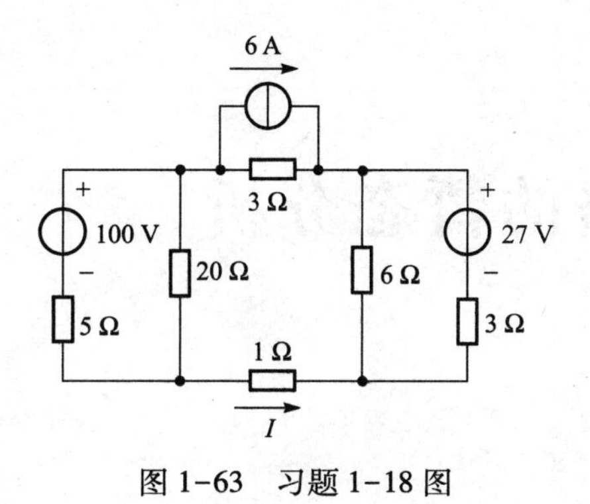

图 1-63　习题 1-18 图

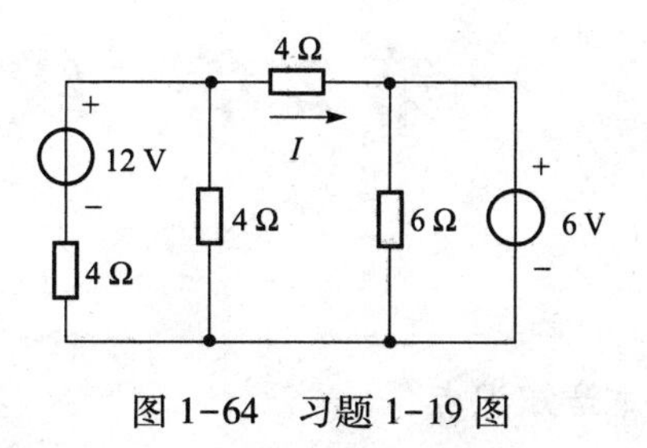

图 1-64　习题 1-19 图

第 1 章　直流电路

第 2 章　线性电路的暂态分析

本章知识点

［1］理解电路的暂态和稳态、零输入响应、零状态响应、全响应的概念，以及时间常数的物理意义。

［2］掌握换路定律及初始值的求法。

［3］掌握一阶线性电路分析的三要素法。

先导案例

有些电路利用了电容充电时间和充满电后电压不能突变的原理，做成延时电路，用在喇叭分频器上起通交流隔直流（通高频阻低频）的作用。那么像电容这样的储能元件其充电时间、充放电时的端电压如何分析？

2.1　换路定律及初始值的确定

前面各章所研究的电路，无论是直流电路，还是周期性交流电路，所有的激励和响应在一定的时间内都是恒定不变或按周期规律变化的，这种工作状态称为稳定状态，简称稳态。然而，实际电路经常可能发生开关的通断、元件参数的变化、连接方式的改变等情况，这些情况统称为换路。电路发生换路时，通常要引起电路稳定状态的改变，电路要从一个稳态进入另一个稳态。

由于换路引起的稳定状态的改变，必然伴随着能量的改变。在含有电容、电感储能元件的电路中，这些元件上能量的积累和释放需要一定的时间。如果储能的变化是即时完成的，这就意味着功率 $p=\frac{\mathrm{d}w}{\mathrm{d}t}$ 为无限大，这在实际上是不可能的。也就是说，储能不可能跃变，需要有一个过渡过程。这就是所谓的动态过程。实际电路中的过渡过程往往是短暂的，故又称为暂态过程，简称暂态。

电路的暂态过程虽然比较短暂，但对它的研究却具有重要的实际意义，因为电路的暂态特性在很多技术领域中得到了应用。例如，在控制设备中常利用这些特性来提高控制速度和精度；在脉冲技术中利用这些特性来变换和获得各种脉冲波形等。另外，由于有些电路在暂态中会出现过电流或过电压，认识其规律有利于采取措施加以防范。

2.1.1　换路定律

换路时，由于储能元件的能量不会发生跃变，故形成了电路的过渡过程。对电容元件而言，储有电场能量，其大小为 $W_C=\dfrac{1}{2}Cu_C^2$；对电感元件而言，储有磁场能量 $W_L=\dfrac{1}{2}Li_L^2$。从另一个角度理解，对电容元件，其充、放电电流 $i_C=C\dfrac{du_C}{dt}$ 不能无限大，所以电容电压 u_C 不能跃变；对电感元件，其两端电压 $u_L=L\dfrac{di_L}{dt}$ 不能无限大，所以电感电流 i_L 不能跃变。

电路在换路时能量不能跃变具体表现为：换路瞬间，电容两端的电压 u_C 不能跃变；通过电感的电流 i_L 不能跃变。这一规律是分析暂态过程的很重要的定律，称为换路定律。用 $t=0_-$ 表示换路前的瞬间，$t=0_+$ 表示换路后的瞬间，换路定律可表示为

$$\begin{cases}u_C(0_+)=u_C(0_-)\\ i_L(0_+)=i_L(0_-)\end{cases}\tag{2-1}$$

式（2-1）是换路定律重要的表达式，它仅适用于换路瞬间，即换路后的瞬间，电容电压 u_C 和电感电流 i_L 都应保持换路前的瞬间具有的数值而不能跃变。而其他的量，如电容上的电流、电感上的电压、电阻上的电压和电流都是可以跃变的，因此它们换路后一瞬间的值，通常都不等于换路前一瞬间的值。

2.1.2　初始值的确定

电路的暂态过程是指换路后瞬间（$t=0_+$）开始到电路达到新的稳定状态（$t=\infty$）时结束。换路后电路中各电压及电流将由一个初始值逐渐变化到稳态值，因此，确定初始值 $f(0_+)$ 和稳态值 $f(\infty)$ 是暂态分析的非常关键的一步。式（2-1）是计算换路时初始值的根据，又称为初始条件。要计算电路在换路时各个电压和电流的初始值，首先根据换路定律得到电感电流或电容电压的初始值，再根据基尔霍夫定律计算其他各个电压和电流的初始值，现将根据换路定律确定电路初始值的步骤归纳如下：

① 作出 $t=0_-$ 时的等效电路，求 $u_C(0_-)$ 和 $i_L(0_-)$。

② 根据换路定律确定 $u_C(0_+)$ 和 $i_L(0_+)$。

③ 作出 $t=0_+$ 时的等效电路，对于电容元件，若 $u_C(0_+)=0$，则电容等效为短路，若 $u_C(0_+)=U_S$，则把电容等效为电压源，其电压为 U_S；对于电感元件，若 $i_L(0_+)=0$，则电感等效为开路，若 $i_L(0_+)=I_S$，则把电感等效为电流源，其电流为 I_S。再用直流电路的分析方法计算各个量的初始值。

例 2-1　如图 2-1（a）所示电路原已稳定。求开关刚闭合时各电压、电流的初始值。已知 $U_S=12$ V，$R=100$ Ω，$r=100$ Ω。设电容、电感初始储能均为零。

解　① 如图 2-1（b）所示，$t=0_-$时，开关未闭合，原电路已稳定且储能元件的初始储能为零，故 $u_C(0_-)=0$，$i_L(0_-)=0$。

② $t=0_+$ 时，开关已闭合，根据换路定律

$$u_C(0_+)=u_C(0_-)=0$$
$$i_L(0_+)=i_L(0_-)=0$$

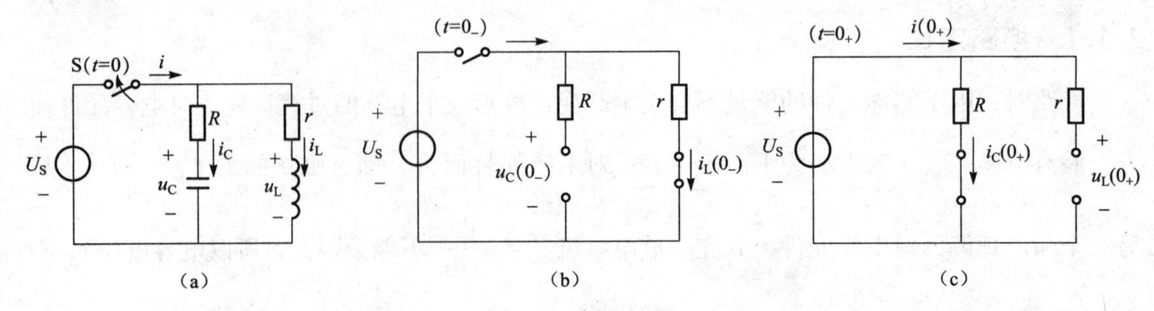

图 2-1　例 2-1 图

（a）$t=0$ 时电路；（b）$t=0_-$时电路；（c）$t=0_+$时电路

③ $t=0_+$时等效电路如图 2-1（c）所示，其他各电压、电流的初始值可根据 $t=0_+$时的等效电路求得。此时，因为 $u_C(0_+)=0, i_L(0_+)=0$，所以在等效电路中电容相当于短路，电感相当于开路。故有

$$i_C(0_+)=\frac{U_S}{R}=\left(\frac{12}{100}\right)\ \text{A}=0.12\ \text{A}$$

$$i(0_+)=i_C(0_+)+i_L(0_+)=i_C(0_+)=0.12\ \text{A}$$

$$u_L(0_+)=U_S-i_L(0_+)r=12\ \text{V}$$

例 2-2　电路如图 2-2（a）所示，开关 S 闭合前电路已稳定，已知 $U_S=10$ V，$R_1=30\ \Omega$，$R_2=20\ \Omega$，$R_3=40\ \Omega$。$t=0$ 时开关 S 闭合，试求 $u_L(0_+)$及 $i_C(0_+)$。

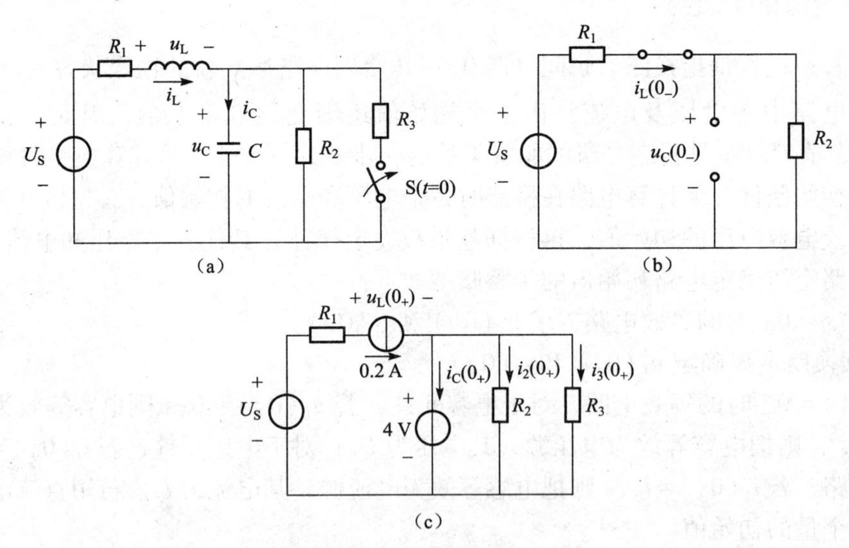

图 2-2　例 2-2 图

（a）$t=0$ 时电路；（b）$t=0_-$时电路；（c）$t=0_+$时电路

解　① 首先求 $u_C(0_-)$ 及 $i_L(0_-)$。

S 闭合前电路已处于直流稳态，故电容相当于开路，电感相当于短路，据此可画出 $t=0_-$时的等效电路，如图 2-2（b）所示。

$$i_L(0_-)=\frac{U_S}{R_1+R_2}=\left(\frac{10}{30+20}\right)\ \text{A}=0.2\ \text{A}$$

$$u_C(0_-)=\frac{R_2}{R_1+R_2}U_S=\left(\frac{20}{30+20}\times 10\right)\ \text{V}=4\ \text{V}$$

② 根据换路定律，有

$$i_L(0_+)=i_L(0_-)=0.2\ \text{A}$$
$$u_C(0_+)=u_C(0_-)=4\ \text{V}$$

③ 作出 $t=0_+$时刻的等效电路，将电感用 0.2 A 电流源替代，电容用 4 V 电压源替代，得 $t=0_+$时刻的等效电路，如图 2-2（c）所示。故

$$\begin{aligned}u_L(0_+)&=U_S-i_L(0_+)R_1-u_C(0_+)\\&=(10-0.2\times 30-4)\ \text{V}=0\ \text{V}\end{aligned}$$

$$\begin{aligned}i_C(0_+)&=i_L(0_+)-i_2(0_+)-i_3(0_+)\\&=i_L(0_+)-\frac{u_C(0_+)}{R_2}-\frac{u_C(0_+)}{R_3}\\&=(0.2-0.2-0.1)\ \text{A}=-0.1\ \text{A}\end{aligned}$$

由以上两例的求解可知：在零初始条件下，即 $u_C(0_+)=u_C(0_-)=0$ 和 $i_L(0_+)=i_L(0_-)=0$，电路在换路后的初始时刻，电容相当于短路，而电感相当于开路。这与直流稳态下电容相当于开路，电感相当于短路是截然不同的。在非零初始条件下，由于 $u_C(0_+)=u_C(0_-)=U_S\neq 0$，$i_L(0_+)=i_L(0_-)=I_S\neq 0$，所以在 $t=0_+$时，电容等效为一个电压为 U_S 的电压源，电感等效为一个电流为 I_S 的电流源。

2.2　一阶电路的零输入响应

一阶电路中仅有一个储能元件（电感或电容），如果在换路瞬间储能元件原来就有能量储存，那么即使电路中并无外施电源存在，换路后电路中仍有电压、电流。这是因为储能元件所储存的能量要通过电路中的电阻以热能的形式放出。由于在这种情况下电路中并无外电源输入，因而电路中所产生的电压或电流就称为电路的零输入响应。下面首先来讨论 *RC* 电路的零输入响应。

2.2.1　*RC* 电路的零输入响应

电路如图 2-3（a）所示，开关 S 在位置 1 时，电容 C 已被电源充电到 U_S，若在 $t=0$ 时把开关从位置 1 打到位置 2，则电容 C 与电阻 R 相连接，独立电源 U_S 不再作用于电路，此时根据换路定律，有 $u_C(0_+)=u_C(0_-)=U_S$，电容 C 将通过电阻 R 放电，电路中的响应完全由电容电压的初始值引起，故属于零输入响应。

按图中所选定的电压、电流参考方向，根据 KVL 可得

$$u_R-u_C=0\qquad(t\geqslant 0)$$

因为

$$i=-C\frac{\mathrm{d}u_C}{\mathrm{d}t}$$

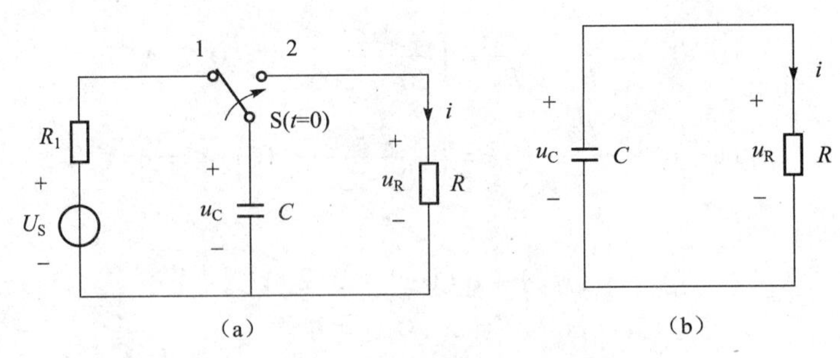

图 2-3　RC 电路的零输入响应

（a）开关 S 在位置 1 时的电路图；（b）等效电路图

式中负号是因为电容电压和电流参考方向相反。则有

$$u_R = Ri = -RC\frac{du_C}{dt}$$

所以，电路方程为

$$RC\frac{du_C}{dt} + u_C = 0 \tag{2-2}$$

式（2-2）是一个一阶常系数线性齐次微分方程，解此方程可得

$$u_C(t) = U_S e^{-\frac{t}{RC}} = u_C(0_+)e^{-\frac{t}{RC}} \qquad (t \geqslant 0) \tag{2-3}$$

式（2-3）表明了放电过程中电容电压 u_C 随时间的变化规律。电路中的电流为

$$i(t) = -C\frac{du_C}{dt} = -C\frac{d}{dt}[U_S e^{-\frac{t}{RC}}] = \frac{U_S}{R}e^{-\frac{t}{RC}} = i(0_+)e^{-\frac{t}{RC}} \qquad (t>0) \tag{2-4}$$

由式（2-3）和式（2-4）可以看出，电压 u_C 和电流 i 都是随时间按指数规律不断衰减的，最后应趋于零。它们的波形分别如图 2-4（a）、（b）所示。

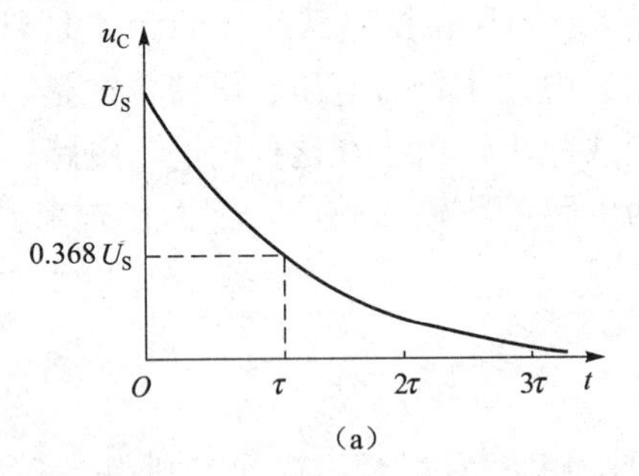

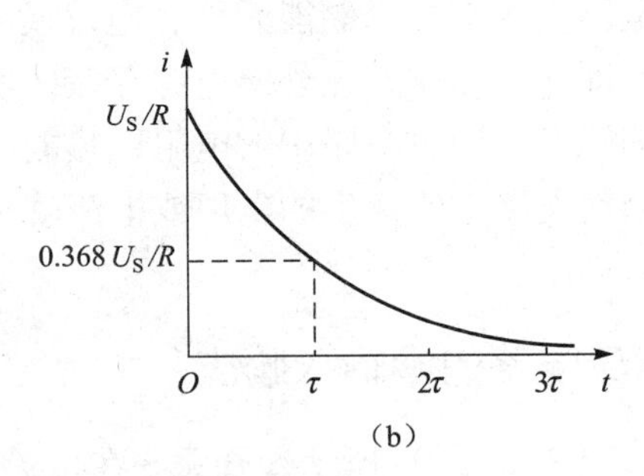

图 2-4　RC 电路的零输入响应 u_C 及 i 的波形

（a）u_C 的波形；（b）i 的波形

式（2-3）及式（2-4）中的 RC 具有时间的量纲，因为

$$[RC] = [欧]\cdot[法] = [欧]\cdot\frac{[库]}{[伏]} = \frac{[欧]\cdot[安]\cdot[秒]}{[伏]} = [秒]$$

故将其称为时间常数，并令

$$\tau = RC$$

引入时间常数 τ 后，式（2-3）和式（2-4）可表示为

$$u_C(t)=U_S e^{-\frac{t}{\tau}}=u_C(0_+)e^{-\frac{t}{\tau}} \quad (t\geqslant 0) \tag{2-5}$$

$$i(t)=\frac{U_S}{R}e^{-\frac{t}{\tau}}=i(0_+)e^{-\frac{t}{\tau}} \quad (t>0) \tag{2-6}$$

时间常数τ由放电回路中 R、C 数值决定，时间常数τ的大小直接影响 u_C 和 i 衰减的快慢，τ越大，衰减得越慢，暂态过程越长。事实上，在 U_S 为定值时，电容 C 值越大，储能就越多，放电时间越长；电阻 R 越大，放电电流越小，放电时间也越长。反之，τ越小，衰减就越快，暂态过程就越短。τ对暂态过程的影响如图 2-5 所示。

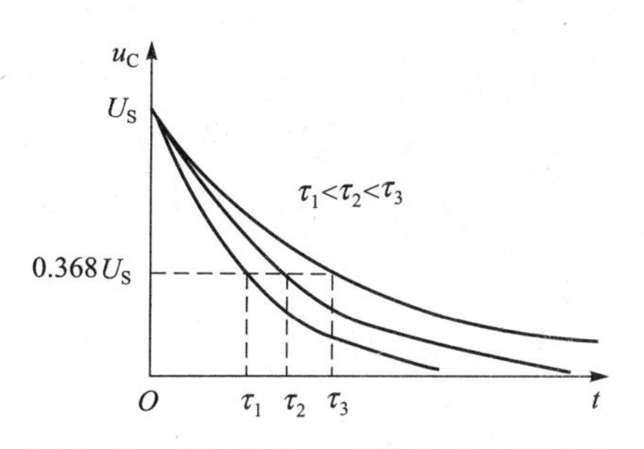

图 2-5　时间常数τ对暂态过程的影响

现将 $t=\tau$，2τ，3τ，… 所对应的 u_C 列于表 2-1中。

表 2-1　t 与 u_C 的关系

t	0	τ	2τ	3τ	4τ	5τ	…	∞
$e^{-\frac{t}{\tau}}$	e^0	e^{-1}	e^{-2}	e^{-3}	e^{-4}	e^{-5}	…	$e^{-\infty}$
$u_C(t)$	U_S	$0.368U_S$	$0.135U_S$	$0.05U_S$	$0.018U_S$	$0.007U_S$	…	0

从表 2-1 中可以看出：① 当 $t=\tau$时，$e^{-\frac{t}{\tau}}=e^{-1}=0.368$，所以，时间常数$\tau$是响应 u_C 衰减到其初始值的 0.368 倍所需要的时间。② 从理论上讲，$t=\infty$时，$e^{-\frac{t}{\tau}}$才为零，过渡过程才结束，但当 $t=3\tau\sim5\tau$时，u_C 已衰减到初始值的 0.05～0.007 倍，因此，工程上一般认为：换路后经过 $3\tau\sim5\tau$，过渡过程就结束，电路进入新的稳态。

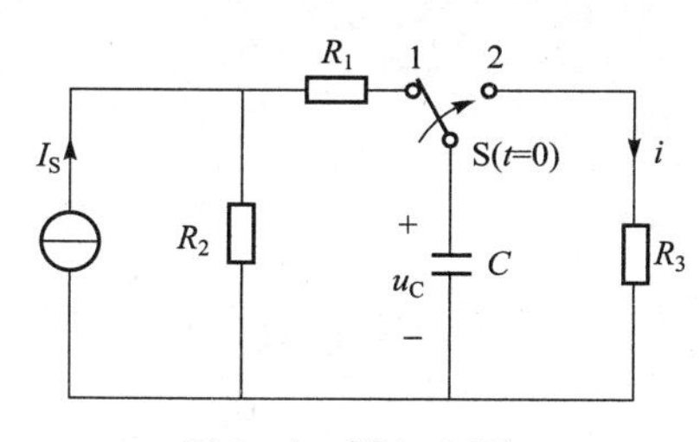

图 2-6　例 2-3 图

例 2-3　电路如图 2-6 所示，设换路前电路已处于稳态，且 $R_1=1\ \text{k}\Omega$，$R_2=2\ \text{k}\Omega$，$R_3=5\ \text{k}\Omega$，$C=1\ \mu\text{F}$，电流源的电流 $I_S=5\ \text{mA}$。当 $t=0$ 时，将开关 S 合向 2 端，求换路后 u_C、i 的时域响应。

解　换路前 $u_C(0_-)=I_S R_2=5\times2\ \text{V}=10\ \text{V}$；

换路后，根据换路定律 $u_C(0_+)=u_C(0_-)=10\ \text{V}$；

电路的时间常数

$$\tau=R_3C=5\times10^3\times1\times10^{-6}\ \text{s}=5\times10^{-3}\ \text{s}$$

换路后电容器通过 R_3 放电，即为零输入响应，则电容器两端电压为

$$u_C=u_C(0_+)e^{-\frac{t}{\tau}}=10e^{-200t}\ \text{V}$$

其中电流

$$i=-C\frac{du_C}{dt}=\frac{u_C(0_+)}{R_3}e^{-\frac{t}{\tau}}=2e^{-200t}\ \text{mA}$$

2.2.2 *RL* 电路的零输入响应

在图 2-7（a）所示的电路中，设开关 S 原先是闭合的，电路已稳定，则 L 相当于短路，此时电感中的电流为 $i_L(0_-)=I_S$。在 $t=0$ 时将开关断开，$i_L(0_+)=i_L(0_-)=I_S$，此时，电感元件储有能量。它将通过 R 放电，从而产生电压和电流，如图 2-7（b）所示。随着时间的推移，由于电阻 R 不断消耗电感中的能量，电感中的磁场能量越来越少，电流也逐渐衰减，当电路达到新的稳态时，电感中原有的能量全部被电阻转换成热能而消耗。此时，电感上的电流为零。

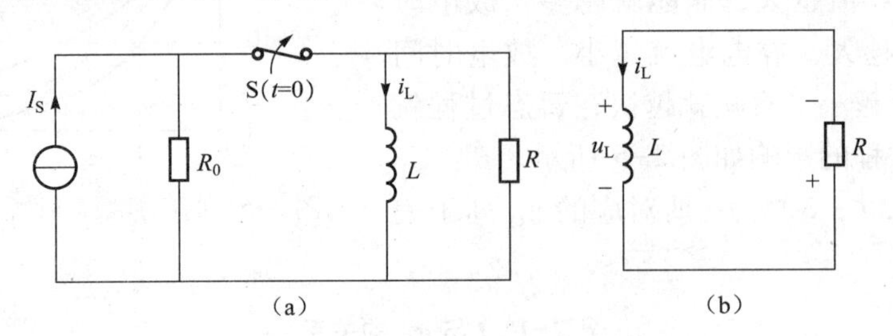

图 2-7　*RL* 电路的零输入响应

（a）开关闭合；（b）产生电压和电流

对于图 2-7 换路后的电路，根据 KVL 可得

$$u_L + Ri_L = 0 \qquad (t \geqslant 0)$$

将 L 的伏安关系 $u_L = L\dfrac{di_L}{dt}$ 代入上式有

$$L\frac{di_L}{dt} + Ri_L = 0 \qquad (t \geqslant 0) \tag{2-7}$$

式（2-7）为一阶常系数线性齐次微分方程，解此方程可得

$$i_L(t) = I_S e^{-\frac{R}{L}t} = i_L(0_+)e^{-\frac{t}{\tau}} \qquad (t \geqslant 0) \tag{2-8}$$

式中，$\tau = \dfrac{L}{R}$，称为 *RL* 电路的时间常数，常用单位也为秒（s）。它的大小同样反映了 *RL* 电路响应的衰减快慢程度。L 越大，在同样大的初始电流 I_S 作用下，电感储存的磁场能量越多，通过电阻释放能量所需要的时间就越长，暂态过程也就越长；而当电阻 R 越小时，在同样大的初始电流 $i_L(0_+)$ 作用下，电阻消耗的功率就越小，暂态过程也就越长。

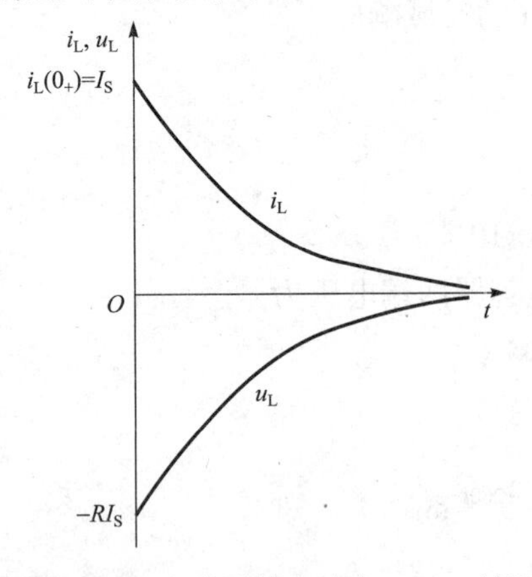

图 2-8　*RL* 电路零输入响应 i_L、u_L 波形

由式（2-8）可得电感电压为

$$u_L(t) = L\frac{di_L}{dt} = -RI_S e^{-\frac{R}{L}t}$$

$$= u_L(0_+)e^{-\frac{t}{\tau}} \qquad (t>0) \tag{2-9}$$

可见，电感电流 i_L 和电感电压 u_L 都是从初始值开始，随时间按同一指数规律衰减的，它们随时间变化的曲线如图 2-8 所示。

需要指出的是：在过渡过程中，由于电流在减小，这时线圈两端所产生的感应电压的极性与图中所示参考方向相反。

从上面的分析可见，*RC* 电路和 *RL* 电路中所有的零输入响应都具有以下相同的形式

$$f(t)=f(0_+)\mathrm{e}^{-\frac{t}{\tau}} \qquad (t>0) \tag{2-10}$$

式中，$f(t)$ 表示零输入响应；$f(0_+)$ 是响应的初始值；τ 是换路后电路的时间常数，在 *RC* 电路中，$\tau=RC$；在 *RL* 电路中，$\tau=\frac{L}{R}$。其中 R 是换路后的电路中储能元件 C 或 L 两端的等效电阻。

式（2-10）表明，一阶电路的零输入响应都是由初始值开始按指数规律衰减的。因此在求一阶电路的零输入响应时，可直接代入式（2-10）求得。

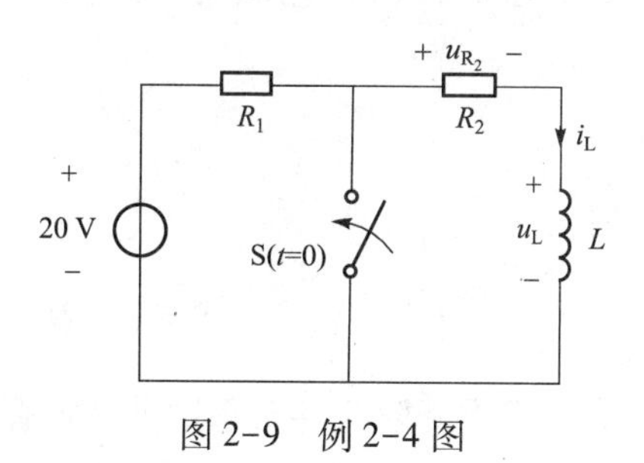

图 2-9　例 2-4 图

例 2-4　在图 2-9 所示电路中，$R_1=5\ \Omega$，$R_2=3\ \Omega$，$L=1\ \mathrm{H}$，$t<0$ 时开关 S 断开，电路已处于稳态，$t=0$ 时开关 S 闭合，求开关 S 断开后的 $i_L(t)$、$u_L(t)$ 和 $u_{R_2}(t)$。

解　换路前，电感 L 相当于短路，得

$$i_L(0_-)=\frac{U_S}{R_1+R_2}=\frac{20}{5+3}\ \mathrm{A}=2.5\ \mathrm{A}$$

在换路后，时间常数为

$$\tau_1=\frac{L}{R_2}=\frac{1}{3}\ \mathrm{s}$$

根据换路定律，有

$$i_L(0_+)=i_L(0_-)=2.5\ \mathrm{A}$$
$$u_L(0_+)=-i_L(0_+)R_2=-2.5\times3\ \mathrm{V}=-7.5\ \mathrm{V}$$
$$u_{R_2}(0_+)=i_L(0_+)R_2=2.5\times3\ \mathrm{V}=7.5\ \mathrm{V}$$

根据式（2-10）得

$$i_L(t)=i_L(0_+)\mathrm{e}^{-\frac{t}{\tau}}=2.5\mathrm{e}^{-3t}\ \mathrm{A} \qquad (t\geqslant0)$$
$$u_L(t)=u_L(0_+)\mathrm{e}^{-\frac{t}{\tau}}=-7.5\mathrm{e}^{-3t}\ \mathrm{V} \qquad (t>0)$$
$$u_{R_2}(t)=u_{R_2}(0_+)\mathrm{e}^{-\frac{t}{\tau}}=7.5\mathrm{e}^{-3t}\ \mathrm{V} \qquad (t>0)$$

2.3　一阶电路的零状态响应

所谓零状态响应，就是电路中储能元件上的初始储能为零，即 $u_C(0_+)=0$、$i_L(0_+)=0$，换路后，仅由外施激励而引起的电路响应。外施激励可以是恒定的电压或电流，也可以是变化的电压或电流。本节讨论输入为恒定量的零状态响应。

2.3.1　*RC* 电路的零状态响应

在图 2-10 所示的 *RC* 电路中，开关原处于断开状态，电容的初始值为零，即 $u_C(0_-)=$

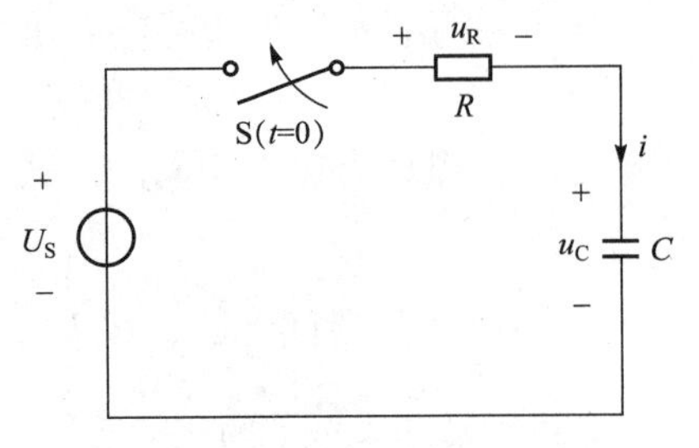

图 2-10　*RC* 电路的零状态响应

0。

在 $t=0$ 时开关闭合，换路后 $u_C(0_+)=u_C(0_-)=0$，此时电路接通直流电源 U_S，电源将向电容充电。根据 KVL 有

$$u_R + u_C = U_S \qquad (t \geqslant 0)$$

由 R、C 的伏安关系

$$i = C\frac{du_C}{dt}$$

$$u_R = Ri = RC\frac{du_C}{dt}$$

可得

$$RC\frac{du_C}{dt} + u_C = U_S \qquad (t \geqslant 0) \tag{2-11}$$

上式为一阶线性常系数非齐次微分方程，解此方程可得

$$u_C(t) = U_S(1 - e^{-\frac{t}{\tau}}) \qquad (t \geqslant 0) \tag{2-12}$$

进而可得电流 $i(t)$ 及电阻电压 $u_R(t)$

$$i(t) = C\frac{du_C}{dt} = \frac{U_S}{R}e^{-\frac{t}{\tau}} \qquad (t>0) \tag{2-13}$$

$$u_R(t) = Ri = U_S e^{-\frac{t}{\tau}} \qquad (t>0) \tag{2-14}$$

$u_C(t)$、$u_R(t)$ 和 $i(t)$ 随时间变化的曲线如图 2-11 所示。

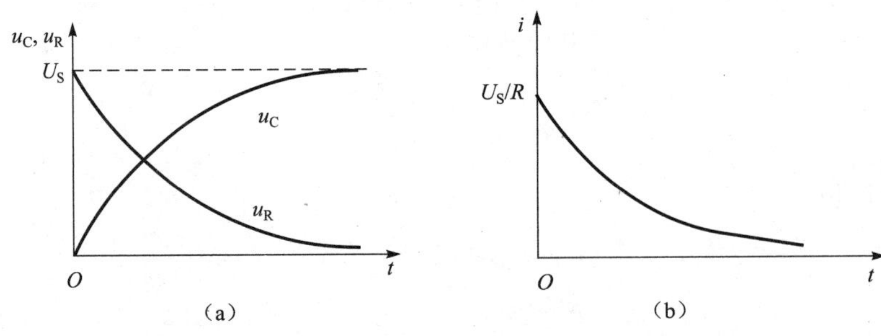

图 2-11　*RC* 电路零状态响应 $u_C(t)$、$u_R(t)$ 和 $i(t)$ 波形

(a) $u_C(t)$、$u_R(t)$ 波形；(b) $i(t)$ 波形

由上述分析可知：电容元件在与恒定电压接通后的充电过程中，电压 u_C 从零值按指数规律上升趋于稳态值 U_S；与此同时，电阻上的电压则从零跃变到最大值 U_S 后按指数规律衰减趋于零值；电路中的电流也是从零跃变到最大值 $\frac{U_S}{R}$ 后按指数规律衰减趋于零值。电压、电流上升或下降的快慢仍然取决于时间常数 τ 的大小。τ 越大，u_C 上升越慢，暂态过程（即充电时间）越长；反之，τ 越小，u_C 则上升越快，暂态过程也越短。当 $t=\tau$ 时，$u_C(\tau)=(1-e^{-1})U_S=0.632U_S$，即电容电压增至稳态值的 0.632 倍。当 $t=(3\sim5)\tau$ 时，u_C 增至稳态值的 0.95~0.997 倍，通常认为此时电路已进入稳态，即充电过程结束。

由于 u_C 的稳态值也就是时间 t 趋于∞时的值，可记为 $u_C(\infty)$，这样式（2-12）可写为

$$u_C(t)=u_C(\infty)(1-e^{-\frac{t}{\tau}})\qquad(t\geqslant 0)\tag{2-15}$$

套用此式即可求得 RC 电路的零状态响应电压 u_C，进而求得电流等。

例 2-5　电路如图 2-12 所示，$U_S=9$ V，$R_1=6$ kΩ，$R_2=3$ kΩ，$C=0.01$ μF，$u_C(0_-)=0$。求 S 接通后的电容电压 $u_C(t)$。

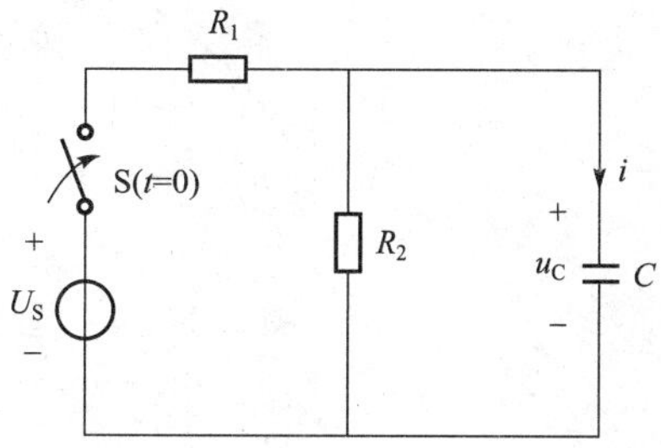

图 2-12　例 2-5 图

解　由图可知，电容元件初始储能为 0，即 $u_C(0_+)=u_C(0_-)=0$，故为零状态响应，下面求开关闭合后，电容电压的稳态值。稳态时电容相当于开路，则有

$$U_C(\infty)=\frac{U_S}{R_1+R_2}\times R_2=\frac{9}{6+3}\times 3\ \text{V}=3\ \text{V}$$

计算电路的时间常数

$$\tau=(R_1//R_2)C=(2\times 10^3\times 0.01\times 10^{-6})\ \text{s}=2\times 10^{-5}\ \text{s}$$

将所求参数代入式（2-15）得

$$u_C(t)=3(1-e^{-\frac{t}{2\times 10^{-5}}})\text{V}=3(1-e^{-5\times 10^4 t})\ \text{V}$$

2.3.2　*RL* 电路的零状态响应

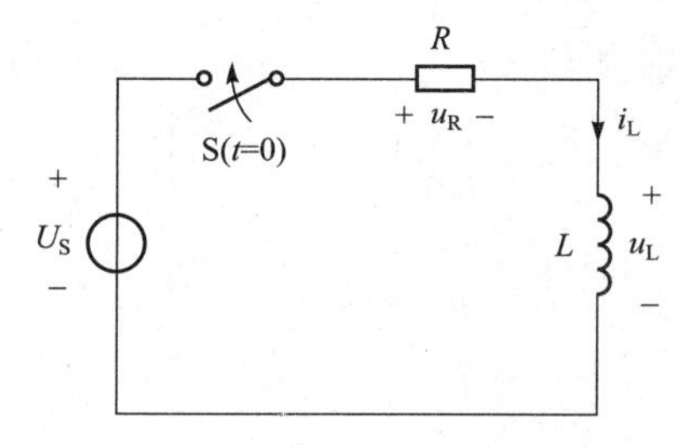

图 2-13　*RL* 电路的零状态响应

图 2-13 所示为 RL 串联电路，在接通直流电源前，电路中没有储存能量，根据换路定律有 $i_L(0_+)=i_L(0_-)=0$，所以称电路处于零状态。在 $t=0$ 时，开关闭合。

电路换路后，根据 KVL，列回路电压方程为

$$u_R+u_L=U_S$$

将 $u_R=Ri$ 和 $u_L=L\frac{di}{dt}$ 代入上式得

$$L\frac{di_L}{dt}+Ri_L=U_S\tag{2-16}$$

式（2-16）为一阶线性常系数非齐次微分方程，解此方程可得

$$i_L(t)=\frac{U_S}{R}(1-e^{-\frac{t}{\tau}})=i_L(\infty)(1-e^{-\frac{t}{\tau}})\qquad(t\geqslant 0)\tag{2-17}$$

其中 $\tau=\frac{L}{R}$ 是电路的时间常数。

电阻上的电压

$$u_R(t)=Ri_L=U_S(1-e^{-\frac{R}{L}t})\qquad(t>0)\tag{2-18}$$

电感上的电压

$$u_L(t)=L\frac{di_L}{dt}=U_S e^{-\frac{R}{L}t}\qquad(t>0)\tag{2-19}$$

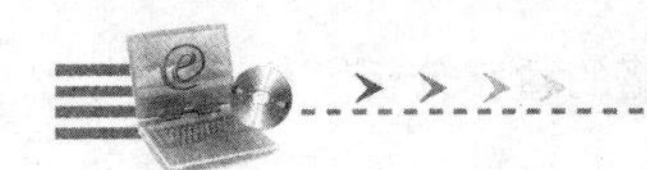

$i_L(t)$、$u_R(t)$、$u_L(t)$ 的曲线如图 2-14（a）、(b) 所示。

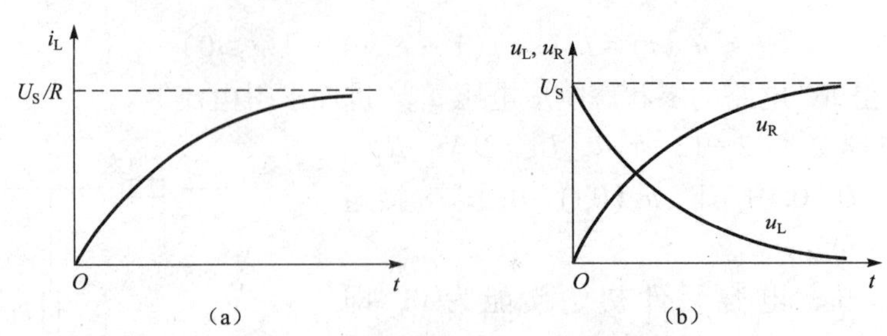

图 2-14 *RL* 电路零状态响应的 $i_L(t)$、$u_R(t)$、$u_L(t)$ 波形

(a) $i_L(t)$ 的波形；(b) $u_R(t)$、$u_L(t)$ 的波形

由以上分析可知：电流 i_L 由零开始按指数规律逐渐增长到稳态值$\frac{U_S}{R}$；电感电压 u_L 则由零跃变到 U_S 后按同一指数规律逐渐衰减到零。

例 2-6 在图 2-15（a）中，$R_1=R_2=1\ \text{k}\Omega$，$L_1=15\ \text{mH}$，$L_2=L_3=10\ \text{mH}$，电流源 $I_S=10\ \text{mA}$。当开关闭合后（$t\geqslant0$）求电流 i（设线圈间无互感）。

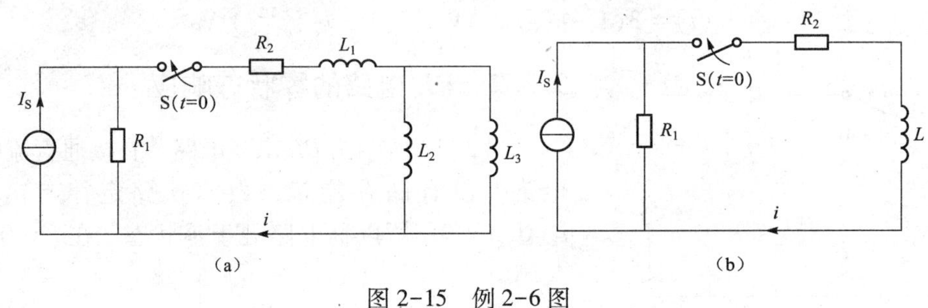

图 2-15 例 2-6 图

(a) 原电路；(b) 等效电路

解 电感 $L=L_1+\frac{L_2L_3}{L_2+L_3}=\left[15\times10^{-3}+\frac{(10\times10)\times10^{-6}}{(10+10)\times10^{-3}}\right]\ \text{H}=20\times10^{-3}\ \text{H}=20\ \text{mH}$

等效电路如图 2-15（b）所示，电感电流的初始值为零，即 $i_L(0_+)=i_L(0_-)=0$，开关 S 闭合后，电感电流的稳态值为

$$i_L(\infty)=\frac{R_1}{R_1+R_2}I_S=\frac{1}{2}\times10\ \text{mA}=5\ \text{mA}$$

下面求电路的时间常数。注意求电路时间常数时应将电路中的电源除去，即理想电压源视为短路，理想电流源视为开路，则时间常数为

$$\tau=\frac{L}{R_1+R_2}=\frac{20\times10^{-3}}{2\times10^3}\ \text{s}=10\times10^{-6}\ \text{s}=10\ \mu\text{s}$$

于是

$$i(t)=i_L(\infty)(1-e^{-\frac{t}{\tau}})=5(1-e^{-\frac{t}{10\times10^{-6}}})=5(1-e^{-10^5t})\ \text{mA}$$

2.4　三要素法

从前面求解一阶电路的响应中可以归纳出，一阶电路中各处电压或电流的响应都是从初始值开始，按指数规律逐渐增加或衰减到新的稳态值，其从初始值过渡到稳态值的时间与电路的时间常数 τ 有关。因此，一阶电路的响应都是由初始值、稳态值及时间常数这三要素决定的。这样求解一阶电路响应的方法称为三要素法。设 $f(t)$ 为电路的响应（电压或电流），$f(0_+)$ 表示电压或电流的初始值，$f(\infty)$ 表示电压或电流的稳态值，τ 表示换路后电路的时间常数，则一阶电路的响应可表示为

$$f(t)=f(\infty)+[f(0_+)-f(\infty)]\mathrm{e}^{-\frac{t}{\tau}} \tag{2-20}$$

求解一阶电路动态响应的三要素法步骤如下：

（1）确定初始值 $f(0_+)$

① 先作 $t=0_-$ 等效电路（电容视为开路，电感视为短路），确定换路前 $u_C(0_-)$、$i_L(0_-)$。

② 由换路定律得 $u_C(0_+)=u_C(0_-)$，$i_L(0_+)=i_L(0_-)$。

③ 作 $t=0_+$ 等效电路。对于电容器，若 $u_C(0_+)=u_C(0_-)=U_0$，则 C 可用电压为 U_0 的电压源来代替；若 $u_C(0_+)=u_C(0_-)=0$，则 C 视为短路。

对于电感器，若 $i_L(0_+)=i_L(0_-)=I_0$，则 L 可用电流为 I_0 的电流源来代替，若 $i_L(0_+)=i_L(0_-)=0$，则 L 视为开路。

④ 在 $t=0_+$ 等效电路中，求其他电压或电流的初始值。

（2）确定稳态值 $f(\infty)$

作 $t=\infty$ 电路，暂态过程结束后，电路进入新的稳态。此时，C 视为开路，L 视为短路。在此电路中，求各电压或电流的稳态值。

（3）求时间常数 τ

在 RC 电路中，$\tau=RC$；在 RL 电路中，$\tau=\dfrac{L}{R}$。其中 R 是将电路中所有独立源除去（即理想电压源短路，理想电流源开路）后，从 C 或 L 两端看进去的等效电阻（即戴维南等效电阻）。

（4）写出电路的响应表达式

由式（2-20）写出电路中电压或电流的响应表达式。

需要指出的是，三要素法仅适用于一阶线性电路，对二阶或高阶电路是不适用的。下面举例说明三要素的应用。

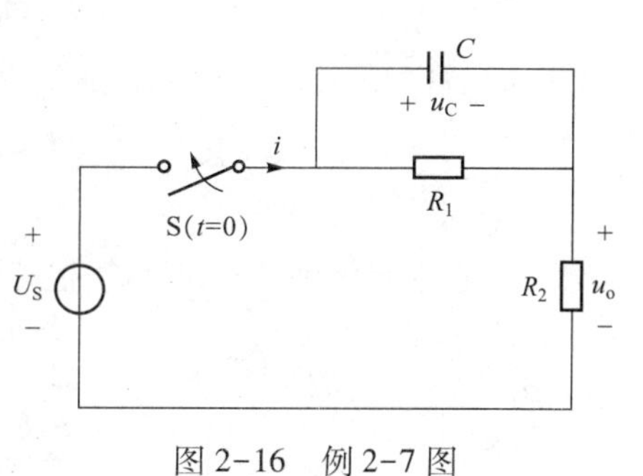

图 2-16　例 2-7 图

例 2-7　已知图 2-16 所示电路中 $u_C(0_-)=0$，$U_S=6\ \text{V}$，$R_1=10\ \text{k}\Omega$，$R_2=20\ \text{k}\Omega$，$C=10^3\ \text{pF}$，求 $t\geqslant 0$ 时的 u_C、u_o 和 i。

解　① 确定初始值。根据换路定律得 $u_C(0_+)=u_C(0_-)=0$，即换路瞬间电容相当于短路，所以

$$u_o(0_+)=U_S=6\ \text{V}$$

$$i(0_+)=\frac{U_S}{R_2}=\frac{6}{20}\text{ mA}=0.3\text{ mA}$$

② 确定稳态值。稳态时，C 视为开路，则

$$u_C(\infty)=\frac{R_1}{R_1+R_2}U_S=\frac{10}{10+20}\times 6\text{ V}=2\text{ V}$$

$$u_o(\infty)=U_S-u_C(\infty)=(6-2)\text{ V}=4\text{ V}$$

$$i(\infty)=\frac{U_S}{R_1+R_2}=\frac{6}{10+20}\text{ mA}=0.2\text{ mA}$$

③ 确定电路的时间常数。

$$\tau=(R_1//R_2)C=\frac{R_1R_2}{R_1+R_2}C=\frac{10\times 20}{10+20}\times 10^3\times 10^3\times 10^{-12}\text{ s}=\frac{2}{3}\times 10^{-5}\text{ s}$$

④ 将以上求出的三要素值代入式（2-20），得出

$$u_C(t)=2+(0-2)e^{\left(-\frac{3}{2}\times 10^5 t\right)}\text{ V}=2-2e^{(-1.5\times 10^5 t)}\text{ V}$$

$$u_o(t)=4+(6-4)e^{\left(-\frac{3}{2}\times 10^5 t\right)}\text{ V}=4+2e^{(-1.5\times 10^5 t)}\text{ V}$$

$$i=0.2+(0.3-0.2)e^{\left(-\frac{3}{2}\times 10^5 t\right)}\text{ mA}=0.2+0.1e^{(-1.5\times 10^5 t)}\text{ mA}$$

例 2-8 已知图 2-17 所示电路中 $U_S=220$ V，$R_1=24\ \Omega$，$R_2=20\ \Omega$，$L=0.22$ H。设开关 S 断开前电路已处于稳态。试求：① S 断开后的电流 i；② 经过多长时间电流降至 8 A。

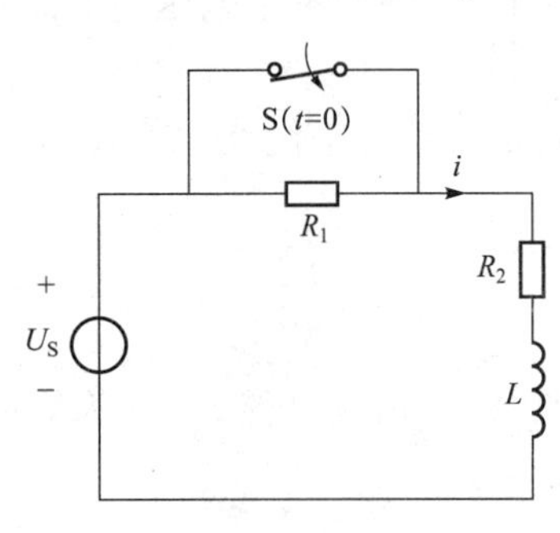

图 2-17　例 2-8 图

解 ① 应用三要素法求电流 i 的表达式。

确定初始值：

$$i(0_+)=i(0_-)=\frac{U_S}{R_2}=\frac{220}{20}\text{ A}=11\text{ A}$$

确定稳态值：

$$i(\infty)=\frac{U_S}{R_1+R_2}=\frac{220}{24+20}\text{A}=5\text{ A}$$

确定电路的时间常数：

$$\tau=\frac{L}{R_1+R_2}=\frac{0.22}{24+20}\text{ s}=0.5\times 10^{-2}\text{ s}$$

将 $i(0_+)$、$i(\infty)$ 和 τ 值代入式（2-20）得

$$i=5+(11-5)\,e^{-\frac{1}{0.5\times 10^{-2}}t}\text{ A}$$
$$=5+6e^{-200t}\text{ A}$$

② 当电流变化到 8 V 时，由上式得

$$8=5+6e^{-200t}$$

$$t=\frac{\ln 2}{200}\text{ s}=0.003\ 5\text{ s}$$

即电流 i 由初始值 11 A 下降到 8 A 所需要的时间是 0.003 5 s。

知 识 拓 展

生活中电容器的充放电在很多方面都有应用，比如：

① 可充电的手电筒等。

② 太阳能路灯，太阳能路灯里面含有电容器（蓄电池），将太阳板收集的能量存储在蓄电池里，晚上再将电放出。

③ 日光灯里的启辉器，在日光灯启动瞬间将电压提升等。

先导案例解决

了解电容的充、放电规律，运用三要素法，定量表示出电容两端电压在充、放电时的变化规律。

本 章 小 结

① 电路的状态及参数改变都称为换路。

② 电路中储能元件的能量变化过程短暂，因而叫作暂态过程。产生暂态过程的原因是储能元件的能量不能发生跃变。

③ 在换路瞬间（$t=0$）电容两端电压和电感中的电流都应保持原值而不跃变，这就是换路定律，即

$$u_C(0_+)=u_C(0_-),\quad i_L(0_+)=i_L(0_-)$$

④ 电路中的暂态过程是指从换路后瞬间（$t=0_+$）开始到新的稳定状态（$t=\infty$）时结束。初始值计算的理论根据是换路定律。稳态值计算可通过等效电路求出，在求稳态值时电容相当于开路，电感相当于短路。

⑤ 输入信号为零时的响应叫作零输入响应；储能元件初始储能为零时的响应叫作零状态响应；既有输入信号又非零初始条件的响应叫作全响应。任一变量的全响应都可分解为零输入响应和零状态响应。

⑥ 用经典法求解一阶线性暂态过程的步骤为：

a. 列出微分方程式。

b. 求出微分方程的特解和通解。

c. 确定系数，写出暂态方程的全解。

⑦ 分析一阶线性电路的简便方法——三要素法：只要知道了 $f(\infty)$、$f(0_+)$ 和 τ 这三个要素，则一阶电路的全响应为

$$f(t)=f(\infty)+[f(0_+)-f(\infty)]e^{-\frac{t}{\tau}}$$

习 题 二

2-1　在图 2-18 所示的电路中，试确定开关 S 刚断开后的电压 u_C 和电流 i_C、i_1、i_2 的

初值（S断开前电路已处于稳态）。

2-2　在图2-19所示电路中，开关S原处于位置1，电路已经稳定。在$t=0$时将开关S合到位置2，求换路后i_1、i_2、i_L及u_L的初始值。

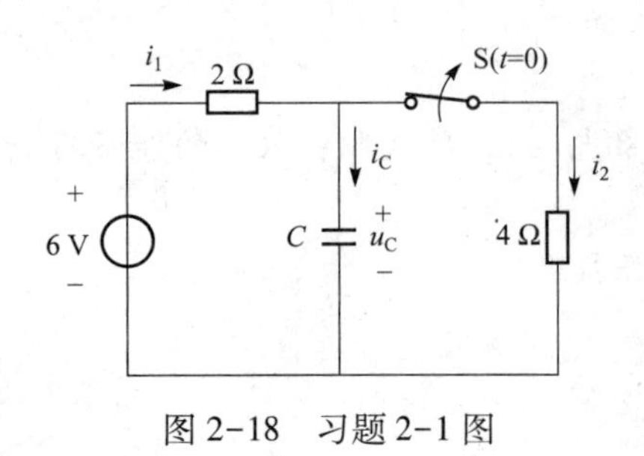

图2-18　习题2-1图

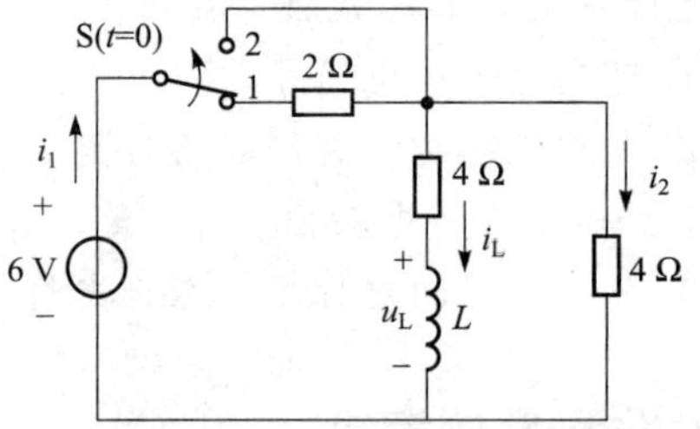

图2-19　习题2-2图

2-3　在图2-20所示电路中，分别求开关S接通与断开时的时间常数。已知$R_1=R_2=R_3=1\ \text{k}\Omega$，$C=1\ 000\ \text{pF}$。

2-4　求图2-21所示电路在开关S闭合时的时间常数。已知$R_1=R_2=10\ \text{k}\Omega$，$C=10\ \mu\text{F}$。

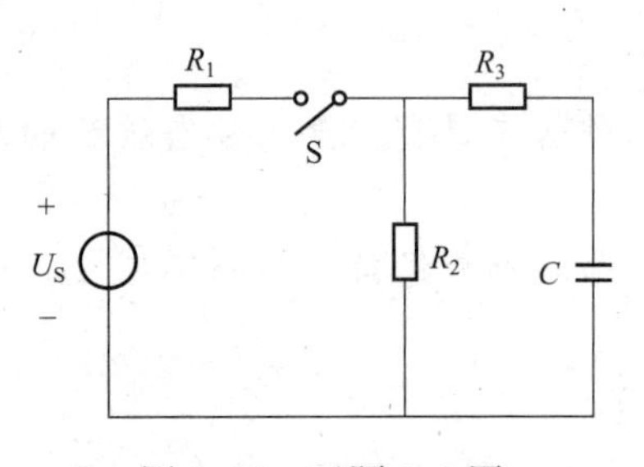

图2-20　习题2-3图

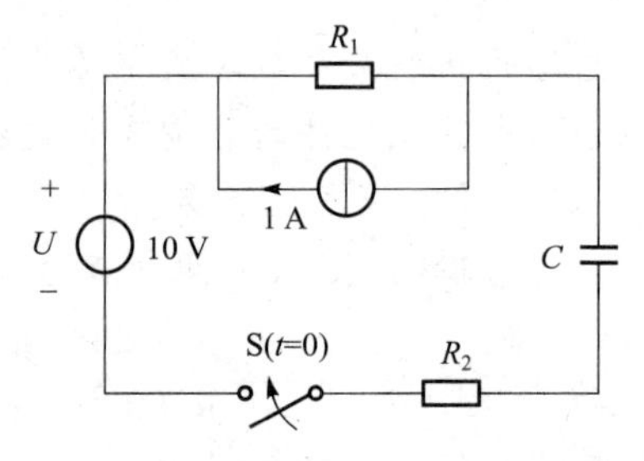

图2-21　习题2-4图

2-5　图2-22所示电路原已达稳态，在$t=0$时开关S合上。试求$t\geqslant 0$时的电容电压$u_C(t)$及电流$i_C(t)$，并绘出波形图。

2-6　图2-23所示电路在换路前已达稳态，在$t=0$时开关S打开。试求：$t\geqslant 0$时的$i(t)$及$u_L(t)$，并绘出波形图。

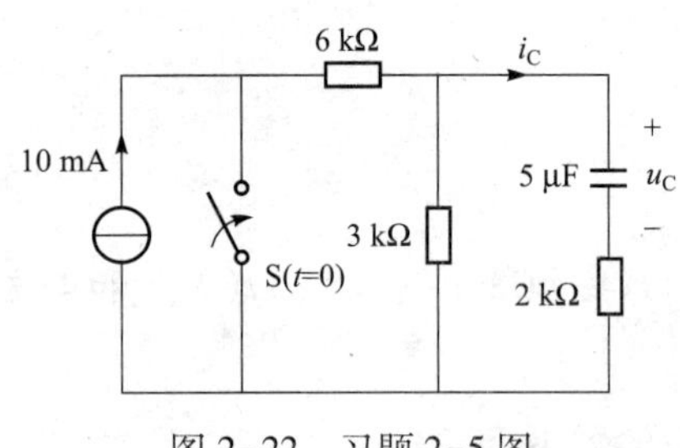

图2-22　习题2-5图

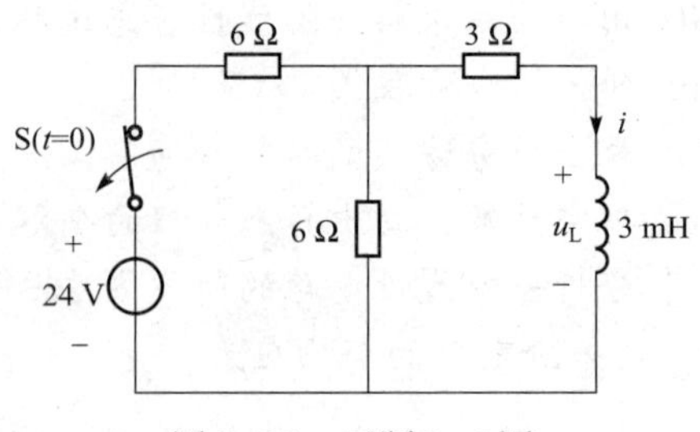

图2-23　习题2-6图

2-7　在图2-24中，$U_S=40\ \text{V}$，$R=5\ \text{k}\Omega$，$C=100\ \mu\text{F}$，并设$u_C(0_-)=0$，试求：当开关闭合后电路中的电流i及各元件上的电压$u_C(t)$和$u_R(t)$。

2-8　试求图2-25所示电路换路后的零状态响应$u_C(t)$。

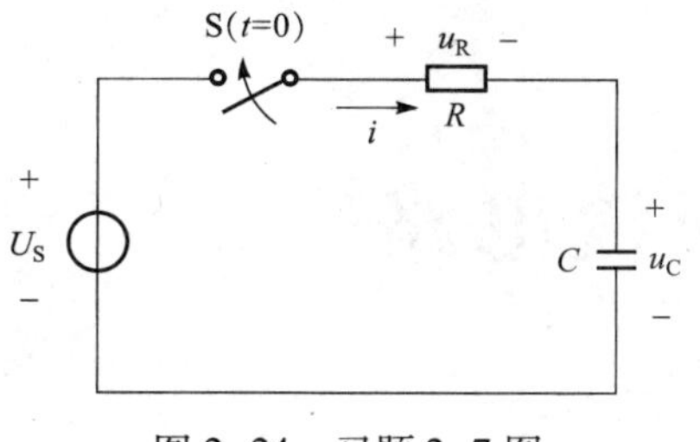

图 2-24　习题 2-7 图

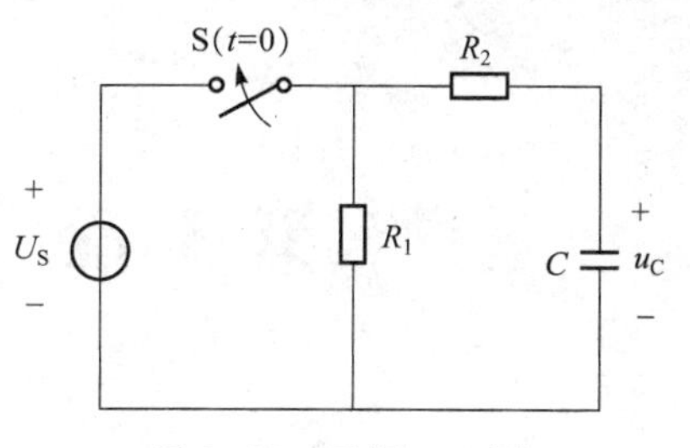

图 2-25　习题 2-8 图

2-9　试求图 2-26 所示电路换路后的零状态响应 $i(t)$，并绘出波形图。

2-10　图 2-27 所示电路中，已知 $R_1=R_2=1\ \Omega$，$R_3=2\ \Omega$，$U_{S1}=10\ \text{V}$，$U_{S2}=6\ \text{V}$，$L=1\ \text{H}$。$t=0$ 时开关闭合，求 $t\geqslant 0$ 时 $i_L(t)$。

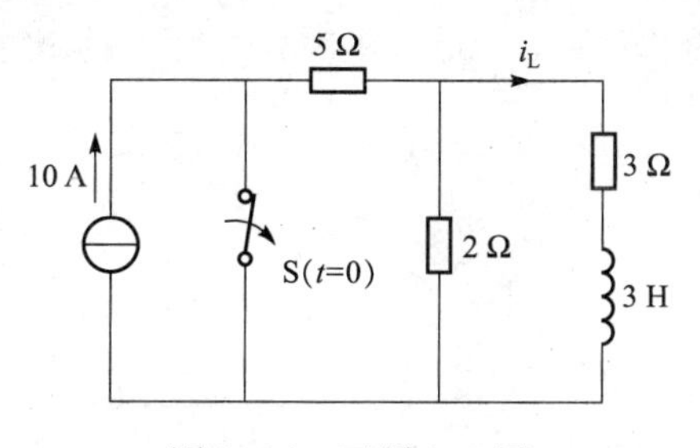

图 2-26　习题 2-9 图

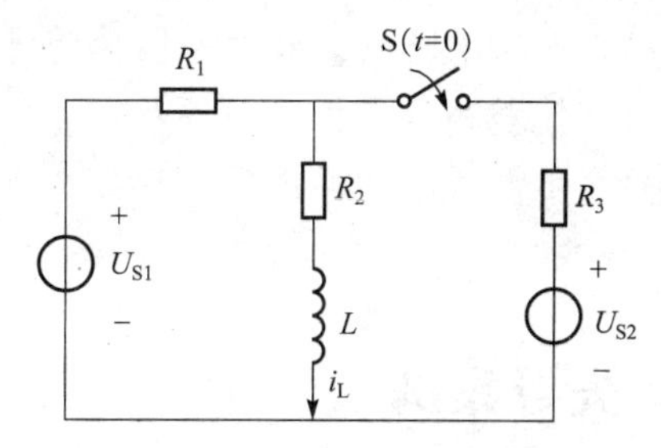

图 2-27　习题 2-10 图

2-11　在图 2-28 所示的电路中，已知 $U_S=30\ \text{V}$，$R_1=100\ \Omega$，$C_1=0.2\ \mu\text{F}$，$R_2=200\ \Omega$，$C_2=0.1\ \mu\text{F}$，换路前电路处于稳态。试求 $t\geqslant 0$ 时的 $i(t)$、$u_{C_1}(t)$、$u_{C_2}(t)$。

2-12　如图 2-29 所示电路，换路前已稳定，在 $t=0$ 时，开关 S 合上，试求 $t\geqslant 0$ 时的响应 $u_C(t)$。

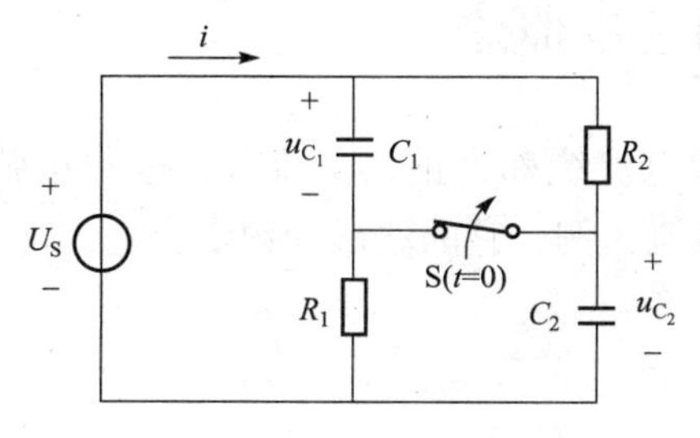

图 2-28　习题 2-11 图

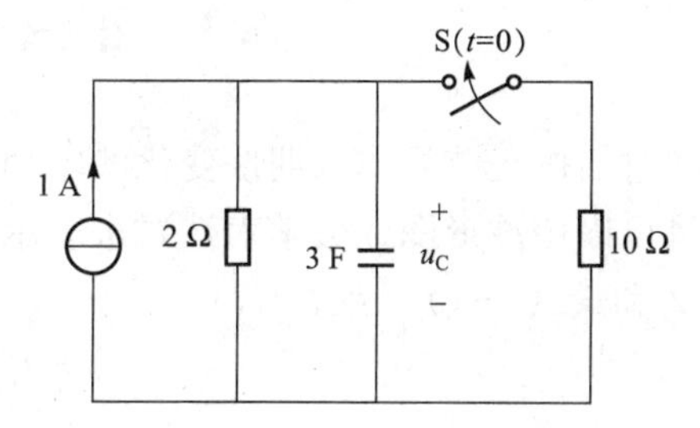

图 2-29　习题 2-12 图

第 2 章　线性电路的暂态分析

第3章　正弦交流电路

本章知识点

[1] 理解正弦量的三要素及其各种表示方法。

[2] 理解电路基本定律的相量形式；熟练掌握计算正弦交流电路的相量分析法，会画相量图。

[3] 掌握有功功率和功率因数的计算；了解瞬时功率、无功功率和视在功率的概念。

[4] 了解串联谐振的条件及特点。

[5] 理解提高功率因数的意义和方法。

先导案例

在工农业生产和日常生活中，使用的绝大多数是正弦交流电。比如家庭所用的照明电就是单相正弦交流电（如图3-1所示），交流电和直流电相比有什么特点？如何来分析正弦交流电路？

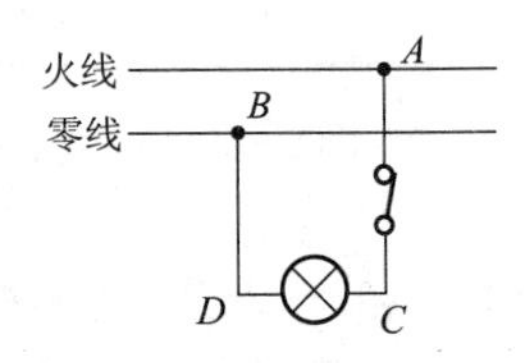

图3-1　单相照明电路接线

3.1　正弦交流电的基本概念

随时间按正弦规律周期性变化的电动势、电压和电流统称为正弦交流电，也称正弦量。正弦量可以用波形图或数学表达式来表示。以正弦电流为例，它的波形和数学表达式分别如图3-2和式（3-1）所示。

$$i = I_{\mathrm{m}}\sin(\omega t + \varphi_0) \tag{3-1}$$

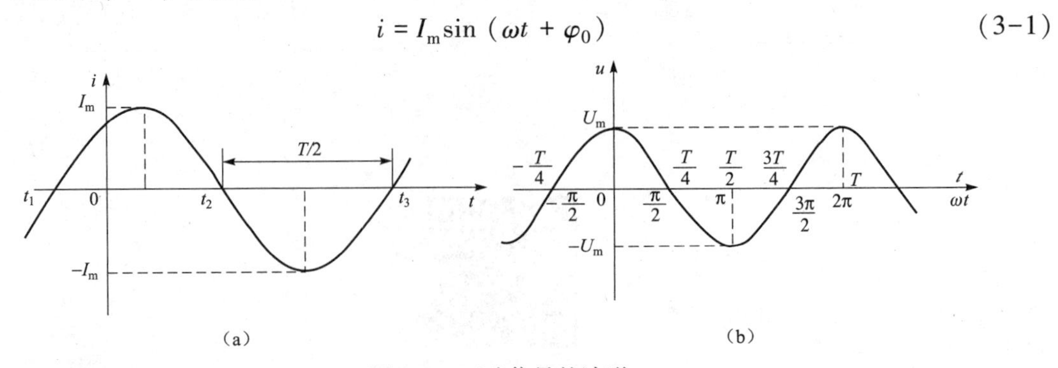

图3-2　正弦信号的波形

（a）正弦电流波形；（b）正弦电压波形

3.1.1　周期、频率和角频率

正弦交流电重复变化一次所需要的时间称为周期。周期用 T 表示，单位为 s。正弦函数在一秒内完成的周期数称为频率。频率用 f 表示，单位为赫兹（Hz）。

由以上定义，频率与周期互为倒数关系，即

$$f = \frac{1}{T} \quad 或 \quad T = \frac{1}{f} \tag{3-2}$$

还可以用角速度表示正弦量变化的快慢，称之为角频率。由于正弦交流电完成一次循环变化了 2π 弧度（rad），所经历的时间为 T，因此角频率可表示为

$$\omega = \frac{2\pi}{T} = 2\pi f \tag{3-3}$$

角频率的符号为 ω，单位为弧度/秒（rad/s）。

工业用电的标准频率称为工业频率，简称工频。目前我国的工频为 50 Hz，世界上有些国家，如美国、加拿大和日本的工业频率为 60 Hz。动力设备和照明设备大都采用工频，而在其他技术领域，则采用各种不同的频率。例如，音频信号的频率为 20～20 kHz；广播电台中波波段的频率为 525～1 605 kHz。

3.1.2　瞬时值、振幅、有效值

由于正弦交流电的大小和方向都随时间变化，各个瞬间的值是不同的，任一时刻 t 所对应的电流值称为瞬时值。瞬时值用小写字母表示，如电流的瞬时值表示为 i。正弦量的最大值通常用大写字母加下标“m”表示，如电流的最大值表示为 I_m。

瞬时值中的最大值称为振幅，也称峰值，最小值称为波谷，正弦量的最大值与最小值的差叫作峰-峰值。

正弦量的有效值用于反映交流电能量转换的实际效果，是根据它的热效应确定的。以交流电流为例，它的有效值定义是：设一个交流电流 i 通过电阻 R，在一个周期 T 内所产生的热量和直流 I 通过同一电阻 R 在相同时间内所产生的热量相等，则这个直流 I 的数值称为该交流 i 的有效值。

实验结果和数学分析都表明，正弦交流电的最大值和有效值之间存在以下数量关系：

$$I_m = \sqrt{2}\, I \qquad U_m = \sqrt{2}\, U \tag{3-4}$$

在电工电子技术中，通常所说的交流电的大小一般均指有效值。在测量交流电路的电压、电流时，仪表指示的数值一般是交流电的有效值；各种交流电气设备铭牌上的额定电压和额定电流也多是指它们的有效值。需要注意的是：电容器的额定电压，指的是它的耐压水平，因而要用最大值限额。

3.1.3　相位、初相位和相位差

正弦量的变化进程常常用随时间变化的电角度（即相位）来反映。在式（3-1）中的 $\omega t + \varphi_0$ 就是反映正弦交流电流 i 在变化过程中任一时刻所对应的电角度，这个随时间变化的电角度称为正弦量的相位角，简称相位。当相位随时间连续变化时，正弦量的瞬时值随之连续变化。$t=0$ 时对应的相位 φ_0 称为初相位，简称初相。初相反映了正弦量计时起点的状态。

在正弦量的解析式中，通常规定初相不得超过±180°。

在上述规定下，初相为正角时，正弦量对应的初始数值一定是正值；初相为负角时，正弦量对应的初始数值则为负值。在波形图上，正值的初相位于坐标原点左边零点（指波形由负值变为正值所经历的零值）与原点之间。负值的初相位于坐标原点右边零点与原点之间，如图 3-3 所示。

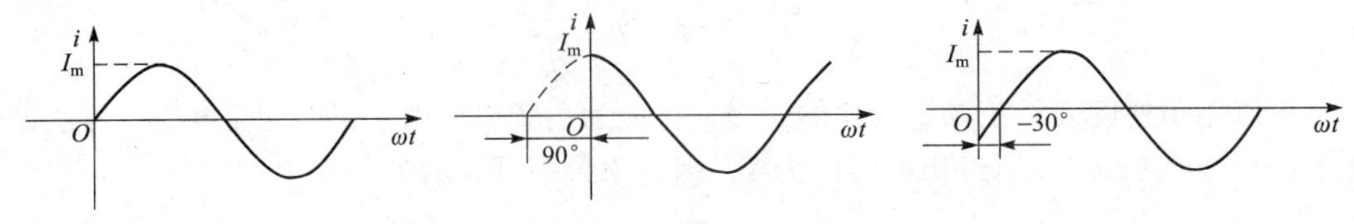

图 3-3　不同相位的正弦波

为了比较两个同频率的正弦量在变化过程中的相位关系和先后顺序，引入相位差的概念，相位差用 φ 表示。例如，某正弦电压和正弦电流分别为

$$u=\sqrt{2}U\sin(\omega t+\varphi_{0u}) \quad 和 \quad i=\sqrt{2}I\sin(\omega t+\varphi_{0i})$$

则它们的相位差为

$$\varphi=(\omega t+\varphi_{0u})-(\omega t+\varphi_{0i})=\varphi_{0u}-\varphi_{0i} \tag{3-5}$$

可见，两个同频率正弦量的相位差就是它们的初相之差，与时间 t 无关。一般规定相位差角 φ 也不得超过±180°。

当两个同频率的正弦量之间的相位差为 0°时，其相位关系为同相；当两个同频率的正弦量之间的相位差为 90°时，二者相位具有正交关系；若两个同频率的正弦量之间的相位差是 180°时，则二者之间的相位关系为反相。

图 3-4（a）、（b）、（c）所示波形分别表示了以上三种情况。

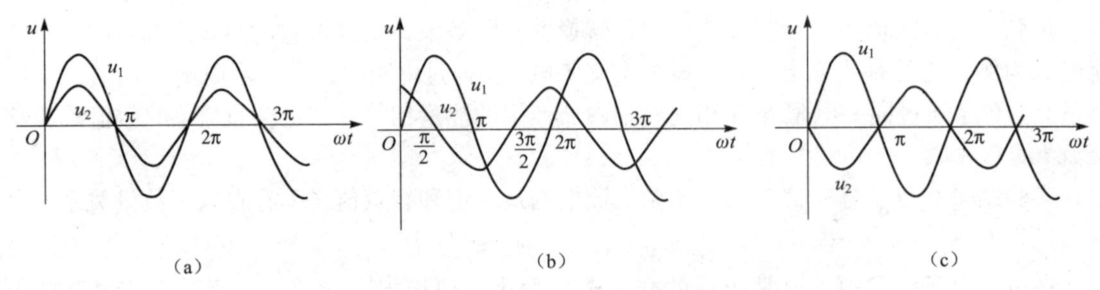

图 3-4　同相、正交和反相

（a）同相；（b）正交；（c）反相

例 3-1　两个正弦交流电流，已知 $i_1=14.1\sin\left(314t+\frac{\pi}{4}\right)$ A，$i_2=5\sqrt{2}\sin\left(314t-\frac{\pi}{3}\right)$ A。试求它们的有效值、初相位。

解　$I_1=\frac{14.1}{\sqrt{2}}=10$ A，$I_2=\frac{5\sqrt{2}}{\sqrt{2}}=5$ A

$\varphi_1=\frac{\pi}{4}$，$\varphi_2=-\frac{\pi}{3}$

总结：振幅（或有效值）、频率和初相位统称为正弦量的三要素。由正弦量三要素可以写出其数学表达式，画出其波形，还可以区别两个不同的正弦量。

例 3-2　某正弦交流电流的最大值、频率、初相位分别为 14.1 A、1 000 Hz、$\frac{\pi}{4}$，试写出它的三角函数式。

解　由式（3-3）得

$$\omega=2\pi f=2\times3.14\times1\ 000=6\ 280\ (\mathrm{rad/s})$$

根据三要素，该正弦电流可表示为

$$i=I_{\mathrm{m}}\sin(\omega t+\varphi_0)=14.1\sin\left(6\ 280t+\frac{\pi}{4}\right)\mathrm{A}$$

3.2　正弦量的相量表示法

在正弦交流电路中，经常需要进行同频率正弦量的运算，若仅借助于三角函数或波形图则是非常烦琐的。为简化电路的分析和计算，电工技术中常采用相量法。

3.2.1　正弦量与相量的对应关系

在正弦交流电路中，由于各处的电压和电流都是与电源同频率的正弦量，而电源频率一般是已知的。因此，计算正弦交流电路中的电压和电流，可归结为计算其有效值和初相位。即在频率已知的情况下，正弦量由其有效值和初相位所确定。基于这一点，正弦量可以用一个复数来表示，复数的模代表正弦量的有效值，复数的幅角代表正弦量的初相位。用来表示正弦量的复数称为相量，相量用大写字母上面加黑点表示，用以表明该复数是时间的函数，与一般的复数不同。例如，$\dot{I}$、$\dot{U}$ 和 $\dot{E}$ 分别为正弦电流、电压和电动势的相量，正弦交流电流 $i=\sqrt{2}I\sin(\omega t+\varphi_{0i})$ 的相量为

$$\dot{I}=I\angle\varphi_{0i} \tag{3-6}$$

这种用复数表示正弦量的方法叫作相量法。应用相量法可以把同频率的正弦量的运算转化为复数的运算。

和复数一样，正弦量的相量也可以在复平面上用一有方向的线段表示，并称之为相量图。图 3-5 所示即为式（3-6）所表示的正弦电流的相量图。

作相量图时实轴和虚轴通常可省略不画，且习惯上选取初相位为零的正弦量为参考正弦量。

需要注意的是：相量只是正弦量的一种表示方法，二者并不相等。而且只有当电路中的各正弦量的频率相同时，才能用相量法进行运算，并可以画在同一个相量图上。

例 3-3　已知 $u=141\sin(\omega t+60°)$ V，$i=70.7\sin(\omega t-60°)$ A。试写出它们的相量式，画出相量图。

解

$$\dot{U}=\frac{141}{\sqrt{2}}\angle 60°\ \mathrm{V}=100\angle 60°\ \mathrm{V}$$

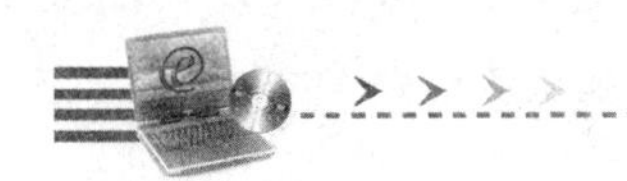

$$\dot{I}=\frac{70.7}{\sqrt{2}}\angle -60^\circ\ \text{A}=50\angle -60^\circ\ \text{A}$$

相量图如图 3-6 所示。

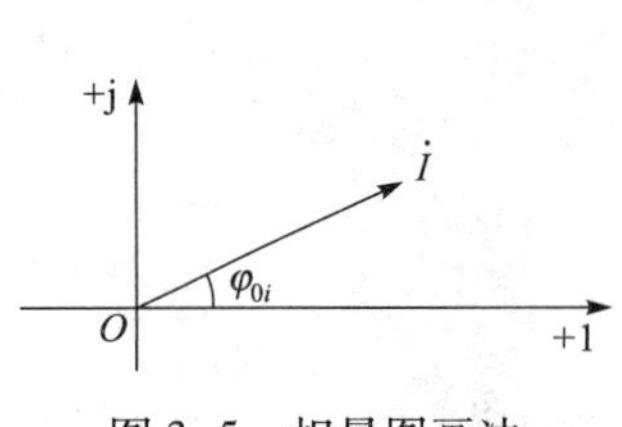

图 3-5　相量图画法

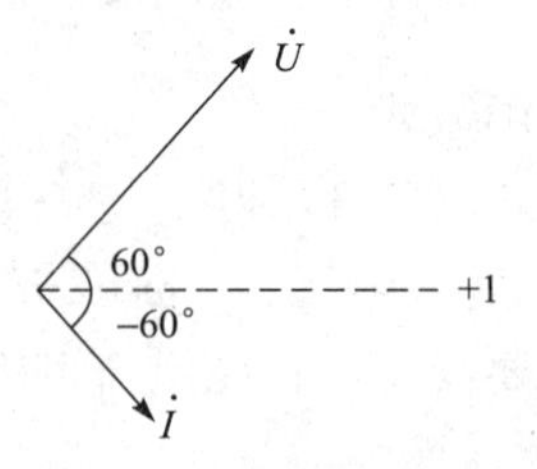

图 3-6　例 3-3 相量图

3.2.2　正弦量相量常用表示方式

瞬时值表达式为 $i=I_m\sin(\omega t+\varphi_i)$ 的正弦电流，其对应的相量形式可以用以下几种形式表示：

代数表示式
$$\begin{cases}\dot{I}_m=I_m(\cos\varphi_i+\text{j}\sin\varphi_i)\\ \dot{I}=I(\cos\varphi_i+\text{j}\sin\varphi_i)\end{cases}$$

指数形式
$$\begin{cases}\dot{I}_m=I_m e^{\text{j}\varphi_i}\\ \dot{I}=I e^{\text{j}\varphi_i}\end{cases}$$

极坐标形式
$$\begin{cases}\dot{I}_m=I_m\angle\varphi\\ \dot{I}=I\angle\varphi\end{cases}$$

例如，$u=220\sqrt{2}\sin(314t+60^\circ)$ V 的相量表达式为

$$\dot{U}=220(\cos 60^\circ+\text{j}\sin 60^\circ)=220e^{\text{j}60^\circ}=220\angle 60^\circ\ \text{V}$$

$i=10\sqrt{2}\sin(314t-30^\circ)$ A 的相量表达式为

$$\dot{I}=10[\cos(-30^\circ)+\text{j}\sin(-30^\circ)]=10e^{\text{j}(-30^\circ)}=10\angle -30^\circ\ \text{A}$$

借助于上述相量代数形式、指数形式、极坐标形式，利用复数的运算规则，就能方便地对正弦量进行算术运算。

3.2.3　相量形式的基尔霍夫定律

1. 基尔霍夫电流定律

在正弦交流电路中，基尔霍夫电流定律的表达式仍为 $\sum i=0$，与其对应的相量式则为

$$\sum\dot{I}=0 \tag{3-7}$$

式（3-7）说明，在正弦交流电路中，流入或流出任一节点的各支路电流相量的代数和恒等于零。

例 3-4　已知 $i_1=5\sqrt{2}\sin(\omega t+60^\circ)$ A，$i_2=7\sqrt{2}\sin(\omega t+150^\circ)$ A，试求 i_1+i_2。

解　两个正弦量所对应的相量分别为

$$\dot{I}_1=5\angle 60°\ \text{A},\ \dot{I}_2=7\angle 150°\ \text{A}$$

两电流的相量之和为

$$\begin{aligned}\dot{I} &=\dot{I}_1+\dot{I}_2=5\angle 60°+7\angle 150°\\&=(5\cos 60°+\text{j}5\sin 60°)+(7\cos 150°+\text{j}7\sin 150°)\\&=(2.5+\text{j}4.33)+(-6.06+\text{j}3.5)=-3.56+\text{j}7.83\\&=8.60\angle 114°\ \text{A}\end{aligned}$$

$$i=i_1+i_2=8.60\sqrt{2}\sin(\omega t+114°)\ \text{A}$$

2. 基尔霍夫电压定律

在正弦交流电路中，KVL 的表达式仍为$\sum u=0$，与其对应的相量式则为

$$\sum\dot{U}=0\tag{3-8}$$

式（3-8）说明，在正弦交流电路中，任一回路内各段电压的相量的代数和恒等于零。

例 3-5　已知 $u_{ab}=10\sqrt{2}\sin(\omega t-30°)$ V，$u_{bc}=8\sqrt{2}\sin(\omega t+120°)$ V，试求 u_{ac}。

解　两个正弦电压所对应的相量分别为

$$\dot{U}_{ab}=10\angle -30°\ \text{V},\ \dot{U}_{bc}=8\angle 120°\ \text{V}$$

两个正弦电压的相量和为

$$\begin{aligned}\dot{U}_{ac}&=\dot{U}_{ab}+\dot{U}_{bc}=(10\angle -30°+8\angle 120°)\ \text{V}\\&=(8.66-\text{j}5)\ \text{V}+(-4+\text{j}6.93)\ \text{V}=4.66+\text{j}1.93\\&=5.04\angle 22.5°\ \text{V}\end{aligned}$$

由此可得

$$u_{ac}=5.04\sqrt{2}\sin(\omega t+22.5°)\ \text{V}$$

3.3　单一参数的正弦交流电路

电阻元件、电感元件、电容元件是交流电路中的基本电路元件。本节着重研究这三个元件上的电压和电流的数值和相位关系，能量的转换及储存等内容。

3.3.1　电阻元件的正弦交流电路

1. 电阻元件上电压和电流的关系

图 3-7 所示为电阻元件在正弦交流电路中的电路模型。

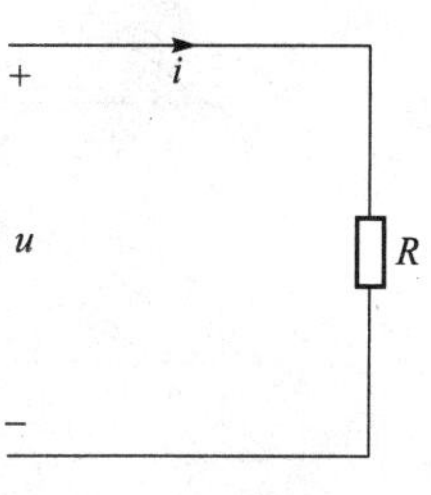

图 3-7　电阻元件的正弦交流电路

设加在电阻元件两端的电压为：

$$u=U_m\sin\omega t$$

电压、电流取关联参考方向时，有

$$i=\frac{u}{R}=\frac{U_m\sin\omega t}{R}=\frac{U_m}{R}\sin\omega t=I_m\sin\omega t\tag{3-9}$$

由上式可得，电阻元件两端电压最大值与通过它的电流的最大值在数量上有以下关系：

$$I_m = \frac{U_m}{R}$$

可得
$$I = \frac{U}{R} \tag{3-10}$$

比较式（3-9）和式（3-10）可得，电阻元件两端的电压与通过它的电流在相位上存在着同相位关系。

考虑到一般性，设电阻两端电压的初相位为 φ，则电压的解析式为 $u=\sqrt{2}U\sin(\omega t+\varphi)$，其对应相量 $\dot{U}=U\angle\varphi$，经过电阻的电流为 $i=\sqrt{2}I\sin(\omega t+\varphi)$，其对应相量 $\dot{I}=I\angle\varphi$，即

$$\frac{\dot{U}}{\dot{I}}=\frac{U}{I}\angle(\varphi-\varphi)=R，\text{即有}$$

$$\dot{I}=\frac{\dot{U}}{R} \tag{3-11}$$

式（3-11）就是电阻元件电压和电流的相量关系式。其相量图如图 3-8 所示。相量关系式既能表示电压与电流有效值关系，又能表示其相位关系。

综上所述，得出电阻元件上电压和电流的关系有：

① 电压和电流均是同频率同相位的正弦量。其波形如图 3-9（a）所示。

② 电压和电流的瞬时值、有效值、最大值和相量之间均符合欧姆定律形式。

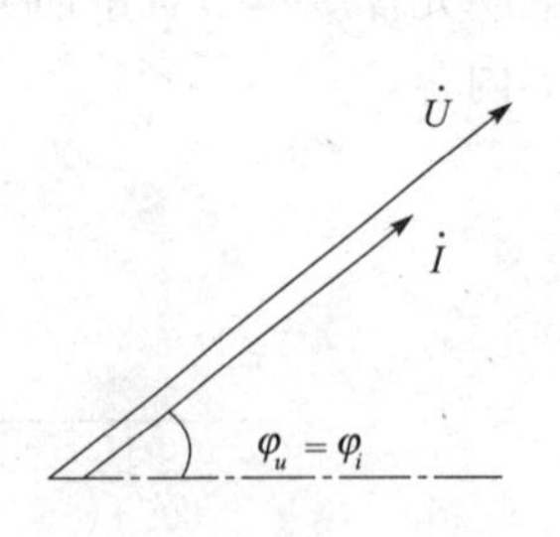

图 3-8　电阻元件上电压与电流的相量图

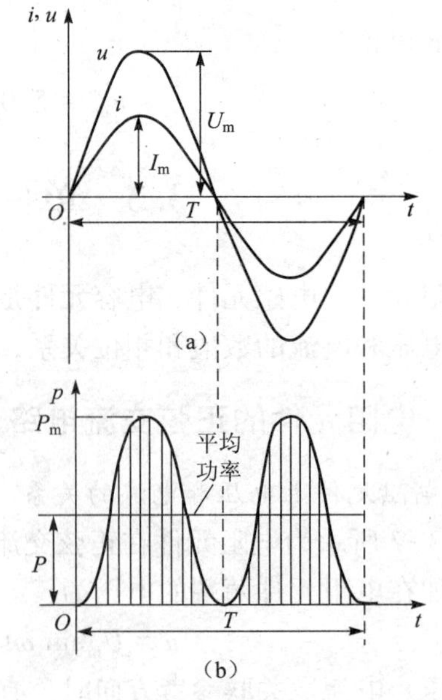

图 3-9　电阻元件上的电压、电流和功率波形
（a）电压、电流波形；（b）功率波形

2. 功率及能量转换

电阻元件上的瞬时功率用小写字母 p 表示。任一瞬时，电阻元件上的瞬时功率总等于电

压瞬时值与电流瞬时值的乘积，即

$$p = ui = \sqrt{2}U\sin \omega t \times \sqrt{2}I\sin \omega t$$

$$= 2UI\sin^2\omega t = 2UI\frac{1-\cos 2\omega t}{2} = UI - UI\cos 2\omega t \tag{3-12}$$

由图 3-9（b）可知，瞬时功率在变化过程中始终在坐标轴上方，即 $p \geqslant 0$，说明电阻元件总是在吸收功率，它将电能转换为热能散发出来，是一个耗能元件。

瞬时功率时刻在变化，不便计算，通常都是计算一个周期内消耗功率的平均值，即平均功率，又称为有功功率，用大写字母 P 来表示。电阻元件上平均功率为：

$$P = UI = I^2R = \frac{U^2}{R} \tag{3-13}$$

平均功率的单位为瓦（W），工程上也常用千瓦（kW）。一般用电器上所标的功率，如电灯的功率为 25 W、电炉的功率为 1 000 W、电阻的功率为 1 W 等都是指平均功率。

例 3-6　一电阻 R 为 100 Ω，通过 R 的电流 $i = 1.41\sin(\omega t - 30°)$ A，求：① 电阻 R 两端的电压 U 及 u；② 电阻 R 消耗的功率 P。

解　①

$$U = IR = \frac{1.41}{\sqrt{2}} \times 100 = 100 \text{ (V)}$$

$$u = 100\sqrt{2}\sin(\omega t - 30°) \text{ V}$$

②

$$P = UI = 100 \times 1 = 100 \text{ (W)}$$

3.3.2　电感元件的正弦交流电路

电机、变压器等电气设备的主体结构包含许多线圈，具有一定的电感。当线圈的电阻很小并可以忽略不计时，此类线圈组成的电路模型，就是一个理想化的电感线圈，简称电感元件。事实上，线圈通电后总要发热，都会存在一定的铜耗电阻，在实际应用中电感元件是不存在的。之所以研究这种抽象出来的理想化模型，主要是了解电感元件在电路中的作用，为后面学习和研究实际电感电路打下理论基础。

1. 电压与电流的关系

图 3-10 所示为电感元件在正弦交流电路中的电路模型。设通过电感元件的电流为

$$i = \sqrt{2}I\sin \omega t \tag{3-14}$$

当通过电感元件的电流与电压取关联参考方向时，有

$$u_L = L\frac{\mathrm{d}i}{\mathrm{d}t} = \sqrt{2}I\omega L\cos \omega t = \sqrt{2}I\omega L\sin(\omega t + 90°)$$

$$= \sqrt{2}U\sin(\omega t + 90°) \tag{3-15}$$

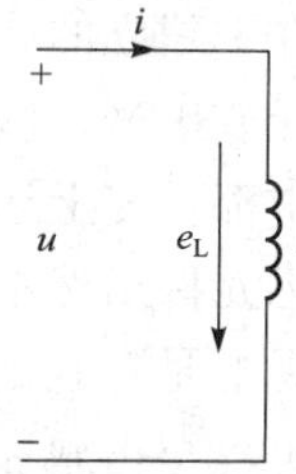

图 3-10　电感元件电路

由上式可见，电感元件两端电压的最大值与通过它的电流最大值在数量上的关系为

$$U_m = I_m\omega L = I_m X_L$$

等式两端同除以 $\sqrt{2}$，即可得到电压、电流有效值之间的数量关系为

$$U = IX_L \tag{3-16}$$

其中

$$X_L = \omega L = 2\pi f L \tag{3-17}$$

X_L 称为电感的电抗（简称感抗），它的单位是 Ω。它反映了电感元件在正弦交流电路中阻碍电流通过的能力。

感抗与频率成正比，当 $\omega \to \infty$ 时，$X_L \to \infty$，即电感相当于开路，因此电感常用作高频扼流线圈。在直流电路中，$\omega = 0$，$X_L = 0$，即电感相当于短路。这与式（3-17）得出的结论一致。

比较式（3-14）和式（3-15）可得，电感元件两端的电压与通过它的电流存在着相位正交关系，且电压总是超前电流 90°。

归纳：正弦交流电路中的电感元件，其电压、电流在数量上的关系符合微分形式的动态关系；在相位上它们存在正交关系。

上述关系用相量式可表示为

$$\dot{U} = \mathrm{j}\dot{I}X_L \tag{3-18}$$

对应的相量图如图 3-11 所示。

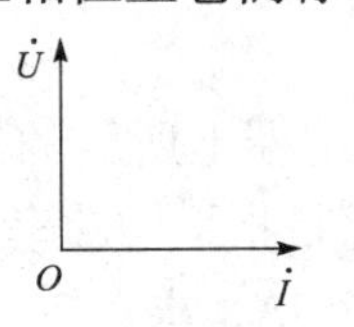

图 3-11　电感元件的电压与电流相量图

2. 功率及能量转换

电感元件上的瞬时功率总等于电感元件上瞬时电压与瞬时电流相乘所得，即

$$\begin{aligned} p = ui &= \sqrt{2}U\sin(\omega t + 90°)\sqrt{2}I\sin\omega t \\ &= UI\sin 2\omega t \end{aligned}$$

由上式可见，瞬时功率 p 是一个幅值是 UI，并以频率 2ω 随时间交变的正弦量，波形如图 3-12 所示。

图 3-12 表明：在第一和第三个 1/4 周期内，u 和 i 同为正值或同为负值，瞬时功率 p 为正。由于电流 i 是从零增加到最大值，电感元件建立磁场，将从电源吸收的电能转换为磁场能量，储存在磁场中；在第二个和第四个 1/4 周期内，u 和 i 一个为正值，另一个为负值，故瞬时功率为负值。在此期间，电流 i 是从最大值下降为零，电感元件中建立的磁场在消失。这期间电感中储存的磁场能量释放出来，转换为电能返送给电源。在以后的每个周期中都重复上述过程。

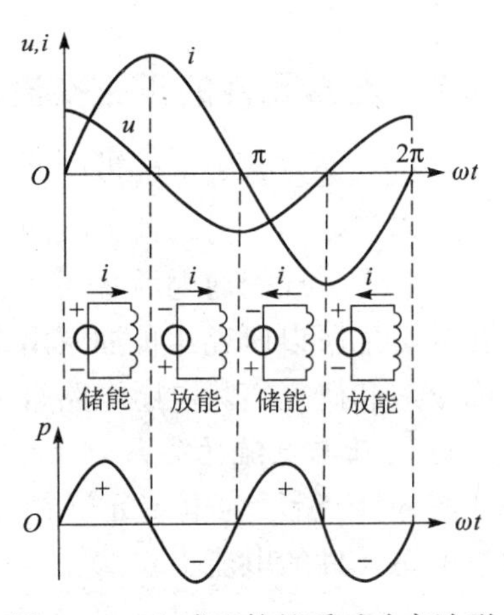

图 3-12　电感元件的瞬时功率波形

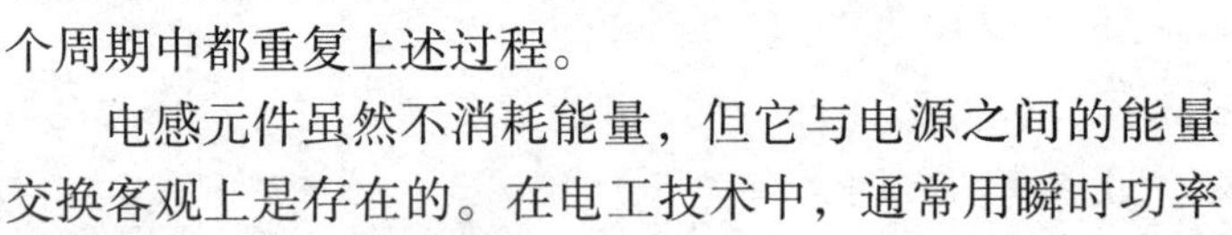

电感元件虽然不消耗能量，但它与电源之间的能量交换客观上是存在的。在电工技术中，通常用瞬时功率的幅值来衡量电感元件与电源之间能量交换的规模，即用无功功率来衡量，无功功率用大写字母“Q_L”表示，即

$$Q_L = I^2X_L = \frac{U^2}{X_L} \tag{3-19}$$

无功功率的单位为乏（var），还有千乏（kvar）。

例 3-7　把一个 0.1 H 的电感元件接到 $u = 220\sqrt{2}\sin(314t + 60°)$ V 的电源上，求通过该元件的电流 i 及电感的无功功率。

解　已知电压对应的相量为

$$\dot{U}=220\angle 60°\ \text{V},\ X_L=\omega L=314\times 0.1=31.4\ (\Omega)$$

$$\dot{I}=\frac{\dot{U}}{\text{j}X_L}=\frac{220\angle 60°}{\text{j}31.4}=\frac{220\angle 60°}{31.4\angle 90°}=7\angle -30°\quad (\text{A})$$

则有

$$i=7\sqrt{2}\sin(314t-30°)\ \text{A}$$

无功功率为

$$Q_L=UI=220\times 7=1\ 540\ (\text{var})$$

一般要求解瞬时电压或电流时，最好用相量来求，这样可同时求出数值和初相位。

3.3.3　电容元件的正弦交流电路

实际应用中的电容器，大多数由于介质损耗和漏电很小，其损耗电阻通常可以忽略不计。在这种情况下，把它们接在正弦交流电路中，可以用电容元件作为它们的理想化电路模型。

1. 电压与电流的关系

图 3-13 所示为电容元件在正弦交流电路中的电路模型。

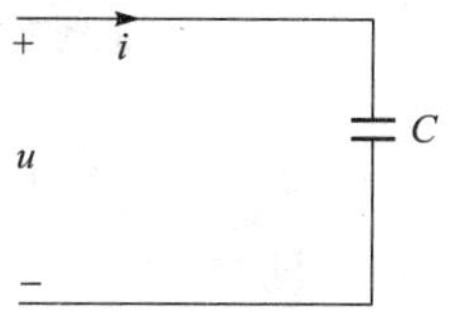

设加在电容元件两端的电压为

$$u=\sqrt{2}U\sin\omega t \tag{3-20}$$

当通过电容元件的电流与电压取关联参考方向时，有：

$$i=C\frac{\text{d}u}{\text{d}t}=\sqrt{2}U\omega C\cos\omega t=\sqrt{2}I\sin(\omega t+90°) \tag{3-21}$$

图 3-13　电容元件接入正弦交流电

式中，$I=U\omega C=\frac{U}{X_C}$，其中 $X_C=\frac{1}{\omega C}=\frac{1}{2\pi fC}$。

X_C 称为电容的电抗，简称容抗。容抗和感抗一样，反映了电容元件在正弦电路中限制电流通过的能力，单位为 Ω。

容抗与频率成反比，当 $f\to 0$ 时，$X_C\to\infty$，电容相当于开路，即隔直作用；当 $f\to\infty$ 时，$X_C\to 0$，电容相当于短路。

比较式（3-20）和式（3-21）可得，电容元件两端的电压与通过它的电流存在着相位正交关系，且电流总是超前电压 90°。

归纳：正弦交流电路中的电容元件，其电压、电流在数量上的关系符合微分形式的动态关系；在相位上它们存在正交关系。

上述关系用相量式可表示为

$$\dot{U}=-\text{j}\dot{I}X_C \tag{3-22}$$

对应的相量图如图 3-14 所示。

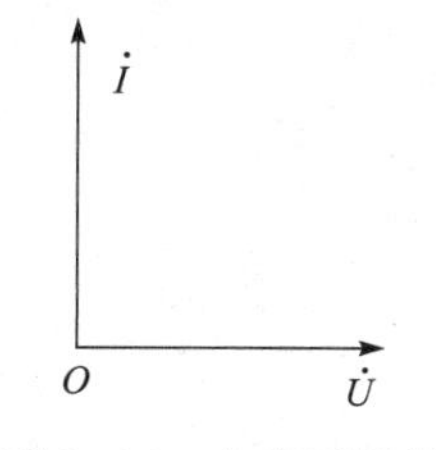

图 3-14　电容元件的电压与电流相量图

2. 功率及能量转换

电感元件上的瞬时功率总等于电感元件上瞬时电压与瞬时电流相乘所得，即

$$\begin{aligned}p&=ui=\sqrt{2}U\sin\omega t\sqrt{2}I\sin(\omega t+90°)\\&=UI\sin 2\omega t\end{aligned}$$

显然电容上的瞬时功率 p 也是一个幅值为 UI，并以频率 2ω 随时间交变的正弦量，其波形如图 3-15 所示。

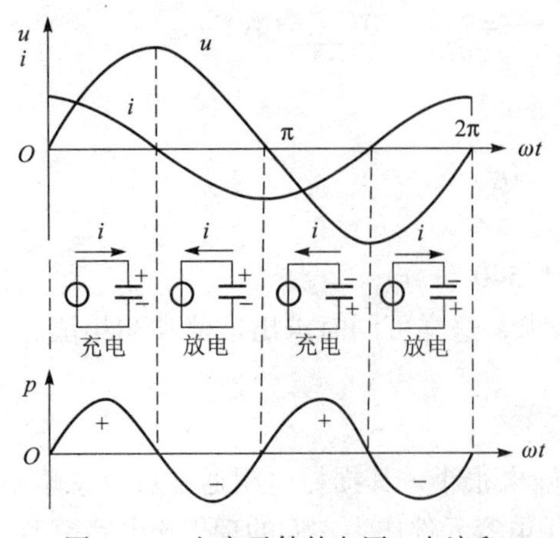

图 3-15 电容元件的电压、电流和瞬时功率波形

图 3-15 表明：在第一和第三个 1/4 周期内，u 和 i 同为正值或同为负值，瞬时功率 p 为正。由于电流 i 是从零增加到最大值，电容元件建立电场，将从电源吸收的电能转换为电场能量，储存在电场中；在第二个和第四个 1/4 周期内，u 和 i 一个为正值，另一个为负值，故瞬时功率为负值。在此期间，电流 i 是从最大值下降为零，电容元件中建立的电场在消失。这期间电容中储存的电场能量释放出来返送给电源。在以后的每个周期中都重复上述过程。

电容元件虽然不消耗能量，但它与电源之间的能量交换客观上是存在的。在电工技术中，通常用瞬时功率的幅值来衡量电感元件与电源之间能量交换的规模，即用无功功率来衡量，无功功率用大写字母 Q_C 表示，即

$$Q_C = -U_C I_C = -I^2 X_C = -\frac{U^2}{X_C} \tag{3-23}$$

例 3-8 已知在电源电压 $u=220\sqrt{2}\sin(314t+30°)$ V 中，接入电容 $C=38.5\ \mu\text{F}$ 的电容器，求 i 及无功功率。如电源的频率变为 1 000 Hz，其他条件不变再求电流 i 及无功功率。

解 $f=50$ Hz，则 $X_C=\dfrac{1}{\omega C}=\dfrac{1}{100\times3.14\times38.5\times10^{-6}}=82.7\ (\Omega)$

$$\dot{U}=220\angle 30°\ \text{V},\quad \dot{I}=\frac{\dot{U}}{-jX_C}=\frac{220}{82.7}\angle 30°+90°=2.66\angle 120°$$

$$i=2.66\sqrt{2}\sin(314t+120°)\ \text{A}$$

$$Q_C=-I^2X_C=-2.66^2\times82.7=-585.2\ (\text{var})$$

当 $f=1\ 000$ Hz 时，则

$$X_C=\frac{1}{2\pi fC}=\frac{1}{2\ 000\times3.14\times38.5\times10^{-6}}=4.14\ (\Omega)$$

$$\dot{I}=\frac{\dot{U}}{-jX_C}=\frac{220}{4.14}\angle 120°=53.1\angle 120°\ \text{A}$$

$$i=53.1\sqrt{2}\sin(6\ 280t+120°)\ \text{A}$$

$$Q_C=-I^2X_C=-53.1^2\times4.14=-11\ 673.2\ (\text{var})$$

可见频率变化时电容的容抗也跟着变化，在相同电源电压时，电流、无功功率也会变化。

3.4　*RLC* 串联电路

3.4.1　*RLC* 串联电路

1. 电压与电流的关系

图 3-16 所示为 *RLC* 串联电路，各部分电压与电流的参考方向如图 3-16 所示。

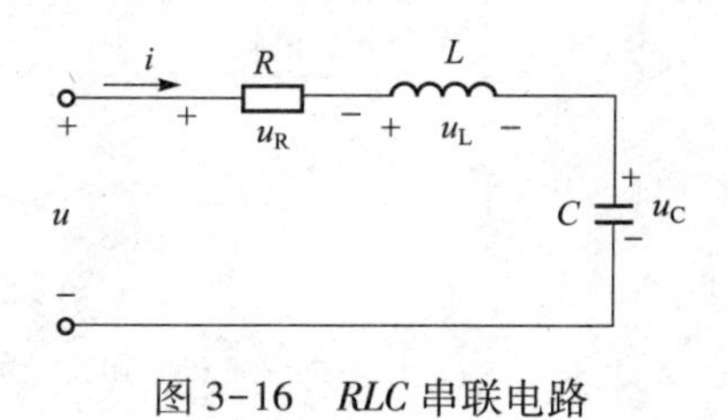

图 3-16　*RLC* 串联电路

根据基尔霍夫电压定律，电路的总电压为

$$u = u_R + u_L + u_C$$

其对应的相量形式为

$$\begin{aligned}\dot{U} &= \dot{U}_R + \dot{U}_L + \dot{U}_C = R\dot{I} + jX_L\dot{I} - jX_C\dot{I} \\ &= [R + j(X_L - X_C)]\dot{I} = (R + jX)\dot{I} = Z\dot{I}\end{aligned} \tag{3-24}$$

式（3-24）中的各相量之间的关系可由图 3-17 所示的相量图来描述：在图 3-17（a）中，由于 $U_L > U_C$，总电压相量 $\dot{U}$ 超前电流相量 $\dot{I}$ 一个 φ 角，此时电路呈感性；图 3-17（b）中，$U_L < U_C$，总电压相量 $\dot{U}$ 滞后电流相量 $\dot{I}$ 一个 φ 角，因此电路呈容性；图 3-17（c）中，$U_L = U_C$，出现了总电压相量 $\dot{U}$ 与电流相量 $\dot{I}$ 同相位（即 $\varphi=0$）的现象，此时电路呈阻性。

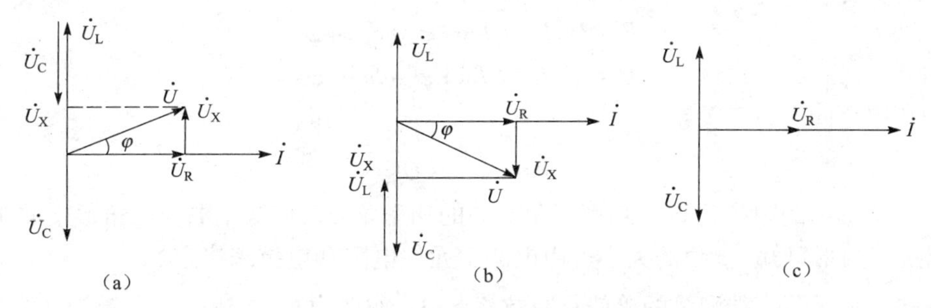

图 3-17　*RLC* 串联电路的三种情况

（a）电感性；（b）电容性；（c）电阻性

式（3-24）中的 Z 称为相量模型中的复数阻抗，简称复阻抗。复阻抗的模值对应正弦交流电路中的阻抗 $|Z|$；辐角对应正弦交流电压与电流之间的相位差角 φ。

$$Z = \sqrt{R^2 + X^2} \angle \arctan\frac{X}{R} = |Z| \angle \varphi \tag{3-25}$$

式中，$|Z| = \sqrt{R^2+X^2}$ 为复阻抗的模，称为阻抗；$\varphi = \arctan\dfrac{X}{R}$ 为复阻抗的辐角，称为阻抗角，阻抗角的大小取决于 R、L、C 三个元件的参数及电源的频率。

2. 功率

由图 3-17 所示相量图还可以推导出电压三角形（相量图）、阻抗三角形（非相量图）和功率三角形（非相量图），如图 3-18 所示，三个三角形显然是相似三角形。

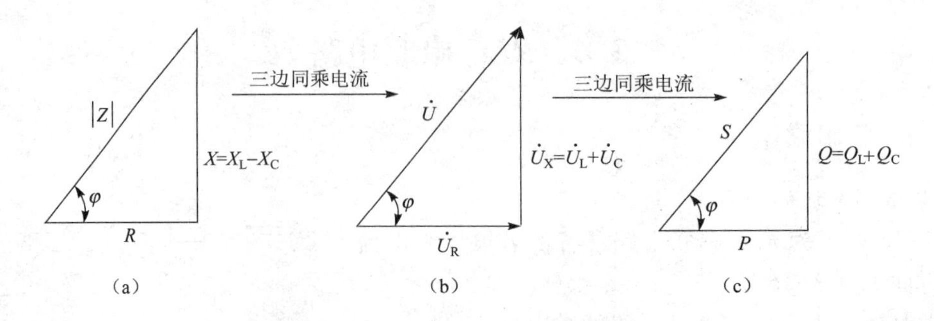

图 3-18　阻抗、电压、功率三角形
(a) 阻抗三角形；(b) 电压三角形；(c) 功率三角形

若电压三角形的各条边同除以电流相量 $\dot{I}$，就可得到阻抗三角形，阻抗三角形仅反映了电阻与电抗之间的数量关系；若电压三角形的各条边同乘以电流相量 $\dot{I}$，又可得到功率三角形，功率三角形仅反映了电路中各种功率之间的数量关系。

在 *RLC* 串联的正弦交流电路中，电阻元件吸收的是有功功率 P，电感元件和电容元件与电源之间交换的是无功功率 Q，电源向电路提供的总功率用 S 表示，称为视在功率，视在功率反映了交流电源容量的大小，如某变压器的容量为 50 kV · A 等（视在功率的单位为 V · A）。

从图 3-18 所示的功率三角形中可得：

$$S = UI \tag{3-26}$$

$$P = U_R I = UI\cos\varphi = S\cos\varphi \tag{3-27}$$

$$Q = U_X I = UI\sin\varphi = S\sin\varphi \tag{3-28}$$

三个功率之间有以下关系

$$S = \sqrt{P^2 + Q^2}$$

阻抗三角形中的阻抗角 φ、功率三角形中的功率角 φ，均等于电压三角形中的相位差角 φ。由阻抗三角形可知，φ 角的大小可由电路中元件电阻和电抗来决定。

例 3-9　某无源二端网络的等效复阻抗 $Z = 10\angle 60^\circ\ \Omega$，端钮处的电流为 2 A。试计算 P、Q、S、$\cos\varphi$。

解　分别由阻抗三角形和功率三角形可得

$$R = |Z|\cos\varphi = 10 \times \cos 60^\circ = 5\ (\Omega)$$

$$P = RI^2 = 5 \times 2^2 = 20\ (\mathrm{W})$$

$$Q = P\tan\varphi = 20\tan 60^\circ = 34.6(\mathrm{var})$$

$$S = \frac{P}{\cos\varphi} = \frac{20}{\cos 60^\circ} = 40\ (\mathrm{V \cdot A})$$

$$\cos\varphi = \cos 60^\circ = 0.5$$

3.4.2　*RLC* 串联电路的谐振

在 *RLC* 串联电路中，当电路的总电流和端电压同相时称电路发生了谐振。由于发生在串联电路中，故称为串联谐振。

1. 串联谐振的条件

串联电路发生谐振的条件是电路的电抗为零，即

$$X_L = X_C$$

则

$$\omega L = \frac{1}{\omega C}$$

由此可得

$$\left.\begin{aligned}\omega_0 &= \frac{1}{\sqrt{LC}} \\ f_0 &= \frac{1}{2\pi\sqrt{LC}}\end{aligned}\right\} \tag{3-29}$$

式中，ω_0 和 f_0 分别称为串联电路的谐振角频率和谐振频率。

由式（3-29）可见，串联电路的谐振角频率和谐振频率取决于电路本身的参数，是电路所固有的，也称为电路的固有角频率和固有频率。因此，当外加信号电压的频率等于电路的固有频率时，电路发生谐振。

在实际工作中，为了使电路对某频率的信号发生谐振，可以通过调节电路参数（L 或 C），使电路的固有频率和该信号频率相同。例如，收音机就是通过改变可变电容的方法，使接收电路对某一电台的发射频率发生谐振，从而接收该电台的广播节目。

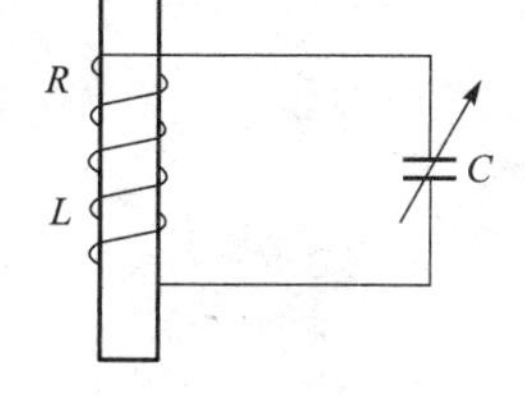

图 3-19　例 3-10 图

例 3-10　图 3-19 所示为收音机的接收回路。其中 $R=6\ \Omega$，$L=300\ \mu\text{H}$。现欲收听中央台第一套节目，试计算可变电容的调节范围。已知中央台第一套节目的发射频率为 525~1 605 kHz。

解　由 $f_0 = \dfrac{1}{2\pi\sqrt{LC}}$ 可得

$$C = \frac{1}{(2\pi f_0)^2 L}$$

若 $f_{01} = 525$ kHz 时电路谐振，电容值应为

$$C = \frac{1}{(2\times 3.14\times 525\times 10^3)^2\times 300\times 10^{-6}}\ \text{pF} = 306\ \text{pF}$$

若 $f_{02} = 1\ 605$ kHz 时电路谐振，电容值应为

$$C = \frac{1}{(2\times 3.14\times 1\ 605\times 10^3)^2\times 300\times 10^{-6}}\ \text{pF} = 32.7\ \text{pF}$$

所以可变电容的范围为：32.7~306 pF。

2. 串联谐振电路的特点

① 电路发生谐振时，因为电抗为零，所以阻抗最小，且为纯电阻，即

$$|Z| = \sqrt{R^2 + (X_L - X_C)^2} = R$$

② 电路发生谐振时，当电源电压不变时，电路中的电流最大，即

$$I = \frac{U}{|Z|} = \frac{U}{R}$$

③ 电路发生谐振时，感抗等于容抗，电路的电抗为零。但感抗和容抗均不为零，它们分别为

$$X_L = \omega_0 L = \frac{L}{\sqrt{LC}} = \sqrt{\frac{L}{C}} = \rho \tag{3-30}$$

$$X_C = \frac{1}{\omega_0 C} = \frac{\sqrt{LC}}{C} = \sqrt{\frac{L}{C}} = \rho \tag{3-31}$$

式中，ρ 称为谐振电路的特性阻抗，单位为 Ω。

④ 电路发生谐振时，电感与电容的端电压数值相等、相位相反，二者相互抵消，对整个电路不起作用，电源电压全部加在电阻元件上。图 3-20（a）、（b）所示分别为串联谐振电路以及各部分电压的相量图。

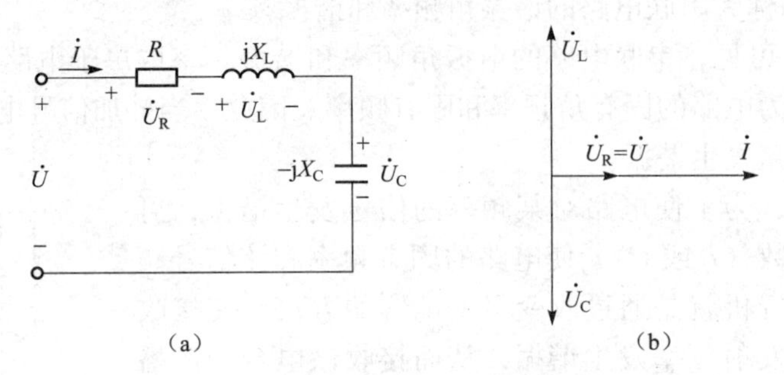

图 3-20　串联谐振电路及相量图

（a）串联谐振电路；（b）相量图

当电路发生谐振时，虽然电抗上的电压为零，但是电感和电容元件各自的电压一般比电源电压高得多，这是串联谐振电路的重要特性。为此，把电感电压或电容电压与电源电压的比值，定义为谐振电路的品质因数，用 Q 表示，即

$$Q = \frac{U_L}{U} = \frac{X_L I}{RI} = \frac{X_L}{R} = \frac{\rho}{R} \tag{3-32a}$$

或

$$Q = \frac{U_C}{U} = \frac{X_C I}{RI} = \frac{X_C}{R} = \frac{\rho}{R} \tag{3-32b}$$

由于一般线圈的电阻较小，因此，Q 值往往很高。质量较好的线圈，Q 值可高达 200~300。这样，即使外加电压不高，谐振时，电感或电容的端电压仍然会很高。例如，若 $Q=200$，信号电压为 5 V，谐振时，电感或电容的端电压就高达 1 000 V，有时甚至高达几十万伏。因此，串联谐振也称电压谐振。

⑤ 电路谐振时，因电路呈现纯阻性，所以电路总无功功率为零，电感与电容不再与电源交换能量，而在两者之间相互转换，电源的能量全部消耗在电阻上。

3. 串联谐振回路在工程技术中的应用

串联谐振回路在无线电工程中应用很广。在广播、电视的接收回路中，常被用来选择信号。这是因为，当调节 L 或 C 使电路与某发射信号发生谐振时，电路呈现低阻抗，回路电流最大，电感或电容的端电压最高。而其他频率的信号，虽然也存在于谐振回路中，但由于

偏离了谐振频率，电路呈现高阻抗，其电流很小，电感或电容的端电压就很低。

此外，电路中的谐振也有可能破坏系统的正常工作。例如，在电力系统中，串联谐振产生的高压有可能损坏电感线圈、电容或其他电气设备的绝缘。在这种情况下，应尽力避免电路发生谐振。

3.5　功率因数的提高

在正弦交流电路中，负载从电源获取的有功功率除与电压、电流的有效值有关外，还与负载的功率因数有关。在实际用电设备中，只有为数不多的负载为电阻性质，大多为感性负载，它们的功率因数较低。例如，异步电动机，满载时的功率因数为 0.7～0.85，轻载时则更低。又如日光灯，功率因数更低，通常只有 0.3～0.5。电路的功率因数低，对设备的运行不利，如电源设备的容量得不到充分利用。在电力系统中，当电源电压和输出功率一定时，若功率因数低，则引起线路电流增大，导致线路损耗和压降增大，从而会影响供电质量，降低输电效率。因此，应当设法提高线路的功率因数。提高功率因数的途径很多，目前广泛采用的方法是在感性负载两端并联适当的电容，电路如图 3-21（a）所示。

由图 3-21（b）可见，并联电容前，线路中的总电流 $\dot{I}$（也即负载电流 $\dot{I}_L$）滞后于电压 φ_1 角，电路的功率因数为 $\cos\varphi_1$。并联电容后，负载电流仍为 $\dot{I}_L$，而线路总电流变为 $\dot{I}=\dot{I}_L+\dot{I}_C$，且滞后电压 φ_2 角，电路的功率因数变为 $\cos\varphi_2$。而 $\varphi_2<\varphi_1$，因而 $\cos\varphi_2>\cos\varphi_1$，整个电路的功率因数得到提高。

由图 3-21（c）所示的功率三角形可得：

$$Q=Q_L+Q_C$$

$$Q_C=Q-Q_L=P\tan\varphi_2-P\tan\varphi_1=P(\tan\varphi_2-\tan\varphi_1) \tag{3-33}$$

式中，P 为电路的有功功率，φ_1 和 φ_2 分别为并联电容前、后的功率因数角，Q_C 为提高功率因数所需电容的无功功率。

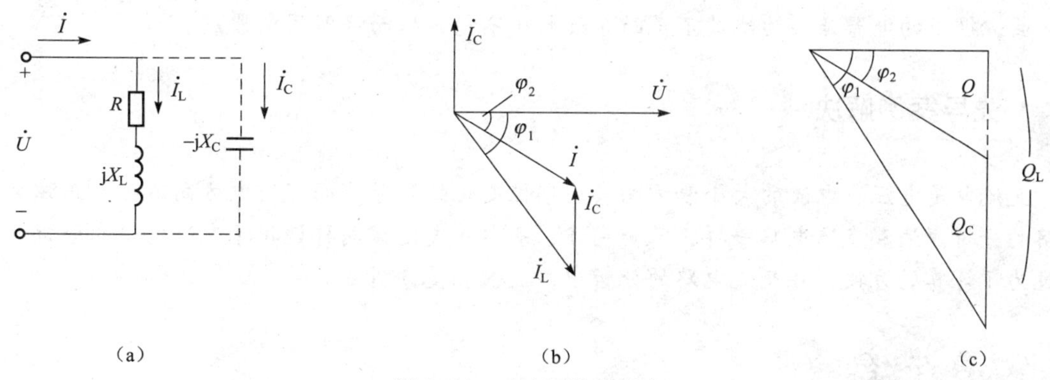

图 3-21　功率因数的提高

（a）电路示意图；（b）并联电容前电流分析；（c）功率三角形

又因为

$$Q_C=-UI_C=-U\frac{U}{X_C}=-U^2\omega C$$

所以，所需并联电容的容量为

$$C=\frac{P}{\omega U^2}(\tan\varphi_1-\tan\varphi_2) \tag{3-34}$$

式中，ω 为电源的角频率；U 为负载的端电压。

例 3-11 某工厂的额定功率为 500 kW，功率因数为 0.8（$\varphi>0$），电源电压为 380 V，$f=50$ Hz。现要求将功率因数提高到 0.9，应并联多大电容？并联电容前后，电路中的电流分别为多少？

解 由 $\cos\varphi_1=0.8$，$\cos\varphi_2=0.9$，可得

$$\varphi_1=36.9°,\ \tan\varphi_1=0.75,\ \varphi_2=25.8°,\ \tan\varphi_2=0.484$$

应并电容的容量为

$$C=\frac{P}{\omega U^2}(\tan\varphi_1-\tan\varphi_2)=\frac{500\times10^3}{314\times380^2}(0.75-0.484)\ \mu\text{F}=2\ 933\ \mu\text{F}$$

并联电容前

$$I_1=\frac{P}{U\cos\varphi_1}=\frac{500\times10^3}{380\times0.8}\ \text{A}=1\ 644.7\ \text{A}$$

并联电容后

$$I_2=\frac{P}{U\cos\varphi_2}=\frac{500\times10^3}{380\times0.9}\ \text{A}=1\ 462\ \text{A}$$

由计算结果可见，并联电容可以减小电路的总电流。这不仅可以降低线路损耗和压降，节约能源；还可以采用线径较小的电源电缆，以节约材料。

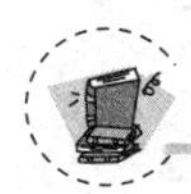

知识拓展

正弦交流电在生活中有着广泛的应用，最基础的是照明。在各种广泛的用途中，我们并不能直接去应用交流电，这就需要稳压和滤波。稳压和滤波在电器的整体性能中占非常重要的一面，很多的电器是因为滤波不良而导致电压不稳，从而烧毁用电器。

先导案例解决

交流电是电压、电流的大小和方向按周期性变化的信号，而直流电方向不变。正弦交流电路的分析方法和直流电路一样，欧姆定律、基尔霍夫定律同样适用于交流电路的分析。只不过为了计算的方便，在交流电路的分析中，引入相量分析法。

本章小结

① 正弦交流电是随时间按正弦规律变化的周期性函数。正弦交流电的三要素一般指最大值（有效值）、周期（频率）和初相位。通常所说交流电的大小都是指有效值。

② 正弦量可以用三角函数式、波形图、相量等几种不同的形式表示。

③ 电阻元件、电感元件、电容元件是交流电路的理想元件，这些元件的电压、电流关

系是分析电路的交流电路的基础。

④ 在线性正弦交流电路中，各支路的电流与电压都是和电源同频率的正弦量。交流电路中的电流、电压计算不仅有大小问题，还有相量问题，正弦量的计算最好采用相量分析法。

⑤ 功率因数的提高，在实际应用中有着十分重要的经济意义，提高感性负载的功率因数一般在感性负载两边并联电容。

⑥ 谐振是交流电路中的一种特殊现象。谐振时电路呈电阻性，谐振频率为：$f_0=\frac{1}{2\pi\sqrt{LC}}$。串联谐振时，电路阻抗最小，电流最大。

⑦ 交流电路功率的计算

$$P=UI\cos\varphi,\quad Q=UI\sin\varphi,\quad S=UI。$$

习　题　三

3-1　某正弦交流电压 $u=220\sqrt{2}\sin(314t+60°)$ V。试求：

(1) 最大值、周期、频率、角频率和初相位。

(2) $t=0.01$ s 时电压的瞬时值。

(3) 画出电压的波形图。

3-2　某正弦电流的最大值、角频率和初相位分别为 14.1 A、314 rad/s 和 −30°。写出它的三角函数式。

3-3　某正弦电压和电流分别为 $u=70.7\sin(\omega t+45°)$ V 和 $i=14.1\sin(\omega t-30°)$ A，试写出二者的相位差；并说明哪一个正弦量超前，超前的相位是多少？在同一直角坐标系中画出它们的波形图。

3-4　10 A 的直流电流和最大值等于 10 A 的交流电流分别通过阻值相同的电阻，试问在交流电流的一个周期内哪个电阻的发热大？

3-5　某正弦交流电路。已知 $u=220\sqrt{2}\sin(\omega t+60°)$ V, $i=14.1\sin(\omega t-45°)$ A。现用电动系交流电压表和交流电流表分别测量它们的电压和电流。问两电表的读数分别为多少？

3-6　求下列正弦量所对应的相量并画出相量图。

(1) $i=5\sqrt{2}\sin(100t+60°)$ A

(2) $u=-10\sqrt{2}\cos(10t+30°)$ V

3-7　有正弦量 $u_1=220\sqrt{2}\sin(\omega t+45°)$ V 和 $u_2=380\sqrt{2}\sin(\omega t-60°)$ V，试写出表示它们的相量，并用相量法求 u_1+u_2 和 u_1-u_2。

3-8　在纯电感正弦交流电路中，已知 $i_L=3\sqrt{2}\sin(628t-90°)$，$L=40$ mH。试求 u_L、U_L。

3-9　RL 串联电路，$R=6\ \Omega$，$L=25.5$ mH，接到 $\dot{U}=100\angle 30°$ V 的工频交流电源上使用。求通过线圈中的电流。

3-10　将 RLC 串联电路接到频率为 100 Hz、电压有效值为 100 V 的正弦电压上，已知

$R=3\ \Omega$，$X_L=2\ \Omega$，$X_C=6\ \Omega$。求电流的有效值及电压与电流的相位差。

3-11　在 RLC 串联电路中，已知 $I=1$ A、$U_R=15$ V、$U_L=80$ V、$U_C=60$ V。求电路的总电压、有功功率、无功功率、视在功率和功率因数。

3-12　某感性负载的额定功率为 10 kW，功率因数为 0.6，电源电压为 220 V，频率为 50 Hz。现欲将功率因数提高到 0.8，问应并联多大电容？

3-13　在 RLC 串联电路中，已知 $R=50\ \Omega$，$L=400$ mH，$C=0.254\ \mu$F，电源电压有效值 $U=10$ V。求谐振频率、谐振时电路中的电流、各元件上的电压。

3-14　在 RLC 串联电路中，已知 $R=10\ \Omega$，$L=500\ \mu$H。现欲收听发射频率为 1 000 kHz 的某电台的广播节目，试计算电容值应为多大？电路的特性阻抗为多大？品质因数为多大？

第 3 章　正弦交流电路

第 4 章　三相交流电路及其应用

本章知识点

[1] 掌握对称三相正弦量的特点及相序的概念。
[2] 掌握对称三相负载Y和△连接时相线电压、相线电流的关系。
[3] 掌握三相四线制供电系统中单相及三相负载的正确连接方法，理解中线的作用。
[4] 掌握对称三相电路电压、电流及功率的计算。
[5] 了解发电、输电及配电基础知识。

先导案例

在生产、生活中，人们广泛使用三相交流电动机，如图 4-1 所示，给三相交流电动机供电的为三相交流电源，那么三相交流电源是如何产生的？它们又有什么特点？如何去分析三相交流电路？

图 4-1　三相交流电动机外形

4.1　三相电源

4.1.1　三相对称电源的产生

三相交流电由三相交流发电机产生。图 4-2 所示是一台三相交流发电机的示意图，它主要由定子（磁极）和转子（电枢）组成。发电机的定子绕组有 U_1-U_2、V_1-V_2、W_1-W_2

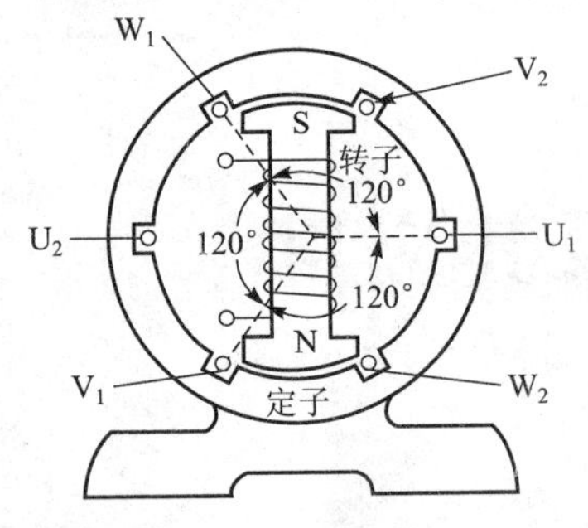

图 4-2　三相交流发电机示意图

三个，每一个绕组称为一相，各相绕组匝数相等、结构相同，它们在定子圆周上彼此相隔 120°。三相绕组的始端分别用 U_1、V_1、W_1 表示，末端分别用 U_2、V_2、W_2 表示。这三相绕组分别称为 U 相绕组、V 相绕组、W 相绕组。

在原动机的带动下，发电机转子沿逆时针方向以角速度 ω 旋转时，转子与定子间发生相对运动，相当于定子绕组在顺时针方向上做切割磁力线运动。根据电磁感应定律，三相绕组将分别产生感应电动势 e_U、e_V、e_W。由于绕组完全对称，互相在空间上相差 120°，三相感应电动势最大值相等，频率相同，但初相位相差 120°。若以 U 相电动势 e_U 为参考量，则三相电动势瞬时值表达式为

$$\begin{cases} e_U = E_m \sin\omega t \\ e_V = E_m \sin(\omega t - 120°) \\ e_W = E_m \sin(\omega t + 120°) \end{cases} \tag{4-1}$$

由式（4-1）可画出该三相电动势的波形图和相量图，如图 4-3 所示。

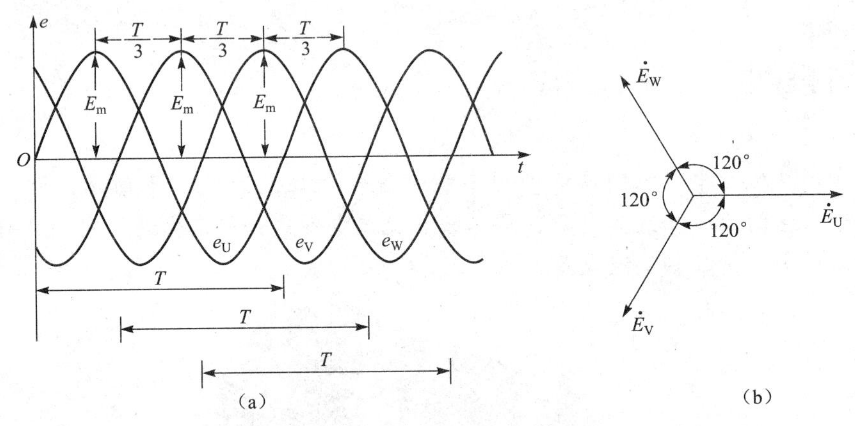

图 4-3　三相对称电动势的波形图和相量图

（a）波形图；（b）相量图

由解析式、波形图和相量图均可看出：发电机产生的三相感应电动势，U 相电动势超前 V 相电动势 120°相位，V 相电动势超前 W 相电动势 120°相位，W 相电动势超前 U 相电动势 120°相位。

三个电动势到达最大值（或零）的先后次序叫作相序。上述的三个电动势的相序是第一相（U 相）→第二相（V 相）→第三相（W 相），这样的相序叫正序。由相量图可知，如果把三个电动势的相量加起来，相量和为零。由波形图可知，三相对称电动势在任一瞬间的代数和为零，即

$$e_U + e_V + e_W = 0 \tag{4-2}$$

4.1.2　三相对称电源绕组的连接

1. 三相电源的星形连接

将发电机三相绕组的末端 U_2、V_2、W_2 连接在一点，三相绕组的始端 U_1、V_1、W_1 分别

与三相电源输电线相连，并通过该输电线路将电能送往变、配电所或用电设备，这种接法称为三相电源的星形连接（或称Y连接），如图 4-4 所示。图中三个末端相连接的点称为中性点或零点，在线路上用符号“N”表示，从中性点引出的导线称为中性线或零线。三相绕组的接线端子用 U、V、W 表示，从三相绕组始端 U_1、V_1、W_1 引出的三根导线称为相线，分别用 L_1、L_2、L_3 表示，因为它们与中性线之间有一定的电压，所以俗称火线。

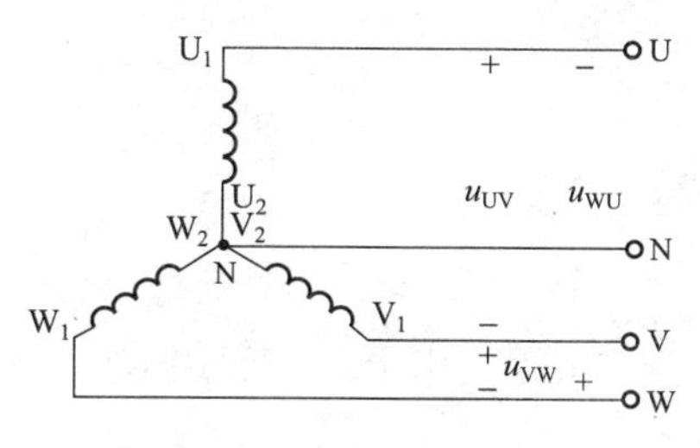

图 4-4　三相电源星形连接

由三根相线和一根中性线所组成的输电方式称为三相四线制（通常在低压配电中采用）；只由三根相线所组成的输电方式称为三相三线制（在高压输电工程中采用）。

三相电源的星形连接可以输出两种电压，即相电压和线电压。

所谓相电压，指每相绕组两端的电压，也就是各相线与中性线之间的电压。三相相电压的瞬时值分别用 u_1、u_2、u_3 来表示，通用符号用 u_p 表示；有效值分别用 U_U、U_V、U_W 表示。因为三个电动势的最大值相等，频率相同，彼此相位差均为 120°，所以三个相电压的最大值也相等，频率也相同，各相电压之间的相位差为 120°，即三个相电压是对称的。

线电压是指各相绕组始端之间的电压，也就是各相线之间的电压。它的瞬时值用 u_{12}、u_{23}、u_{31}来表示，通用符号用 u_l 表示；有效值分别用 U_{UV}、U_{VW}、U_{WU}表示。与相电压之间的关系类似，各线电压之间相位差为 120°，它们之间也是对称的。

根据相电压与线电压的定义，$\dot{U}_{UV}$为 U 相电压 $\dot{U}_U$ 与 V 相电压 $\dot{U}_V$ 之间的电位差，同理可得 $\dot{U}_{VW}$、$\dot{U}_{WU}$，即

$$\begin{cases}\dot{U}_{UV}=\dot{U}_U-\dot{U}_V\\ \dot{U}_{VW}=\dot{U}_V-\dot{U}_W\\ \dot{U}_{WU}=\dot{U}_W-\dot{U}_U\end{cases} \tag{4-3}$$

由此可作出线电压和相电压的相量图，如图 4-5 所示。从图中可以看出，各线电压在相位上比各对应的相电压超前 30°。又因为相电压是对称的，所以线电压也是对称的，即各线电压之间的相位差也都是 120°。从该图可以推出

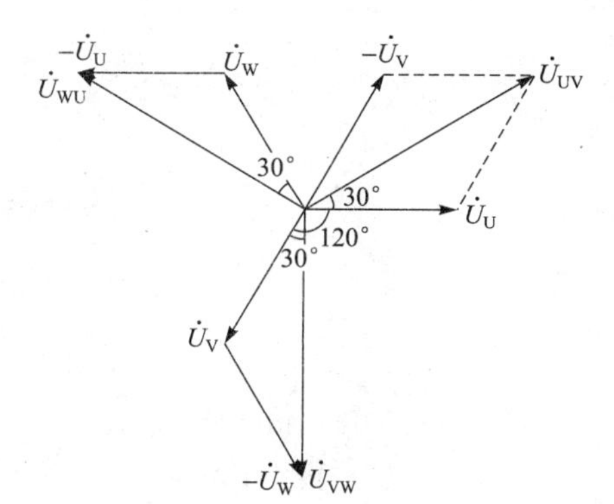

图 4-5　三相电源相电压和线电压相量图

$$U_{UV}=2U_U\cos 30°$$

同理可求 U_{VW}、U_{WU}，得出

$$\begin{cases}U_{UV}=\sqrt{3}U_U\\ U_{VW}=\sqrt{3}U_V\\ U_{WU}=\sqrt{3}U_W\end{cases} \tag{4-4}$$

用相量形式表示为

$$\begin{cases}\dot{U}_{UV}=\sqrt{3}\dot{U}_{U}\angle 30° \\ \dot{U}_{VW}=\sqrt{3}\dot{U}_{V}\angle 30° \\ \dot{U}_{WU}=\sqrt{3}\dot{U}_{W}\angle 30°\end{cases} \tag{4-5}$$

在工程技术上，一般用 U_L 表示线电压，用 U_P 表示相电压，则式（4-4）可归纳为

$$U_L=\sqrt{3}U_P \tag{4-6}$$

从上述讨论可归纳出三相电源星形连接具有以下特点：

① 三相电动势有效值相等，频率相同，各相之间相位差为 120°。

② 相电压和线电压各自对称，各相电压之间相位差为 120°，各线电压之间相位差也为 120°。

③ 线电压是相电压的$\sqrt{3}$倍，且超前对应相电压 30°。

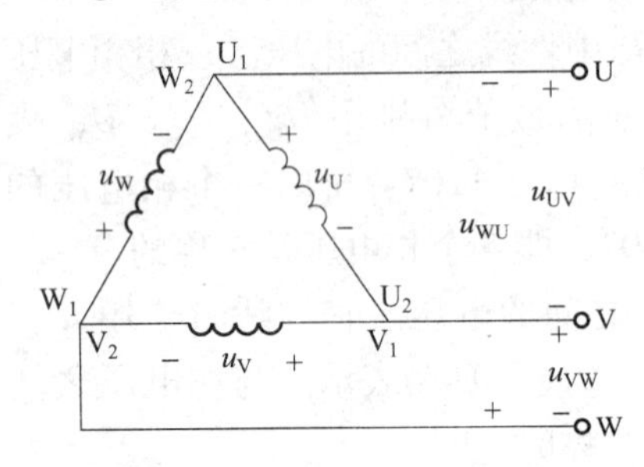

图 4-6　三相电源的三角形连接

由于三相电源的星形连接可以输出两种电压，所以使用范围很广。我国的低压供电系统中，通常所说的 380 V、220 V 电压，就是指电源成星形连接时的线电压和相电压的有效值，它们之间就满足 $U_L=\sqrt{3}U_P$ 的关系。

2. 三相电源的三角形连接

将发电机三相绕组始末端依次连接，构成如图 4-6 所示的闭合电路，并将三个连接点作为三相电源输出点，向外引出三根相线，这种接法称为三角形连接（或称△连接）。

当发电机绕组接成三角形时，由于每相绕组直接跨接在两相线之间，所以线电压等于相电压，即

$$U_L=U_P \tag{4-7}$$

这种供电系统与星形连接相比，只有一种电压输出，由于发电机三相绕组对称，每相电压 U_U、U_V、U_W 数值相等，相位差为 120°，任意两相电压的相量和与第三相电压大小相等、方向相反。

所以有

$$\dot{U}_U+\dot{U}_V+\dot{U}_W=0 \tag{4-8}$$

相量图如图 4-7 所示。

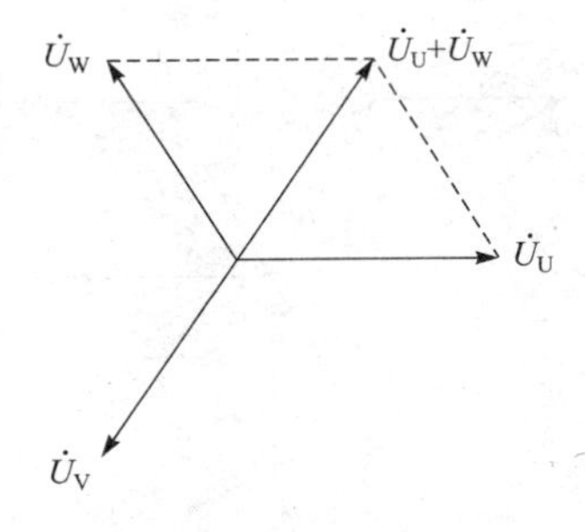

图 4-7　三相电源三角形连接相量图

由于三相电压相量图和为零，在三角形回路中就不会有电流。但如果一相绕组接反，导致三相绕组电压相量和不为零，而为一相电压的两倍。由于发电机绕组阻抗小，三角形回路中将产生很大的环流，给发电机绕组带来烧毁的危险。加之它只能输出一种电压，所以在工程技术上，三相电源的三角形连接很少使用，大量使用的是星形连接。

4.2　三相电路分析

在三相电路中，一般情况下电源是对称的，由三相电源供电的负载称为三相负载。三相负载可以分为两类：一类是对称三相负载，如三相电动机、三相电阻炉等。对称三相负载的特点是各相复数阻抗相等，即

$$Z_U=Z_V=Z_W=Z_P$$

或阻抗模相等且相位角相同，即

$$|Z_U|=|Z_V|=|Z_W|=|Z|,\ \varphi_U=\varphi_V=\varphi_W=\varphi$$

另一类是不对称三相负载，如三相照明电路即为典型不对称三相电路。在用电系统中，三相负载也有两种连接方式：一种是星形连接，也称Y连接；另一种是三角形连接，也称△连接。

三相负载无论采用哪种连接方式，三相电源端线中的电流称为线电流，端线与端线间的电压称为线电压；每相负载中通过的电流称为负载的相电流，每相负载两端的电压称为负载的相电压。

4.2.1　三相负载的星形连接电路分析

图4-8所示为三相负载的星形接法。图中 Z_U、Z_V、Z_W 分别为三相负载阻抗；N′为三相负载的中性点。通过中线可以将N′与三相电源中点N相连。

从图中可以看出，由于输电线路电阻很小，在输电线路电阻可忽略不计时，负载的相电压就是电源的相电压，负载的线电压也就是电源线电压，所以星形连接的负载上仍有

$$U_L=\sqrt{3}U_P \tag{4-9}$$

线电压超前相电压30°，负载的相电流就等于对应的线电流。相电压与相电流的关系为

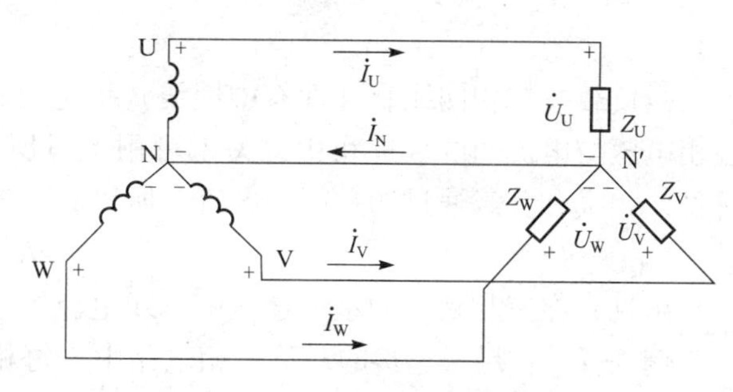

图4-8　三相负载的星形连接

$$\begin{cases}\dot{I}_U=\dfrac{\dot{U}_U}{Z_U}\\ \dot{I}_V=\dfrac{\dot{U}_V}{Z_V}\\ \dot{I}_W=\dfrac{\dot{U}_W}{Z_W}\end{cases} \tag{4-10}$$

中性线电流：

$$\dot{I}_N=\dot{I}_U+\dot{I}_V+\dot{I}_W \tag{4-11}$$

式中，U_L 为星形连接三相负载线电压，单位为V；U_P 为星形连接每相负载两端相电压，单

位为 V；I_N、I_U、I_V、I_W 分别为星形连接时中性线和三相负载各相所通过的电流，单位为 A。

1. 负载对称时的电路特点

由于电源电压对称，当三相负载对称时，即 $Z_U=Z_V=Z_W=Z$，负载的三相电流也是对称的，即电流大小相等、相位差依次为 120°，图 4-9 所示为星形连接三相对称负载电流相量图，可看出 V 相电流与 W 相电流的相量和与 U 相电流大小相等、方向相反，因此三相电流相量和为零，即

$$\dot{I}_U+\dot{I}_V+\dot{I}_W=0 \tag{4-12}$$

可见，在星形连接的三相负载对称时，中性线无电流通过。此时完全可以把中性线省去，使三相四线制变为三相三线制供电方式，电路如图 4-10 所示。实际上三相电动机、三相电阻炉都是对称三相负载，它们都可用三相三线制供电。

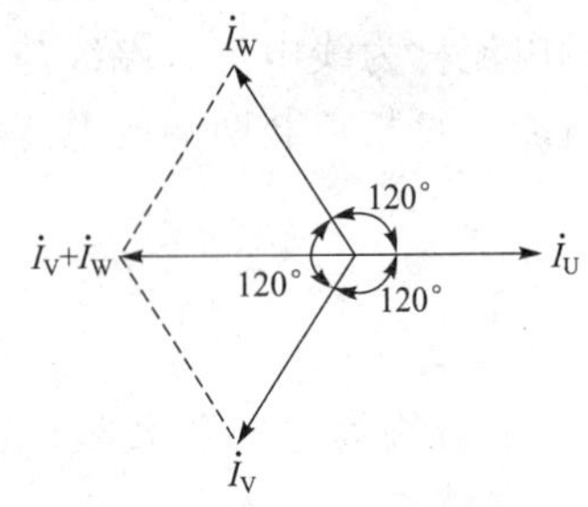

图 4-9 三相对称负载电流相量图

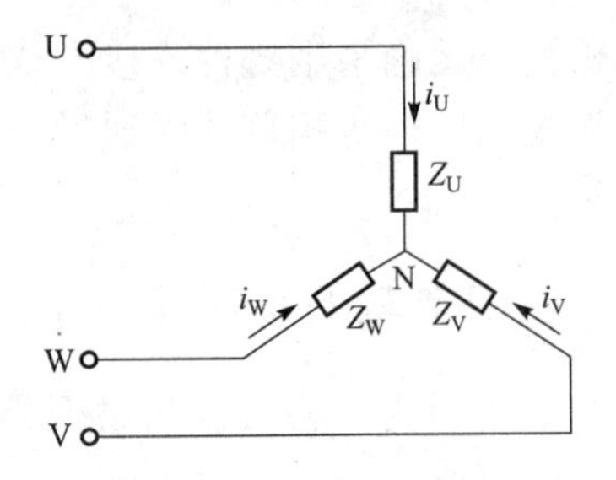

图 4-10 负载的三相三线制供电

当负载按三相四线制（即有中性线）供电时，三相交流电的每一相就是一个单相电路。各相电压与电流间的数量和相位关系可用上章所讲的单相交流电路的方法处理。从图 4-8 可见，相线和负载通过的是同一电流，所以有

$$I_L=I_P \tag{4-13}$$

可见，在三相负载的星形连接中，线电流等于相电流。

例 4-1 在星形连接的对称三相电路中，每相负载的电阻 $R=15\ \Omega$、感抗 $X_L=20\ \Omega$，接于 $U_L=380$ V 的三相电源上工作，求相电压 U_P 和线电流 I_L。

解 对称三相负载作星形连接时有

$$U_P=\frac{U_L}{\sqrt{3}}=\frac{380}{\sqrt{3}}\ \text{V}\approx 220\ \text{V}$$

每相负载阻抗为

$$|Z|=\sqrt{R^2+X_L^2}=\sqrt{15^2+20^2}\ \Omega=25\ \Omega$$

相电流为

$$I_P=\frac{U_P}{|Z|}=\frac{220}{25}\ \text{A}=8.8\ \text{A}$$

线电流为

$$I_L=I_P=8.8\ \text{A}$$

例 4-2 在图 4-8 所示的电路中，电源电压对称，每相负载的电阻 $R=30\ \Omega$，感抗$X_L=$

40 Ω，已知 $u_{UV}=380\sqrt{2}\sin\omega t$ V，试求 i_U、i_V、i_W。

解　由于负载对称，只需计算一相，其余可类推。

根据线电压与相电压的关系可得

$$U_U=\frac{U_{UV}}{\sqrt{3}}=\frac{U_L}{\sqrt{3}}=\frac{380}{\sqrt{3}}\ \text{V}=220\ \text{V}$$

相电压滞后线电压 30°，故

$$u_U=220\sqrt{2}\sin(\omega t-30°)\ \text{V}$$

相电压 u_U 与相电流 i_U 间的相位差

$$\varphi=\arctan\frac{X_L}{R}=\arctan\frac{40}{30}=53°$$

电流初相位

$$\psi_i=\psi_u-\varphi=-30°-53°=-83°,I_U=\frac{U_U}{|Z_U|}=\frac{220}{\sqrt{30^2+40^2}}\text{A}=4.4\ \text{A}$$

故

$$i_U=4.4\sqrt{2}\sin(\omega t-83°)\ \text{A}$$

由此可类推

$$i_V=4.4\sqrt{2}\sin(\omega t-83°-120°)=4.4\sqrt{2}\sin(\omega t+157°)\ \text{A}$$

$$i_W=4.4\sqrt{2}\sin(\omega t-83°+120°)=4.4\sqrt{2}\sin(\omega t+37°)\ \text{A}$$

2. 负载不对称时电路分析

在三相负载的星形连接中，不对称是指至少有一相的负载阻抗的模或阻抗角与其他两相不相同。如果三相负载不对称，则三相负载电流不相等，三个相电流的相量和不为零，中性线中则有电流通过。在这种情况下，星形连接只能用三相四线制，中性线不能省去。因为如果此时断开中性线，各相负载的电压就不相等，这时，阻抗较小的负载的相电压可能低于其额定电压，阻抗较大的负载的相电压可能高于其额定电压，使负载无法正常工作，甚至会造成严重事故。

例 4-3　将白炽灯照明电路按三相四线制星形连接，如图 4-11 所示，各白炽灯额定电压为 220 V，设 U 相负载 Z_U 与 V 相负载 Z_V 阻抗均为 220 Ω，而 W 相负载阻抗 Z_W 为 20 Ω，将它们接在 380 V 的三相对称电源上，若 U 相灯关断，又将中性线断开，会产生什么现象？

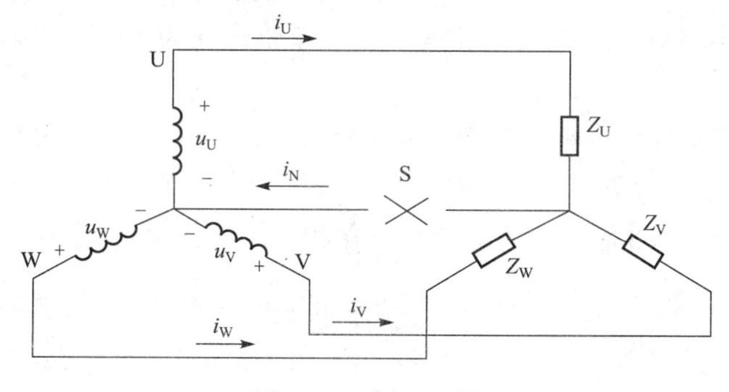

图 4-11　例 4-3 图

解 U 相灯关断、中性线断开，相当于将 V 相和 W 相的白炽灯串联于 380 V 的线电压中，此时两负载的电流为

$$I=\frac{U_L}{|Z_V+Z_W|}=\frac{380}{220+20}\ \text{A}\approx 1.58\ \text{A}$$

V 相白炽灯电压为

$$U_V=I|Z_V|=1.58\times 220\ \text{V}=347.6\ \text{V}$$

W 相白炽灯电压为

$$U_W=I|Z_W|=1.58\times 20\ \text{V}=31.6\ \text{V}$$

可见，中性线断开后，V 相电压升高很多，将白炽灯烧毁。而 W 相白炽灯电压过低，无法正常工作。

所以在不对称三相负载的星形连接中，中性线的作用非常重要，它可以保证三相不对称负载各相电压基本对称，使各相用电设备正常运行。因此在三相四线制电路中，为了确保中性线可靠地工作，中性线上不允许安装开关和熔断器或其他过流保护装置。从考虑人身安全出发，中性线通常都应良好接地。

4.2.2 三相负载三角形连接电路分析

将三相负载的始末端依次相连构成闭合回路，然后将三个节点分别接在三相电源的三根相线上，这种接法称为三相负载的三角形连接，又称△连接，如图 4-12 所示。

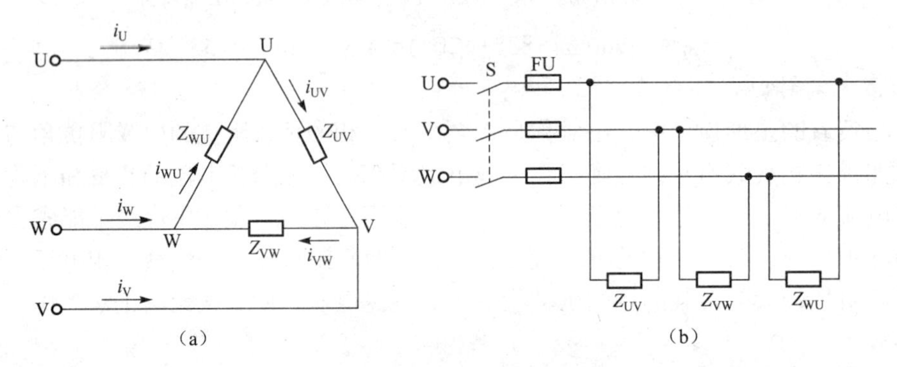

图 4-12 三相负载的三角形接法

(a) 原理图；(b) 实际接线示意图

由于电源电压对称，因此，三相负载的相电压也是对称的。若三相负载对称，即 $Z_U=Z_V=Z_W=Z_P$，则负载的各相电流大小相等，相位差依次互为 120°，相电流也对称，即为对称三相电路。

在三角形连接中，各相负载接在两根电源线之间，负载两端的电压（相电压）就是电源线电压，即 $U_L=U_P$。在相位上，线电压与对应的相电压相位相同。负载对称时，线电流的 I_L 为负载相电流 I_P 的$\sqrt{3}$倍，即 $I_L=\sqrt{3}I_P$，在相位上，线电流滞后对应的相电流 30°。用相量形式表示为：$\dot{I}_U=\sqrt{3}\dot{I}_{UV}\angle -30^\circ$。因此，不仅相电流对称，线电流也是对称的。故计算电流时，只要计算其中某一相的电流相量，其余两相的电流可根据对称关系类推。

由于三相电源电压对称，无论三相负载对称与否，三相负载两端的电压都是对称的。如

果负载不对称，各相的相电流为

$$\begin{cases}\dot{I}_{UV}=\dfrac{\dot{U}_{UV}}{\dot{Z}_{UV}}\\\dot{I}_{VW}=\dfrac{\dot{U}_{VW}}{\dot{Z}_{VW}}\\\dot{I}_{WU}=\dfrac{\dot{U}_{WU}}{\dot{Z}_{WU}}\end{cases}\tag{4-14}$$

根据 KCL，各线电流为

$$\begin{cases}\dot{I}_{U}=\dot{I}_{UV}-\dot{I}_{WU}\\\dot{I}_{V}=\dot{I}_{VW}-\dot{I}_{UV}\\\dot{I}_{W}=\dot{I}_{WU}-\dot{I}_{VW}\end{cases}\tag{4-15}$$

例 4-4　在 380 V 的三相对称电路中，将三只 55 Ω 的电阻分别接成星形和三角形，试求两种接法的：（1）线电压；（2）相电压；（3）线电流；（4）相电流。

解　在星形连接中

$$U_L=380\ \text{V}$$

$$U_P=\frac{U_L}{\sqrt{3}}\approx 220\ \text{V}$$

$$I_L=I_P=\frac{U_P}{R}=\frac{220}{55}\ \text{A}=4\ \text{A}$$

在三角形连接中

$$U_L=U_P=380\ \text{V}$$

$$I_P=\frac{U_P}{R}=\frac{380}{55}\ \text{A}\approx 6.9\ \text{A}$$

$$I_L=\sqrt{3}I_P=1.73\times 6.9\ \text{A}\approx 12\ \text{A}$$

从此例可以看出，在相同的三相电压作用下，对称负载做三角形连接时的线电流是星形连接时线电流的 3 倍。

4.3　三相电路的功率

根据能量守恒定律，若输电线路损失忽略不计，电源输出的总功率应等于负载消耗的总功率，而三相负载的总功率又等于各相负载功率之和，即

$$P=P_U+P_V+P_W\tag{4-16}$$

根据单相交流电功率的计算公式

$$\begin{cases}P_{\mathrm{U}}=U_{\mathrm{U}}I_{\mathrm{U}}\cos\ \varphi_{\mathrm{U}}\\P_{\mathrm{V}}=U_{\mathrm{V}}I_{\mathrm{V}}\cos\ \varphi_{\mathrm{V}}\\P_{\mathrm{W}}=U_{\mathrm{W}}I_{\mathrm{W}}\cos\ \varphi_{\mathrm{W}}\end{cases}\tag{4-17}$$

在三相负载对称时

$$\begin{cases}U_{\mathrm{U}}=U_{\mathrm{V}}=U_{\mathrm{W}}=U_{\mathrm{P}}\\I_{\mathrm{U}}=I_{\mathrm{V}}=I_{\mathrm{W}}=I_{\mathrm{P}}\\\varphi_{\mathrm{U}}=\varphi_{\mathrm{V}}=\varphi_{\mathrm{W}}=\varphi\end{cases}\tag{4-18}$$

由式（4-17）和式（4-18）可得

$$P=3U_{\mathrm{P}}I_{\mathrm{P}}\cos\ \varphi\tag{4-19}$$

式（4-19）是已知相电压和相电流时计算功率的公式，对星形连接和三角形连接的负载都适用。

下面分析已知线电压和线电流时三相电路功率的计算公式。

负载星形连接时，$U_{\mathrm{L}}=\sqrt{3}U_{\mathrm{P}}$，$I_{\mathrm{L}}=I_{\mathrm{P}}$，代入式（4-19）可得

$$P=3U_{\mathrm{P}}I_{\mathrm{P}}\cos\ \varphi=3\times\frac{U_{\mathrm{L}}}{\sqrt{3}}I_{\mathrm{L}}\cos\ \varphi=\sqrt{3}U_{\mathrm{L}}I_{\mathrm{L}}\cos\ \varphi$$

负载三角形连接时，$U_{\mathrm{L}}=U_{\mathrm{P}}$，$I_{\mathrm{L}}=\sqrt{3}I_{\mathrm{P}}$，代入式（4-19）可得

$$P=3U_{\mathrm{P}}I_{\mathrm{P}}\cos\ \varphi=3\times U_{\mathrm{L}}\frac{I_{\mathrm{L}}}{\sqrt{3}}\cos\ \varphi=\sqrt{3}U_{\mathrm{L}}I_{\mathrm{L}}\cos\ \varphi$$

由此可见，在对称三相负载电路中，无论采用哪种连接方式，其三相电路功率计算公式都是相同的，同理可求得无功功率和视在功率，即

$$\begin{cases}P=\sqrt{3}U_{\mathrm{L}}I_{\mathrm{L}}\cos\ \varphi\\Q=\sqrt{3}U_{\mathrm{L}}I_{\mathrm{L}}\sin\ \varphi\\S=\sqrt{3}U_{\mathrm{L}}I_{\mathrm{L}}\end{cases}\tag{4-20}$$

上面公式虽然对星形和三角形连接的负载都适用，但不能认为在线电压相同的情况下，将负载由星形接法改成三角形接法时，它们所耗用的功率相等。例 4-5 可说明这个问题。

例 4-5　有一对称三相负载，每相电阻 $R=3\ \Omega$，感抗 $X_{\mathrm{L}}=4\ \Omega$，分别将其接成星形和三角形，接在线电压为 380 V 的对称三相电源上，如图 4-13 所示。试求：① 负载作星形连接时的相电流、线电流及有功功率；② 负载作三角形连接时的相电流、线电流及有功功率。

解　① 负载作星形连接时，负载相电压为：$U_{\mathrm{P}}=\frac{U_{\mathrm{L}}}{\sqrt{3}}=\frac{380}{\sqrt{3}}\ \mathrm{V}=220\ \mathrm{V}$；

各相负载阻抗为：$|Z|=\sqrt{R^2+X_{\mathrm{L}}^2}=\sqrt{3^2+4^2}\ \Omega=5\ \Omega$；

各相相电流为：$I_{\mathrm{P}}=\frac{U_{\mathrm{P}}}{|Z|}=\frac{220}{5}\ \mathrm{A}=44\ \mathrm{A}$；

负载作星形连接时，$I_{\mathrm{P}}=I_{\mathrm{L}}$，所以线电流为：$I_{\mathrm{L}}=44\ \mathrm{A}$；

各相负载功率因数为：$\cos\ \varphi=\frac{R}{|Z|}=\frac{3}{5}=0.6$；

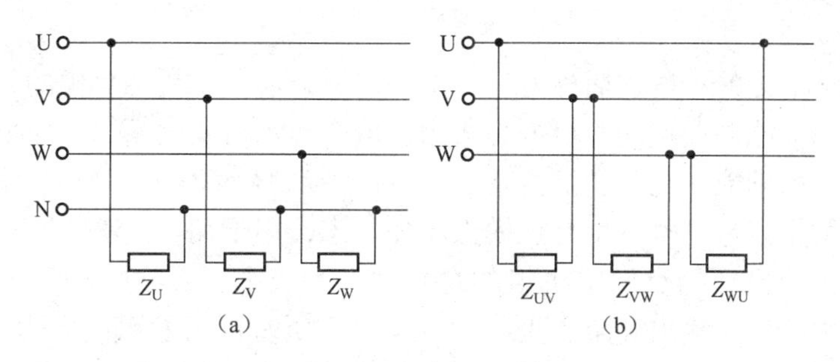

图 4-13　例 4-5 图

(a) 星形连接；(b) 三角形连接

三相负载总有功功率为：$P=\sqrt{3}U_LI_L\cos\varphi=\sqrt{3}\times380\times44\times0.6\ \text{W}\approx17.36\ \text{kW}$。

② 负载作三角形连接时，负载端的相电压等于电源线电压，即为：$U_P=U_L=380\ \text{V}$；

因为每相阻抗 $|Z|=5\ \Omega$，则相电流为：$I_P=\dfrac{U_P}{|Z|}=\dfrac{380}{5}\ \text{A}=76\ \text{A}$；

三角形连接时，线电流是相电流的$\sqrt{3}$倍，即：$I_L=\sqrt{3}I_P=\sqrt{3}\times76\ \text{A}=131.5\ \text{A}$；

三相负载总有功功率为：$P=\sqrt{3}U_LI_L\cos\varphi=\sqrt{3}\times380\times131.5\times0.6\ \text{W}\approx51.87\ \text{kW}$。

从上面的计算可以看出：在同一三相电源作用下，同一对称负载作三角形连接的线电流和总有功功率是星形连接时的 3 倍，对无功功率和视在功率也有相同的结论。所以选择负载的连接方式时，应根据电源电压和负载的额定电压而定，如果负载的额定电压等于电源的线电压，应采用三角形连接；如果负载的额定电压等于电源的相电压，应采用星形连接。

4.4　发电、输电及工业企业配电

目前电力工程上普遍采用三相制供电，因为三相制供电比单相制供电有以下几个方面的优越性：在发电方面，三相交流发电机比相同尺寸的单相交流发电机容量大；在输电方面，如果以同样电压将同样大小的功率输送到同样距离，三相输电线比单相输电线节省材料；在用电设备方面，三相交流电动机比单相电动机结构简单、体积小、运行特性好等。因而三相制是目前世界各国的主要供电方式。生产、生活中所用的交流电一般都是由三相交流发电机产生，并通过三相输电线路，传输到三相负载或单相负载上使用的。

由发电厂、变电所、输配电线路和电力用户连接而成的统一整体，称为电力系统，该系统起着电能的生产、输送、分配和消耗的作用。随着工农业生产的发展和科学技术的进步，对电力的需求量日益增大，对供电的可靠性的要求越来越高，通常把许多城市的发电厂都并起来，形成大型的电力网络，对电力进行统一的调度和分配。

4.4.1　发电、输电、变电概述

为了节省燃料和运输费用，大容量发电厂多建在燃料、水力资源丰富的地方，而电力用户是分散的，往往又远离发电厂，因此需要建设较长的输电线路进行输电；为了实现电能的经济传输和满足用电设备对工作电压的要求，需要建设升压变电所和降压变电所进行变电；将电能送到城市、农村和工矿企业后，需要经过配电线路向各类电力用户进行配电。

1. 发电

发电厂是生产电能的工厂，简称电厂或电站。它将蕴藏于自然界中的一次能源转换为电能。根据其所利用的能源的不同，可分为火力发电厂、水力发电厂、核能发电厂、风力发电厂、地热发电厂、太阳能发电厂和潮汐发电厂等多种类型。

一个电厂的装机容量是电力生产规模大小的标志，用千瓦（kW）或兆瓦（MW）表示。所谓装机容量是一个电厂拥有发电机组的总功率。一般中、大型电厂，往往由多台机组构成，为了便于电力的集中输出和集中控制，一个电厂所有机组发出的电力通常都联并起来，形成集中的电力输出，把每台发电机发出的电力进行联并，这个技术操作叫作并车。并车由专用的并车装置来完成，分自动和手动两种。在现代化电厂中，都采用自动的并车装置。并车的主要技术条件是：需并入电力网的发电机所发出的电力，其频率和相序应与网络上的频率和相序保持一致。把投入并车运行的发电机从电力网上解脱出来，这一技术操作叫作解列。

目前世界各国，凡由电网提供的电力，绝大多数是交流电。对电厂来说，生产交流电的主要考核指标有频率偏差、电压偏差和电压波形三项，而以电压偏差和频率偏差更为重要。

2. 输电

电力网都采用高电压、小电流输送电力。根据焦耳-楞次定律（$Q=I^2Rt$）可知，电流通过导体所产生的热量 Q，是与通过导体的电流 I 平方成正比的。所以在相同输送功率和输送距离下，所选用的电压等级越高，线路电流越小，则导线截面和线路中的功率损耗、电能损耗也就越小。但是电压等级越高，线路的绝缘要求也相应提高，杆塔的尺寸也要随导线间及导线对地距离的增加而加大，变电所的变压器和开关设备的造价也要随电压的增高而增加。因此，采用过高的电压不一定恰当，在设计时尚需输电容量和线路投资等综合考虑其技术经济指标后决定所选用输电电压等级的高低。一般说来，传输的功率越大，传输距离越远时，选择较高的电压等级比较有利。

目前，在我国电力系统中，220 kV 及以上电压等级多用于大型电力系统的主干线；110 kV 多用于中、小型电力系统的主干线及大型电力系统的二次网络；35 kV 多用于大型工业企业内部电力网，也广泛用于农村电力网；10 kV 是城乡电网最常用的高压配电电压，当负荷中拥有较多的 6 kV 高压用电设备时，也可考虑采用 6 kV 配电方案；3 kV 仅限于工业企业内部采用；380 V/220 V 多作为工业企业的低压配电电压。

3. 变电

变电即变换电网的电压等级。要使不同电压等级的线路联成整个网络，需要通过变电设备统一电压等级来进行衔接。在大型电力系统中，通常设有一个或几个变电中心，称为中心变电站。变电中心的使命是指挥、调度和监视整个电网（或一大区域）的电力运行，进行有效的保护，并有效地控制故障的蔓延，以确保整个电网的运行稳定与安全。

变电分为输电电压的变换和配电电压的变换，前者通常称为变电站，或称一次变电站，主要是为输电需要而进行电压变换，但也兼有变换配电电压的设备；后者通常称为变配电站（所），或称二次变电站，主要是为配电需要而进行电压变换，一般只设置变换配电电压的设备；如果只具备配电功能而无变电设备的，则称为配电站（所）。变配电站馈送的电力在到达用户前（或进入用户后），通常尚需再进行一次电压变换，这级变电是电网中的最后一级变电。

电力从电厂到用户，电压要经过多级变换。经过变电而把电压升高的，称为升压；把电压降低的，称为降压。用来升、降电压的变压器称为电力电压器。习惯上高压配电线路末端变电的电力变压器，称为配电变压器。

4.4.2　工业企业配电的基本知识

电力的分配简称配电。为配电服务的设备和线路，分别称为配电设备和配电线路；配电线路上的电压等级，简称配电电压。工业、企业都有中央变电所和车间变电所（小规模的企业往往只有一个变电所），中央变电所接收送来的电能，然后分配到各车间，再由车间变电所或配电箱将电能分配给各用电设备。

1. 高压配电和低压配电

配电电压的高低，通常决定于用户的分布、用电性质、负载密度和特殊要求等情况。常用的高压配电电压有 3 kV、6 kV 和 10 kV 三种，低压配电电压为 380 V/220 V。用电量大的用户，也有需用 35 kV 高压或 110 kV 超高压直接供电的。大多数用户是由 10 kV 或 6 kV 高压供电，或 380 V/220 V 低压供电。

从车间变电所或配电箱（配电板）到用电设备的线路属于低压配电线路。低压配电线路的连接方式主要是放射式和树干式两种，如图 4-14 所示。放射式适用于负载比较分散而各个负载点又具有相当大的集中负载情况，这种配电方式的最大优点是供电可靠、维修方便，某一配电线路发生故障时不会影响其他线路；树干式适用于负载集中，同时各个负载点位于变电所或配电箱的同一侧，其间距离较短或负载比较均匀地分布在一条线路上的情况，这种线路比较经济，但当干线发生故障时，接在它上面的所有设备都要受影响。

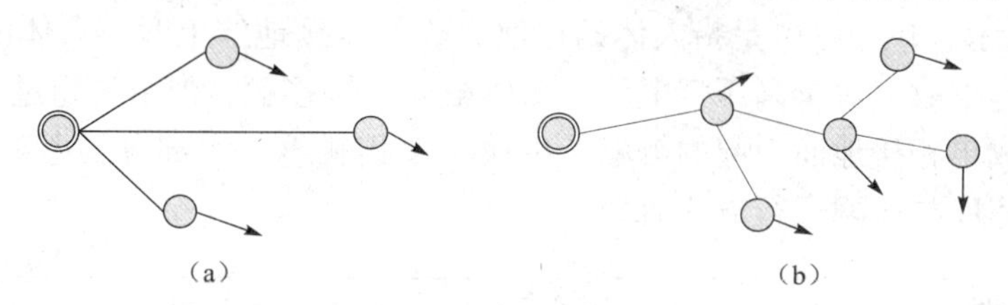

图 4-14　低压配电线路主要连接方式

（a）放射式；（b）树干式

2. 供电级别

根据用户用电的性质和要求不同，供电部门把用户的负荷（也称负载）分为三级。

（1）一级负荷

突然停电将会造成人员伤亡或主要设备将遭受损坏且长期难以修复，或对国民经济带来巨大损失的，如炼钢厂、石油提炼厂、矿井和大型医院等。

对一级负荷用户所提供的电力应来自两个一次变电站（至少是来自一个一次变电站的两台变压器），同时，电力馈送必须采用双端（即双回路）的专线线路供电。

（2）二级负荷

突然停电将会造成大量产品（或工件）报废，或导致复杂的生产过程出现长期混乱，或因处理不当而发生人身和设备事故，或致使生产上遭受重大损失的，如抗菌素制造厂、水泥厂大窑和化纤厂等。

对二级负荷用户所提供的电力应来自两个二次变电站（至少是来自一个二次变电站的两台变压器），同时，电力的馈送必须采用双端线路（即双回路）供电。

（3）三级负荷

除一、二级负荷以外的其他用户，均属三级负荷。对三级负荷所提供的电力，允许因电力输配电系统出现故障而暂时停电。

4.5 安全用电

随着现代生产技术的发展和生活水平的提高，电能在人们生产和日常生活中得到越来越广泛的应用。为了安全用电，除了认识和掌握电的性能和它的客观规律外，还必须了解安全用电知识、技术及措施。如果对于电能及其电气设备使用不合理、安装不妥当、维修不及时或违反电气操作的基本规程等，则可能造成停电停产、损坏设备、引起火灾、发生触电等事故。因此，研究触电事故的原因、现象和预防措施，提高安全用电的技术理论水平，对于确保安全用电，避免各种用电事故的发生是非常重要的。

4.5.1 触电

1. 触电的方式

触电事故是人体触及带电体的事故，是电气事故中最为常见的事故。研究触电事故是电气安全的主要任务之一。

（1）单相触电

如图 4-15 所示，单相触电是指人体站在地面或其他接地体上时，人体的某一部位触及一相带电体的触电事故。对于高压带电体，人体虽未直接接触，但由于超过安全距离，高电压对人体放电造成单相接地而引起的触电，也属于单相触电。大部分触电事故是单相触电。单相触电的危险程度与电网运行方式有关。

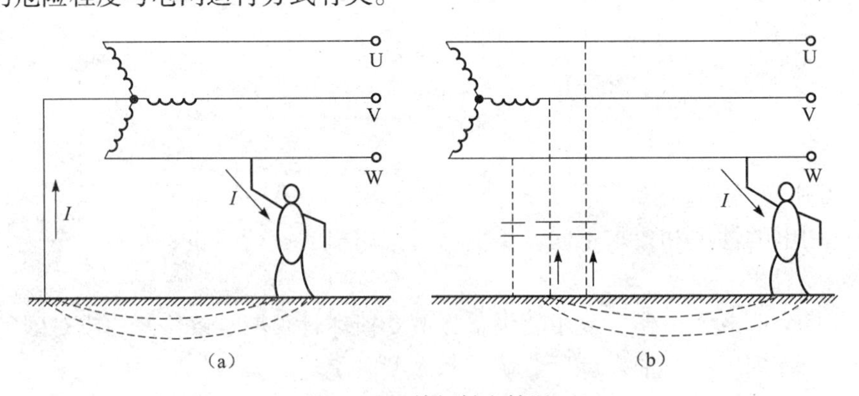

图 4-15　单相触电情况

（a）中性点接地系统单相触电；（b）中性点不接地系统单相触电

在中性点直接接地的电网中，如图 4-15（a）所示，当发生单相触电时，通过人体的电流为

$$I_r=\frac{U}{R_o+R_r}$$

式中，U 为相电压；R_o 为中性点接地电阻；R_r 为人体电阻。

因为 R_o 与 R_r 相比较，R_o 甚小可以忽略不计，所以当低压电气设备由于绝缘损坏，外壳带电，人体触及设备时，相电压几乎全部加在人体上，此时，若人体站在绝缘地板上，通过人体的电流就很小，则不会造成触电危险。但是在夏季或地面比较潮湿时将会造成触电危险。

在中性点不接地电网中，如图 4-15（b）所示，当电气线路和设备绝缘良好，绝缘电阻很大且电网分布也不广，对地分布电容很少时，通过人体的电流很小，不致造成对人体的伤害。由于导线与大地之间存在分布电容，当对地绝缘破坏或降低时，也会有较大电流流经人体与另外两相构成通路，单相触电对人体的危害仍然存在。在高压输电线路中，其足以危及人身安全，也是很危险的。

（2）两相触电

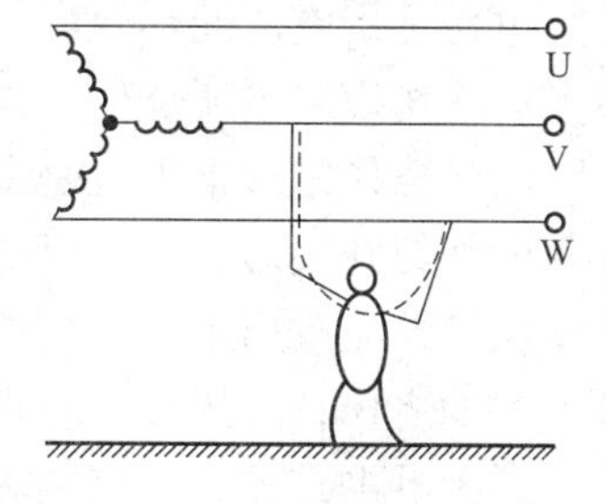

图 4-16　两相触电

如图 4-16 所示，当人体两处同时接触两相带电体造成触电事故，叫作两相触电事故。这时作用于人体上的电压等于线电压，这种触电是非常危险的。

（3）跨步电压触电

跨步电压触电是指当一根电线落在地上，以电线之落地点为圆心，20 m 以内地面有许多同心圆，这些圆周上的电压是各不相同的（即电位差）。离圆心越近电压越高，离圆心越远电压越低。当人走进圆心 10 m 以内，双脚迈开时（约 0.8 m），势必出现电位差，这就叫跨步电压。电流从电位高的一脚进入，由电位低的一脚流出，通过人体使人触电。

（4）雷击触电

雷击触电是指雷、雨、云对地面突出物产生放电，它是一种特殊的触电方式。雷击感应电压高达几十至几百万伏，其能量可把建筑物摧毁，使可燃物燃烧，把电力线、用电设备击穿、烧毁，造成人身伤亡，危害性极大。目前，一般通过避雷设施将强大的电流引入地下，避免雷电的危害。

2. 触电对人体的伤害

当人体触及带电体，或与高压带电体之间的距离小于放电距离，以及带电操作不当时所引起的强烈电弧，都会使人身体一部分或全身受到电的刺激或伤害，以上这些情况，称之为触电。触电可分为电击和电伤两种。

（1）电击

电击是指电流通过人体内部器官所产生的对人体的伤害。人触电时肌肉发生收缩，人体的细胞组织会受到严重损害，如果触电者不能迅速摆脱带电体，电流将持续通过人体，最后因神经系统受损害，使心脏和呼吸器官停止工作而死亡。所以电击的危险性最大，而且也是经常遇到的一种伤害。

电击的危险与通过人体电流的大小、时间长短、电流通过人体的路径（以流经心脏最为危险），以及电流的频率等因素有关。一般情况下，人体通过 1 mA 的工频电流时就有不

舒服的感觉；30~50 mA 电流通过心脏只要很短的时间就会使人窒息，心脏停止跳动；而达到 100 mA 时就足以使人死亡。

通过人体电流的大小又与人的电阻和人所触及的电压有关。人体电阻是个变数，它与皮肤潮湿或是否有污垢有关，一般从 800 Ω 到几万欧不等。如果人体电阻按 800 Ω 计算，通过人体电流不超过 50 mA 为限，则算得安全电压为 40 V。所以，在一般情况下，规定 36 V 以下为安全电压，对潮湿的地面或井下安全电压的规定就更低，如 24 V、12 V。

（2）电伤

电伤是指电流的热效应、化学效应或机械效应对人外部造成的局部伤害，而且往往在肌体上留下伤痕。电弧烧伤、烫伤、电烙印等都称为电伤。

电弧烧伤是最常见也是最严重的电伤。在低压系统，带负荷（特别是感性负荷）打开裸露的闸刀开关时，电弧可能烧伤人的手部和面部；线路短路或开启式熔断器熔断时，炽热的金属微粒飞溅出来也可能造成灼伤。在高压系统中，由于误操作，会产生强烈的电弧，导致严重的烧伤；人体过分接近带电体，其间距小于放电距离时，可直接产生强烈的电弧，虽不一定因电击致死，却可能因电弧烧伤而死亡。

电烙印也是电伤的一种。当载流导体长期接触人体时，由于电流的化学效应和机械效应的作用，接触部位皮肤变硬，形成肿块，如同烙印一般，这就叫电烙印。此外，金属微粒因某种化学原因渗入皮肤，可使皮肤变得坚硬而粗糙，导致所谓“皮肤金属化”。电烙印和皮肤金属化都会对人体造成局部的伤害。

4.5.2 保护接地与接零

为了保护电气设备的安全运行，防止人身触电事故发生，根据不同情况，电气设备常可采用保护接地或保护接零措施。

1. 保护接地

为了防止电气设备外露的不带电导体意外带电造成危险，将该电气设备经保护接地线与深埋在地下的接地体紧密连接起来的做法叫保护接地。

对于中性点不接地的供电系统，例如当电动机的某相绕组因绝缘破坏而与外壳相碰时，如图 4-17 所示，由于其外壳与大地有良好接触，所以人体触及带电的外壳时，仅相当于一条电阻很大的（大于 1 kΩ）与接地体并联的支路，而接地体电阻 R（规定不大于 4 Ω）很小，人体中几乎无电流流过，避免了单相触电事故的发生。

由于绝缘破坏或其他原因而可能呈现危险电压的金属部分，都应采取保护接地措施，如电机、变压器、开关设备、照明器具及其他电气设备的金属外壳都应予以接地。一般低压系统中，保护接地电阻值应小于 4 Ω。

2. 保护接零

保护接零就是将电气设备的金属外壳与零线可靠连接。对中性点接地的供电系统，电气设备保护接零以后，如果电器内部一相绝缘损坏而碰壳时，则该相短路，引起很大的短路电流将使电路中的熔断器或继电保护设备动作，将故障从电源切除，从而防止了触电危险，如图 4-18 所示。

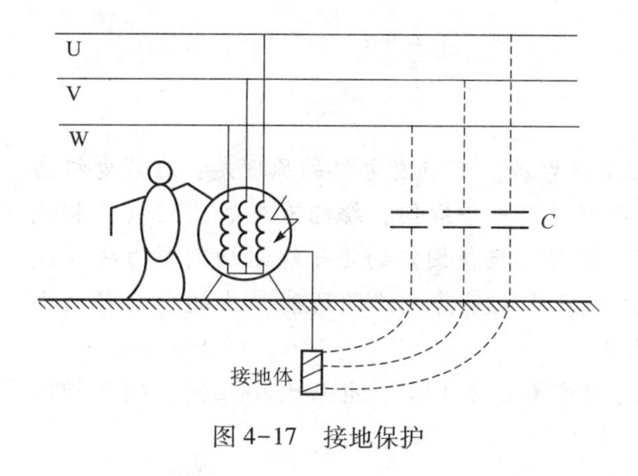

图 4-17　接地保护

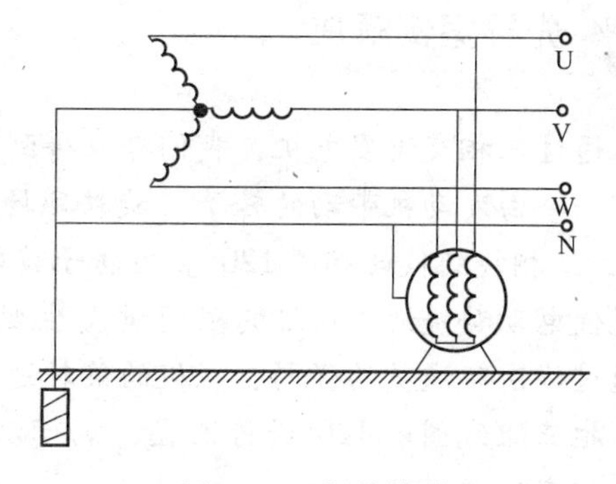

图 4-18　保护接零

随着家用电器使用的日益广泛，防止家用电器设备因漏电而出现使人触电事故非常重要。若知道三相四线制电源中性点不接地，用电器应采用保护接地措施；若三相四线制电源中性点接地，则采用保护接零措施。此外要使用漏电保护装置，其作用是防止由漏电引起的触电事故和单相触电事故；其次是防止由漏电引起火灾事故以及监视或切除一相接地故障。有的漏电保护装置还能切除三相电动机的断相运行故障。

应当注意的是，在三相四线制的电力系统中，通常是把电气设备的金属外壳同时接地、接零，这就是所谓的重复接地保护措施，但还应该注意，零线回路中不允许装设熔断器和开关。

4.5.3　触电与电气火灾的急救

紧急救护的基本原则是在现场采取积极措施，保护伤员的生命，减轻伤情，减少痛苦，并根据伤情需要，迅速与医疗急救中心（或医疗部门）联系救治。急救成功的关键是动作快，操作正确。任何拖延和操作错误都会导致伤员伤情加重或死亡。

无论是触电还是电气火灾及其他电气事故，首先应切断电源。拉闸时要用绝缘工具，需切断电线时要用绝缘钳错位剪开，切不可在同一位置齐剪，以免造成电源短路。

对已脱离电源的触电者要用人工呼吸或胸外心脏挤压法进行现场抢救，以争取抢救时间，但千万不可打强心针。

在发生火灾但不能及时断电的场合，应采用不导电的灭火剂（如四氯化碳、二氧化碳干粉等）带电灭火，切不可用水灭火。

一般用途最广的低压输电方式是三相四线制，采用三根相线加零线供电，零线由变压器中性点引出并接地。三相五线制比三相四线制多一根地线，用于安全要求较高，设备要求统一接地的场所。

零线和地线的根本差别在于：一个构成工作回路，一个起保护作用（叫作保护接地）；一个回电网，一个回大地。在电子电路中这两个概念是要区别开来的。

先导案例解决

通过三相交流发电机，我们可以得到三相交流电源。交流发电机的原理是：在发电机内部有一个由发动机带动的转子（旋转磁场）。磁场外有一个绕组，绕组有三组线圈（三相绕组），三相绕组彼此相隔120°。当转子旋转时，旋转磁场使固定的定子绕组切割磁力线（或者说使电动势绕组中通过的磁通量发生变化）而产生电动势。线圈所能产生的电动势大小与通过线圈磁通量的强弱、磁极的旋转速度成正比。

把三组线圈以120°进行配置，就可以得到相位角互差120°、电压大小相同、频率相同的三相交流电。

本 章 小 结

三相交流电路是在单相交流电路的基础上学习的，两者有密切的联系。本单元从三相交流发电机的原理出发，介绍三相交流电路的产生和特点，并着重讨论负载在三相电路中的连接，接着阐述了发电、输电及工业企业配电的基本知识及安全用电。本章的知识体系如图4-19所示。

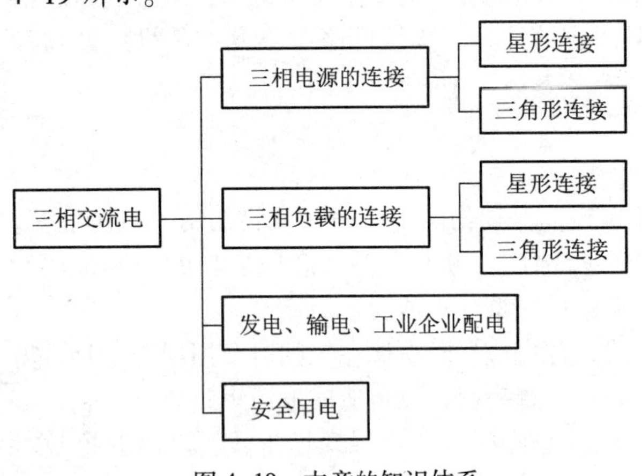

图4-19　本章的知识体系

1. 三相交流电源

三相交流电源是频率相同、最大值相等、相位彼此相差120°的三个单相交流电源按一定方式连接的组合。

2. 三相交流电的表示（以三相电动势为例）

① 解析式为：

$$\begin{cases} e_U = E_m \sin \omega t \\ e_V = E_m \sin(\omega t - 120°) \\ e_W = E_m \sin(\omega t + 120°) \end{cases}$$

② 波形图表示，如图4-20所示。

③ 相量图表示，如图4-21所示。

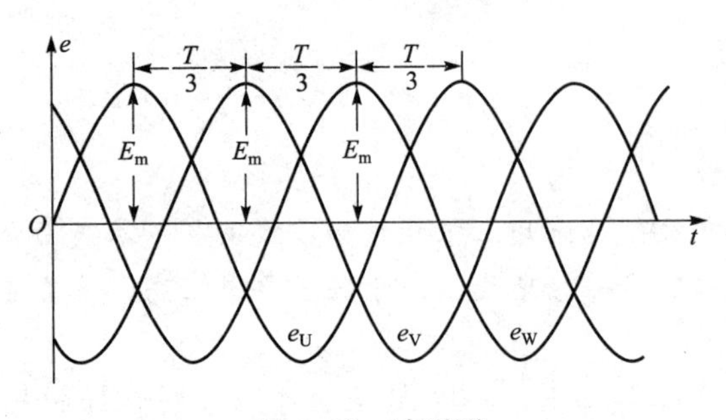

图4-20　波形图

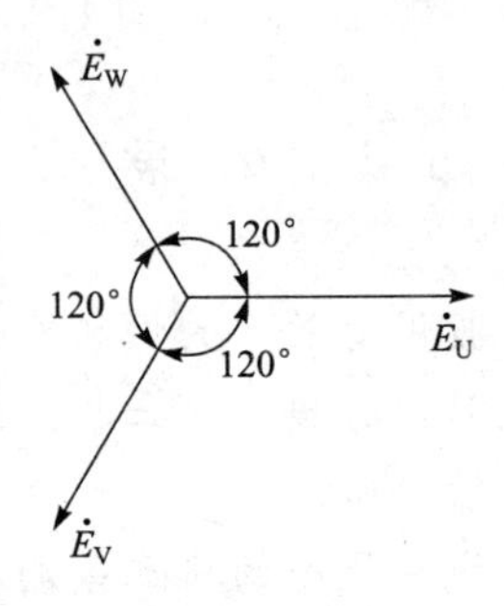

图4-21　相量图

3. 三相电源的连接

三相电源是按照一定的方式连接之后，再向负载供电的，通常采用星形连接方式。从三个始端 U_1、V_1、W_1 引出的三根线叫作端线或相线，从中性点 N 引出的线叫作中线或零线。这样的输电方式称为三相四线制。

任意两根相线之间的电压叫线电压。三个线电压和三个相电压之间的关系是：

① 各线电压的有效值是各相电压有效值的$\sqrt{3}$倍（$U_L=\sqrt{3}U_P$）。

② 各线电压在相位上比各对应的相电压超前 30°。

4. 三相负载的连接

① 三相负载的连接方式有两种：星形（Y）连接和三角形（△）连接。对于任何一个电气设备，都要求每相负载所承受的电压等于它的额定电压，所以究竟采用什么连接方式，可根据电源的线电压和负载的额定电压来确定。当负载的额定电压为三相电源的线电压的$\frac{1}{\sqrt{3}}$时，负载应连成星形；当负载的额定电压等于三相电源的线电压时，负载应连成三角形。

② 在三相对称负载的星形连接和三角形连接中，相电压与线电压、线电流与相电流之间的关系可见表 4-1。

表 4-1　两种连接方式中线电压与相电压以及线电流与相电流之间的关系

项目 \ 连接方法	星形连接	三角形连接
线电压与相电压之间的关系	$U_L=\sqrt{3}U_P$，U_L 在相位上比各对应的 U_P 超前 30°	$U_L=U_P$
线电流与相电流之间的关系	$I_L=I_P$	$I_L=\sqrt{3}I_P$，I_L 在相位上比各对应的 I_P 滞后 30°

③ 当三相负载对称时，则不论是星形连接还是三角形连接，负载的三相电流、电压均对称，所以三相电路的计算可归结为单相电路的计算，即 $I_P=\frac{U_P}{|Z|}$。

④ 在负载作星形连接时，若三相负载对称，则中线电流为零，可以省去中线，采用三相三线制供电；若三相负载不对称，则中线中有电流通过，所以必须要有中线。这时如果断开中线，就会造成阻抗较小的负载两端电压低于其额定电压，阻抗较大的负载两端电压高于其额定电压，使负载不能正常工作，甚至产生严重事故。所以在三相四线制中，规定中线不准安装熔丝和开关，同时在连接三相负载时，应尽量使其对称以减小中线电流。

⑤ 不论负载是星形连接还是三角形连接，对称三相电路的功率均为

$$\begin{cases} P=3U_PI_P\cos\varphi=\sqrt{3}U_LI_L\cos\varphi \\ Q=3U_PI_P\sin\varphi=\sqrt{3}U_LI_L\sin\varphi \\ S=3U_PI_P=\sqrt{3}U_LI_L \end{cases}$$

式中每相负载的功率因数为 $\cos\varphi=\dfrac{R}{|Z|}$。

在相同的线电压下，同一对称负载作三角形连接的线电流和总有功功率是星形连接时的3倍，对无功功率和视在功率也有同样的结论。

5. 发电、输电及工业企业配电

发电厂是把其他形式的能量转换为电能的场所。一个电厂的装机容量是电力生产规模大小的标志。为了提高输电效率并减少输电线路上的损失，通常采用升压变压器将电压升高后再进行远距离输电。由输电线路末端的变电所将电能分配给各工业企业和城市。电能输送到企业后，各企业都要进行变压或配电。

6. 安全用电

① 触电可分为电击和电伤两种，一般情况下规定36 V以下为安全电压。

② 触电方式有单相触电、两相触电、跨步电压触电和雷击触电，大部分触电事故是单相触电。为了保护电气设备的安全运行，防止人身触电事故发生，电气设备常采用保护接地和保护接零的措施。家用电器通常使用漏电保护装置。

③ 触电的紧急救护：使触电人迅速脱离电源后，现场就地急救，同时设法联系医疗急救中心。

习　题　四

4-1　选择题

(1) 对一般交流发电机的三个线圈中的电动势，正确的说法是（　　）。

A. 它们的最大值不同　　B. 它们同时达到最大值

C. 它们的周期不同　　D. 它们达到最大值的时间依次落后1/3周期

(2) 对称三相负载三角形连接时，线电流是（　　）。

A. 相电流　　B. 相电流的3倍　　C. 相电流的2倍　　D. 相电流的$\sqrt{3}$倍

(3) 三相供电线路的电压是380 V，则任意两根相线之间的电压称为（　　）。

A. 相电压，有效值是380 V

B. 相电压，有效值是220 V

C. 线电压，有效值是380 V

D. 线电压，有效值是220 V

(4) 三盏规格相同的电灯按图4-22所示接在三相交流电路中都能正常发光，现将S_2断开，则L_1、L_3将（　　）。

A. 烧毁其中一个或都烧毁

B. 不受影响，仍正常发光

C. 都略微增亮些

D. 都略为变暗些

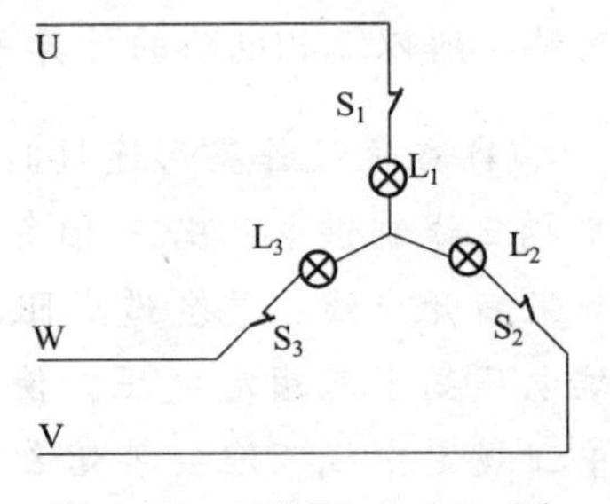

图4-22　习题4-1（4）图

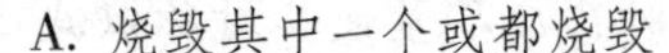

(5) 我国220 kV及以上系统的中性点均采用（　　）。

A. 直接接地方式　　B. 经消弧线圈接地方式

C. 经大电抗器接地方式　　D. 不接地方式

(6) 负荷是按星形连接，还是三角形连接，是根据（　　）。

A. 电源的接法而定　　B. 电源的额定电压而定

C. 负荷所需电流大小而定　　D. 电源电压大小，负荷额定电压大小而定

(7) 所谓三相对称负载就是（　　）。

A. 三相的相电流有效值相等

B. 三相的相电压相等且相位互差 120°

C. 三相的相电流有效值相等，三相的相电压相等且相位互差 120°

D. 三相负载阻抗相等，阻抗角相同

(8) 在有中性点的电源供电系统中，相电压是指（　　）。

A. 相线对地的电压　　B. 相线对中性点的电压

C. 相线对相线的电压　　D. 中性点对地的电压

(9) 在三相四线制中性点接地供电系统中，线电压指的是（　　）。

A. 相线之间的电压　　B. 零线对地间的电压

C. 相线对零线间的电压　　D. 相线对地间的电压

(10) 在电动机三角形接线的系统中，当负载对称时，其相电流与线电流的相位关系为（　　）。

A. 相位差为零　　B. 线电流相位比相电流相位超前 30°

C. 线电流相位比相电流相位滞后 30°　　D. 线电流相位比相电流相位滞后 60°

(11) 保护接地适用于中性点（　　）的供电运行方式。

A. 直接接地　　B. 不接地

C. 经电阻接地　　D. 经电感线圈接地

(12) 下列关于保护接零的叙述，（　　）说法正确。

A. 中线不接地，设备外壳接中性线　　B. 设备外壳直接接地

C. 零线在干线上接地　　D. 中性点接地，设备外壳接零线

(13) 在三相交流电路中，下列说法不正确的是（　　）。

A. 负载星形连接时，中线电流为零

B. 负载星形连接时，线电流等于相电流

C. 负载三角形连接时，线电压等于相电压

D. 负载星形连接有中线时，线电压为相电压的$\sqrt{3}$倍

(14) 负载星形连接于电路中，线电流 I_L 与相电流 I_P 之间的关系是（　　）。

A. $I_L=I_P$　　B. $I_L=\sqrt{3}I_P$　　C. $I_L=3I_P$　　D. $I_L=\sqrt{2}I_P$

(15) 为了提高输电效率，减小输电线路损耗通常采用的输电方式是（　　）。

A. 高压输电　　B. 直流输电

C. 低压输电　　D. 高、低压相结合

(16) 低压电气设备保护接地电阻不大于（　　）。

A. 0.5 Ω　　B. 2 Ω　　C. 4 Ω　　D. 10 Ω

(17) 在变压器中性接地系统中，电气设备严禁采用（　　）。

A. 接地保护　　B. 接零保护　　C. 接地与接零保护　　D. 都不对

(18) 发生电气火灾后必须进行带电灭火时，应该使用（　　）。

A. 消防水喷射　B. 二氧化碳灭火器　　C. 泡沫灭火器

(19) 人体触电时间越长，人体的电阻值（　　）。

A. 变大　　　B. 变小　　　　C. 不变

(20) 电气设备保护接地电阻越大，发生故障时漏电设备外壳对地电压（　　）。

A. 越低　　　B. 不变　　　　C. 越高

(21) 触电时通过人体的电流强度取决于（　　）。

A. 触电电压　　　　　　　B. 人体电阻

C. 触电电压和人体电阻　　D. 都不对

(22) 电流通过人体的途径，从外部来看，（　　）的触电最危险。

A. 左手至脚　B. 右手至脚　　C. 左手至右手　　D. 脚至脚

(23) 触电人已失去知觉，还有呼吸，但心脏停止跳动，应使用以下（　　）急救方法。

A. 仰卧牵臂法　　　　B. 胸外心脏挤压法

C. 俯卧压背法　　　　D. 口对口呼吸法

4-2　填空题

(1) 三相交流电源是三个________、________、________的单相交流电源按一定方式的组合。

(2) 三相四线制是由________和________所组成的供电体系，其中相电压是指________之间的电压；线电压是指________之间的电压，且 U_L = ________ U_P。

(3) 同一个三相对称负载接在同一电网中时，作三角形连接时的线电流是作星形连接时的________；作三角形连接时的三相有功功率是作星形连接时的________。

(4) 为防止发生触电事故，应注意开关一定要接在________上。此外电气设备还常用两种防护措施，分别是________和________。

(5) 根据电流对人体的伤害程度，触电可分为________和________两种。

(6) 一般情况下，安全电压是指________以下的电压。

4-3　三相四线制电路中中性线的作用是什么？为什么中性线上不允许安装熔断器？

4-4　有一台相电压为 220 V 的三相发电机和一组对称的三相负载。若负载的额定电压为 380 V，试画出接线图。

4-5　在三相对称电路中，电源的线电压为 380 V，每相负载 $R=10\ \Omega$，试求负载作星形和三角形连接时的线电流 I_L 和相电压 U_P。

4-6　在图 4-8 所示的电路中，已知 $U_L=380$ V，$Z_U=100\ \Omega$，$Z_V=\mathrm{j}100\ \Omega$，$Z_W=-\mathrm{j}100\ \Omega$，求三相功率 P 及 $\dot{I}_U$、$\dot{I}_V$、$\dot{I}_W$，并作出电压电流的相量图。

4-7　如图 4-23 所示三角形连接的三相对称负载，电源的线电压 $U_L=380$ V，每相电阻 $R=30\ \Omega$，感抗 $X_L=40\ \Omega$。当一相断开时，求：(1) 负载的相电流；(2) 相线中的线电流。

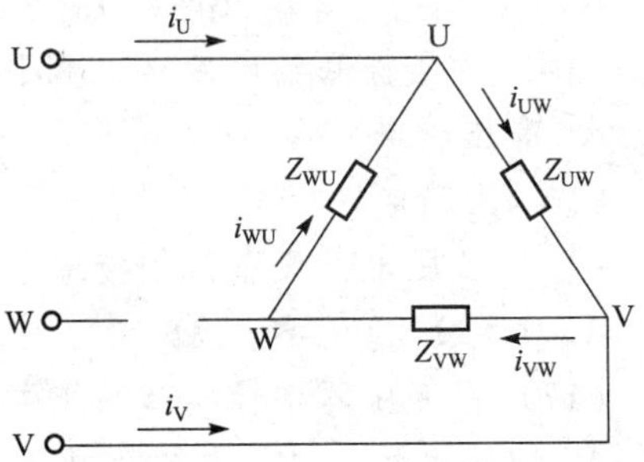

图 4-23　习题 4-7 图

4−8　在电压为 380 V 的三相四线制电路中，U 相接有 10 盏 220 V、100 W 的白炽灯，V 相接有 5 盏 220 V、100 W 的白炽灯，W 相接有 20 盏 220 V、40 W 的白炽灯。不计中性线阻抗，求各线电流和中性线电流。

4−9　线电压为 380 V 的三相对称电源，共给两组对称负载使用，一组负载星形连接，每相阻抗 $Z=4+\mathrm{j}3\ \Omega$，另一组负载三角形连接，每相电阻 $R=38\ \Omega$，试画出电路图并求两组负载总的有功功率、无功功率和功率因数。

第 4 章　三相正弦交流电路及其应用

第 5 章　磁路与变压器

本章知识点

[1] 理解磁场的基本物理量的意义，了解磁性材料的基本知识；会分析计算交流铁芯线圈电路。

[2] 了解变压器的基本结构、工作原理、运行特性和绕组的同极性端。

[3] 掌握变压器电压、电流和阻抗变换作用。

先导案例

目前，我国交流输电的电压最高已达 500 kV。这样高的电压，无论从发电机的安全运行方面或是从制造成本方面考虑，都不允许由发电机直接生产。发电机的输出电压一般有 3. 15 kV、6. 3 kV、10. 5 kV、15. 75 kV 等几种，因此必须用升压变压器将电压升高才能远距离输送。

电能输送到用电区域后，为了适应用电设备的电压要求，还需通过各级变电站（所）利用变压器将电压降低为各类电器所需要的电压值。

那么变压器结构如何？如何实现电压升高或降低？图 5-1 所示为电力变压器外形。

图 5-1　电力变压器外形

5.1　磁路及基本物理量

工程中常见的电气设备如变压器、电动机等，不仅包含电路部分，而且还有磁路部分。

5.1.1　磁路

在物理学中曾经学习过，电流通入线圈，在线圈内部及周围就会产生磁场，磁场在空间的分布情况可以用磁力线形象描述。在电磁铁、变压器及电机等电气设备中，常用铁磁材料（铁、镍、钴等）制成一定形状的铁芯。

由于铁磁材料是导磁性能良好的物质，其磁导率比其他物质的磁导率大得多，能把分散的磁场集中起来，使磁力线绝大部分通过铁芯形成闭合的磁路，图 5-2 所示为几种电气设备的磁路。

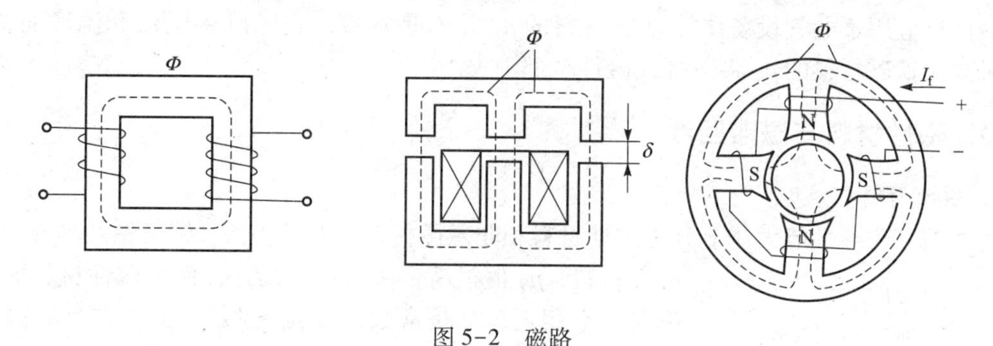

图 5-2　磁路

5.1.2　磁路的基本物理量

1. *磁感应强度*

磁感应强度 $\boldsymbol{B}$ 是表示空间某点磁场强弱和方向的物理量，其大小可用通过垂直于磁场方向的单位面积内磁力线数目来表示。由电流产生的磁场方向可用右手螺旋法则确定，国际单位为特斯拉，简称特，符号为 T。

2. *磁通*

磁感应强度 $\boldsymbol{B}$ 与垂直于磁力线方向的面积 S 的乘积称为穿过该面的磁通 $\boldsymbol{\Phi}$，即

$$\boldsymbol{\Phi}=BS \tag{5-1}$$

则

$$B=\boldsymbol{\Phi}/S$$

磁通 $\boldsymbol{\Phi}$ 又表示穿过某一截面 S 的磁力线根数，磁感应强度 $\boldsymbol{B}$ 在数值上可以看成与磁场方向相垂直的单位面积所通过的磁通，故又称为磁通密度。磁通的国际单位为韦伯（Wb）。

3. *磁场强度*

磁场强度 $\boldsymbol{H}$ 是为了更方便地分析磁场的某些问题而引入的物理量，是矢量，它的方向与磁感应强度 $\boldsymbol{B}$ 的方向相同。磁场强度只决定于产生磁场的传导电流的分布，而与磁介质的性质无关。磁场强度与产生该磁场的电流之间的关系，可以由安培环路定律确定为

$$\oint H\mathrm{d}l = \sum I \tag{5-2}$$

即磁场强度沿任一闭合路径 l 的线积分等于此闭合路径所包围的电流的代数和。磁场强度 $\boldsymbol{H}$

的国际单位是安培/米（A/m）。

4. 磁导率

磁导率是用来表示物质导磁性能的物理量，某介质的磁导率是指该介质中磁感应强度和磁场强度的比值，即，$\mu=B/H$。磁导率的单位为亨/米（H/m）。真空的磁导率 μ_0 由实验测得为一常数，其值为 $\mu_0=4\pi\times10^{-7}$ H/m。

为了便于比较不同磁介质的磁导性能，常把它们的磁导率 μ 与真空的磁导率 μ_0 相比较，其比值称为相对磁导率，用 μ_r 表示，即 $\mu_r=\mu/\mu_0$。

铁、镍、钴及其合金等铁磁材料的 μ_r 值很高，从几百到几万。铁磁材料的这种高磁导性能被广泛应用于电气设备中。铁磁材料的 μ_r 并不是常数，它随励磁电流和温度而变化，温度升高时铁磁材料的 μ_r 将下降或磁性全部消失。

5.1.3 磁性材料与磁滞回线

1. 磁性材料

物质按其磁导性能大体上分为磁性材料和非磁性材料两大类，铁、镍、钴及其合金等为磁性材料，μ_r 值很高，从几百到几万，而非磁性材料的磁导率与真空相近，都是常数，故 $\mu_r\approx1$。因此，在具有高磁性能材料的铁芯线圈中，通入不大的励磁电流，便可产生足够大的磁通和磁感应强度，因此具有励磁电流小、磁通大的特点。

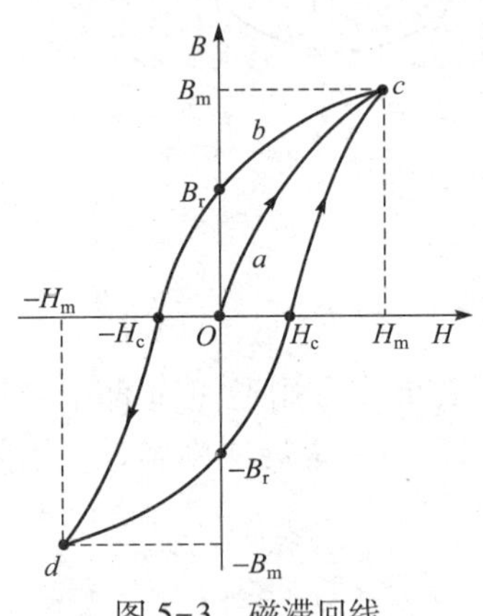

图 5-3　磁滞回线

2. 磁滞回线

当铁芯线圈中通有大小和方向变化的电流时，铁芯就产生交变磁化，磁感应强度 B 随磁场强度 H 变化的关系如图 5-3 所示。Oc 段 B 随 H 增加而增加，当磁化曲线达到 c 时，减小电流使 H 由 H_m 逐渐减小，B 将沿另一条位置较高的曲线 b 下降。当 $H=0$ 时，仍有 $B=B_r$，B_r 为剩余磁感应强度，简称剩磁。欲使 $B=0$，须通有反向电流加反向磁场 $-H_c$，H_c 称为矫顽力。当达到 $-H_m$ 时，磁性材料达到反向磁饱和。然后令 H 反向减小，曲线回升，到 $H=0$ 时相应有 $-B_r$，为反向剩磁。再使 H 从零正向增加到 H_m，即又正向磁化到饱和，便得到一条闭合的对称于坐标原点的回线，这就是磁滞回线。

5.2 交流铁芯线圈

铁芯线圈可以通入直流电来励磁（如电磁铁），产生的磁通是恒定的，在线圈和铁芯中不会感应出电动势来，在一定的电压下，线圈中的电流和线圈的电阻有关。

铁芯线圈通入交流电来励磁（变压器、交流电动机及各种交流电器的线圈都是由交流电励磁的）。图 5-4 是交流铁芯线圈电路，线圈的匝数为 N，线圈的电阻为 R，当在线圈两端加上交流电压时，磁动势产生的磁通绝大部分通过铁芯而闭合，此外还有很少的一部分磁通经过空气或其他非导磁介质而闭合，这部分磁通称为漏磁通 Φ_s。

设电压、电流和磁通及感应电动势的参考方向如图 5-4 所示。由基尔霍夫电压定

律有

$$u + e + e_s - Ri = 0$$

或

$$u = Ri + (-e) + (-e_s)$$

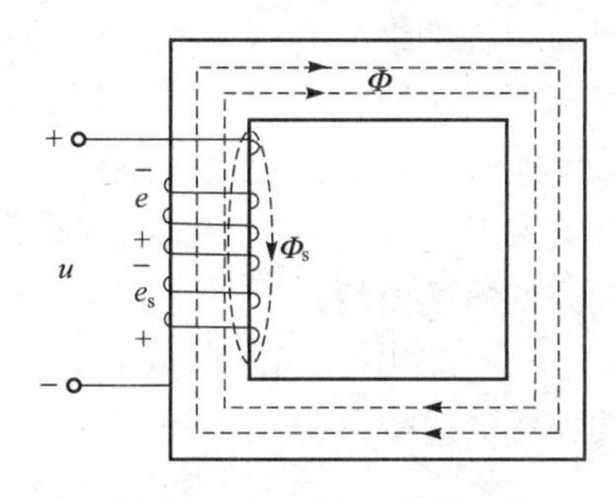

图 5-4　交流铁芯线圈电路

大多数情况下，线圈的电阻 R 很小，漏磁通 Φ_s 较小，即

$$u=-e$$

根据法拉第电磁感应定律，有

$$e=-N\frac{\mathrm{d}\Phi}{\mathrm{d}t}$$

得

$$u=N\frac{\mathrm{d}\Phi}{\mathrm{d}t}$$

由于电源电压与产生的磁通同频变化，设 $\Phi=\Phi_m\sin\omega t$，则

$$u=\omega N\Phi_m\sin(\omega t+90°)=2\pi fN\Phi_m\sin(\omega t+90°)$$

电压的有效值为

$$U=\frac{1}{\sqrt{2}}\omega N\Phi_m=\frac{2\pi}{\sqrt{2}}fN\Phi_m=4.44fN\Phi_m$$

即当铁芯线圈上加以正弦交流电压时，铁芯线圈中的磁通也是按正弦规律变化的，在相位上，电压超前于磁通 90°，在数值上，端电压有效值为 $U=4.44fN\Phi_m$。

在交变磁通作用下，铁芯中有能量损耗，称为铁损。铁损主要由以下两部分组成。

（1）涡流损耗

铁芯中的交变磁通 $\Phi(t)$ 在铁芯中感应出电压，由于铁芯也是导体，便产生一圈圈的电流，称之为涡流。涡流在铁芯内流动时，在所经回路的导体电阻上产生的能量损耗称为涡流损耗。

减少涡流损耗的途径有两种：一是用较薄的硅钢片叠成铁芯；二是提高铁芯材料的电阻率。

（2）磁滞损耗

铁磁性物质在反复磁化时，磁畴反复变化，磁滞损耗是克服各种阻滞作用而消耗的那部分能量。磁滞损耗的能量转换为热能而使磁性材料发热。

为了减少磁滞损耗，一般交流铁芯都采用软磁材料。

5.3　变　压　器

变压器是指利用电磁感应原理将某一等级的交流电压或电流变换成同频率的另一等级的交流电压或电流的电气设备。单相变压器具有变换电压、电流和阻抗的作用，它在电力系统和电子电路中得到广泛的应用。

5.3.1　变压器的基本结构

变压器的种类很多，结构形式多种多样，但基本结构及工作原理都相似，均由铁芯和线

圈（或称绕组）组成。铁芯的基本结构形式有心式和壳式两种，如图 5-5 所示。铁芯一般是由导磁性能较好的硅钢片叠制而成，硅钢片的表面涂有绝缘漆，以避免在交流电源作用下铁芯中产生较大的涡流损耗。

与电源相接的线圈，称为一次侧绕组；与负载相接的线圈称为二次侧绕组。

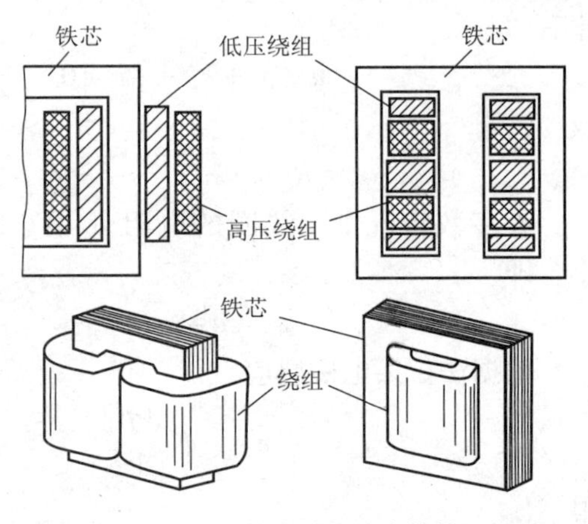

图 5-5　变压器的基本结构

5.3.2　变压器同名端判断

在使用多绕组变压器时，常常需要弄清各绕组引出线的同名端或异名端，才能正确将线圈并联或串联使用。所谓同名端是指在同一交变磁通的作用下，两个绕组上所产生的感应瞬时极性始终相同的端子，同名端又称同极性端。常用“·”或“*”进行标明，那么应该怎样来判断线圈的同名端呢？

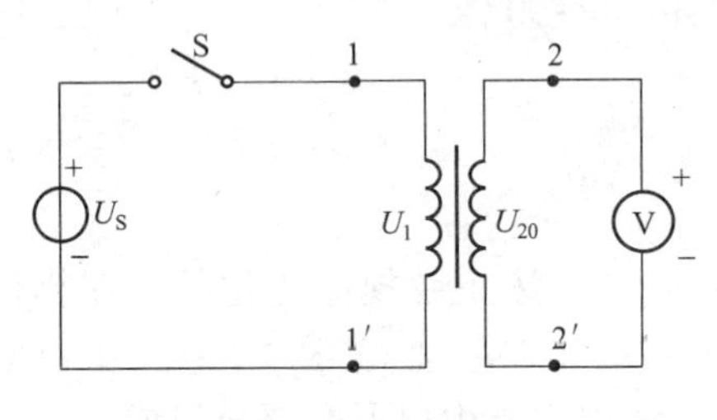

图 5-6　同名端的测定

任找一组绕组线圈接上 1.5~3 V 电池，然后将其余各绕组线圈抽头分别接在直流毫伏表或直流毫安表的正负接线柱上。接通电源的瞬间，表的指针会很快摆动一下，如果指针向正方向偏转，则接电池正极的线头与接电表正极接线柱的端为同名端，如果指针反向偏转，则接电池正极的端与接电表负接线柱的端为同名端。

按照图 5-6 所示电路原理图接线，电路连接无误后，闭合电源开关 S。在 S 闭合瞬间，如果电压表指针正向偏转，说明 1 和 2 是同名端；如果指针反向偏转，则 1 和 2′是同名端。

在测试时应注意以下两点：

① 若变压器的升压绕组（即匝数较多的绕组）接电池，电压表应选用最小量程，使指针摆动幅度较大，以利于观察；若变压器的降压绕组（即匝数较少的绕组）接电池，电压表应选用较大量程，以免损坏电压表。

② 接通电源瞬间，指针会向某一个方向偏转，但断开电源时，由于自感作用，指针将向相反方向偏转。如果接通和断开电源的间隔时间太短，很可能只看到断开时指针的偏转方向，而把测量结果搞错。所以接通电源后要等几秒钟后再断开电源，也可以多测几次，以保证测量的准确。

5.3.3　变压器的工作原理

为便于讨论变压器的工作原理和基本作用，通常采用理想变压器模型进行分析，即假设变压器无漏磁，铜损（导线电阻产生的功率损耗）、铁损（铁芯的磁滞损耗与涡流损耗）均可以忽略，并且当空载运行（二次侧不接负载、开路）时，一次侧绕组中的电流为零。

1. 空载工作原理

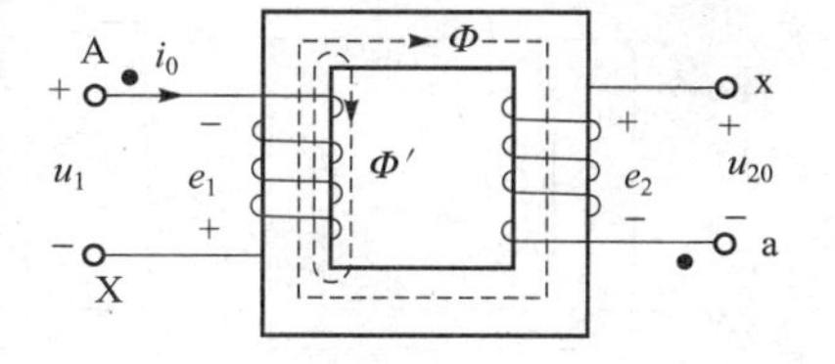

图 5-7　变压器的空载变压原理

电路如图 5-7 所示，设一次侧、二次侧绕组的匝数分别为 N_1、N_2。

根据电磁感应定律，一、二次侧中感应电动势分别为

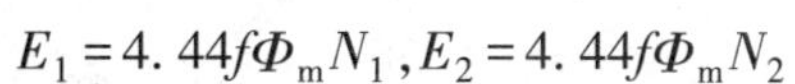

$$E_1=4.44f\Phi_mN_1,E_2=4.44f\Phi_mN_2$$

得到

$$\frac{E_1}{E_2}=\frac{N_1}{N_2}=n$$

忽略线圈电阻，可以得到

$$\frac{U_1}{U_{20}}\approx\frac{N_1}{N_2}=n \tag{5-3}$$

式中的 n 称为变压器的变压比，简称变比。

由此可见，理想变压器的一、二次侧端电压之比等于两线圈的匝数之比。

当 $n>1$ 时，$U_1>U_2$，此变压器为降压变压器；当 $n<1$ 时，$U_1<U_2$，此变压器为升压变压器。

2. 有载工作原理

电路如图 5-8 所示，对于理想变压器，由于忽略其内部损耗，则一次侧的容量与二次侧的相等，即

$$U_1I_1=U_2I_2$$

$$\frac{U_1}{U_2}=\frac{I_2}{I_1}=\frac{N_1}{N_2}=n \tag{5-4}$$

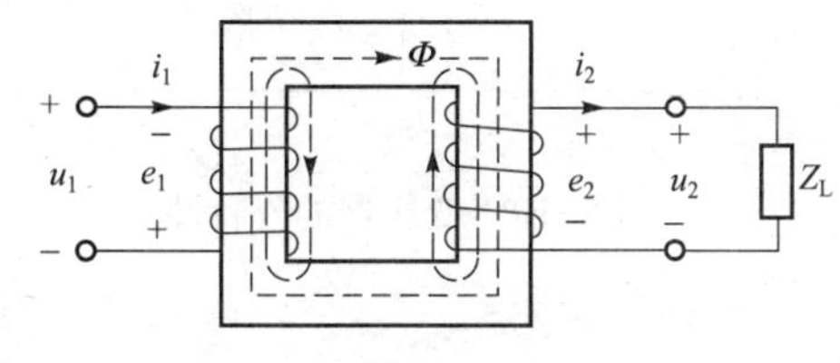

图 5-8　变压器的有载变流原理

由此可见，理想变压器一、二次侧中的电流之比等于匝数的反比。也就是说，“高”压绕组通过“小”电流，“低”压绕组通过“大”电流。因此外观上，变压器的高压线圈匝数多，通过的电流小，以较细的导线绕制；低压线圈匝数少，通过的电流大，要用较粗的导线绕制。

3. 阻抗变换作用

理想变压器变换阻抗的作用可通过输入阻抗的概念分析得到，如图 5-9（a）所示，设 $|Z_L|$ 为负载阻抗，变压器的输入阻抗则为

$$|Z'_L|=\frac{U_1}{I_1}=\left(\frac{N_1}{N_2}U_2\right)\times\left(\frac{N_1}{N_2I_2}\right)=\left(\frac{N_1}{N_2}\right)^2\frac{U_2}{I_2}=n^2|Z_L| \tag{5-5}$$

由此可见，当变压器工作时，其输入阻抗为实际负载阻抗的 n^2 倍，也就是说，负载阻抗折算到电源侧的阻抗值为 $n^2|Z_L|$。图 5-9（b）所示为其示意图。

变压器阻抗变换作用在电子线路中有重要应用。例如，在晶体管收音机中，可实现阻抗匹配，从而获得最大功率输出。

例 5-1　有一台电压为 220/36 V 的降压变压器，二次侧接一盏 36 V、40 W 的灯泡，试

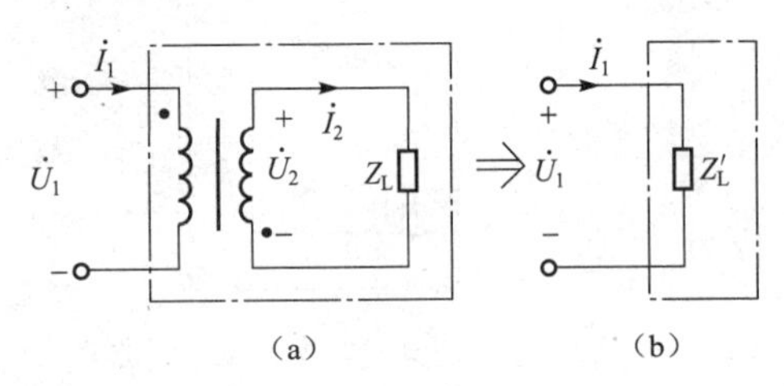

图 5-9　理想变压器的阻抗变换

（a）阻抗变换前；（b）阻抗变换后

求：① 若变压器的一次侧绕组 $N_1=1\ 100$ 匝，二次侧绕组匝数应是多少？② 灯泡点亮后，一次侧、二次侧的电流各为多少？

解　① 由公式（5-3），可以求出二次侧的匝数：

$$N_2=\frac{U_2}{U_1}N_1=\frac{36}{220}\times 1\ 100=180(\text{匝})$$

② 由有功功率公式 $P_2=U_2I_2\cos\varphi$，灯泡是纯电阻负载：$\cos\varphi=1$，可求得二次侧电流为

$$I_2=\frac{P_2}{U_2}=\frac{40}{36}\approx 1.11\ (\text{A})$$

由公式（5-4），可求得一次侧电流为

$$I_1\approx I_2\frac{N_2}{N_1}=1.11\times\frac{180}{1\ 100}\approx 0.18(\text{A})$$

5.3.4　实际变压器的外特性

上面讨论的是理想变压器，即略去了一次、二次侧绕组的内阻与漏磁电抗。而实际变压器一、二次侧绕组均有电阻与漏磁电抗，当电流通过时，均会产生电压降落，使变压器输出的电压下降。

当一次侧电压 U_1 和负载功率因数 $\cos\varphi_2$ 一定时，$U_2=f(I_2)$ 称为变压器的外特性。如图 5-10 所示，分别为电阻性负载和感性负载的情况。可见，感性负载端电压下降程度较电阻性负载大。现代电力变压器从空载到满载，二次绕组的端电压下降约为其额定电压的 4%～6%。

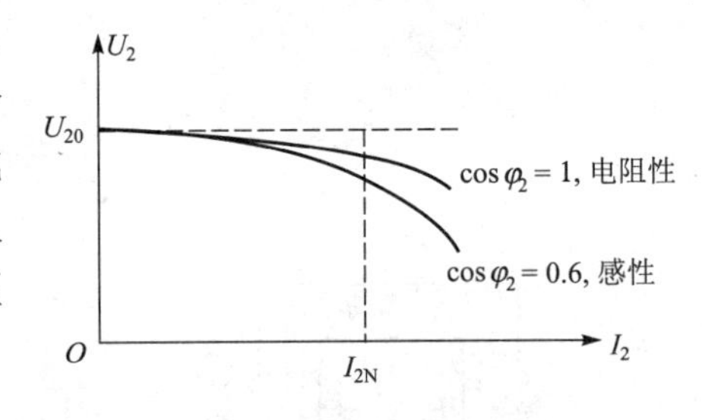

图 5-10　变压器的外特性

为了反映电压随负载的变化而产生的波动程度，引入电压变化率的概念，即

$$\Delta U=\frac{U_{20}-U_2}{U_{20}}\times 100\%$$

上式反映变压器二次侧的电压波动情况。显然，ΔU 越小越好，说明变压器二次端电压越稳定。

变压器的电能损失主要来自两个方面，一个是铜损，另一个就是铁损，它们分别用符号 P_{Cu} 和 P_{Fe} 表示。

P_{Cu} 是指变压器绕组内电阻消耗电能的总和。它是由于绕组内存在电阻的原因。这种损耗与变压器所带负载的大小有关，故称其为可变损耗。

P_{Fe} 是指变压器铁芯处在交变的磁场中，会存在涡流损耗和磁滞损耗以及电能损耗的总和，即是铁损。它的大小仅与一次侧电压有关，而与负载的大小无关，故又称其为不变损耗。

由以上可知，变压器的总损耗为

$$\Delta P=P_{Cu}+P_{Fe}$$

如果记变压器的输入功率为 P_1，输出功率为 P_2，则有

$$P_1-P_2=P_{Cu}+P_{Fe}$$

则变压器的效率为

$$\eta=\frac{P_2}{P_1}\times 100\%=\frac{P_2}{P_2+P_{Cu}+P_{Fe}}\times 100\%$$

变压器为静止电器，一般是属于效率比较高的电器。

知 识 拓 展

电子变压器又称电力电子变压器、固态变压器和柔性变压器。它是一种通过电力电子技术实现能量传递和电力变换的新型变压器。电子变压器不仅具备传统电力变压器所具有的电压变换、电气隔离和能量传递等基本功能，还能够实现电能质量的调节以及无功功率补偿等其他附加功能，可以解决当今电力系统中所存在的许多问题，其应用的前景也将十分广阔。

先导案例解决

虽然变压器有很多类型，大小差别也很大，但它们的基本结构是相似的，都是在同一个铁芯上绕两组线圈，这两组线圈分别叫作初级线圈和次级线圈。如果初级线圈的圈数比次级线圈多，次级线圈上的电压就会降低，这就是降压变压器；反之，如果初级线圈的圈数比次级线圈少，次级线圈上的电压就会升高，这就是升压变压器。

本 章 小 结

① 交流铁芯线圈是非线性元件，不考虑线圈的电阻及漏磁通时，其端电压、感应电动势与磁通的关系为：

$$U\approx E=4.44fN\Phi_m$$

② 变压器是由铁芯和绕组构成的，它是利用电磁感应定律来实现电能传递，只有变化的电流才会产生感应电压。

③ 单相变压器具有变换电压、变换电流及变换阻抗的作用，即

$$\frac{U_1}{U_{20}}\approx\frac{N_1}{N_2}=n \qquad \frac{I_1}{I_2}=\frac{N_2}{N_1}=\frac{1}{n} \qquad |Z'_L|=n^2|Z_L|$$

④ 同名端是指电压瞬时极性始终相同的端子。

⑤ 变压器的运行特性有外特性和效率特性两种。

习 题 五

5-1　为什么变压器的铁芯要用硅钢片叠成？能否用整块的铁芯？

5-2　某变压器一次绕组电压 $U_1=220\ \text{V}$，二次绕组有两组绕组，其电压分别为 $U_{21}=110\ \text{V}$，$U_{22}=36\ \text{V}$。若一次绕组匝数 $N_1=440$ 匝，求二次绕组两组绕组的匝数各为多少？

5-3　某晶体管收音机原配好 4 Ω 的扬声器，若改接 8 Ω 的扬声器，已知输出变压器的一次绕组匝数 $N_1=250$ 匝，二次绕组匝数 $N_2=60$ 匝，若一次绕组匝数不变，问二次绕组匝数应如何变动才能使阻抗匹配？

5-4　同名端是如何定义的？如何用实验的方法判断同名端？

5-5　某电力变压器的电压变化率 $\Delta U=4\%$，要使该变压器在额定负载下输出的电压 $U_2=220\ \text{V}$，求该变压器二次绕组的额定电压 U_{2N}。

第 5 章　磁路与变压器

第 6 章　交流电动机及其控制

本章知识点

[1] 了解三相交流异步电动机的基本构造和转动原理。

[2] 理解三相交流异步电动机的机械特性，掌握启动和反转的基本方法，了解调速和制动的方法。

[3] 了解常用低压电器的结构、功能和用途。

[4] 掌握自锁、联锁的作用和方法。

[5] 掌握基本控制环节的组成、作用和工作过程。能读懂简单的控制电路原理图，能设计简单的控制电路。

先导案例

交流电动机是常用的控制对象，在生产、生活中，我们常要对交流电动机进行自动控制。那么，交流电动机有何特点？如何实现对电动机的自动控制呢？图 6-1 所示为一个实际的交流电动机的控制接线。该电路用到了哪些器件？实现的是对电动机的何种控制呢？

6.1　三相异步电动机

三相异步电动机由于结构简单、运行可靠、维护方便和价格便宜，是所有电动机中应用最广泛的一种。特别是近年来变频调速技术的日趋完善，使异步电动机的调速性能已接近直流电动机，在高精度、宽调速领域中，也在逐渐取代直流电动机。

6.1.1　基本构造

三相异步电动机由定子和转子两个基本部分组成，其外形和结构如图 6-2 所示。

1. 定子

定子由定子铁芯、定子绕组以及机座、端盖、轴承等组成，如图 6-3 所示。

定子铁芯采用厚度为 0.35~0.5 mm 的硅钢片叠压而成，目的是为了减少涡流损耗。定子铁芯内圆周上均匀分布一定形状的槽，槽内嵌放三相绕组，绕组与铁芯之间有良好的绝缘。

定子绕组一般用漆包线绕制而成。三相绕组的六个端线都引到机座侧面的接线板上，可

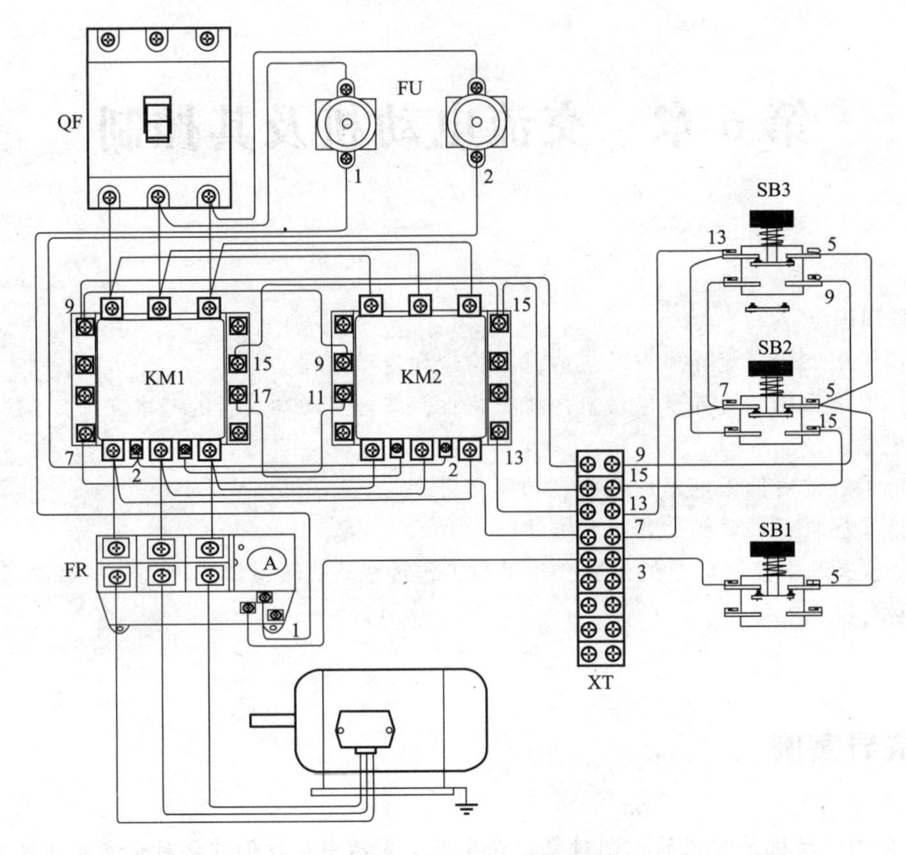

图 6-1　电动机的控制接线

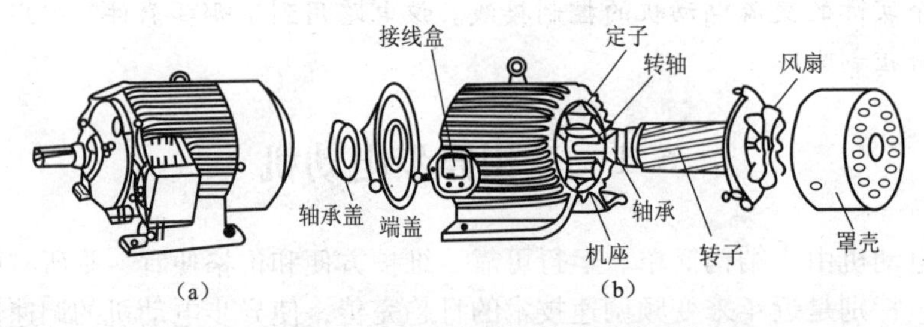

图 6-2　三相异步电动机的外形和结构
（a）外形；（b）内部结构

根据情况将其接成星形或三角形，如图 6-4 所示。绕组的首端分别用 U_1、V_1、W_1 表示，其对应的末端分别用 U_2、V_2、W_2 表示。

2. 转子

转子由转子铁芯、转子绕组、轴承、风扇等组成。转子分鼠笼式和绕线型两种。

笼型转子：在转子铁芯的槽中放置裸铜条，在铁芯两端槽的出口处用短路铜环（端环）把它们连接起来。如果去掉铁芯，转子绕组的形状像一个鼠笼，笼型转子由此得名。目前，小型笼型电动机的转子，是在转子铁芯的槽内浇铸铝液，铸成笼型绕组，并在端环上铸出冷

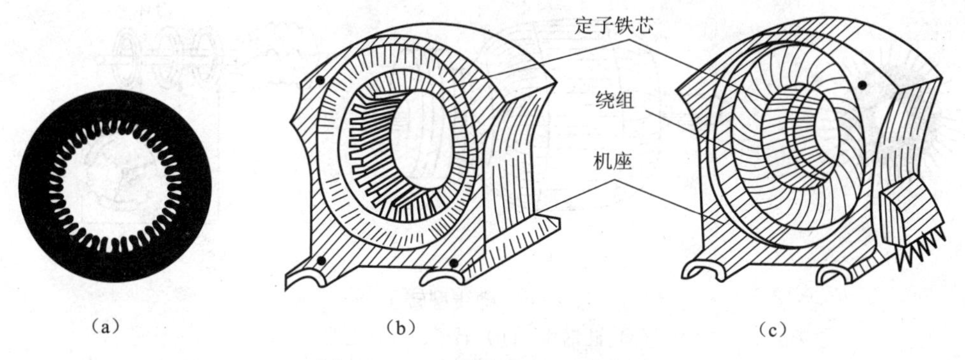

图 6-3　三相异步电动机的定子

(a) 定子铁芯的硅钢片；(b) 定子铁芯和机座；(c) 嵌有三相绕组的定子

却风扇叶片。这样可以用铝代替铜，既经济又便于生产，如图 6-5 所示。

绕线型转子：用绝缘导线做成线圈，嵌入转子槽中接成三相绕组，作星形连接。绕组的三个出线端分别接到装在转轴上的三个铜制滑环上，通过电刷与外电路的可变电阻器相连接，用于启动或调速。环与环、环与转轴都互相绝缘，如图 6-6 所示。

笼型与绕线型转子只是结构不同，其工作原理是一样的。由于绕线型异步电动机的结构复杂，价格较高，一般只用于对启动或调速有较高要求的场合，如立式车床、起重机等。

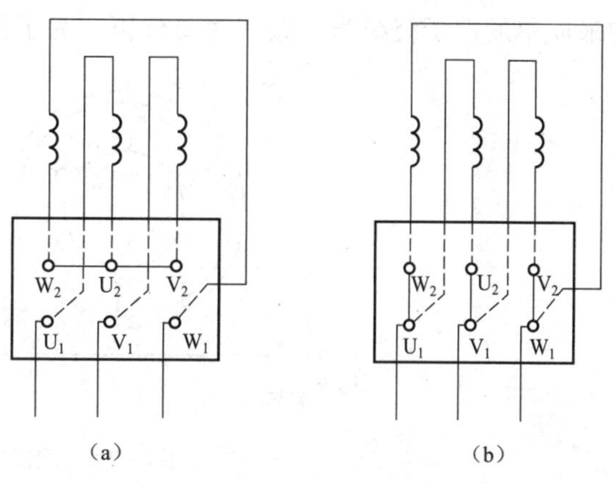

图 6-4　三相定子绕组的接法

(a) 星形连接；(b) 三角形连接

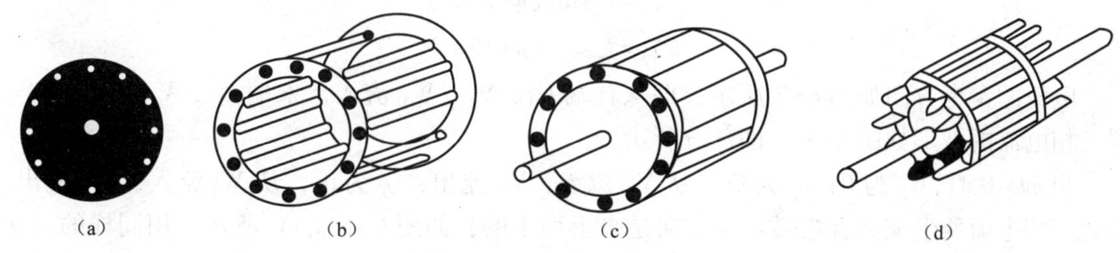

图 6-5　笼型转子

(a) 硅钢片；(b) 笼型绕组；(c) 铜条转子；(d) 铸铝转子

6.1.2　工作原理

三相异步电动机是利用定子绕组产生的旋转磁场与转子绕组内的感应电流相互作用而工作的。

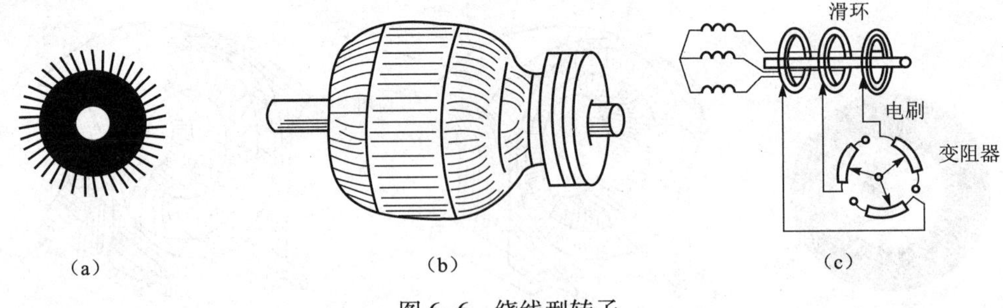

图 6-6　绕线型转子

(a) 硅钢片；(b) 转子；(c) 电路

1. 定子的旋转磁场

为什么在固定不动的定子中通入三相电流就会产生旋转的磁场呢？下面以图 6-7 所示的最简单的定子绕组为例做一简要分析。为了便于说明问题，每相绕组只用一匝线圈表示。

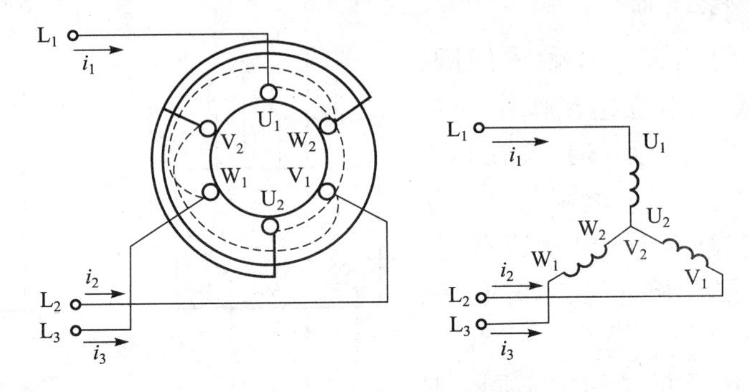

图 6-7　三相定子绕组的布置

设定子绕组接成星形，三相对称电源的电流为

$$i_1 = I_m \sin \omega t$$

$$i_2 = I_m \sin(\omega t - 120°)$$

$$i_3 = I_m \sin(\omega t + 120°)$$

电流的参考方向如图 6-7 所示，即从首端 U_1、V_1、W_1 流入，末端 U_2、V_2、W_2 流出。则三相电流的波形如图 6-8 上面部分所示。

当 $\omega t = 0$ 时，i_1 为 0；i_2 为负，从 V_2 流入，V_1 流出；i_3 为正，从 W_1流入，W_2 流出。这时三相电流所形成的合成磁场的方向是自上而下的，如图 6-8（a）所示。用同样的方法可画出 ωt 分别为 120°、240°、360°时各相电流的流向及合成磁场的方向，如图 6-8（b）、（c）、（d）所示，而 $\omega t = 360°$与 $\omega t = 0$ 时的情况完全相同。

由此可见，当正弦交流电变化一周时，合成磁场在空间也正好旋转了一周，这便是旋转磁场。

转子是如何在旋转磁场中转动的呢？可以用图 6-9 来说明它的转动原理。假设定子的旋转磁场以速度 n_1 按顺时针方向旋转。由于磁场与转子间存在相对运动，在闭合的转子导体中就会产生感应电流 I_2，其方向可由右手定则确定（图中仅标出上、下两根导线中的电流）；通电导体在磁场中又会受到电磁力 F 的作用，其方向由左手定则确定。显然，F 作用的结果是使转子顺着旋转磁场的方向转动。可以看出，若要使电动机反转只需改变旋转磁场

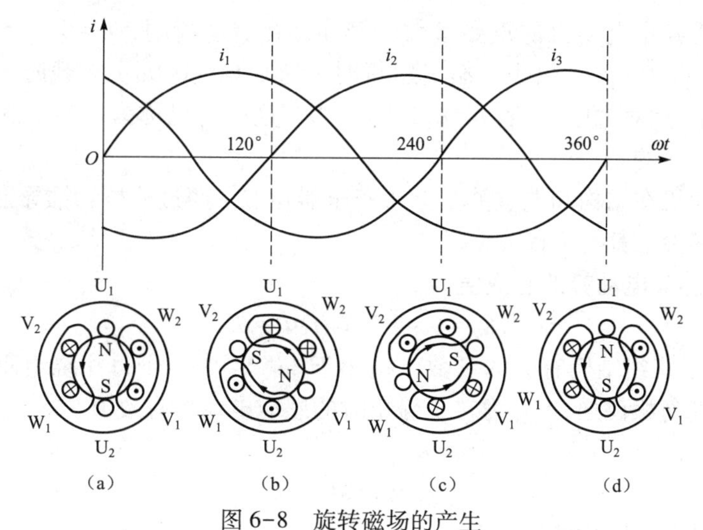

图 6-8　旋转磁场的产生

（a）$\omega t=0$；（b）$\omega t=120°$；（c）$\omega t=240°$；（d）$\omega t=360°$

的转向，即改变三相交流电的相序即可。

由上述分析可知，异步电动机转子转动的方向与旋转磁场的方向一致，但转速不可能与旋转磁场的转速相等，否则转子与磁场间就没有相对运动，磁力线就不切割转子导体，转子电流及电磁力等均不存在，转子也就不可能继续转动。所以，转子的转速总是低于旋转磁场的转速，“异步”的名称便由此得来。

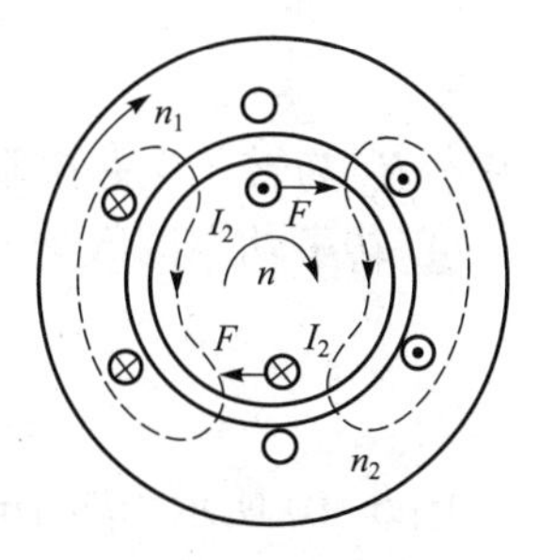

图 6-9　转子转动原理

2. *旋转磁场的极数与转速*

旋转磁场的极数与定子绕组的安排有关。上述电动机定子每相有一个绕组，所形成的旋转磁场只有一对 N、S 极，即 $p=1$（p 为极对数）。实践证明，当定子绕组采取不同的结构和接法时，还可获得 2 对、3 对、4 对等不同极对数的旋转磁场。旋转磁场的转速与电源频率、极对数的关系为

$$n_1=\frac{60f_1}{p} \tag{6-1}$$

旋转磁场的转速 n_1 又称同步转速，单位为 r/min。对已经制造好的三相异步电动机而言，其极对数 p 已经确定，使用的电源频率也是确定的，因此旋转磁场的转速是个常数。

因为工频 $f_1=50$ Hz，所以电动机同步转速为几个固定的数字，如表 6-1 所示。

表 6-1　不同磁极对数电动机的同步转速

p	1	2	3	4	5	6
n_1/（r·min^{-1}）	3 000	1 500	1 000	750	600	500

3. *转差率*

同步转速 n_1 与转子转速 n 之差称为转速差，转速差与同步转速 n_1 的比值称为转差率，用 s 表示，记作

$$s=\frac{n_1-n}{n_1} \tag{6-2}$$

转差率是分析异步电动机的重要参数。例如，在启动瞬间，$n=0$，$s=1$，转差率最大；稳定运行时，n 接近于 n_1，s 很小，额定运行时 s 为 0.01～0.08，空载时 s 可在 0.005 以下（电机功率小，则 s 相对大些）；若 $n=n_1$，则 $s=0$，这种情况称为理想空载状态，在电动机实际运行中是不存在的。

三相异步电动机在结构和电磁关系上与变压器相似，经过分析和推导证明，三相异步电动机转子中的很多参数都与 s 有关。

① 转子绕组感应电动势的有效值为

$$E_2=4.44K_2N_2sf_1\Phi=sE_{20} \tag{6-3}$$

式中，K_2 为与转子绕组结构有关的系数，稍小于1；N_2 为转子每相绕组匝数；f_1 为电源频率；Φ 为旋转磁场每极磁通；E_{20}为转子静止时的感应电动势有效值。

② 转子感抗为

$$X_2=sX_{20} \tag{6-4}$$

式中，X_{20}为转子静止时的感抗。

③ 转子电流为

$$I_2=\frac{E_2}{\sqrt{R_2^2+X_2^2}}=\frac{sE_{20}}{\sqrt{R_2^2+(sX_{20})^2}} \tag{6-5}$$

式中，R_2 为转子电路电阻。

④ 转子功率因数为

$$\cos\varphi_2=\frac{R_2}{\sqrt{R_2^2+X_2^2}}=\frac{R_2}{\sqrt{R_2^2+(sX_{20})^2}} \tag{6-6}$$

图 6-10 所示为转子电流 I_2、功率因数 $\cos\varphi_2$ 与转差率 s 的关系曲线。由此可见，转子电路的电流 I_2 随着 s 的增大而增大，静止时 I_2 最大。与变压器电流变换的原理相似，定子电路的电流 I_1 也随 I_2 的增大而增大。若所加负载过大，导致电动机停止转动（又称堵转），此时的 $n=0$，$s=1$，I_1 和 I_2 将达到最大值。

6.1.3 三相异步电动机的机械特性

在实际应用中，人们最关心的就是三相异步电动机在驱动生产机械时，其转矩 T 和转速 n 的变化情况，即三相异步电动机的机械特性，其机械特性曲线如图 6-11 所示。

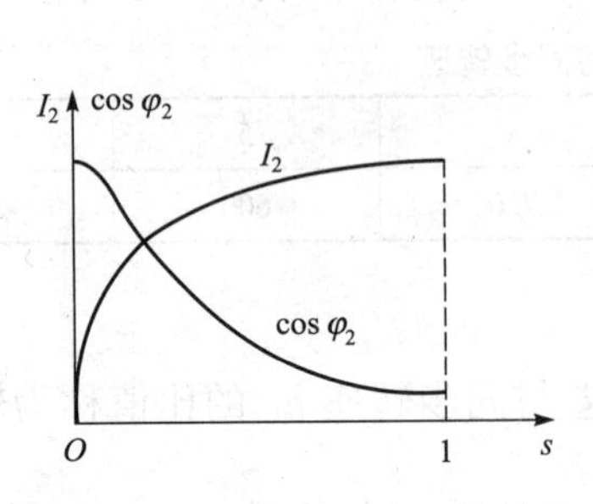

图 6-10 I_2、$\cos\varphi_2$ 与 s 的关系

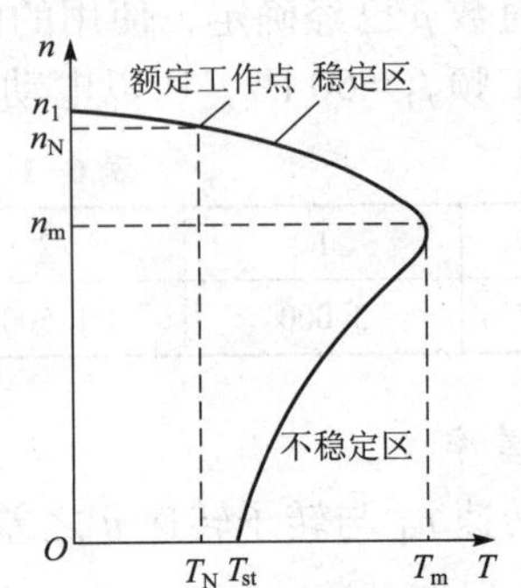

图 6-11 三相异步电动机的机械特性曲线

在机械特性曲线上，要注意两个区域和三个转矩。

1. 稳定区和不稳定区

特性曲线以最大转矩 T_m 为界，分为稳定运行区和不稳定运行区。当电动机在稳定区上某一点时，电磁转矩 T 能与轴上的负载转矩 T_L 相平衡而保持匀速转动。如果负载转矩 T_L 变化，电磁转矩 T 将自动随之变化达到新的平衡而稳定运行。如图 6-12 所示，当 $T_L=T_a$ 时，电动机匀速运行在 a 点，此时电磁转矩 $T=T_a$，转速为 n_a。如果 T_L 增大到 T_b，在最初瞬间由于机械惯性的作用，电动机转速仍为 n_a，因而电磁转矩不能立即改变，故 $T<T_L$，于是转速 n 下降，工作点将沿特性曲线下移，T 自动增大，直至 $T=T_b$，电动机便稳定运行在 b 点，即在较低的转速下达到新的平衡。同理，当负载转矩 T_L 减小时，工作点上移，电动机稳定在较高转速下运行。

由此可见，电动机在稳定运行时，其电磁转矩和转速的大小都决定于它所拖动的机械负载。

如果电动机工作在不稳定区，则电磁转矩不能自动适应负载转矩的变化，因而不能稳定运行。例如，当 T_L 增大使转速降低时，工作点将沿特性曲线下移，电磁转矩反而减小，会使电动机的转速越来越低，直到停转（堵转）；当 T_L 减小时，电动机转速又会越来越高，直至进入稳定区运行。

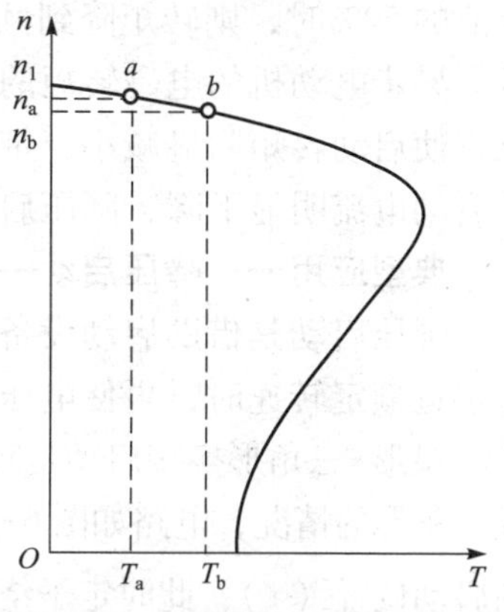

图 6-12　三相异步电动机自动适应机械负载的变化

2. 额定转矩 T_N、最大转矩 T_m、启动转矩 T_{st}

（1）额定转矩 T_N

T_N 是电动机在额定电压下，以额定转速运行，输出额定功率时，其轴上输出的转矩。异步电动机的额定工作点通常在机械特性稳定区的中部，如图 6-11 所示。为了避免过热现象，一般不允许电动机在超过额定转矩的情况下长期运行，但允许短期过载运行。

（2）最大转矩 T_m

T_m 是电动机能够提供的极限转矩。由于它是机械特性上稳定区和不稳定区的分界点，故电动机运行中的机械负载不可超过最大转矩，否则电动机的转速将越来越低，并导致堵转。堵转时电流最大，一般达到额定电流的 4~7 倍，这么大的电流如果长时间通过定子绕组，会使电动机过热，甚至烧毁。因此，异步电动机在运行中应避免出现堵转，一旦出现堵转应立即切断电源，并卸掉过重的负载。通常用过载系数 λ 表示电动机允许的瞬间过载能力，即

$$\lambda=\frac{T_m}{T_N} \tag{6-7}$$

三相异步电动机的过载系数一般为 1.8~2.2，在电动机的技术数据中可以查到。

（3）启动转矩 T_{st}

T_{st} 是电动机在接通电源启动的最初瞬间，$n=0$，$s=1$ 时的转矩。如果启动转矩小于负载转矩，即 $T_{st}<T_L$，则电动机不能启动。此时与堵转情况一样，电动机的电流达到最大，容易过热。因此，当发现电动机不能启动时，应立即切断电源，在减轻负载或排除故障后再重新启动。通常用启动系数 λ_{st} 来表示电动机的启动能力，即

$$\lambda_{st}=\frac{T_{st}}{T_N} \tag{6-8}$$

三相笼型异步电动机的启动能力不大，一般为0.8~2.2；绕线型异步电动机由于转子可以通过滑环外接电阻器，因此启动能力显著提高。启动能力可在电动机的技术数据中查到。

6.1.4 影响机械特性的两个重要因素

外加电源电压 U_1 和转子电路电阻 R_2，是影响电动机机械特性的两个重要因素。

1. 降低电压 U_1 时的人为机械特性

在保持转子电路电阻 R_2 不变的条件下，在同一转速（即转差率 s 相同）时，当降低电压 U_1 时，机械特性向左移，如图6-13所示。当电源电压降到额定电压的70%时，最大转矩和启动转矩都降为额定值的49%；若电压降到额定值的50%时，则转矩降到额定值的25%。可见，电源电压对异步电动机的电磁转矩的影响是十分显著的，降低电压将使启动转矩明显减小，带负载能力明显降低。但它可使启动电流明显下降，降压启动与软启动就是此特性的典型应用。

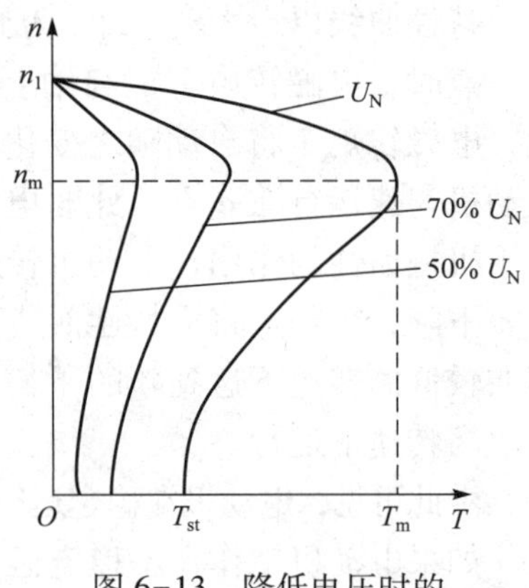

图6-13　降低电压时的人为机械特性

典型应用一：降压启动——星形-三角形换接启动

降压启动是借助启动设备将电源电压适当降低后加在定子绕组上进行启动，待电动机转速接近额定转速时，再使电压恢复到额定值，转入正常运行。

星形-三角形换接启动是降压启动的一种方法，只适用于电动机的定子绕组正常工作时接成三角形的情况，电路如图6-14所示。启动时先合上电源开关QS，同时将三刀双掷开关Q扳到启动位置（Y），此时定子绕组每相承受的电压为额定值的 $1/\sqrt{3}$。启动电流为额定值的1/3。待电动机转速接近额定转速时，将Q迅速扳到运行位置（△），电动机进入正常运转。

目前常用的降压启动方法还有自耦降压启动和软启动。自耦降压启动是用自耦变压器实现降压启动。软启动是近年来出现的一种新技术，它是利用称为软启动器的晶闸管调压装置，使电动机的电压从某一较低值逐渐上升至额定值，启动后再用旁路接触器KM（一种电磁开关）使电动机转入正常运转，软启动电路如图6-15所示。图中 FU_1 是普通熔断器，而 FU_2 是快速熔断器，用来保护软启动器中的晶闸管。

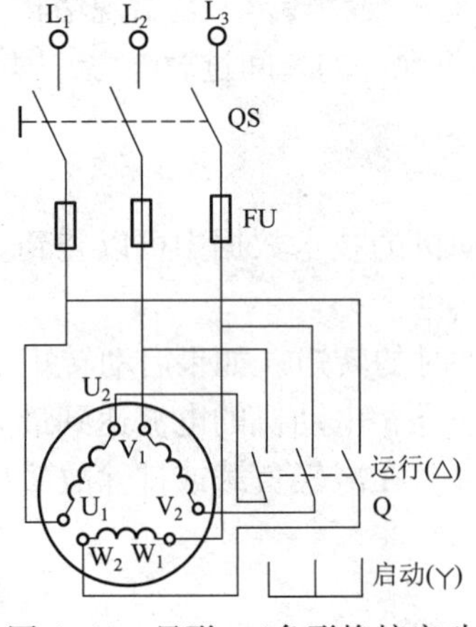

图6-14　星形-三角形换接启动

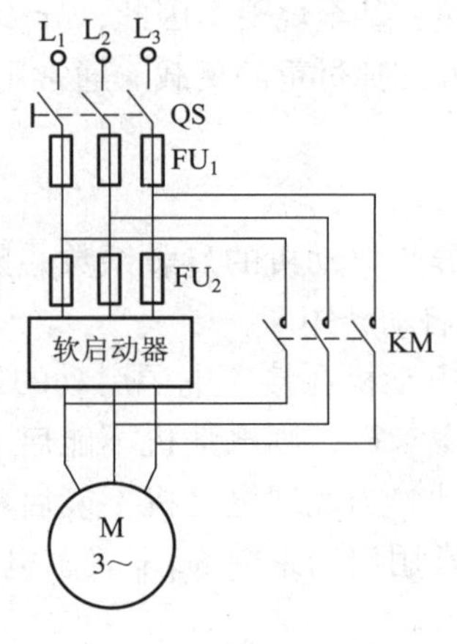

图6-15　软启动电路

2. 增大转子电路电阻 R_2 时的人为机械特性

在保持外加电压 U_1 不变的条件下，在绕线型异步电动机的转子电路中串接电阻时，将得到同步转速 n_1 不变，而稳定区斜率增大的机械特性曲线如图 6-16 所示。

在一定范围内增加绕线型电动机转子电阻，可以增大电动机的启动转矩 T_{st}，而最大转矩不变。启动转矩最大时可与最大转矩相等，即 $T_{st}=T_m$，若继续增大转子电阻，启动转矩将开始减小。绕线型电动机的启动和调速方法的设计正是利用了这一特性。

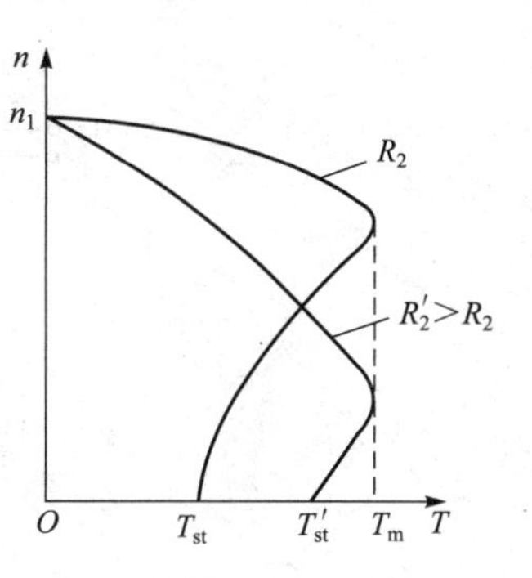

图 6-16　增大转子电路电阻的人为机械特性

典型应用二：绕线型电动机的启动与调速

由式（6-5）和图 6-16 可知，增大转子电路电阻 R_2，既可以减小转子电流 I_2 和定子电流 I_1，又可以提高启动转矩 T_{st}。绕线型电动机的启动电路如图 6-17 所示。启动时先将启动变阻器的阻值调至最大，然后合上电源开关 QS，随着转子转速的升高，逐渐减小变阻器阻值，待转速接近额定值时，将变阻器阻值调至零，使电动机进入正常运转状态。在启动频繁，要求有较大启动转矩的生产机械（如起重机）上常采用绕线型电动机。

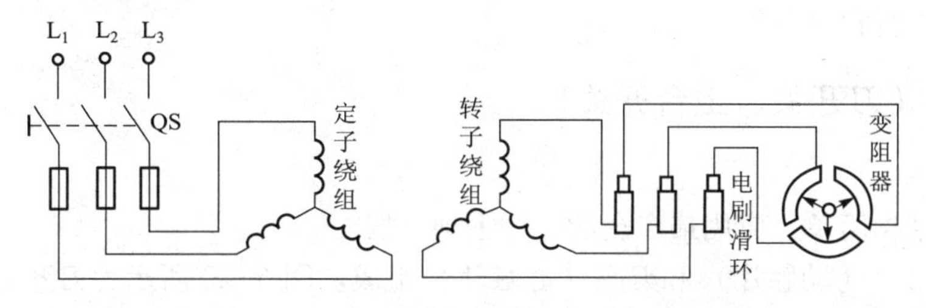

图 6-17　绕线型电动机串电阻启动电路

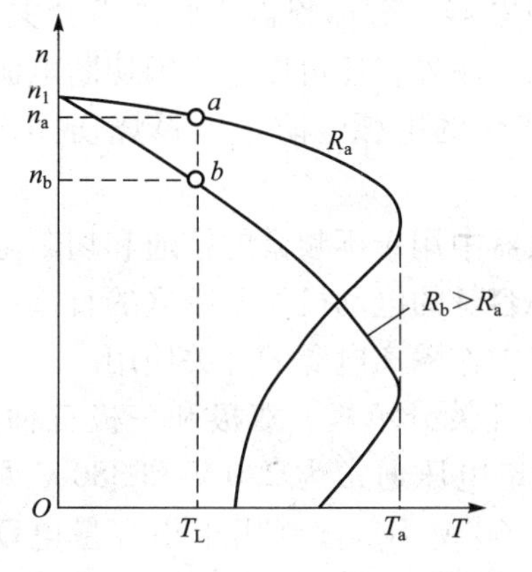

图 6-18　绕线型电动机串电阻调速

在转子电路串接电阻也是对绕线型电动机实现调速的方法，调速原理如图 6-18 所示。设负载转矩为 T_L，当转子电路的电阻为 R_a 时，电动机稳定运行在 a 点，转速为 n_a；若 T_L 不变，转子电路的电阻增大为 R_b 时，则转差率 s 增大，工作点由 a 移至 b 点，转速降低为 n_b。这种调速方法也称为变转差率调速。

典型应用三：三相异步电动机的变频调速

由式（6-1）、式（6-2）可得

$$n=(1-s)n_1=(1-s)\frac{60f_1}{p} \tag{6-9}$$

由此可见，改变异步电动机转速的方法有三种：改变极对数 p，改变电源频率 f_1 和改变转差率 s（只适合绕线型电动机）。

普通电动机的极对数是固定的，不能再用改变极对数的方法进行调速。为了达到调速的目的，人们专门制造了双速及多速笼型异步电动机。由于极对数只能成对改变，所以这种方法只能是有级调速。

改变电源频率进行调速，可以实现大范围无级调速，而且电动机机械特性的硬度基本不变，是三相异步电动机最理想的调速方法。变频调速需要一套专用的变频设备，图 6-19 所示为变频器的原理。

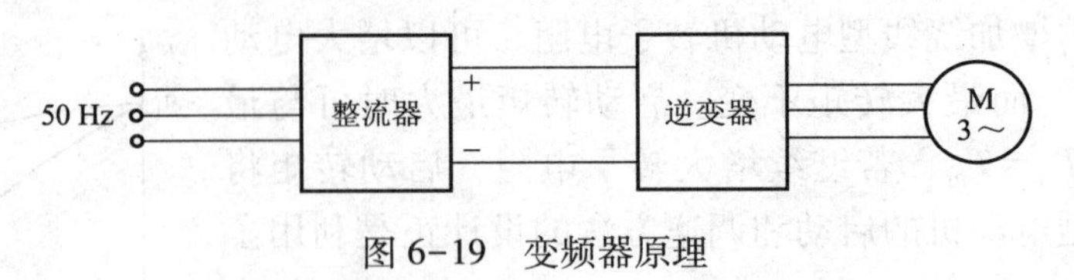

图 6-19　变频器原理

6.2　常用低压电器

所谓控制电器就是根据外界指令，自动或手动接通和断开电路，连续或断续地改变电路参数，实现对被控对象的切换、控制、保护、检测和调节的电气设备。本节所讨论的低压控制电器是指工作在交流 1 200 V，或直流 1 500 V 以下的控制电器。

低压电器的种类很多，按照动作的性质可分为手动和自动电器。手动电器是由操作人员手动操作的，如刀开关、按钮等。自动电器是按照指令、信号或者物理量的变化而动作的电器，如接触器、行程开关等。

6.2.1　开关（刀开关、组合开关）

1. 刀开关

刀开关是结构简单，应用最广泛的一种手动电器。

刀开关由刀片（动触片）和刀座（静触片）组成。图 6-20 所示为刀开关的结构示意图和符号，它用瓷质做底，刀片和刀座用胶木盖罩住，是最简单的手动控制电器，俗称胶盖瓷底闸刀开关。胶盖除了保护刀片和刀座外，还可以熄灭因切断电源时在刀片和刀座间产生的电弧，防止电弧烧伤操作人员。

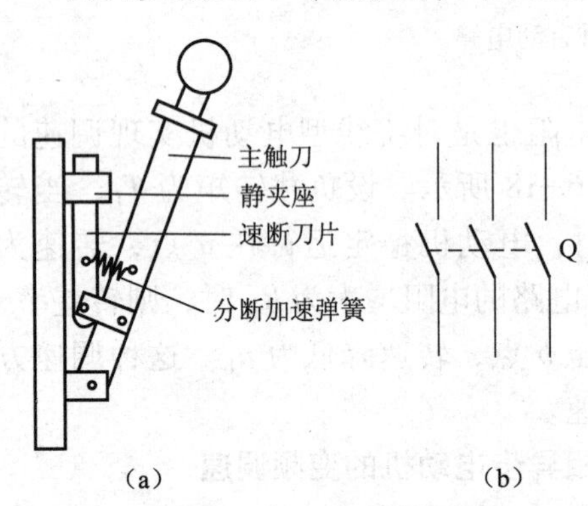

图 6-20　刀开关

(a) 内部结构；(b) 符号

刀开关在低压电器中用于不频繁的接通和切断电路，也可以用来对小容量的电动机作不频繁的直接启动。刀开关常在电路中作隔离电源的开关使用。

按极数不同，刀开关分单极、双极和三极三种，HK 系列刀开关的额定电压通常为 220 V 和 380 V 两种，额定电流为 10～60 A 不等。当用于小容量电动机的启动控制时，其额定电流应大于电动机的启动电流。

2. 组合开关

组合开关又称转换开关，实质上也是一种刀开关，不过它的刀片是转动的，结构比刀开关紧凑。图 6-21 所示为常用的 HZ10 系列组合开关，它有三对静触点，固定在胶木盒内的绝缘垫板上，三对动触片套在装有手柄的绝缘轴上。转动手柄就可将三对触头同时接通或断开。组合开关通常是不带负载操作的，在机床电气系统中多用作电源隔离开关，

常用来作电气设备的电源引入开关，也可用于小容量电动机的不频繁启动，以及控制局部照明电路等。

组合开关有单极、双极、三极和多极几种，其图形及文字符号如图6-21（c）所示。组合开关的额定持续电流有10 A、25 A、60 A和100 A等多种。当其用于起、停小容量电动机时，额定电流的选择和刀开关相同。

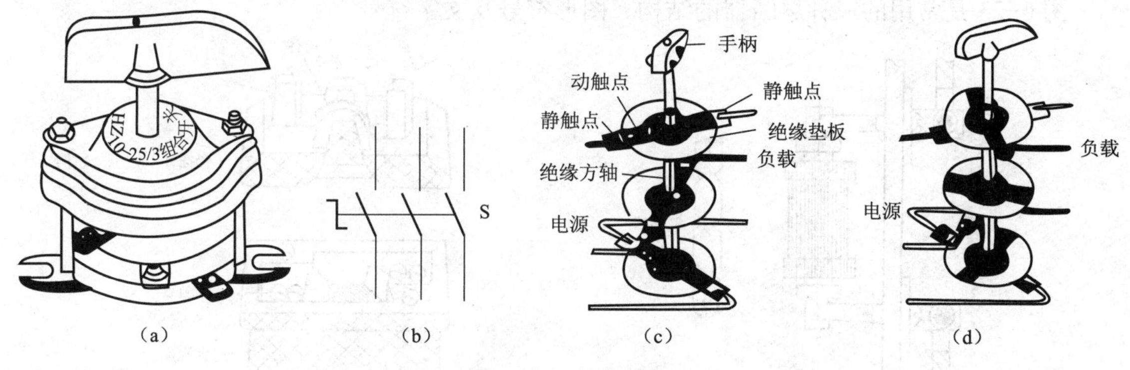

图6-21　组合开关

（a）外形；（b）符号；（c）接通位置；（d）断开位置

6.2.2　按钮

按钮也是一种手动控制电器，通常用于发出操作信号，接通和断开电流较小的控制电路以控制电流较大的电动机或其他电气设备的运行。

图6-22是按钮的外形、结构示意图及符号。它由按钮帽、动触点、静触点和复位弹簧等构成。按钮有两对静触点和一对动触点，动触点的两个触点之间是导通的。在正常状态下，上面的一对静触点与动触点是接通的，称为常闭触点；下面的一对静触点与动触点是断开的，称为常开触点。当用手按下按钮帽时，常闭触点先断开，然后常开触点闭合；手指放开后，在复位弹簧的作用下，常开触点先断开，常闭触点后闭合，即触点的通、断状态恢复原状。在电动机控制电路中，用来启动电动机的按钮称为启动按钮；停止电动机的按钮称为停止按钮。

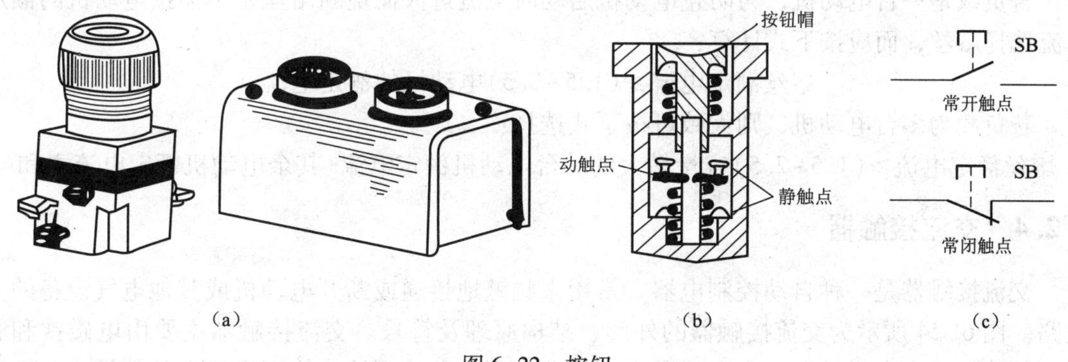

图6-22　按钮

（a）外形图；（b）结构示意图；（c）符号

6.2.3 熔断器

熔断器是最简便而又可靠的短路保护电器，熔断器中的熔丝或熔片统称为熔体，是用电阻率较高的易熔合金制成，如铅锡合金等。熔断器串接在被保护的电路中，当电路发生短路时，熔体立即熔断，将电路切断，从而达到保护线路及电气设备的目的。

图 6-23 是常用的三种熔断器的结构、图形符号及文字符号。

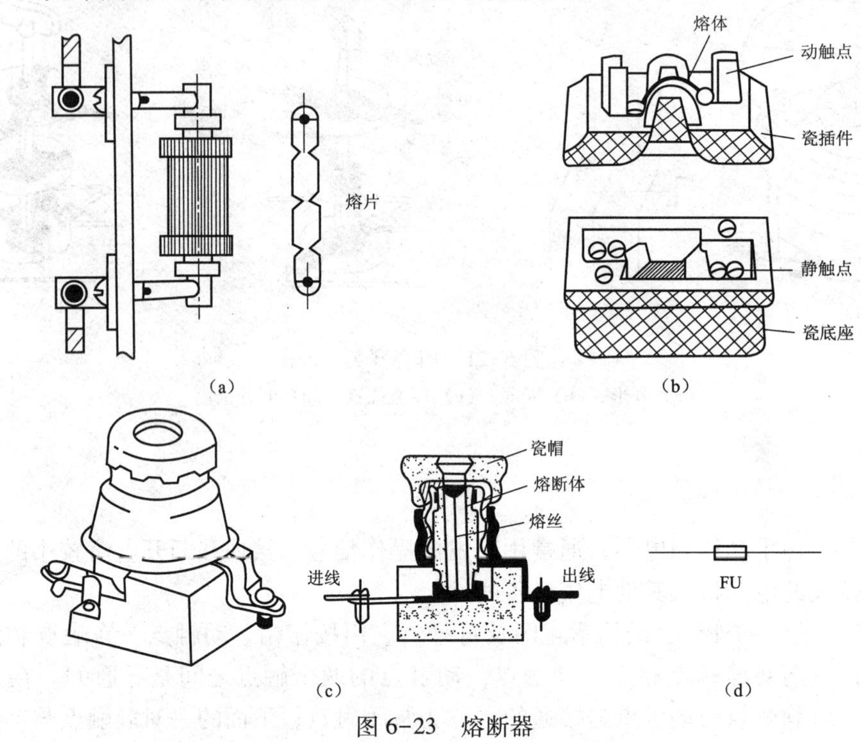

图 6-23　熔断器

(a) 管式熔断器；(b) 瓷插式熔断器；(c) 螺旋式熔断器；(d) 符号

选择熔断器主要是确定熔体的额定电流。对于照明、电热电路中的熔丝，其额定电流（熔断电流）应大于或稍大于负载的额定电流。

若负载是一台电动机，为防止电动机启动时电流过大而烧断熔丝，不能按电动机的额定电流选择熔丝，而应按下式计算：

熔丝额定电流≥(1.5~2.5)电动机的额定电流

若负载为多台电动机，则大致可按下式选择：

熔丝额定电流≥(1.5~2.5)容量最大的一台电动机额定电流+其余电动机额定电流之和

6.2.4 交流接触器

交流接触器是一种自动控制电器。常用来频繁地接通或断开电动机或其他电气设备的主电路。图 6-24 所示为交流接触器的外形、结构原理及符号。交流接触器主要由电磁铁和触点两部分组成。电磁铁分为吸引线圈和上铁芯、下铁芯。下铁芯为固定不动的静铁芯，上铁芯可上下移动。触点分为常开（动合）触点和常闭（动断）触点，每对触点又包括静触点和动触点两部分，动触点与动铁芯直接连接。电磁铁的吸引线圈装在静铁芯上。

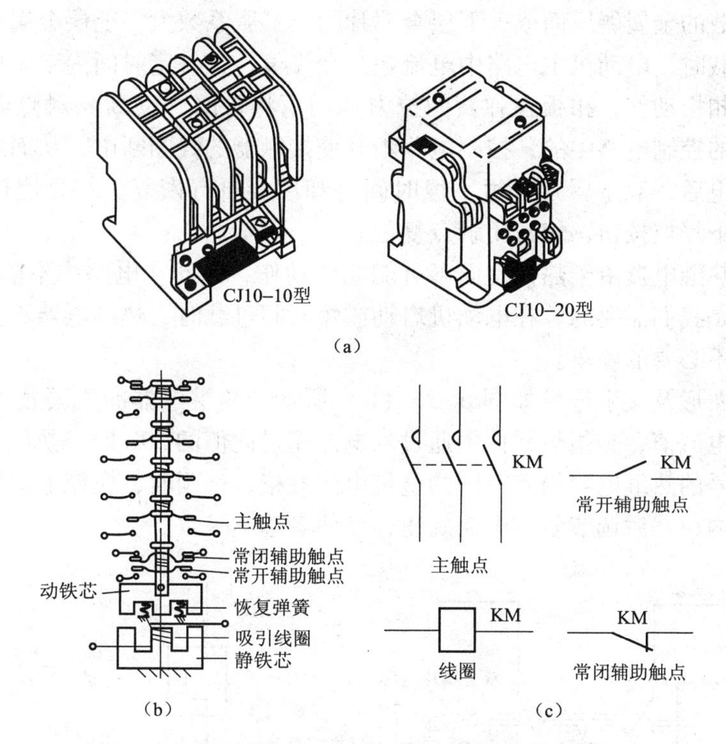

图 6–24　交流接触器

（a）外形；（b）结构原理；（c）符号

当吸引线圈上加额定电压时，产生磁场，上、下铁芯间即产生电磁吸力，将动铁芯吸下，动铁芯带动动触点一起下移，使常闭触点分断、常开触点闭合。当吸引线圈断电时，电磁吸力消失，动铁芯在弹簧作用下恢复到原来的位置。因此，只要控制吸引线圈通电或断电，就可以使接触器的触点闭合或断开，从而达到控制主电路接通或断开的目的。

根据用途的不同，接触器的触点分为主触点和辅助触点两种。辅助触点通过电流较小，常接在电动机的控制电路中；主触点能通过较大的电流，接在电动机的主电路中，如 CJ10–20 型交流接触器有三对常开主触点、四对辅助触点（两对常开触点，两对常闭触点）。

当主触点断开时，其间产生电弧，会烧坏触头，并使分断时间拉长，因此，必须采取灭弧措施。通常交流接触器触点都做成桥式，它有两个断点，以降低触点断开时加在断点上的电压，使电弧容易熄灭，并且每对触点间有绝缘隔板，以免短路。在电流较大的接触器中还设有专门的灭弧装置。

交流接触器线圈的额定电压常有 380 V、220 V 两种，也有 36 V 的低压线圈；主触点的额定电流有 5 A、10 A、20 A、40 A、75 A、120 A 等六种。在选用时，应注意它的额定电流（应大于或等于电动机的额定电流）、线圈电压及触点数量等。

6.2.5　热继电器

热继电器是用来保护电动机使其免受长期过载危害的一种保护电器。

图 6–25（a）是热继电器的原理示意图。热继电器主要由热元件、双金属片和触点系统等组成。图中热元件是一段电阻不大的电阻丝，接在电动机的主电路中；双金属片由两种具

有不同热膨胀系数的金属碾压而成，下层金属片的热膨胀系数大，上层金属片的热膨胀系数小。当电动机过载时，电动机主电路中电流超过允许值，在一定时间内双金属片受热，它便向上弯曲，造成扣板动作，扣板在弹簧的拉力作用下将常闭（动断）触点断开。常闭触点是串接在电动机的控制电路中的，控制电路断开使接触器的线圈断电，从而断开电动机的主电路。主电路断电后，双金属片经过一段时间冷却后会自行恢复。若要使热继电器即时复位，必须手动按下复位按钮，使常闭触点复位。

应当指出，热继电器由于热惯性而不可能立即动作，因此在电路中不能用作短路保护，而这种特性也正是我们需要的。在电动机启动或短时间过载时，热继电器不会动作，这样就避免了电动机的不必要的停车。

热继电器的图形及文字符号如图 6-25（b）所示。热继电器的主要技术参数是整定电流值。所谓整定电流值，是指热元件中通过的电流超过此值的20%时，热继电器应在 20 min 内动作，各种型号的热继电器均有不同的整定电流规格，选用时，应使电动机的额定电流在其整定电流范围内，然后调节整定电流旋钮，使两者基本一致。

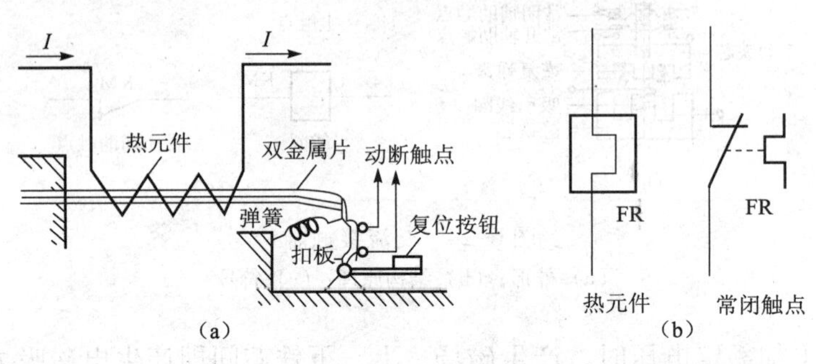

图 6-25　热继电器

(a) 原理示意图；(b) 符号

6.3　典型控制电路

1. 三相笼型异步电动机直接启动的控制电路

电动机启动是指电动机的转子由静止状态变为正常运行状态的过程。对于容量在 4 kW 以下的小型电动机，通常采用接触器直接启动，电路如图 6-26 所示。电路分为两部分：一部分由组合开关 Q、熔断器 FU、接触器主触点 KM 和电动机 M 组成，这是电动机的工作电路，称为主电路；另一部分由按钮 SB 和接触器线圈 KM 组成，它是控制主电路接通或断开的，称为控制电路。控制电路的电流较小，它通常与主电路共用一个电源。图中同一电器的各部件，如接触器的线圈和触点，可以分开画，但必须用同一文字符号（KM）表示。

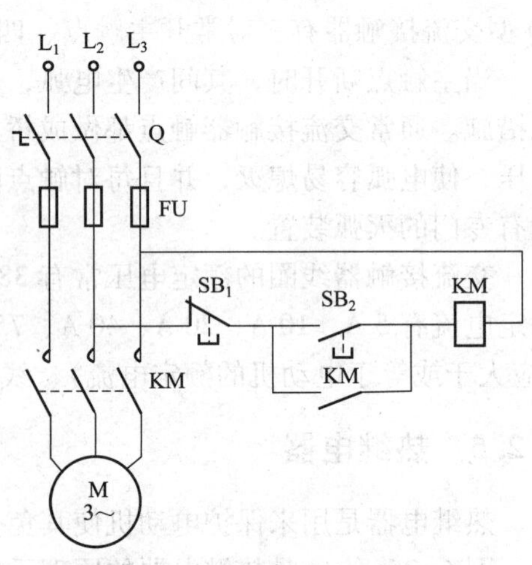

图 6-26　三相笼型异步电动机直接启动控制电路

启动时，合上 Q，按下启动按钮 SB_2，交流接

触器 KM 的线圈得电，主触点 KM 闭合，电动机启动运转。同时其辅助常开触点 KM 也闭合，它给线圈 KM 提供了一条通路，使得按钮松开后线圈仍能保持通电，于是电动机便可连续运行。接触器用自身的常开辅助触点“锁住”自己的线圈电路，这种作用称为“自锁”，该触点称为“自锁触点”。可见，自锁触点是电动机长期工作的保证。

停止时，按下停止按钮 SB_1，线圈 KM 失电，主触点和自锁触点同时断开，电动机脱离电源而停转。

启动流程：合上 Q→按下 SB_2→线圈 KM 得电→主触点 KM 闭合（辅助触点 KM 同时闭合，形成自锁）→电动机运行。

停止流程：按下 SB_1→线圈 KM 失电→KM 的主触点和自锁触点同时断开→电动机停转。

2. 三相笼型异步电动机正、反转控制电路

在实际生产中，很多设备需要向两个相反方向运行，如电梯、起重机、机床主轴的正转和反转等。这类运动均可通过电动机的正转和反转来实现。只要对调电动机的任意两根电源线即可改变电动机定子绕组相序，从而改变旋转磁场的方向，实现电动机正、反转。

正、反转电路通常采用两只接触器来实现，电路如图 6-27 所示。

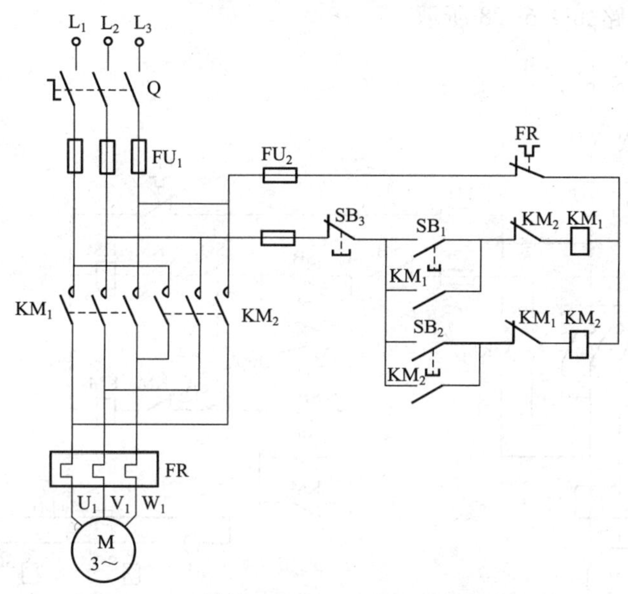

图 6-27　三相笼型异步电动机正反转控制电路

图 6-27 中，KM_1 为正转接触器，KM_2 为反转接触器，SB_1 为正转启动按钮，SB_2 为反转启动按钮。正转接触器 KM_1 的三对主触点把电动机按相序 L_1—U_1、L_2—V_1、L_3—W_1与电源相接；反转接触器 KM_2 的三对主触点把电动机按相序 L_3—U_1、L_2—V_1、L_1—W_1 与电源相接。因此，当按下正转启动按钮 SB_1时，KM_1接通并自锁，电动机正转运行；如果按下反转启动按钮 SB_2，则 KM_2 接通并自锁，电动机反转运行。当按下停止按钮 SB_3 时，接触器释放，电动机停转。

从主电路可以看出，KM_1 和 KM_2 的主触点是不允许同时闭合的，否则会发生相间短路。因此要求在各自的控制电路中串接入对方的辅助常闭触点。当正转接触器 KM_1 线圈得电时，其辅助常闭触点断开，即使按下 SB_2 也不能使 KM_2 线圈得电；同理，当 KM_2 线圈得电时，

其辅助常闭触点断开，也不能使 KM_1 线圈得电。两个接触器利用各自触点封锁对方的控制电路，称为“互锁”，这两个辅助常闭触点称为“互锁触点”。控制电路中加入互锁后，就能避免两个接触器同时得电，从而防止了相间短路事故的发生。

正转流程：按下 SB_1→KM_1 线圈得电→KM_1 主触点闭合（同时，KM_1 辅助常开触点闭合，形成自锁；KM_1 辅助常闭触点断开，形成互锁）→电动机正转。

反转流程：按下 SB_2→KM_2 线圈得电→KM_2 主触点闭合（同时，KM_2 辅助常开触点闭合，形成自锁；KM_2 辅助常闭触点断开，形成互锁）→电动机反转。

停止流程：按下 SB_3→所有接触器线圈均失电→所有接触器触点复位→电动机停转。

3. 自动往复行程控制电路

按钮控制的电动机正、反转是手动实现的，而在工程实践中很多生产机械常需要自动控制电动机的正、反转，这就要用行程控制电路。行程控制通常是利用行程开关来实现的。万能铣床要求工作台在一定距离内能自动往复运动，以便对工件连续加工。为实现这种自动往复行程控制，可将行程开关 SQ_1 和 SQ_2 安装在机床床身的左、右两侧，将撞块装在工作台上，并将行程开关 SQ_1 的常开触点与反转按钮 SB_2 并联，将行程开关 SQ_2 的常开触点与正转按钮 SB_1 并联，电路如图 6-28 所示。

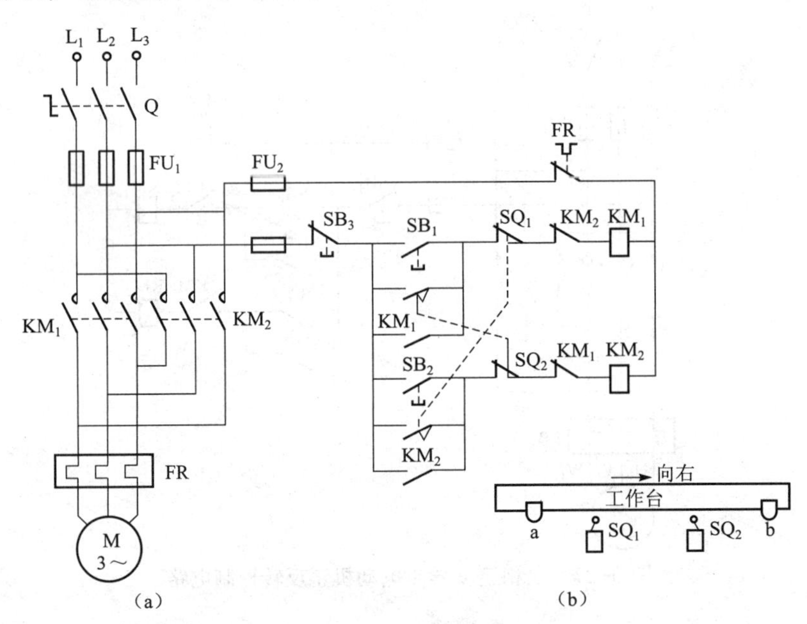

图 6-28 行程控制电路

（a）控制电路；（b）行程开关位置示意

当电动机正转带动工作台向右运动到极限位置时，撞块 a 碰撞行程开关 SQ_1，一方面使其常闭触点断开，使电动机先停转；另一方面也使其常开触点闭合，相当于自动按了反转按钮 SB_2，使电动机反转带动工作台向左运动。这时撞块 a 离开行程开关 SQ_1，使其触点自动复位，由于接触器 KM_2 自锁，故电动机继续带动工作台左移，当移动到左面极限位置时，撞块 b 碰到行程开关 SQ_2，一方面使其常闭触点断开，电动机先停转；另一方面其常开触点又闭合，相当于按下正转按钮 SB_1，使电动机正转带动工作台右移。如此往复不已，直至按

下停止按钮 SB_3 才会停止。

4. 延时控制电路

延时控制电路也是实际生产中常用的电路之一。因为一些生产工艺常常需要按照规定的时间间隔对生产机械进行控制，所以就在电路中加入时间继电器构成延时控制电路。例如，电动机的降压启动需要一定时间，然后才能加上额定电压。图 6-29 所示是星形-三角形降压启动电路，把正常运行时应作三角形连接的电动机在启动时接成星形连接，以减小启动电流，待转速上升后再改接成三角形连接，投入正常运行。电动机接成星形连接降压启动的时间可以用时间继电器来控制，图中 KM、KM_{Y}、$KM_{\triangle}$ 是三个交流接触器，KT 是时间继电器。

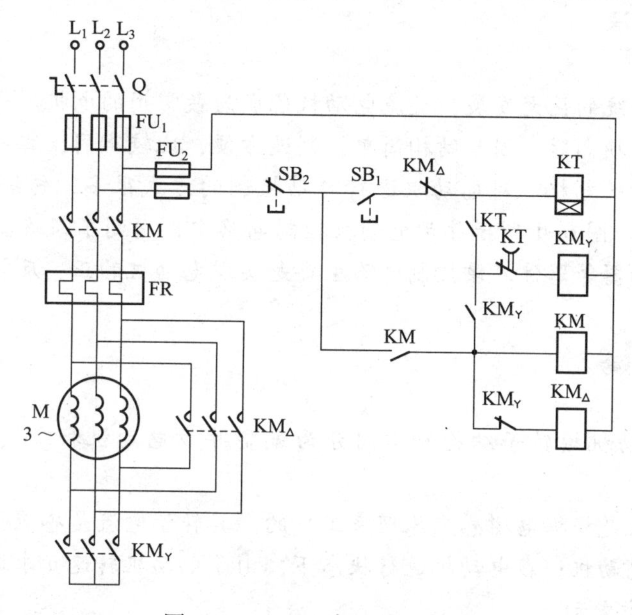

图 6-29　Y-△降压启动电路

启动时，按下启动按钮 SB_1，时间继电器 KT 线圈先得电，其瞬时常开触点闭合，接通接触器 KM_{Y} 线圈，使接触器 KM_{Y} 的辅助常开触点闭合，再接通接触器 KM 线圈。这时主电路中接触器 KM 和 KM_{Y} 的主触点都闭合，使电动机定子绕组接成星形，电动机降压启动。同时在控制电路中与启动按钮 SB_1 并联的辅助常开触点 KM 闭合自锁。

经过一定时间后，时间继电器 KT 的延时常闭触点断开，使接触器 KM_{Y} 的线圈断电，KM_{Y} 的辅助常闭触点闭合使接触器 $KM_{\triangle}$ 的线圈得电，这时主电路变为接触器 KM 和 $KM_{\triangle}$ 的主触点闭合。于是电动机定子绕组接成三角形进入全压正常运行状态，同时在控制电路中 $KM_{\triangle}$ 的辅助常闭触点断开，使时间继电器 KT 也断电。

停止时，只要按下停止按钮 SB_2，使 KM 和 $KM_{\triangle}$ 的线圈断电，其主触点断开，电动机便停转。

控制电路中两个接触器的辅助常闭触点 $KM_{\triangle}$ 和 KM_{Y} 还起到互锁作用，能防止这两个接触器的主触点同时闭合而造成主电路短路。

知 识 拓 展

直流电动机具有低转速大力矩的特点，是交流电动机无法替代的。直流电动机调速体系最早选用稳定直流电压给直流电动机供电，经过改变电枢回路中的电阻来完成调速。近年来，随着电力电子技术的迅速开展，由晶闸管变流器供电的直流电动机调速体系已替代了传统的调速体系。

先导案例解决

由于交流电力系统的巨大发展，交流电动机已成为最常用的电机。交流电动机与直流电动机相比，由于没有换向器，因此结构简单，制造方便，比较牢固，容易做成高转速、高电压、大电流、大容量的电机。对电动机进行自动控制的方式很多，传统的控制方式是接触器-继电器控制体系。图 6-1 所示异步电动机控制电路中，用到了断路器、接触器、按钮开关、热继电器、熔断器等器件。该控制电路主要是实现电动机的正、反转控制。

本 章 小 结

① 三相异步电动机按转子结构的不同分为笼型异步电动机和绕线型转子异步电动机两种。

三相异步电动机是根据电磁感应原理来工作的，其转子电流是感应产生的，故三相异步电动机又称为感应电动机；在电动机运行状态下，由于电动机转速 n 永远小于旋转磁场的转速 n_1，因此称为异步电动机。

② 三相异步电动机的机械特性是指电动机转速 n 与电磁转矩 T 之间的关系，即$n=f(T)$。

电动机的最大转矩 T_m 和启动转矩 T_{st} 是反映电动机过载能力和启动性能的两个重要指标。λ_m、λ_{st}越大，则说明电动机过载能力越强，启动性能越好。

③ 小容量笼型异步电动机可以采用直接启动，容量较大的电动机采用降压启动。常用的降压启动有Y-△降压启动和自耦变压器降压启动。

三相异步电动机的调速方法有变频调速、变极调速和变转差率调速三种。笼型异步电动机一般采用变频调速、变极调速；绕线型异步电动机一般采用变转差率调速。

④ 本章中所讲的控制电器是指工作电压为交流电压 1 200 V、直流电压 1 500 V 以下的电器。控制电器按动作性质可分为手动控制电器和自动控制电器两种。刀开关、组合开关、按钮属于手动电器；熔断器、交流接触器、热继电器属于自动电器。

⑤ 三相电动机的正、反转控制是利用控制电器改变加在电动机定子绕组上的电源相序来实现的，即正转时加在电动机上的为电源正相序，反转时加在电动机上的为电源负相序，电动机正、反转控制电路中有互锁控制电路。

行程控制电路是利用行程开关（位置开关）发出信号（接通或断开）进行自动控制。

习　题　六

6-1　笼型异步电动机和绕线型转子异步电动机在结构上有什么不同？

6-2　一台 6 极三相异步电动机的额定功率为 7.5 kW，额定电压为 380 V，效率为 85%，额定电流为 15 A，额定转差率为 0.05。求其在额定运行时的转速、额定转矩以及功率因数。

6-3　三相异步电动机从启动到正常运行，转子电动势、转子电流、转子频率和感抗如何变化？

6-4　绕线型转子异步电动机，如① 转子电阻增大、② 转子漏抗增大、③ 输入电源的频率增大，则对最大转矩和启动转矩分别有哪些影响？

6-5　三相异步电动机带负载运行时，如果保持负载转矩不变，当电源电压降低时，电动机的最大转矩 T_m、启动转矩 T_{st}、定子电流 I_1、转子电流 I_2 和转速 n_2 如何变化？

6-6　两台三相异步电动机的额定功率都为 10 kW，它们的额定转速分别为 2 880 r/min 和 720 r/min，试比较它们的额定转矩，并指出说明了什么问题？

6-7　有一台 Y225M-4 型三相异步电动机，其额定数据如下：额定功率 $P_N=40$ kW，额定电压 $U_N=380$ V，额定转速 $n_N=1\ 470$ r/min，额定效率 $\eta_N=90\%$，额定功率因数 $\cos\varphi=0.9$，$\frac{I_{st}}{I_N}=6.5$，$\frac{T_{st}}{T_N}=1.6$，$\frac{T_m}{T_N}=2.2$。试求：① 额定输入电流 I_{1N}；② 额定转差率 s_N；③ 额定转矩 T_N、最大转矩 T_m 和启动转矩 T_{st}。

6-8　刀开关、组合开关、按钮、交流接触器的主要用途是什么？它们的文字和图形符号是什么？

6-9　熔断器、热继电器的作用各是什么？它们的共同点和区别是什么？能否相互替换？

6-10　试设计一个控制装置，在两个行程开关 SQ_1、SQ_2 区域内自动往返循环运动。

6-11　某机床有两台电动机，要求主电动机 M_1 启动后，辅助电动机 M_2 延时自动启动，设计此控制电路。

第 6 章　交流电动机及其控制

第7章　放大器基础

本章知识点

[1] 掌握PN结的单向导电性，晶体管的电流分配和电流放大作用。

[2] 了解二极管、稳压管和三极管的基本构造、工作原理和特性曲线，理解主要参数的意义。

[3] 理解单管交流放大电路的放大作用和共发射极、共集电极放大电路的性能特点。

[4] 掌握静态工作点的估算方法和放大电路的微变等效电路分析法。

[5] 掌握放大电路输入、输出电阻和多级放大的概念；掌握互补功率放大电路的工作原理。

[6] 理解差动放大电路的工作原理和性能特点。

[7] 了解场效应管的电流放大作用、主要参数的意义。

先导案例

图7-1表示的是由二极管D、灯泡H、限流电阻R、开关及电源等组成的简单电路。接通电路后，将发现图7-1（a）中灯泡发光，而图7-1（b）中灯泡不发光，这是为什么呢？

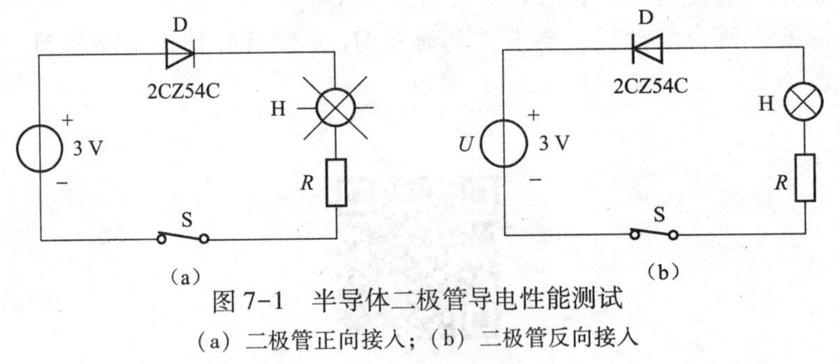

图7-1　半导体二极管导电性能测试

（a）二极管正向接入；（b）二极管反向接入

7.1　半导体二极管及其模型

7.1.1　半导体的基本知识

1. 半导体的特点和分类

半导体是指导电能力介于导体和绝缘体之间的物质，常见的如四价元素硅、锗、硒等，

在外界温度升高、光照或掺入适量杂质时，它们的导电能力大大增强。因此半导体被用来制成热敏器件、光敏器件和半导体二极管、三极管、场效应管等电子元器件。化学成分纯净的半导体称为本征半导体。在纯净的半导体中掺入适量杂质元素的半导体称为杂质半导体，如果掺入的是三价元素，称为 P 型半导体，如果掺入的是五价元素，称为 N 型半导体。P 型半导体的空穴为多数载流子（简称多子），自由电子为少数载流子（简称少子）；N 型半导体的自由电子为多子，空穴为少子。半导体有两种载流子（自由电子和空穴）参与导电。

2. PN 结及其单向导电特性

（1）PN 结的形成

在一块完整的硅片上，用不同的掺杂工艺使其一边形成 N 型半导体，另一边形成 P 型半导体，那么在两种半导体交界面附近就形成了 PN 结。在交界面附近因载流子浓度不同，多数载流子分别向异区扩散，即 P 区的空穴向 N 区扩散，留下负离子；N 区的电子向 P 区扩散，留下正离子。结果在交界面处多数载流子因复合而耗尽形成空间电荷区，也叫耗尽层或 PN 结，如图 7-2 所示。PN 结是构成半导体器件的基本单元。

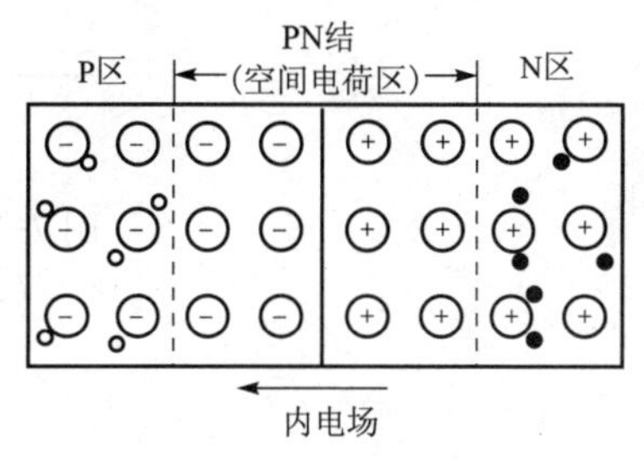

图 7-2　PN 结的形成

（2）PN 结的单向导电性

上面所讨论的 PN 结处于平衡状态，称为平衡 PN 结。PN 结的基本特性只有在外加电压时才能显示出来。

① 外加正向电压。PN 结外加正向偏置电压简称正偏。P 区接电源正极，N 区接电源负极，外电场削弱了内电场，空间电荷区变窄，扩散运动加强，漂移运动减弱，扩散大于漂移，形成较大的正向电流 I_F，此特性称为 PN 结正向导通。

② 外加反向电压。PN 结外加反向偏置电压简称反偏。P 区接电源负极，N 区接电源正极，外电场加强了内电场，空间电荷区变宽，扩散运动减弱，漂移运动增强，漂移大于扩散。由于漂移运动是由少子形成，数量很少，所以形成的反向电流 I_R 很微弱，几乎可以忽略不计，但 I_R 受温度的影响较大，此特性称为 PN 结反向截止。

综上所述，PN 结正偏时导通，反偏时截止，即为 PN 结的单向导电性。

7.1.2　半导体二极管

1. 半导体二极管的结构、符号及类型

在 PN 结的 P 区和 N 区两侧各引出一根电极，加以封装，便形成半导体二极管，由 P 区引出的电极称为阳极或正极，由 N 区引出的电极称为阴极或负极。因 PN 结具有单向导电性，所以二极管具有单向导电性。图 7-3 所示为二极管的外形、基本结构和符号。

按结构不同，二极管分为点接触型和面接触型两种。点接触型二极管的 PN 结面积小，结电容小，一般用于高频检波电路。按材料的不同，二极管分为硅管和锗管两种。按用途不同，二极管有普通管、整流管、变容管、开关管和检波管等类型。

2. 半导体二极管的伏安特性

伏安特性反映了二极管外加电压和流过二极管电流之间的关系，伏安特性是二极管的固有属性。图 7-4 示出了二极管伏安特性关系曲线的一般形状。二极管伏安特性可分为正向

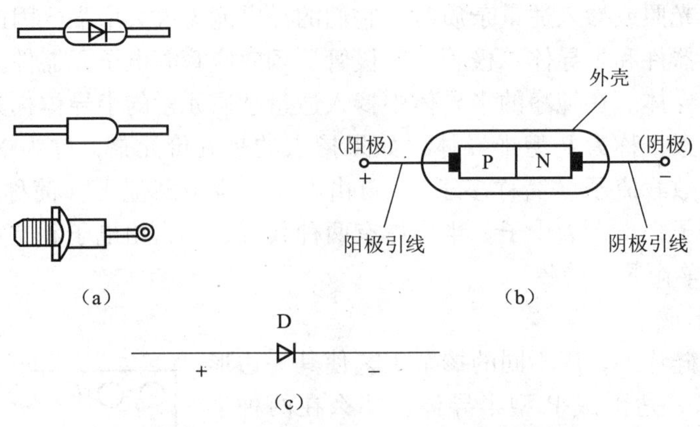

图 7-3　二极管的外形、基本结构和符号

(a) 外形；(b) 基本结构；(c) 符号

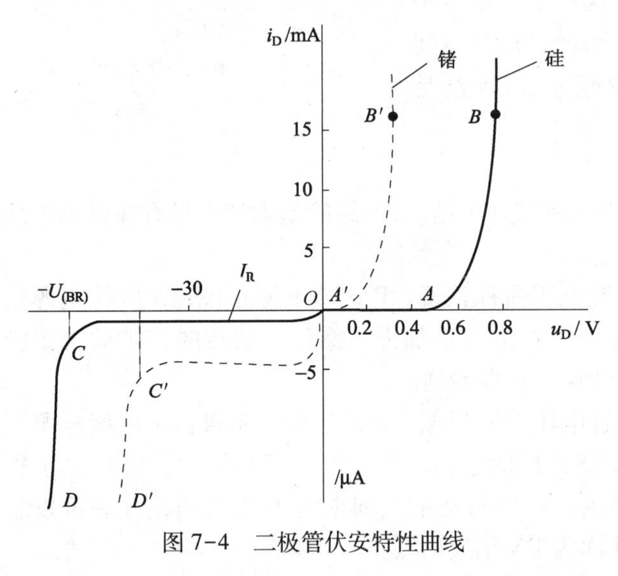

图 7-4　二极管伏安特性曲线

特性和反向特性两部分，下面对二极管伏安特性曲线加以说明。

(1) 正向特性

如图 7-4 所示，当正向电压很低时，正向电流几乎为零，这一部分称为死区，相应的 A（A'）点的电压称为死区电压或阈值电压，硅管约为 0.5 V，锗管约为 0.1 V，如图 7-4 中 OA（OA'）段所示。当正向电压超过死区电压时，二极管呈现低电阻值，处于正向导通状态。正向导通后的二极管管压降变化较小，硅管为 0.6~0.7 V，锗管为 0.2~0.3 V，如图 7-4 中的 AB（$A'B'$）段所示。

(2) 反向特性

对应于图 7-4 的 OC（OC'）段，反向电压在一定范围内增大时，反向电流极其微小且基本不变（理想情况认为反向电流为零），此电流称为反向饱和电流，记作 I_R。

(3) 反向击穿特性

对应于图 7-4 的 CD（$C'D'$）段，当反向电压增加到一定数值时，反向电流急剧增大，此时对应的电压称为反向击穿电压，此现象称为反向击穿。

温度的变化会对伏安特性产生很大的影响。二极管的温度增加时，其正向管压降变小，反向饱和电流显著增加，而反向击穿电压则显著下降，尤其是锗管，对温度更为敏感。

3. 半导体二极管的主要参数

二极管的参数反映了二极管的性能优劣和使用条件，二极管参数是正确选择和使用二极管的依据。二极管的主要参数有：

（1）最大整流电流 I_F

I_F是指二极管长时间工作时，允许通过的最大正向电流的平均值。当实际电流超过该值时，二极管会因 PN 结过热而损坏。

（2）最高反向工作电压 U_{RM}

U_{RM}是保证二极管不被击穿所允许施加的最大反向电压，一般为反向击穿电压的 1/3～1/2。

（3）反向饱和电流 I_R

I_R是指在规定的反向电压和室温下所测得的反向电流值。其值越小，表明管子的单向导电性能越好。

4. 二极管的简易测试

将万用表置于 $R\times100$ 或 $R\times1$ kΩ 挡（用 $R\times1$ 挡时电流太大，用 $R\times10$ kΩ 挡时电压太高，都易损坏管子）。如图 7-5 所示，将红、黑表笔分别接二极管的两端，若测得阻值小，再将红、黑表笔对调测试。若测得阻值大，则表明二极管是好的；在测得阻值小的那一次，与黑表笔相连的管脚则为二极管的正极，与红表笔相连的管脚为二极管的负极。

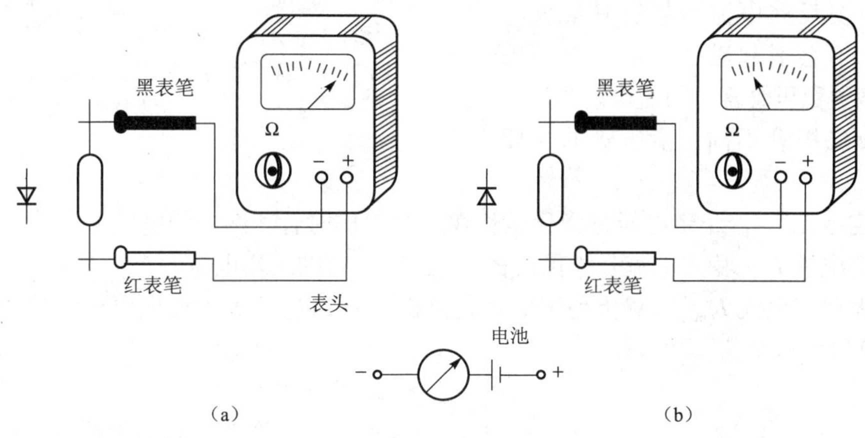

图 7-5　万用表简易测试二极管示意图

（a）电阻小；（b）电阻大

若上述两次测得的阻值都很小，则表明管子内部已经短路；若两次测得的阻值都很大，则表明管子内部已经断路。出现短路和断路，表明管子已损坏。

5. 使用二极管时的注意事项

① 二极管应按照用途、参数及使用环境选择。

② 使用二极管时，正、负极不可接反。通过二极管的电流，承受的反向电压及环境温度等都不应超过手册中所规定的极限值。

③ 更换二极管时，应用同类型或高一级的代替。

④ 二极管的引线弯曲处距离外壳端面应不小于 2 mm，以免造成引线折断或外壳破裂。

⑤ 焊接时应用 35 W 以下的电烙铁，焊接要迅速，并用镊子夹住引线根部，以助散热，防止烧坏管子。

⑥ 安装时，应避免靠近发热元件，对功率较大的二极管，应注意良好散热。

⑦ 二极管在容性负载电路中工作时，二极管整流电流应大于负载电流的 20%。

7.1.3 特殊二极管

1. 稳压管

稳压管是一种特殊的面接触型硅二极管，其符号和伏安特性曲线如图 7-6 所示。

其正向特性曲线与普通二极管基本相同。但反向击穿特性曲线很陡且稳压管的反向击穿是可逆的，故它可长期工作在反向击穿区而不致损坏。正常情况下稳压管工作在反向击穿区，由于曲线很陡，反向电流在很大范围内变化时，稳压管两端的电压却几乎稳定不变，稳压管就是利用这一特性在电路中起稳压作用的。只要反向电流不超过其最大稳定电流，就不会引起破坏性的击穿。因此，在电路中稳压管常与限流电阻串联。

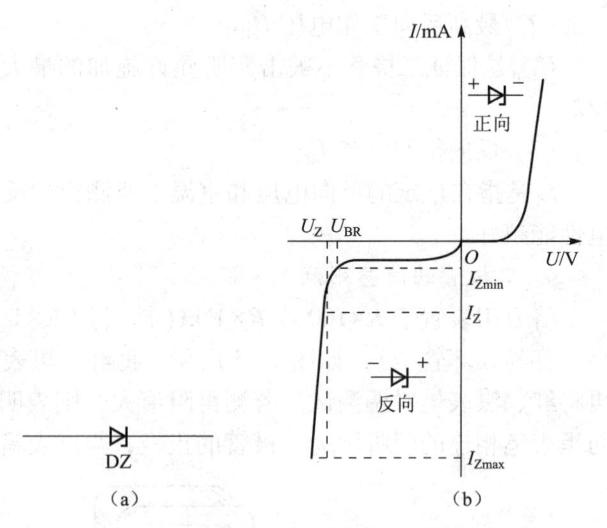

图 7-6　稳压管的符号和伏安特性曲线

(a) 符号；(b) 伏安特性曲线

与一般二极管不同，稳压管的主要参数如下：

① 稳定电压 U_Z。稳定电压是指稳压管在正常工作时管子两端的电压。

② 稳定电流 I_Z。稳定电流是指保持稳定电压 U_Z 时的工作电流。

③ 最大稳定电流 I_{Zmax}。最大稳定电流是指稳压管通过的最大反向电流。稳压管在工作时电流不应超出这个值。

2. 发光二极管

发光二极管简称 LED，是一种把电能直接转换成光能的固体发光器件。发光二极管也是由 PN 结构成的，具有单向导电性，当发光二极管加上正向电压时能发出一定波长的光，采用不同的材料，可发出红、黄、绿等不同颜色的光。图 7-7 所示为发光二极管外形及图形符号。

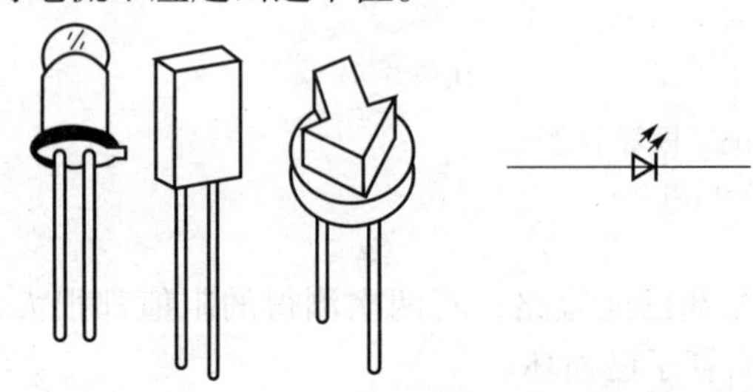

图 7-7　发光二极管外形及图形符号

7.2　半导体三极管及其模型

三极管的结构、符号及类型

1. 三极管的结构、符号及类型

三极管是通过一定的工艺，将两个 PN 结结合在一起的器件，它是电子电路中的核心器件。三极管有 NPN 和 PNP 两种类型，无论是 NPN 型还是 PNP 型三极管，它们内部都含有

三个区，分别称为发射区、基区和集电区，三个区引出的电极分别是发射极（E 或 e）、基极（B 或 b）和集电极（C 或 c），发射区和基区之间的 PN 结称为发射结，集电区和基区之间的 PN 结称为集电结。图 7-8 所示为三极管的外形、内部结构示意图及符号。

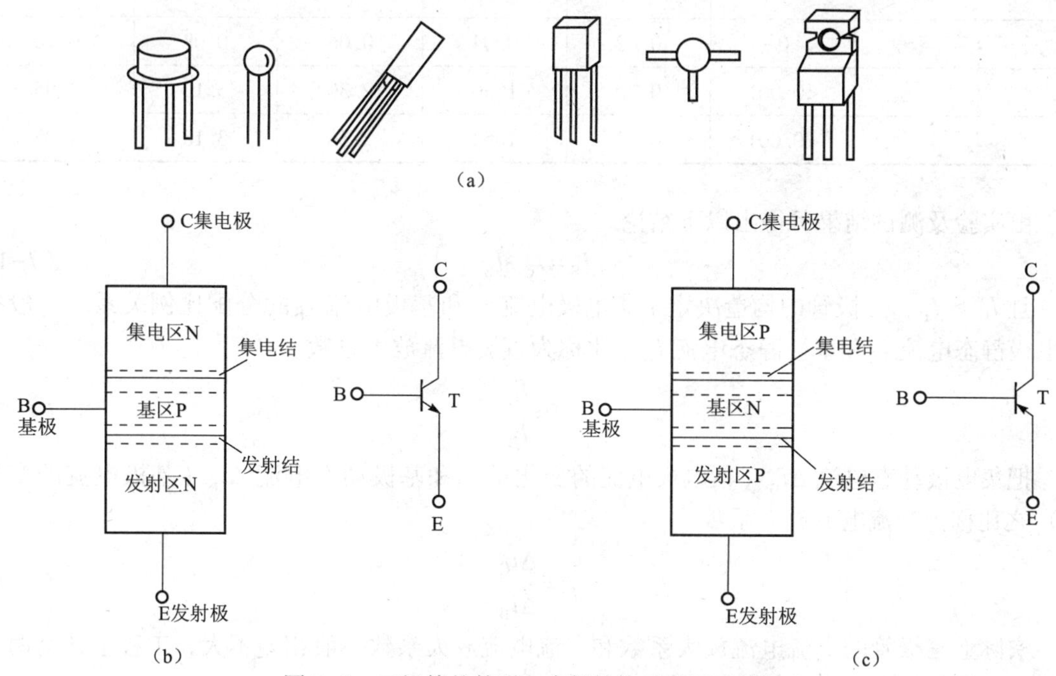

图 7-8　三极管的外形、内部结构示意图及符号

（a）外形；（b）NPN 型三极管结构和符号；（c）PNP 型三极管结构和符号

三极管内部的结构特点是：发射区掺杂浓度高，即多子浓度高；基区很薄且掺杂浓度低；集电区面积大于发射区面积，掺杂浓度低。

2. 三极管的放大原理

三极管的内部结构特点是三极管能够实现放大作用的内部条件，三极管能够实现放大所需要的外部条件是：发射结正向偏置，集电结反向偏置，为简要说明三极管的电流分配关系和放大作用，忽略一些次要因素，以 NPN 型三极管为例，通过实验来了解三极管的放大原理和其中的电流分配情况，实验电路如图 7-9 所示。

将三极管接成两条电路，一条是由电源电压 U_{BB} 的正极经过电阻 R_P（通常为几百千欧的可调电阻）、R_b、基极、发射极到电源 U_{BB} 的负极，称为基极回路。另一条是由电源 U_{CC} 的正极经过电阻 R_c、集电极、发射极再回到电源 U_{CC} 的负极，称为集电极回路。可见，发射极是两个回路所共用的，所以这种接法称为共发射极电路。

改变可变电阻 R_P，则基极电流 I_B、集电极电流 I_C 和发射极电流 I_E 都发生变化，电流方向如图 7-9 所示，测试结果列于表 7-1 中。

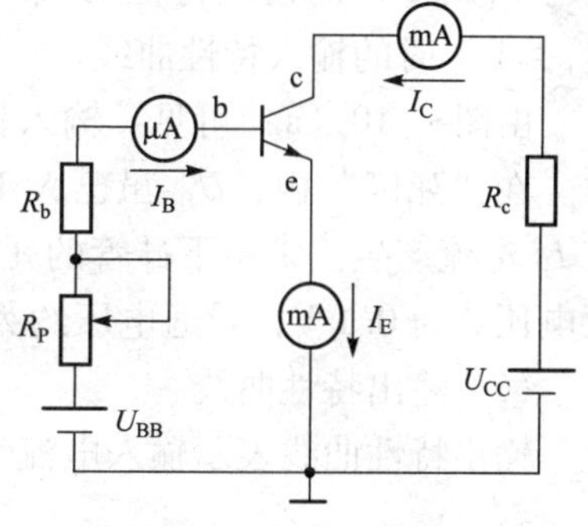

图 7-9　电流放大实验电路

表 7-1 实验测试数据

电流/mA \ 实验次数	1	2	3	4	5	6
I_B	0	0.02	0.04	0.06	0.08	0.10
I_C	<0.001	0.70	1.50	2.30	3.10	3.95
I_E	<0.001	0.72	1.54	2.36	3.18	4.05

由实验及测试结果可得出以下结论。

$$I_E=I_C+I_B \tag{7-1}$$

且 $I_C \gg I_B$，三极管的构造决定了集电极电流 I_C 和基极电流 I_B 的分配比例关系。一般把集电极静态电流 I_C 和基极静态电流 I_B 之比称为直流电流放大系数

$$\bar{\beta}=\frac{I_C}{I_B} \tag{7-2}$$

把集电极动态电流 Δi_C（集电极电流的变化量）和基极动态电流 Δi_B（基极电流的变化量）之比称为交流电流放大系数

$$\beta=\frac{\Delta i_C}{\Delta i_B} \tag{7-3}$$

实际上三极管的直流电流放大系数和交流电流放大系数一般相差不大，工程上认为两者数值是近似相等的，为了表示方便，以后不加区分，统一用 β 表示。

3. 三极管的伏安特性曲线

三极管的伏安特性曲线是指各个电极间电压与电流之间的关系，它们是三极管内部载流子运动规律在管子外部的表现。三极管的特性曲线反映了管子的技术性能，是分析放大电路技术指标的重要依据。特性曲线可由实验测得，也可由晶体管图示仪上直观地显示出来。以下仍以图 7-9 所示电路为例进行分析。

（1）输入特性曲线

输入特性曲线是指三极管集电极与发射极间电压 U_{CE} 为常数时，输入回路中 I_B 随 U_{BE} 变化的曲线。实验中，若取不同的 U_{CE}，可得到不同的曲线。但当 $U_{CE}\geqslant 1$ V 时，输入特性曲线与 $U_{CE}=1$ V 的输入特性曲线基本重合，说明此时 U_{CE} 对 I_B 影响甚小。图 7-10（a）是 $U_{CE}\geqslant 1$ V 时的输入特性曲线。

由图 7-10（a）可见，输入特性曲线也有一个“死区”，与二极管正向特性曲线形状一样。在“死区”内，U_{BE} 虽已大于零，但 I_B 几乎为零。当 U_{BE} 大于死区电压后，输入回路才有 I_B 电流产生。常温下硅管的死区电压约为 0.5 V，发射结导通电压约为 0.7 V；锗管的死区电压约为 0.1 V，导通电压约为 0.3 V。

（2）输出特性曲线

输出特性曲线表示输入电流 I_B 固定时，输出回路中 I_C 与 U_{CE} 的关系，即

$$I_C=f(U_{CE})\big|_{I_B=\text{常数}}$$

图 7-10（b）所示为 NPN 型硅管共射极输出特性曲线，当 I_B 改变时，可得一簇曲线。由特性曲线可见，输出特性曲线被划分为放大区、饱和区和截止区三个区域。

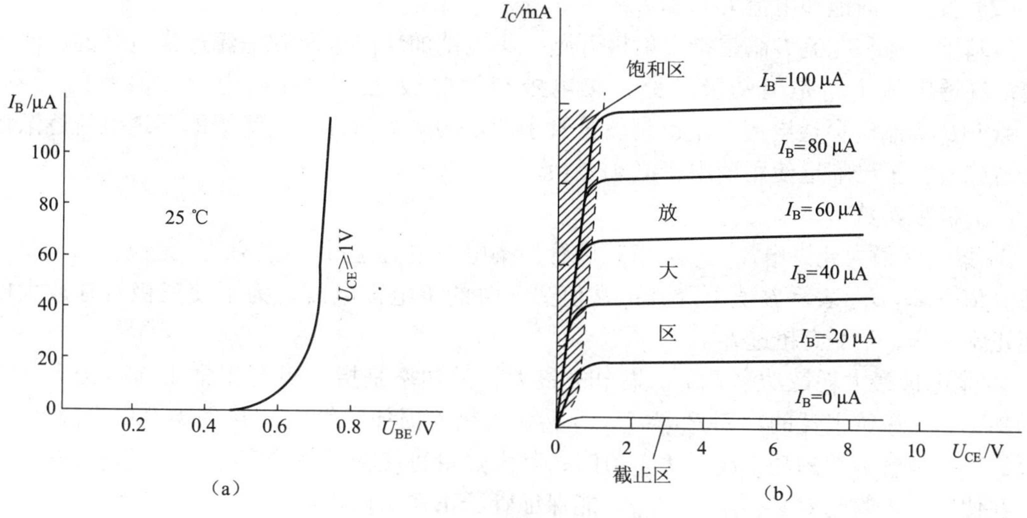

图 7-10 三极管的特性曲线

(a) 输入特性曲线；(b) 输出特性曲线

① 截止区。$I_B=0$ 的特性曲线以下区域为截止区。此时三极管的集电结处于反偏，发射结电压 $U_{BE}\leqslant 0$，发射结也反偏。这时，$U_{CE}\approx U_{CC}$，三极管的 c-e 极之间呈现高电阻，相当于一个断开的开关。

② 饱和区。指图 7-10（b）中的阴影部分。此时 $U_{CE}<U_{BE}$，集电极处于正偏状态，因此影响了集电极收集载流子的能力，即使 I_B 增大，I_C 也不会变化，I_C 不再受 I_B 的控制，三极管处于饱和导通状态。此时三极管的 c-e 极之间呈现低电阻，相当于一个闭合的开关。

③ 放大区。指曲线簇的平直部分，此时 $I_B>0$，$U_{CE}>1$ V。三极管工作在放大区的特点是：I_C 只受 I_B 的控制，与 U_{CE} 无关，呈现恒流特性。因此当 I_B 固定时，I_C 的曲线是平直的。当 I_B 增大时，I_C 的曲线上移，且 I_C 的变化量远大于 I_B 的变化量，表明了三极管的电流放大作用。

由以上分析可知，三极管不仅具有电流放大作用，同时还具有开关作用。三极管用作放大器件时，工作在放大区；用作开关器件时，则工作在饱和区和截止区。三极管工作在饱和区时，发射结和集电结同为正偏，$U_{CE}\approx 0$；三极管工作在截止区时，发射结和集电结同为反偏，$U_{CE}\approx U_{CC}$。

4. 三极管的主要参数

三极管的主要参数是设计三极管电路和选用三极管的依据，也是表征三极管性能的主要指标。主要参数有以下几个。

（1）电流放大系数

电流放大系数的概念前已阐述。工程实际使用中，要注意由于三极管制造工艺的限制，半导体器件有较大的分散性，同一种型号三极管的电流放大系数 β 也有很大的差别。常用的小功率三极管，β 值在 40~150。在选择三极管时，如果 β 值太小，电流放大能力差；β 值太大，对温度的稳定性又太差。通常小功率三极管以 β=20~100 为宜。

（2）极间反向饱和电流 I_{CBO} 和 I_{CEO}

集基反向饱和电流 I_{CBO} 是指发射极开路，集电结加反向电压时，流过集电结的反向饱和电流。穿透电流 I_{CEO} 是指基极开路，集电极与发射极之间的反向电流。两者的关系为：$I_{CEO}=(1+\beta)I_{CBO}$。穿透电流 I_{CEO} 也是衡量管子质量的一个指标。当管子的穿透电流逐渐增大时，意味着管子已临近使用期限，必须更换。

（3）极限参数

① 集电极最大允许电流 I_{CM}。当三极管的集电极电流超过一定值时，三极管的电流放大系数 β 值下降。I_{CM} 表示 β 值下降到正常值 2/3 时的集电极电流。为了使三极管在放大电路中能正常工作，i_C 不应超过 I_{CM}。

② 集电极最大耗散功率 P_{CM}。集电极最大耗散功率是指三极管正常工作时最大允许消耗的功率。三极管消耗的功率 $P_{CM}=U_{CE}I_C$ 转化为热能损耗于管内，并主要表现为温度升高。所以，当三极管消耗的功率超过 P_{CM} 值时，其发热量将使管子性能变差，甚至烧坏管子。因此，在使用三极管时，必须小于 P_{CM} 才能保证管子正常工作。

③ 反向击穿电压 $U_{(BR)CEO}$。反向击穿电压 $U_{(BR)CEO}$ 是指基极开路时，加于集电极与发射极之间的最大反向电压。当温度上升时，击穿电压 $U_{(BR)CEO}$ 要下降，在实际使用中，必须满足 $u_{CE}<U_{(BR)CEO}$。

5. 三极管的质量粗判及代换方法

（1）判断三极管的质量好坏

根据三极管的基极与集电极、基极与发射极之间的内部结构为两个同向 PN 结的特点，用万用表分别测量其两个 PN 结（发射结、集电结）的正、反向电阻。若测得两 PN 结的正向电阻均很小，反向电阻均很大，则三极管一般为正常，否则已损坏。

（2）三极管的代换方法

通过上述方法的判断，如果发现电路中的三极管已损坏，更换时一般应遵循下列原则。

① 更换时，尽量更换相同型号的三极管。

② 无相同型号三极管可更换时，新换三极管的极限参数应等于或大于原三极管的极限参数，如参数 I_{CM}、P_{CM}、$U_{(BR)CEO}$ 等。

③ 性能好的三极管可代替性能差的三极管。如穿透电流 I_{CEO} 小的三极管可代换 I_{CEO} 大的，电流放大系数 β 高的可代替 β 低的。

④ 在集电极耗散功率允许的情况下，可用高频管代替低频管。

⑤ 开关三极管可代替普通三极管。

6. 三极管的小信号等效模型

由于三极管属于非线性元件，直接分析计算三极管构成的电路比较复杂。当三极管输入微小变化的交流信号时，三极管的电压和电流近似为线性关系。因此，在小信号输入时，为计算方便，将三极管等效为一个线性元件，称为三极管的微变等效模型。

（1）三极管基极与发射极间的等效

放大电路正常工作时，发射结导通，即基极与发射极之间相当于一个导通的 PN 结，三极管的输入二端口等效为一个交流电阻 r_{be}，如图 7-11（b）所示。它是三极管输入特性曲线上工作点 Q 附近的电压微小变化量与电流微小变化量之比。

根据三极管输入回路结构分析，r_{be} 的数值可以用下列公式计算，即

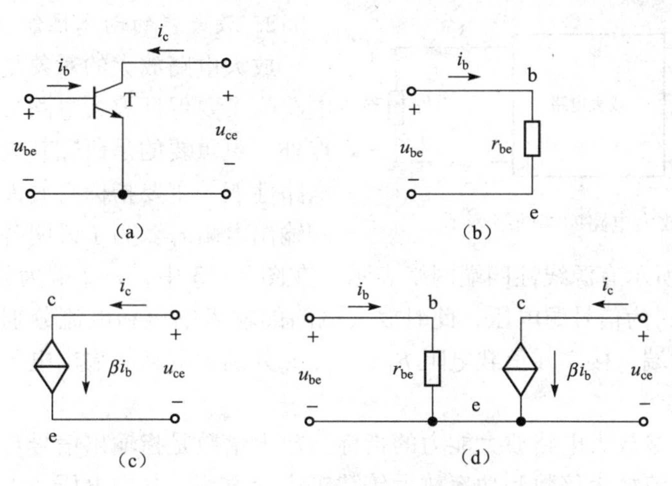

图 7-11 三极管微变等效过程

$$r_{be}=r'_{bb}+(1+\beta)\frac{26\ \text{mV}}{I_{EQ}} \tag{7-4}$$

式中，r'_{bb}是基区体电阻，对于低频小功率管，r'_{bb}为 100～500 Ω，如果无特别说明，一般取 $r'_{bb}=300\ \Omega$；I_{EQ}为发射极静态电流。

(2) 三极管集电极与发射极间的等效

当三极管工作在放大区时，i_c的大小只受 i_b的控制，$i_c=\beta i_b$，即实现了三极管的受控恒流特性。所以，三极管集电极与发射极间可等效为一个理想受控电流源，大小为 βi_b，如图 7-11（c）所示。将图 7-11（b）和图 7-11（c）组合，即可得到三极管的微变等效模型，如图 7-11（d）所示。

7.3 放大电路的基本知识

7.3.1 放大电路的一般概念

1. 放大的概念

放大电路的作用是将微弱的电信号放大到能够驱动负载工作所需的数值，从表面上看是将信号由小变大，实质上，放大的过程是实现能量转换的过程。放大电路一般由电压放大和功率放大两部分组成。电压放大电路将微弱的电压信号放大到足够的幅值，然后推动功率放大电路，由功率放大电路输出足够的功率，去推动负载（如扬声器、显像管、继电器、指示仪表等）工作。单级放大电路的放大能力不够时，可以多级串联构成多级放大电路。

扩音机是放大电路应用的一个典型例子，扩音机由话筒、放大电路和扬声器三部分组成，如图 7-12 所示。话筒是信号源，它将物理量声音转变成约几百微伏到几毫伏微弱的电信号，放大电路将此信号加以放大，并且输出足够大的能量，驱动扬声器工作。

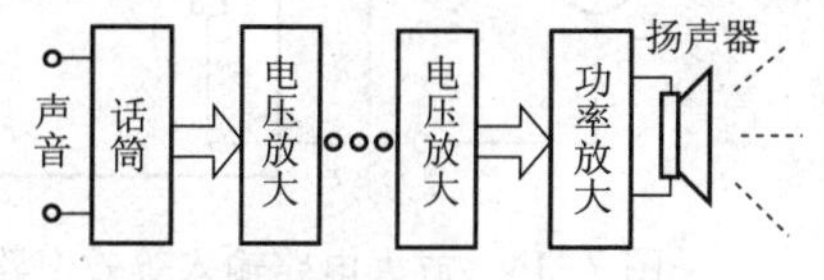

图 7-12 扩音机原理框图

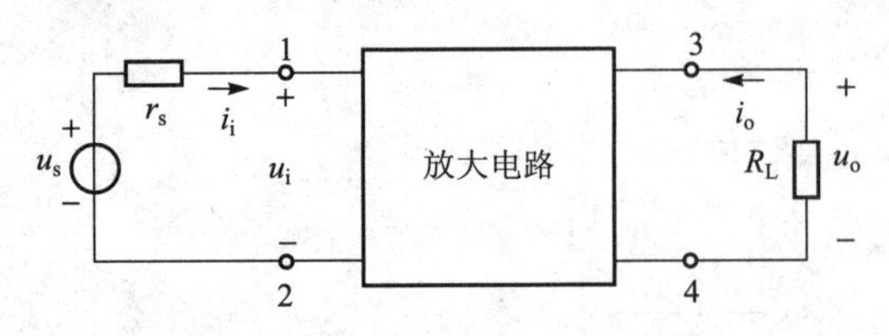

图 7-13　放大电路四端网络表示

2. 放大器的动态性能指标

放大电路放大的对象是变化量，研究放大电路除了要保证放大电路具有合适的静态工作点外，更重要的是研究其放大性能。衡量放大电路性能的主要指标有放大倍数、输入电阻 r_i 和输出电阻 r_o。为了说明各指标的含义，将放大电路用图 7-13 所示有源线性四端网络表示。在图 7-13 中，1-2 端为放大电路的输入端，r_s为信号源内阻，u_s为信号源电压，此时放大电路的输入电压和电流分别为 u_i和 i_i。3-4 端为放大电路的输出端，接实际负载电阻 R_L，u_o、i_o分别为电路的输出电压和输出电流。

(1) 放大倍数

放大倍数是衡量放大电路放大能力的指标。放大倍数是指输出信号与输入信号之比，有电压放大倍数、电流放大倍数和功率放大倍数等表示方法，其中电压放大倍数最常用。

放大电路的输出电压 u_o和输入电压 u_i之比，称为电压放大倍数 A_u，即

$$A_u = u_o / u_i \tag{7-5}$$

放大电路的输出电流 i_o和输入电流 i_i之比，称为电流放大倍数 A_i，即

$$A_i = i_o / i_i \tag{7-6}$$

放大电路的输出功率 P_o和输入功率 P_i之比，称为功率放大倍数 A_p，即

$$A_p = P_o / P_i \tag{7-7}$$

(2) 输入电阻 r_i

放大电路的输入电阻是从输入端 1-2 向放大电路看进去的等效电阻，它等于放大电路输出端接实际负载电阻 R_L后，输入电压 u_i与输入电流 i_i之比，即

$$r_i = u_i / i_i \tag{7-8}$$

对于信号源来说，r_i就是它的等效负载，如图 7-14 所示。由图可得

$$u_i = u_s \frac{r_i}{r_s + r_i} \tag{7-9}$$

由式（7-8）和式（7-9）可见，r_i是衡量放大电路对信号源影响程度的重要参数。其值越大，放大电路从信号源索取的电流越小，信号源对放大电路的影响越小。

(3) 输出电阻 r_o

从输出端向放大电路看入的等效电阻，称为输出电阻 r_o，如图 7-15 所示。由图可得

$$r_o = \frac{u_o}{i_o} \tag{7-10}$$

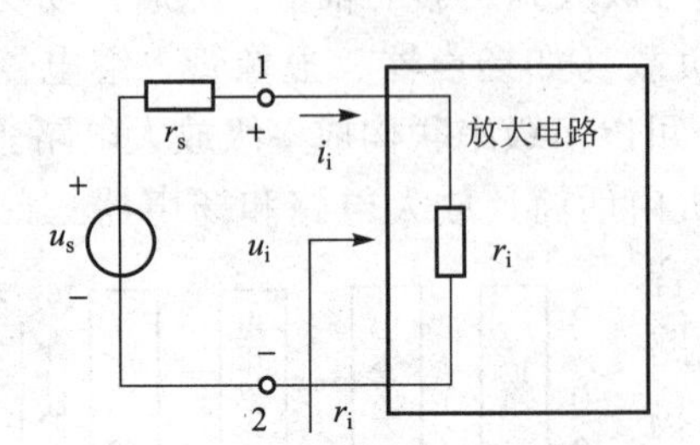

图 7-14　放大电路输入等效电路

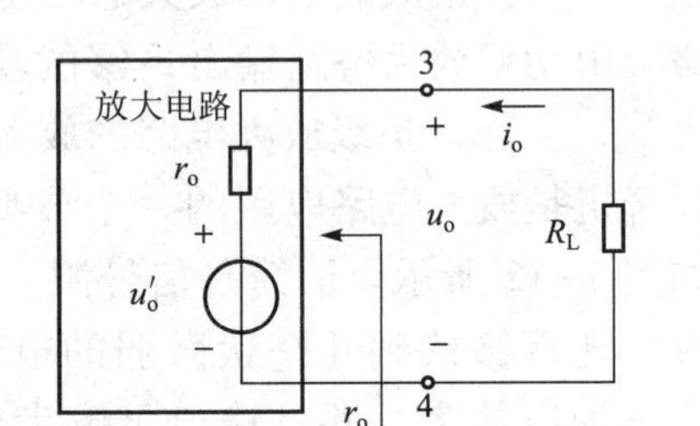

图 7-15　放大电路输出等效电路

等效输出电阻用戴维南定理分析：将输入信号源 u_s 短路（电流源开路），但要保留其信号源内阻 r_s，用电阻串并联方法加以化简，计算放大电路的等效输出电阻。

实验方法计算输出电阻的步骤：

① 将负载 R_L 开路，测放大电路输出端的开路电压，即放大电路 3–4 端的开路电压，测得有效值为 U'_o。

② 将负载 R_L 接入，测量放大电路 3–4 端的电压，测得有效值为 U_o。

③ 放大电路的输出电阻为

$$r_o=\frac{U'_o-U_o}{U_o}R_L \tag{7-11}$$

由式（7–11）可以看出，r_o 越小，输出电压受负载的影响就越小，放大电路带负载能力越强。因此，r_o 的大小反映了放大电路带负载能力的强弱。

3. 基本放大器的组成原则

图 7–16 所示为基本共发射极放大电路，本电路采用的是 NPN 管。为保证放大电路能够不失真地放大交流信号，放大电路的组成应遵循以下原则。

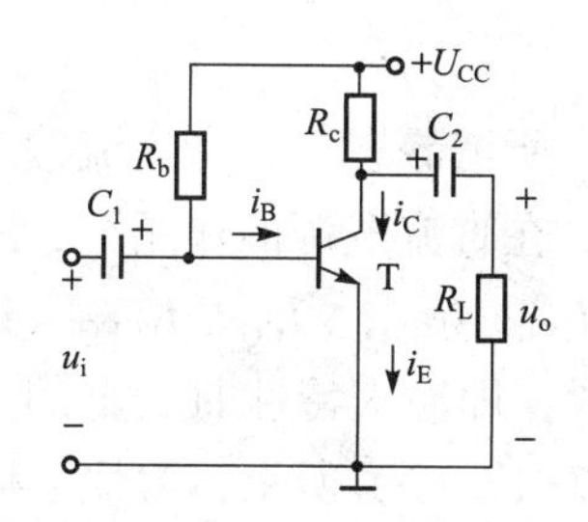

图 7–16　基本共发射极放大电路

（1）保证三极管工作在放大区

在图 7–16 中，直流电源 U_{CC} 和基极偏置电阻 R_b 用于保证三极管发射结正偏，直流电源 U_{CC} 和集电极电阻 R_c 用于保证三极管集电结反偏，此时为保证三极管集电结反偏，基极偏置电阻 R_b（一般为几十千欧至几百千欧）应远大于集电极电阻 R_c（一般为几千欧至几十千欧）。

图 7–16 中，直流电源 U_{CC} 除了为三极管正常工作在放大区提供合适的偏置外，另一个作用是提供信号放大所需要的能量。电阻 R_b 决定基极偏置电流 I_B 的大小，称为基极偏置电阻，调整 R_b 可以得到合适的基极偏置电流。集电极电阻 R_c 能够将集电极电流的变化转换为集电极电压的变化。

（2）保证信号有效的传输

图 7–16 中，电容 C_1、C_2 为耦合电容，起隔直流、通交流的作用，即隔断放大电路与信号源、放大电路与负载之间的直流通路，沟通交流信号源、放大电路、负载三者之间的交流通路。耦合电容一般采用有极性的电解电容，使用时注意正、负极性。

放大电路由直流电源提供偏置，保证三极管正常工作在放大区，因此电路中存在一组直流分量。放大电路要放大的是交流信号，因此电路中存在一组交流分量，即电路中交、直流分量并存。

4. 基本放大电路的工作原理

下面分析图 7–16 所示基本共发射极放大电路的工作原理。

（1）静态工作情况

所谓直流通路，是指当输入信号 $u_i=0$ 时，电路在直流电源 U_{CC} 的作用下直流电流所流过的路径。在画直流通路时，将电路中的电容开路，电感短路。图 7–16 所对应的直流通路如图 7–17（a）所示。

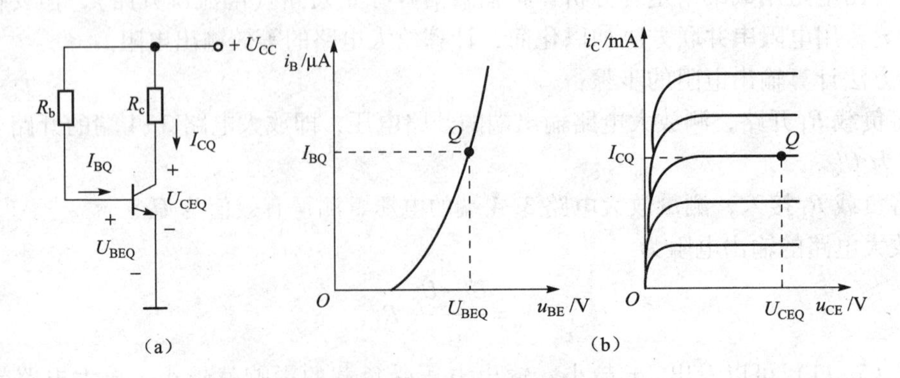

图 7-17　基本共发射极放大电路的静态情况

(a) 直流通路；(b) 静态工作点 Q

所谓静态，是指交流输入信号 $u_i=0$ 时放大电路的工作状态，此时电路中只有直流分量。在直流电源的作用下，三极管的基极回路和集电极回路均存在着直流电流和直流电压，即 I_{BQ}、U_{BEQ}、I_{CQ}、U_{CEQ}。这四个数值分别对应于三极管输入、输出特性曲线上的一个点"Q"，即输入特性曲线上的点 Q（U_{BEQ}，I_{BQ}），输出特性曲线上的点 Q（U_{CEQ}，I_{CQ}），如图 7-17（b）所示，习惯上称这个"Q"点为放大电路的静态工作点。为了使放大电路能够正常工作，三极管必须处于放大状态。因此，要求三极管必须具有合适的静态工作点"Q"。当电路中的 U_{CC}、R_c、R_b确定以后，I_{BQ}、U_{BEQ}、I_{CQ}、U_{CEQ}也就随之确定了。为了表明对应于"Q"点的各参数 I_B、U_{BE}、I_C、U_{CE}是静态参数，习惯上将其分别记作 I_{BQ}、U_{BEQ}、I_{CQ}和 U_{CEQ}。

由直流通路得基极静态电流 I_{BQ}：

$$I_{BQ}=\frac{U_{CC}-U_{BEQ}}{R_b} \tag{7-12}$$

其中，U_{BEQ}为发射结正向电压，三极管导通时，U_{BEQ}的变化很小，可近似认为

硅管　$U_{BEQ}=0.6\sim0.8\ \text{V}$，取 0.7 V；

锗管　$U_{BEQ}=0.1\sim0.3\ \text{V}$，取 0.3 V；

当 $U_{CC}\gg U_{BEQ}$时，$I_{BQ}\approx U_{CC}/R_b$。

根据三极管的电流放大特性，得集电极静态电流 I_{CQ}为

$$I_{CQ}=\beta I_{BQ} \tag{7-13}$$

再根据集电极回路可求出集电极-发射极之间的电压 U_{CEQ}为

$$U_{CEQ}=U_{CC}-I_{CQ}R_c \tag{7-14}$$

注意：实际工作中如果 U_{CEQ}的值小于 1 V，三极管工作在饱和区，$I_{CQ}\neq\beta I_{BQ}$，此时三极管的集电极电流 I_{CQ}称为饱和电流，用 I_{CS}表示，三极管集电极-发射极之间的电压为饱和压降，用 U_{CES}表示，则

$$I_{CS}=\frac{U_{CC}-U_{CES}}{R_c}\approx\frac{U_{CC}}{R_c} \tag{7-15}$$

当三极管处于临界饱和状态时，仍然满足 $I_C=\beta I_B$，此时的基极电流称为基极临界饱和

电流，用 I_{BS} 表示，则

$$I_{BS}=\frac{I_{CS}}{\beta}\approx\frac{U_{CC}}{\beta R_c} \tag{7-16}$$

在判断三极管的工作状态时，如果 $I_{BQ}>I_{BS}$，认为三极管处于饱和状态。

图 7-16 所示的基本共发射极放大电路具有电路简单的优点，其基极电流 $I_{BQ}=(U_{CC}-U_{BEQ})/R_b$ 是固定的，所以也称此电路为固定偏置式电路。当更换三极管或环境温度变化引起三极管参数变化时，电路的静态工作点会随之变化，甚至可能移到不合适的位置而导致放大电路无法正常工作。如图 7-17（b）中的工作点，如果选得太低，即使输入信号 u_i 为正弦波，但在 u_i 的负半周，由于三极管接近截止区，i_c 的负半周的波形将被削底而产生截止失真。若工作点选得过高，在 u_i 的正半周，由于三极管接近饱和区，i_c 的正半周的波形将被削顶而产生饱和失真。饱和失真和截止失真统称为非线性失真。

例 7-1　基本共发射极放大电路如图 7-16 所示，已知 $U_{CC}=12$ V，$R_b=300$ kΩ，$R_c=3$ kΩ，三极管的 $\beta=60$。试估算放大电路的静态工作点 Q（忽略 U_{BEQ}）。

解　根据式（7-12）、式（7-13）、式（7-14）可得

$$I_{BQ}=\frac{U_{CC}-U_{BEQ}}{R_b}\approx\frac{U_{CC}}{R_b}=\frac{12\ \text{V}}{300\ \text{k}\Omega}=0.04\ \text{mA}=40\ \mu\text{A}$$

$$I_{CQ}=\beta I_{BQ}=(60\times0.04)\text{mA}=2.4\ \text{mA}$$

$$U_{CEQ}=U_{CC}-I_{CQ}R_c=12\ \text{V}-2.4\ \text{mA}\times3\ \text{k}\Omega=4.8\ \text{V}$$

（2）动态工作情况

当放大电路中加入正弦交流信号 u_i 时，电路中各极的电压、电流产生一组交流量。在交流输入信号 u_i 的作用下，只有交流电流所流过的路径，称为交流通路。画交流通路时，放大电路中的耦合电容短路；由于直流电源 U_{CC} 的内阻很小（理想电压源内阻近似为零），对交流变化量几乎不起作用，所以直流电源对交流视为短路。图 7-16 所示基本共发射极放大电路的交流通路如图 7-18 所示。

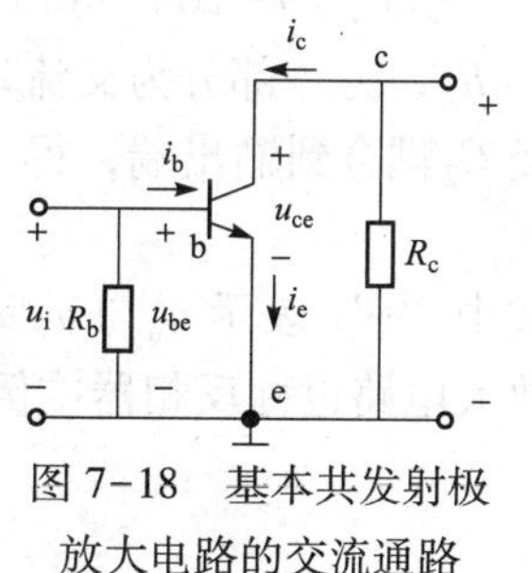

图 7-18　基本共发射极放大电路的交流通路

所谓动态，是指放大电路输入信号 u_i 不为零时的工作状态。当放大电路中加入正弦交流信号 u_i 时，电路中各极的电压、电流都是在直流量的基础上发生变化，即瞬时电压和瞬时电流都是由直流量和交流量叠加而成的，其波形如图 7-19 所示。

在图 7-16 中，输入信号 u_i 通过耦合电容 C_1 传送到三极管的基极与发射极之间，使得基极与发射极之间的电压为

$$u_{BE}=U_{BEQ}+u_i \tag{7-17}$$

输入信号 u_i 变化时，会引起 u_{BE} 随之变化，相应的基极电流也在原来 I_{BQ} 的基础上叠加了因 u_i 变化产生的变化量 i_b。这时，基极的总电流则为直流和交流的叠加，即

$$i_B=I_{BQ}+i_b \tag{7-18}$$

经三极管放大后得集电极电流为

$$i_C=\beta\cdot i_B=\beta I_{BQ}+\beta\cdot i_b=I_{CQ}+i_c \tag{7-19}$$

集电极-发射极之间的电压为

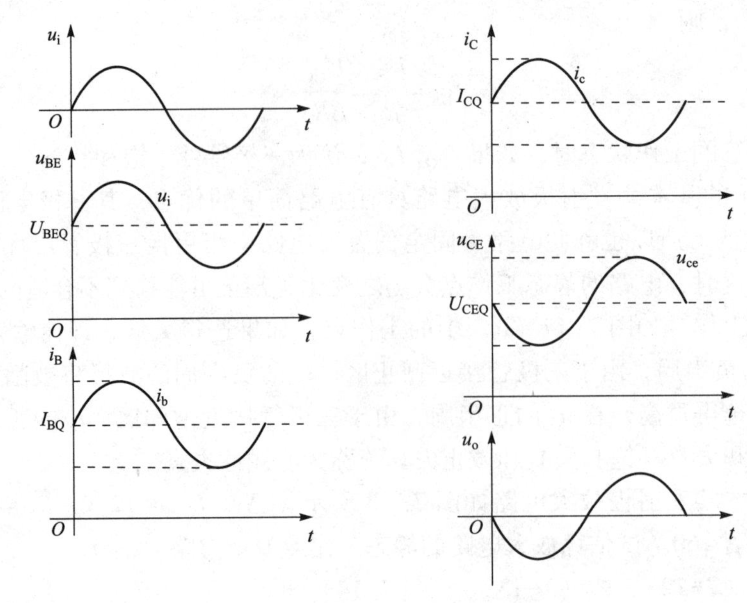

图 7-19　基本放大电路的动态情况

$$\begin{aligned} u_{CE} &= U_{CC} - i_C R_c = U_{CC} - (I_{CQ} + i_c) R_c \\ &= U_{CEQ} - i_c R_c = U_{CEQ} + u_{ce} \end{aligned} \tag{7-20}$$

由式（7-20）可以看出，电压 u_{CE} 由两部分组成，一部分为静态电压 $U_{CEQ} = U_{CC} - I_{CQ}R_c$，另一部分为交流动态电压 $u_{ce} = -i_c R_c$，其中静态电压被耦合电容 C_2 隔断，交流电压经 C_2 耦合到输出端，得

$$u_o = u_{ce} = -i_c R_c \tag{7-21}$$

式中“-”表示 u_o 与 u_i 反相，即共发射极放大电路的输出与输入信号的相位相反。共发射极放大电路也称反相器或倒相器。

7.4　放大电路的三种基本组态

7.4.1　共发射极放大电路

1. 电路的基本组成及各元件作用

电路如图 7-20（a）所示，图 7-20（b）、（c）分别是它的直流通路和微变等效电路。由微变等效电路可以看到，信号从基极输入、集电极输出，发射极是交流接地，是输入回路和输出回路的公共端，故该电路称为共发射极放大电路。

2. 静态分析

与固定偏置式电路不同的是：基极直流偏置电位 U_{BQ} 是由基极偏置电阻 R_{b1} 和 R_{b2} 对 U_{CC} 分压来取得的，故称这种电路为分压式偏置电路，其直流通路如图 7-20（b）所示。

当三极管工作在放大区时，I_{BQ} 很小。当满足 $I_1 \gg I_{BQ}$ 时，$I_1 \approx I_2$，则有

$$U_{BQ} \approx \frac{R_{b2}}{R_{b1} + R_{b2}} U_{CC} \tag{7-22}$$

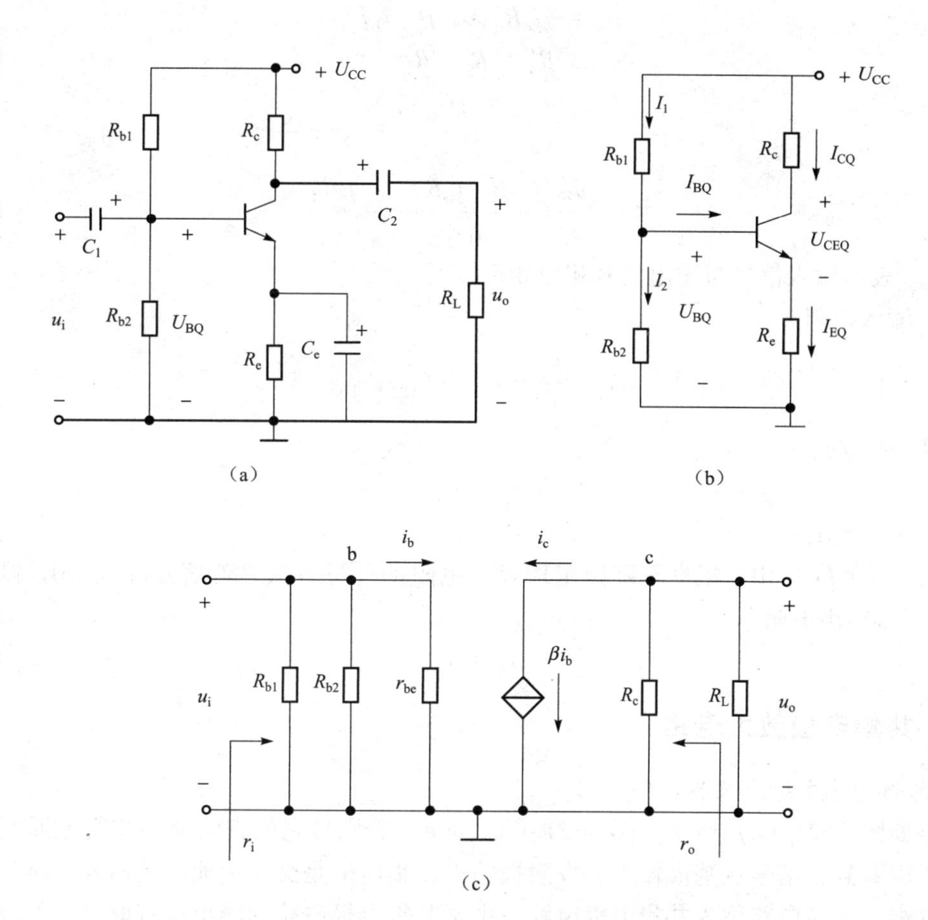

图 7-20 共发射极放大电路

(a) 电路；(b) 直流通路；(c) 微变等效电路

$$I_{EQ} = \frac{U_{BQ} - U_{BEQ}}{R_e} \tag{7-23}$$

$$I_{CQ} \approx I_{EQ} \tag{7-24}$$

$$I_{BQ} = \frac{I_{CQ}}{\beta} \tag{7-25}$$

$$U_{CEQ} \approx U_{CC} - I_{CQ}(R_c + R_e) \tag{7-26}$$

当满足 $I_1 \gg I_{BQ}$ 时，U_{BQ} 固定，假如温度上升，则

$$T\uparrow \rightarrow I_{CQ}\uparrow \rightarrow I_{EQ}\uparrow \rightarrow U_{EQ}\uparrow \rightarrow U_{BEQ}\downarrow \rightarrow I_{BQ}\downarrow \rightarrow I_{CQ}\downarrow$$

由此可见，这种电路是在基极电压固定的条件下，利用发射极电流 I_{EQ} 随温度 T 的变化所引起的 U_{EQ} 变化，进而影响 U_{BE} 和 I_B 的变化，使 I_{CQ} 趋于稳定的。这一稳定过程是通过直流负反馈原理实现的。

3. 动态分析

(1) 电压放大倍数（有载）

由图 7-20（c）可得

$$u_o = -i_c R'_L = -\beta \cdot i_b R'_L$$

$$R'_L = R_c // R_L$$

$$u_i = i_b r_{be}$$

得

$$A_u = \frac{u_o}{u_i} = -\frac{\beta \cdot i_b R'_L}{i_b r_{be}} = -\frac{\beta R'_L}{r_{be}} \tag{7-27}$$

式中“-”表示输入信号与输出信号相位相反。

（2）输入电阻 r_i

$$r_i = \frac{u_i}{i_i} = R_{b1} // R_{b2} // r_{be} \tag{7-28}$$

当 $R_b \gg r_{be}$ 时，

$$r_i \approx r_{be} \tag{7-29}$$

（3）输出电阻 r_o

在图 7-20（c）中，根据戴维南定理等效电阻的计算方法，若信号源 $u_s = 0$，则 $i_b = 0$，$\beta i_b = 0$，可得输出电阻

$$r_o = R_c \tag{7-30}$$

7.4.2 共集电极放大电路

1. 电路的基本组成及各元件作用

电路如图 7-21（a）所示，图 7-21（b）、（c）分别是它的直流通路和交流通路。由交流通路可以看到，信号从基极输入、发射极输出，集电极是交流接地，是输入回路和输出回路的公共端，故该电路称为共集电极电路。由于共集电极电路的输出信号取自发射极，故该电路又称为射极输出器。

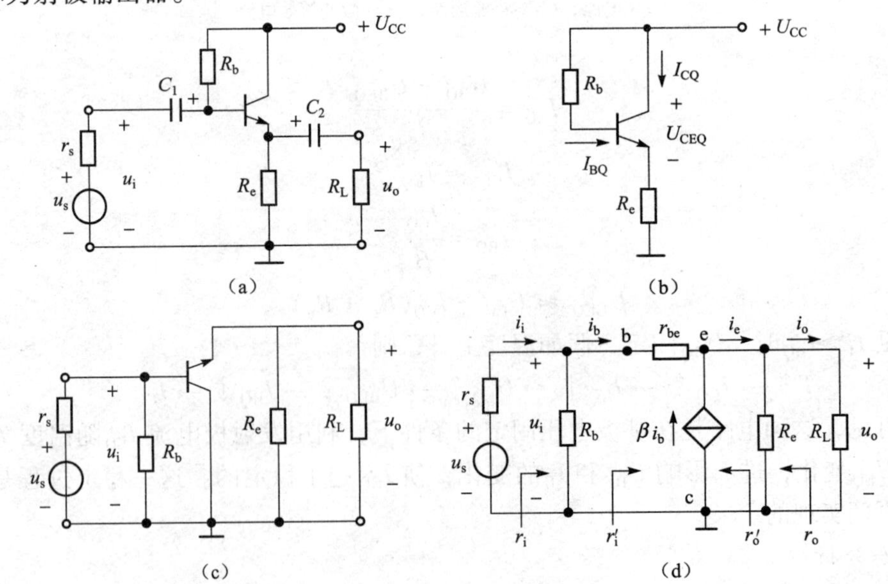

图 7-21 共集电极放大电路

（a）共集电极放大电路；（b）直流通路；（c）交流通路；（d）微变等效电路

2. 静态分析

① 共集电极放大电路的直流通路如图 7-21（b）所示。

② 静态工作点的估算

$$I_{BQ}=\frac{U_{CC}-U_{BEQ}}{R_b+(1+\beta)R_e} \tag{7-31}$$

$$I_{CQ}=\beta I_{BQ} \tag{7-32}$$

$$U_{CEQ}=U_{CC}-I_{EQ}R_e\approx U_{CC}-I_{CQ}R_e \tag{7-33}$$

3. 动态分析

共集电极放大电路的交流通路如图 7-21（c）所示，微变等效电路如图 7-21（d）所示。

（1）电压放大倍数 A_u 的估算

$$u_o=i_eR'_L=(1+\beta)i_bR'_L \quad （其中 R'_L=R_e//R_L）$$

$$u_i=i_br_{be}+u_o=i_br_{be}+(1+\beta)i_bR'_L$$

则

$$A_u=\frac{u_o}{u_i}=\frac{(1+\beta)i_bR'_L}{i_br_{be}+(1+\beta)i_bR'_L}=\frac{(1+\beta)R'_L}{r_{be}+(1+\beta)R'_L} \tag{7-34}$$

由于（1+β）$R'_L\gg r_{be}$，所以 $A_u\approx1$，但略小于 1。A_u 为正值，所以 u_o 与 u_i 同相。由此说明 $u_o\approx u_i$，即输出信号的变化跟随输入信号的变化，故该电路又称为射极跟随器。

（2）输入电阻 r_i 的估算

由图 7-21（d）可得

$$r_i=R_b//r'_i$$

$$r'_i=\frac{u_i}{i_b}=\frac{i_br_{be}+(1+\beta)i_bR'_L}{i_b}=r_{be}+(1+\beta)R'_L \tag{7-35}$$

则

$$r_i=R_b//[r_{be}+(1+\beta)R'_L] \tag{7-36}$$

R'_L 上流过的电流是 i_b 的（1+β）倍，为了保证等效前后的电压不变，故把 R'_L 折算到基极回路时应扩大（1+β）倍。由式（7-36）可见，共集电极放大电路的输入电阻比共发射极放大电路的输入电阻大得多，对信号源影响程度小，这是射极输出器的特点之一。

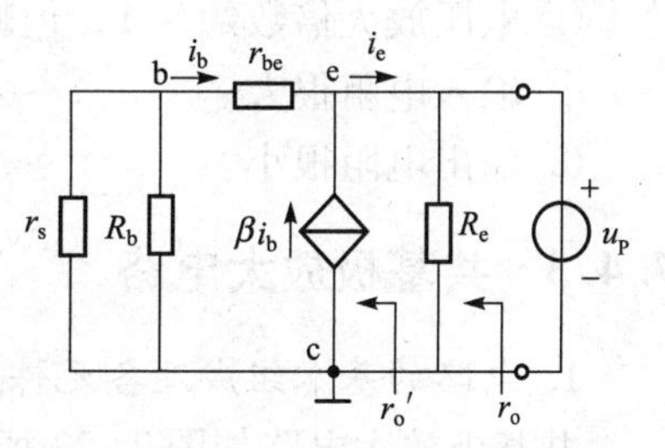

图 7-22　求 r_o 的微变等效电路

（3）输出电阻 r_o 的估算

根据放大电路输出电阻的定义，在图 7-21（d）中，令 $u_s=0$，并去掉负载 R_L，在输出端外加一测试电压 u_P，可得如图 7-22 所示的微变等效电路。

由图可得

$$u_P=-i_b(r_{be}+r_s//R_b)$$

$$r'_o=\frac{u_P}{-i_e}=\frac{-i_b(r_{be}+r_s//R_b)}{-(1+\beta)i_b}=\frac{r_{be}+r_s//R_b}{1+\beta}$$

$$r_o = R_e // r'_o = R_e // \frac{r_{be} + r_s // R_b}{1 + \beta} \qquad (7-37)$$

由式（7-37）可知，基极回路的总电阻 $r_{be}+r_s//R_b$ 折算到发射极回路，需除以（$1+\beta$）。射极输出器的输出电阻由较大的 R_e 和很小的 r'_o 并联，因而 r_o 很小，射极输出器带负载能力比较强。

综上所述，射极输出器是一个具有高输入电阻、低输出电阻、电压放大倍数近似为 1 的放大电路。射极输出器在多级放大电路中常用作输入级，提高电路的带负载能力，也可作为缓冲级，用来隔离前后两级电路的相互影响。

例 7-2 放大电路如图 7-21（a）所示，已知 $R_b = 240\ \text{k}\Omega$，$R_e = 5.6\ \text{k}\Omega$，$R_L = 5.6\ \text{k}\Omega$，$U_{CC} = 10\ \text{V}$，$r_s = 10\ \text{k}\Omega$，硅三极管的 $\beta = 40$，$U_{BE} = 0.7\ \text{V}$，试求：

① 静态工作点。

② A_u、r_i 和 r_o 值。

解 ① $I_{BQ} = \dfrac{U_{CC} - U_{BEQ}}{R_b + (1+\beta)R_e} = \dfrac{10 - 0.7}{240 + 41 \times 5.6} \approx 0.019\,8\ (\text{mA}) = 19.8\ (\mu\text{A})$

$$I_{CQ} \approx I_{EQ} = \beta I_{BQ} = 40 \times 0.019\,8 \approx 0.792\ (\text{mA})$$

$$U_{CEQ} = U_{CC} - I_{EQ}R_e \approx 10 - 0.792 \times 5.6 \approx 5.56\ (\text{V})$$

② $r_{be} = r'_{bb} + (1+\beta) \times \dfrac{26\ \text{mV}}{I_{EQ}} = \left(300 + 41 \times \dfrac{26}{0.792}\right)\Omega \approx 1.65\ \text{k}\Omega$

$$R'_L = R_e // R_L = \frac{5.6 \times 5.6}{5.6 + 5.6} - 2.8\ (\text{k}\Omega)$$

$$A_u = \frac{u_o}{u_i} = \frac{(1+\beta)R'_L}{r_{be} + (1+\beta)R'_L} = \frac{41 \times 2.8}{1.65 + 41 \times 2.8} \approx 0.986$$

$$r_i = R_b // [r_{be} + (1+\beta)R'_L] = 240 // [1.65 + 41 \times 2.8] \approx 78.4\ (\text{k}\Omega)$$

$$r_o = R_e // r'_o = R_e // \frac{r_{be} + r_s // R_b}{1+\beta} = \left(5.6 // \frac{1.65 + 10//240}{41}\right)\text{k}\Omega \approx 261\ \Omega$$

上述估算结果表明，共集电极放大电路的特点有：

① 电压放大倍数约为 1，但略小于 1。

② 输入电阻很大。

③ 输出电阻很小。

7.4.3 共基极放大电路

1. 电路的基本组成及各元件作用

共基极放大电路如图 7-23 所示，图 7-24、图 7-25 分别是它的直流通路和微变等效电路。交流信号 u_i 经耦合电容 C_1 从发射极输入，放大后从集电极经耦合电容 C_2 输出，C_b 为基极旁路电容，使基极交流接地，基极是输入回路和输出回路的公共端，因此称为共基极放大电路。

2. 静态工作情况

由图 7-24 所示的直流通路可知，该放大电路的直流偏置方式为分压式偏置电路，静态工作点的估算略。

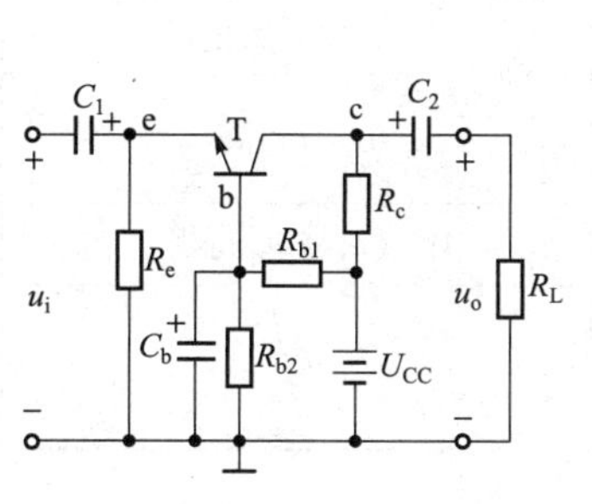

图 7-23　共基极放大电路

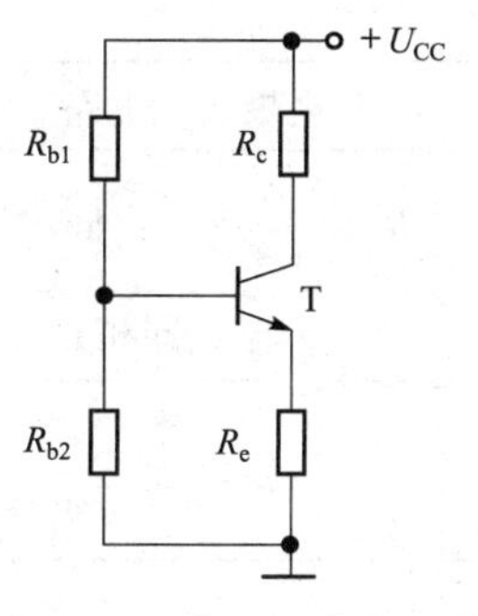

图 7-24　共基极放大电路的直流通路

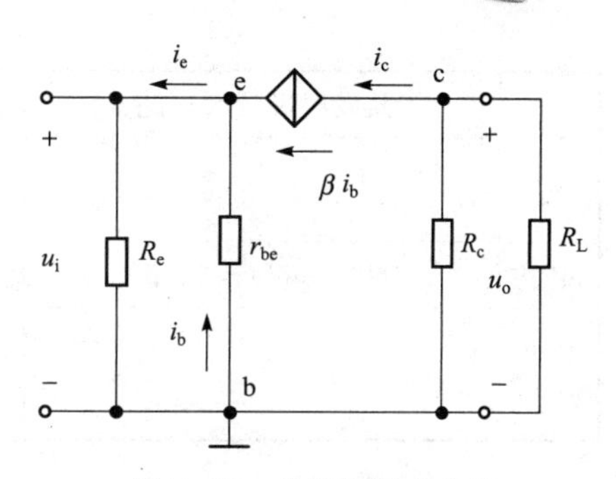

图 7-25　共基极放大电路的微变等效电路

3. 动态工作情况

由图 7-25 所示的微变等效电路，得

电压放大倍数

$$A_u = \frac{\beta R_e//R_L}{r_{be}} \tag{7-38}$$

输入电阻

$$r_i = R_e// \frac{r_{be}}{1+\beta} \tag{7-39}$$

输出电阻

$$r_o \approx R_c \tag{7-40}$$

三种基本组态放大电路的性能比较见表 7-2。

表 7-2　三种基本组态放大电路的性能比较

	共发射极放大电路	共集电极放大电路	共基极放大电路
电路形式			
微变等效电路			
A_u	$\frac{-\beta R_c//R_L}{r_{be}}$　大	$\frac{(1+\beta)R_e//R_L}{r_{be}+(1+\beta)R_e//R_L} \approx 1$	$\frac{\beta R_c//R_L}{r_{be}}$　大
r_i	$R_{b1}//R_{b2}//r_{be}$　中	$R_b//[r_{be}+(1+\beta)R_e//R_L]$ 高	$R_e//\frac{r_{be}}{(1+\beta)}$　低

续表

	共发射极放大电路	共集电极放大电路	共基极放大电路
r_o	R_c 高	$R_e // \frac{r_{be}}{1+\beta}$ 低	R_c 高
相位	180°（u_i与u_o反相）	0°（u_i与u_o同相）	0°（u_i与u_o同相）
高频特性	差	较好	好

7.5 工程实用放大电路的构成原理及特点

7.5.1 差动放大电路

在半导体制造工艺的基础上，把整个电路中的元器件制作在一块硅基片上，构成特定功能的电子电路，称为集成电路。在模拟集成电路中，集成运算放大器（简称集成运放）是应用极为广泛的一种，而集成运放的输入级由差分式放大电路（差动放大电路）组成。

在放大电路中，由于电源电压的波动、元器件参数的变化、环境温度的变化等，放大器的输出电压往往会偏离初始静态值，出现缓慢的、无规则的漂移，这种漂移会被逐级放大，严重时会淹没有用信号，使放大电路无法工作，这种现象称为零点漂移。差动放大电路能够抑制零点漂移。

1. 电路组成

图 7-26（a）所示为基本差动放大电路，它由两个参数对称、特性相同的单管共发射极放大电路组成。电路中有两个电源$+U_{CC}$和$-U_{EE}$。两管的发射极连在一起并接电阻R_e。集成运放内的差动放大电路，R_e用恒流源代替，如图 7-26（b）所示。恒流源的交流电阻r_o很大，在理想情况下为无穷大。图中所示电路有两个输入端和两个输出端，称为双端输入、双端输出差动放大电路。

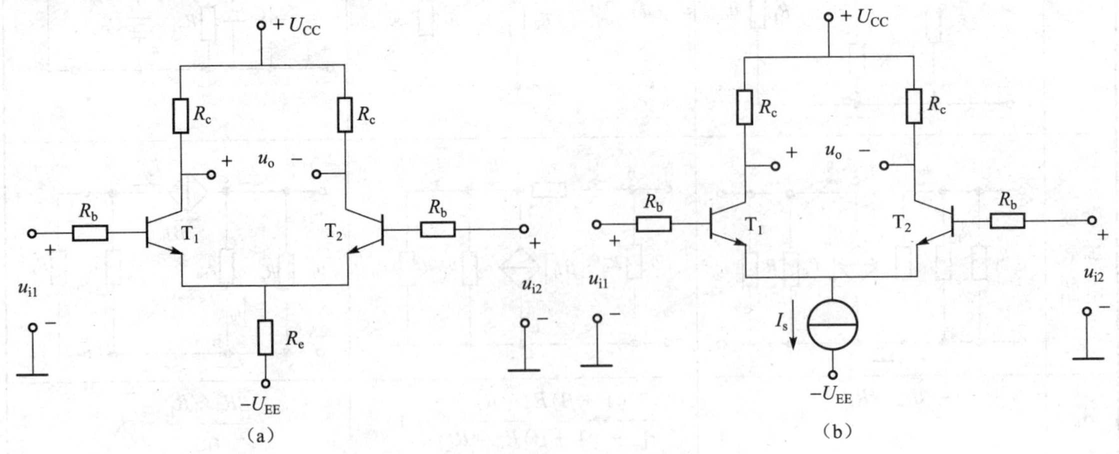

图 7-26 差动放大电路

（a）基本差动放大电路；（b）恒流源差动放大电路

2. 工作原理（恒流源差动放大电路）

（1）静态分析

当没有输入信号电压，即 $u_{i1}=u_{i2}=0$ 时，由于电路完全对称，$R_{c1}=R_{c2}=R_c$，$U_{BE1}=U_{BE2}=0.7\ V$，这时 $i_{C1}=i_{C2}=I_C=I/2$，$R_{c1}I_{C1}=R_{c2}I_{C2}=R_cI_C$，$U_{CE1}=U_{CE2}=U_{CC}-R_cI_C+0.7\ V$，$u_o=U_{C1}-U_{C2}=0$。由此可知，输入信号电压为零（$u_{i1}-u_{i2}=0$）时，输出信号电压 u_o 也为零。

（2）动态分析

当在电路的两个输入端各加一个大小相等、极性相反的信号电压时，一管电流将增加，另一管电流则减小，所以输出信号电压不为 0，即在两输出端间有信号电压输出。这种大小相等、极性相反的输入信号称为差模信号，用 u_{id} 表示。这种输入方式称为差模输入。

3. 抑制零点漂移的原理

在差分式放大电路中，无论是温度变化，还是电源电压的波动都会引起两管集电极电流以及相应的集电极电压相同的变化，其效果相当于在两个输入端加入了大小相等、极性相同的信号，称为共模信号，用 u_{ic} 表示。由于电路的对称性和恒流源偏置，在理想情况下，可使输出电压不变，从而抑制了零点漂移。当然，在实际情况下，要做到两管电路完全对称和理想恒流源是比较困难的，但是输出漂移电压将大为减小。由于这个缘故，差分式放大电路特别适用于作集成运放电路的输入级。

4. 主要技术指标的计算

在图 7-26（b）所示电路中，若输入为差模信号，即 $u_{i1}=-u_{i2}=u_{id}/2$，则因一管的电流增加，另一管的电流减小，在电路完全对称的条件下，i_{c1} 的增加量等于 i_{c2} 的减小量，所以流过恒流源的电流 I 不变，$u_e=0$，故交流通路如图 7-27 所示。当从两管集电极作双端输出时，其差模电压增益与单管放大电路的电压增益相同，即

$$A_{ud}=\frac{u_o}{u_{id}}=\frac{u_{o1}-u_{o2}}{u_{i1}-u_{i2}}=\frac{2u_{o1}}{2u_{i1}}=-\frac{\beta R_c}{r_{be}} \tag{7-41}$$

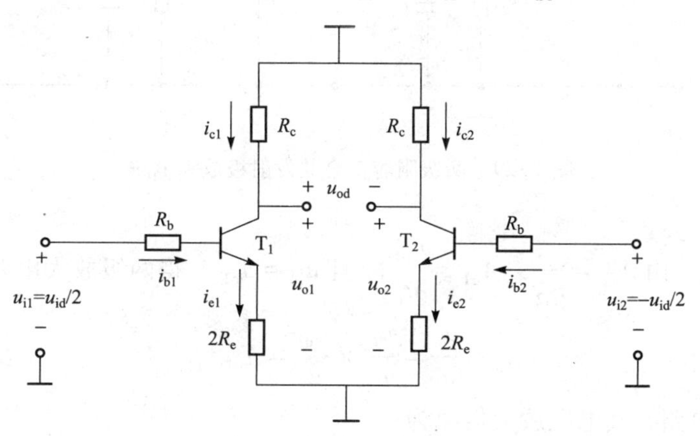

图 7-27　差动放大电路交流通路

由式（7-41）可以看出，差动放大电路的差模电压放大倍数与单管共射放大电路的电压放大倍数相同。可见，差动放大电路是用成倍的元器件以换取抑制零点漂移的能力。

7.5.2 多级共发射极放大电路

一般情况下，单管放大电路的电压放大倍数只能达到几十至几百倍，放大电路的其他技术指标也难以达到实际工作中提出的要求。因此，实际的电子设备中，大多采用各种形式的多级放大电路。

多级放大电路的组成可用图 7-28 所示的框图来表示。其中，输入级和中间级的主要作用是实现电压放大，输出级的主要作用是功率放大，以推动负载工作。在多级放大电路中，通常把级与级之间的连接方式称为耦合方式。

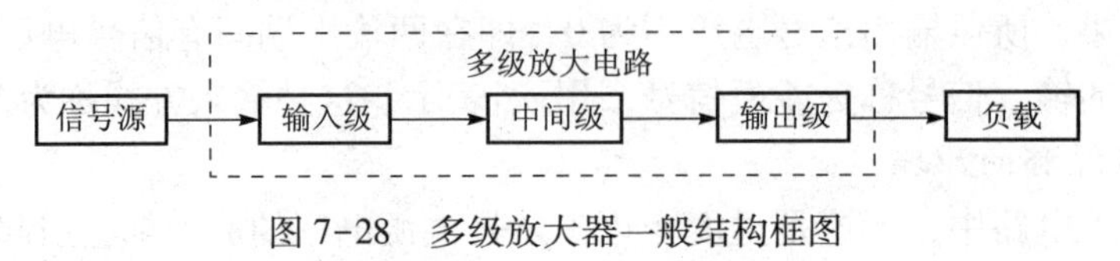

图 7-28 多级放大器一般结构框图

1. 多级电压放大倍数

现以图 7-29 所示的两级阻容耦合放大电路为例，说明多级放大电路电压放大倍数的计算方法。

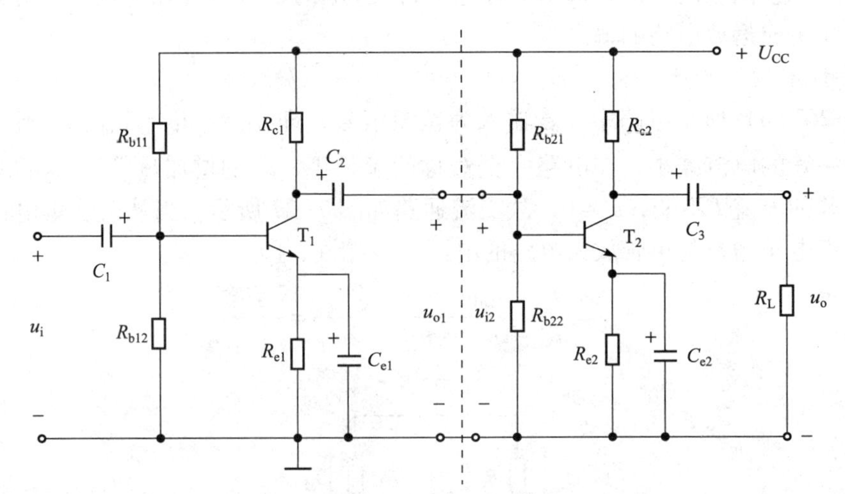

图 7-29 两级阻容耦合共发射极放大电路

在图 7-29 中，由 $A_{u2}=\dfrac{u_o}{u_{i2}}$，$A_{u1}=\dfrac{u_{o1}}{u_i}$，且 $u_{i2}=u_{o1}$，得两级放大电路电压放大倍数为

$$A_u=\frac{u_o}{u_i}=\frac{u_o}{u_{i2}}\times\frac{u_{o1}}{u_i}=A_{u1}A_{u2} \tag{7-42}$$

推广到 n 级放大电路，其电压放大倍数为

$$A_u=A_{u1}A_{u2}\cdots A_{un}$$

即多级放大电路的电压放大倍数为各级电压放大倍数的乘积。

2. 输入电阻与输出电阻

输入电阻：多级放大电路的输入电阻，就是输入级的输入电阻。

输出电阻：多级放大电路的输出电阻，就是输出级的输出电阻。

级与级之间耦合时，需要满足：

① 耦合后，各级放大电路的静态工作点合适。

② 耦合后，多级放大电路的性能指标满足实际工作要求。

③ 前一级的输出信号能够顺利地传输到后一级的输入端。

为了满足上述要求，一般常用的耦合方式有阻容耦合、直接耦合、变压器耦合。

放大电路级与级之间通过电容连接的耦合方式称为阻容耦合。两级阻容耦合共发射极放大电路如图 7-29 所示，电容 C_2连接第一级放大电路的输出端和第二级放大电路的输入端，即将 T_1集电极的输出信号耦合到 T_2的基极。阻容耦合多级放大电路的特点如下。

① 优点：因电容的“隔直流”作用，前、后两级放大电路的静态工作点相互独立，互不影响，所以阻容耦合放大电路的分析、设计和调试方便。此外，阻容耦合电路还有体积小、重量轻等优点。

② 缺点：因耦合电容对交流信号具有一定的容抗，在传输过程中，信号会受到一定的衰减。特别对于变化缓慢的信号，其容抗很大，不便于传输。此外，在集成电路中，制造大容量的电容很困难，所以阻容耦合多级放大电路不便于集成。

7.6　功率放大器

多级放大器一般包括三部分：输入级、中间级、输出级。输出级要带一定的负载，负载的形式多种多样，如扬声器、电动机、显像管的偏转线圈、记录仪等。为使负载能正常工作，就要求输出级能够向负载提供足够大的功率，即要求输出级向负载提供足够大的电压和电流，这种以输出功率为主要任务的放大电路称为功率放大电路，简称功放。

7.6.1　双电源互补对称功率放大电路（OCL 电路）

1. 电路组成及工作原理

图 7-30 是乙类双电源互补对称功率放大电路，又称无输出电容的功率放大电路，简称 OCL（Output Capacitor Less）电路。T_1为 NPN 型管，T_2为 PNP 型管，两管参数完全对称，称为互补对称管。两管构成的电路形式都为射极输出器，电路工作原理分析如下。

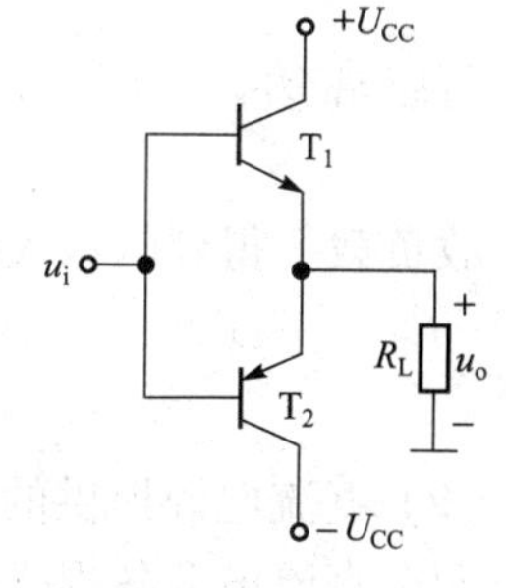

图 7-30　乙类双电源互补对称功率放大电路

（1）静态分析

由于电路无静态偏置通路，故两管的静态参数 I_{BQ}、I_{CQ}、I_{EQ}均为零，即两个三极管静态时都工作在截止区，无管耗，电路属于乙类工作状态。负载上无电流，输出电压 $u_o=0$。

（2）动态分析

① 当输入信号为正半周时，$u_i>0$，三极管 T_1导通，T_2截止，等效电路如图 7-31（a）所示。三极管 T_1的射极电流 i_{e1}经 $+U_{CC}$自上而下流过负载，在 R_L上形成正半周输出电压，$u_o>0$。

② 当输入信号为负半周时，$u_i<0$，三极管 T_2导通，T_1截止，等效电路如图 7-31（b）

所示。三极管 T_2的射极电流 i_{e2}经$-U_{CC}$自下而上流过负载，在 R_L上形成负半周输出电压，$u_o<0$。

如果忽略三极管的饱和压降和开启电压，在负载 R_L上能够获得与输入信号 u_i变化规律相同的、几乎完整的正弦波输出信号 u_o，如图 7-31（c）所示。由于这种电路中两个三极管交替工作，即一个“推”，一个“挽”，互相补充，故这类电路又称为互补对称推挽电路。

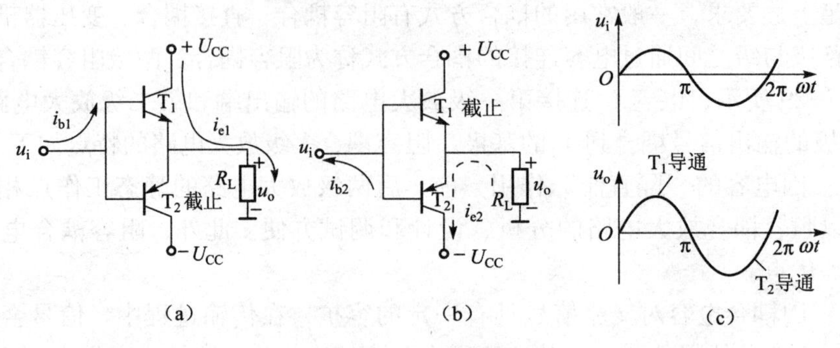

图 7-31　工作原理

（a）$u_i>0$ 时的电路；（b）$u_i<0$ 时的电路；（c）输出信号（理想情况）

2. 性能指标的估算

以下参数分析均以输入信号是正弦波为前提，且忽略电路失真。

（1）输出功率 P_o

由于在输出端获得的电压和电流均为正弦信号，根据功率的定义得

$$P_o = U_o I_o = \frac{1}{2}U_{om}I_{om} = \frac{1}{2}\frac{U_{om}^2}{R_L} \tag{7-43}$$

式中，U_{om}、I_{om}分别是负载上电压和电流的峰值。由式（7-43）可见，输出电压 U_{om}越大，输出功率越高，当三极管进入临界饱和时，输出电压 U_{om}最大，其大小为

$$U_{omax} = U_{CC} - U_{CES}$$

若忽略 U_{CES}，则

$$U_{omax} \approx U_{CC}$$

故负载上得到的最大输出功率为

$$P_{omax} = \frac{1}{2R_L}(U_{CC} - U_{CES})^2 \approx \frac{1}{2}\frac{U_{CC}^2}{R_L} \tag{7-44}$$

（2）直流电源提供的功率 P_E

两个直流电源各提供半个周期的电流，其峰值为 $I_{om}=U_{om}/R_L$。故每个电源提供的平均电流为

$$I_E = \frac{1}{2\pi}\int_0^{\pi} I_{om}\sin(\omega t)\,d(\omega t) = \frac{I_{om}}{\pi} = \frac{U_{om}}{\pi R_L}$$

因此两个电源提供的功率为

$$P_E = 2I_E U_{CC} = \frac{2}{\pi R_L}U_{om}U_{CC} \tag{7-45}$$

输出最大功率时，电源提供的功率也最大：

$$P_{\mathrm{Em}}=\frac{2}{\pi R_{\mathrm{L}}}U_{\mathrm{CC}}^{2} \tag{7-46}$$

(3) 效率 η

输出功率与电源提供的功率之比称为功率放大器的效率。一般情况下效率为

$$\eta=\frac{P_{\mathrm{o}}}{P_{\mathrm{E}}}\times 100\%=\frac{\pi}{4}\cdot\frac{U_{\mathrm{om}}}{U_{\mathrm{CC}}} \tag{7-47}$$

理想情况下，忽略 U_{CES}，则 $U_{\mathrm{om}}\approx U_{\mathrm{CC}}$，得到电路的最大效率为

$$\eta_{\mathrm{m}}=\frac{P_{\mathrm{om}}}{P_{\mathrm{Em}}}\times 100\%=\frac{\pi}{4}\times 100\%\approx 78.5\% \tag{7-48}$$

(4) 管耗 P_{T}

直流电源提供的功率与输出功率之差就是消耗在三极管上的功率，即

$$P_{\mathrm{T}}=P_{\mathrm{E}}-P_{\mathrm{o}}=\frac{2}{\pi R_{\mathrm{L}}}U_{\mathrm{om}}U_{\mathrm{CC}}-\frac{U_{\mathrm{om}}^{2}}{2R_{\mathrm{L}}} \tag{7-49}$$

由分析可知，当 $U_{\mathrm{om}}=2U_{\mathrm{CC}}/\pi\approx 0.64U_{\mathrm{CC}}$时，三极管总管耗最大，其值为

$$P_{\mathrm{Tmax}}=\frac{2U_{\mathrm{CC}}^{2}}{\pi^{2}R_{\mathrm{L}}}=\frac{4}{\pi^{2}}P_{\mathrm{omax}}\approx 0.4P_{\mathrm{omax}}$$

每个管子的最大功耗为

$$P_{\mathrm{T_1max}}=P_{\mathrm{T_2max}}=\frac{1}{2}P_{\mathrm{Tmax}}\approx 0.2P_{\mathrm{omax}} \tag{7-50}$$

(5) 功率管的选择

功率管的极限参数有 I_{CM}、P_{CM}和 $U_{(\mathrm{BR})\mathrm{CEO}}$，若想得到最大输出功率，功率管的参数应满足下列条件。

① 功率管的最大功耗应大于单管的最大功耗，即

$$P_{\mathrm{CM}}>\frac{1}{2}P_{\mathrm{Tmax}}=0.2P_{\mathrm{om}} \tag{7-51}$$

② 功率管的最大耐压

$$|U_{(\mathrm{BR})\mathrm{CEO}}|>2U_{\mathrm{CC}} \tag{7-52}$$

即一只三极管饱和导通时，另一只三极管承受的最大反向电压约为 $2U_{\mathrm{CC}}$。

③ 功率管的最大集电极电流

$$I_{\mathrm{CM}}\geqslant\frac{U_{\mathrm{CC}}}{R_{\mathrm{L}}} \tag{7-53}$$

3. 交越失真及其消除

在乙类互补对称功率放大电路中，静态时三极管处于截止区。由于三极管存在死区电压，当输入信号小于死区电压时，三极管 $\mathrm{T_1}$、$\mathrm{T_2}$仍不导通，输出电压 u_{o}也为零。因此在输入信号正、负半周交接的附近，无输出信号，输出波形出现一段失真，如图 7-32 所示，这种失真称为交越失真。

为了消除交越失真，通常给功率放大管加适当的静态偏置，使其静态时处于微导通状态，导通角在 180°~360°之间，电路属于甲乙类功放电路。由于三极管处于微导通状态，静态电流与信号电流相比较，可忽略不计，所以甲乙类功率放大电路的效率接近于乙类功率放

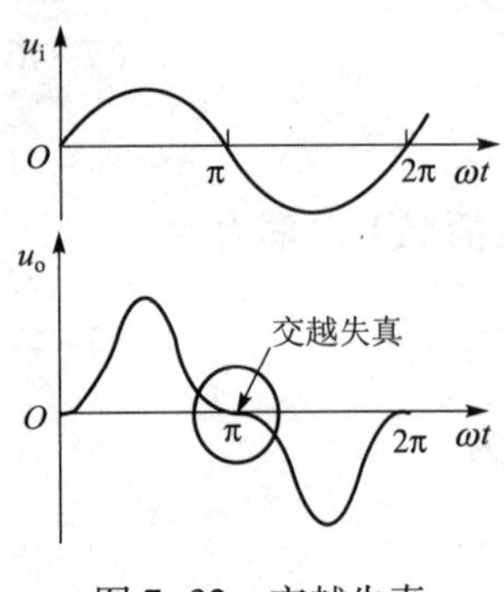

图 7-32　交越失真

大电路。

图 7-33 所示是常用的甲乙类偏置电路。其中图 7-33（a）所示为二极管偏置电路，图中的 R_1、R_2、D_1、D_2 用来作为 T_1、T_2的偏置电路，适当选择 R_1、R_2的阻值，可使 D_1、D_2 连接点的静态电位为 0，T_1、T_2的发射极电位也为 0，这样 D_1 上的导通电压为 T_1提供发射结正偏电压，D_2 上的导通电压为 T_2提供发射结正偏电压，使功放管静态时微导通，保证了功放管对小于死区电压的小信号也能正常放大，从而克服了交越失真。二极管偏置电路的缺点是偏置电压不易调整。

图 7-33（b）所示为 U_{BE}扩大偏置电路，常在集成电路中采用。T_3是激励（推动）放大管，工作在甲类工作状态，其任务是对输入信号进行放大，以输出足够的功率去激励（推动）T_1和 T_2功率放大管工作。若 T_4管的基极电流可忽略不计，则可求出 $U_{CE4}=U_{BE4}(R_2+R_3)/R_3$，适当调节 R_2和 R_3的比值，就可改变功放管 T_1和 T_2的偏压值。

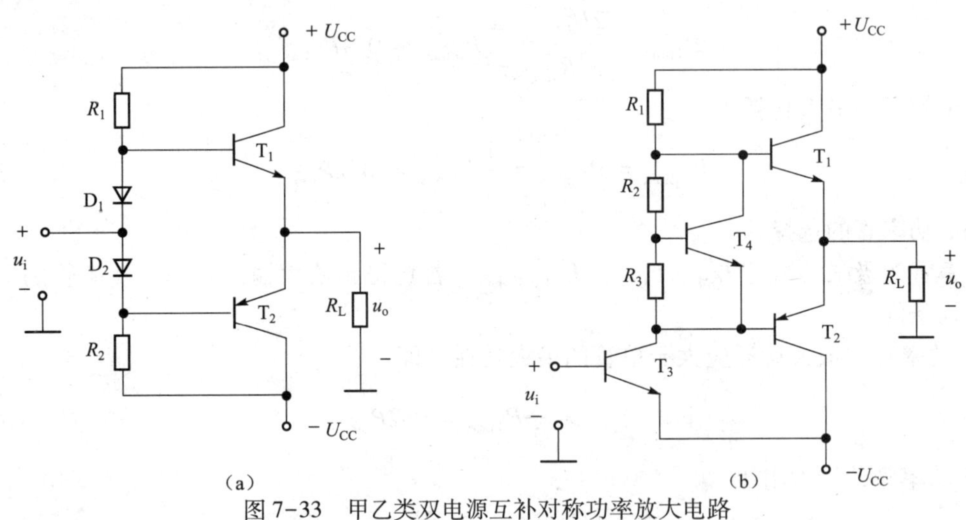

图 7-33　甲乙类双电源互补对称功率放大电路

（a）二极管偏置电路；（b）U_{BE}扩大偏置电路

7.6.2　单电源互补对称功率放大电路（OTL 电路）

双电源互补对称功率放大电路由于静态时输出端电位为零，负载可以直接连接，不需要耦合电容，因而 OCL 电路具有低频响应好、输出功率大、便于集成等优点，但需要双电源供电，使用起来有时会感到不便。如果采用单电源供电，只要在两管发射极与负载之间接入一个大容量电容即可。这种电路通常称为无输出变压器电路，简称 OTL（Output Transformer Less）电路，如图 7-34 所示。

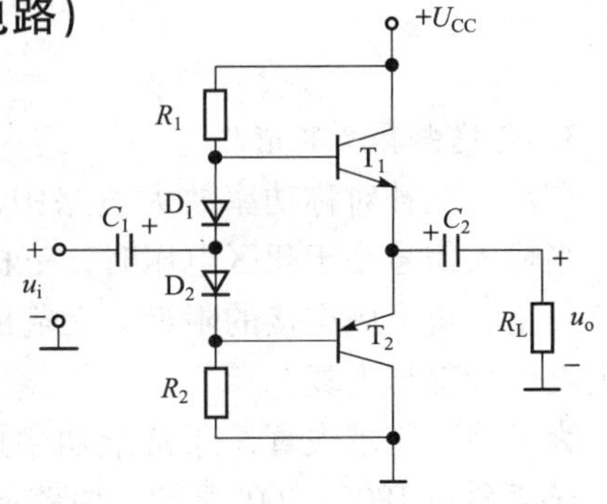

图 7-34　单电源互补对称功率放大电路

1. 电路组成

图 7-34 中，T_1、T_2组成互补对称输出级，R_1、R_2、D_1、D_2 保证电路工作于甲乙类状态，C_2为大电容。静态时，适当选择偏置电阻 R_1、R_2的阻值，使两功放管发射极电压为 $U_{CC}/2$，电容 C_2两端电压也稳定在 $U_{CC}/2$，这样两管的集、射极之间如同分别加上了 $U_{CC}/2$ 和$-U_{CC}/2$ 的电源电压。

2. 工作原理

在输入信号 u_i正半周，T_1导通，T_2截止，T_1以射极输出器形式将正向信号传送给负载，同时对电容 C_2充电；在输入信号 u_i负半周，T_1截止，T_2导通，已充电的电容 C_2代替负电源向 T_2供电，使 T_2也以射极输出器形式将负向信号传送给负载。只要电容 C_2的容量足够大，使其充、放电时间常数 R_LC_2远大于信号周期 T，就可认为在信号变化过程中，电容两端电压基本保持不变。这样，负载 R_L上就可得到一个完整的信号波形。

与 OCL 电路相比，OTL 电路少用一个电源，故使用方便。但由于输出端的耦合电容容量大，电容器内铝箔卷圈数多，呈现的电感效应大，它对不同频率的信号会产生不同的相移，输出信号有附加失真，这是 OTL 电路的缺点。从基本工作原理上看，两个电路基本相同，只是在单电源互补对称电路中每个功放管的工作电压不是 U_{CC}，而是 $U_{CC}/2$。所以前面导出的输出功率、管耗和最大管耗等估算公式，要加以修正才能使用，请同学们自行推导。

7.7　场效应管放大电路

7.7.1　场效应管的种类及其特性

晶体三极管是利用输入电流控制输出电流的半导体器件，因而称为电流控制型器件。场效应管是一种利用电场效应来控制其电流大小的半导体器件，称为电压控制型器件。场效应管不仅兼有体积小、重量轻、耗电省、寿命长等特点，而且还有输入阻抗高、噪声低、热稳定性小、抗辐射能力强和制造工艺简单等优点，因而大大扩展了它的应用范围，特别是在大规模和超大规模集成电路中得到了广泛的应用。

1. 场效应管的类型及结构

场效应管类型较多，电压极性要求和特性曲线各不相同，工程上可方便灵活选用，以适合不同的场合和要求。

按结构的不同，场效应管可分为绝缘栅型和结型两大类，绝缘栅型制造工艺简单，便于集成化，在分立元件或是在集成电路中，其应用范围远广于结型场效应管，本节以介绍绝缘栅型场效应管为主。

按导电沟道类型的不同，场效应管可分为 N 型沟道和 P 型沟道两种，分别简称为 NMOS 管和 PMOS 管。NMOS 管的导电沟道是电子型的，PMOS 管的导电沟道是空穴型的。按导电沟道形成方式的不同，场效应管可分为增强型和耗尽型两种。

下面以增强型绝缘栅场效应管为例介绍场效应管的结构及工作原理。

图 7-35（a）所示为 N 沟道增强型绝缘栅场效应管的结构，它是用掺杂浓度较低的 P 型硅片作衬底，在 P 衬底上制成两个掺杂浓度很高的 N 型区域（用 N^+表示），从两个 N^+区分别引出源极 S 和漏极 D 两个电极，然后在上层表面生成一层二氧化硅的绝缘层，并在源

极与漏极之间的二氧化硅绝缘层表面上覆盖一层金属铝膜，引出栅极 G。由于栅极与其他电极是绝缘的，所以称为绝缘栅型场效应管。因为上述结构的特点，场效应管简称为 MOS 管（金属-氧化物-半导体）。N 沟道增强型绝缘栅场效应管电路符号如图 7-35（b）所示，P 沟道增强型绝缘栅场效应管电路符号如图 7-35（c）所示。

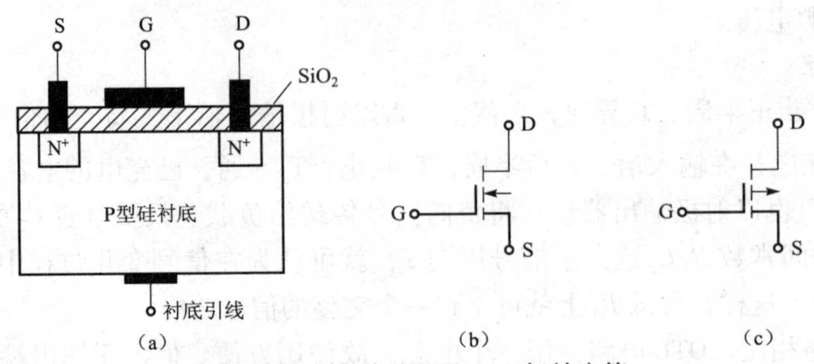

图 7-35　N 沟道增强型 MOS 场效应管

（a）N 沟道结构图；（b）N 沟道电路符号；（c）P 沟道电路符号

2. 场效应管的特性曲线

增强型绝缘栅场效应管当 $u_{GS}=0$ 时，漏极与源极之间不存在导电沟道，因而当漏、源极间加上直流电压 U_{DS}时，漏极电流 $i_D=0$。只有 $u_{GS}>0$，且增大到某一值时，在 P 型衬底表面由于外加电场而感应出一个 N 型薄层，沟通了漏、源极间的导电沟道，电路中才有 i_D。对应此时的 u_{GS}称为增强型场效应管的开启电压，用 $U_{GS(th)}$表示。一定的 U_{DS}下，u_{GS}值越大，电场作用越强，感应层越宽，导电沟道越宽，沟道电阻越小，i_D就越大，这就是增强型管子的含义。N 沟道 MOS 管的转移特性曲线和输出特性曲线如图 7-36（a）和图 7-36（b）所示。输出特性的恒流区是场效应管的放大工作区。在恒流区工作时，漏极电流 i_D与 u_{GS}之间的关系可用下式近似表示，即

$$i_D=I_{D0}\left(\frac{u_{GS}}{U_{GS(th)}}-1\right)^2 \qquad (u_{GS}\geqslant U_{GS(th)})$$

式中，I_{D0}是 $u_{GS}=2\,U_{GS(th)}$时的值。

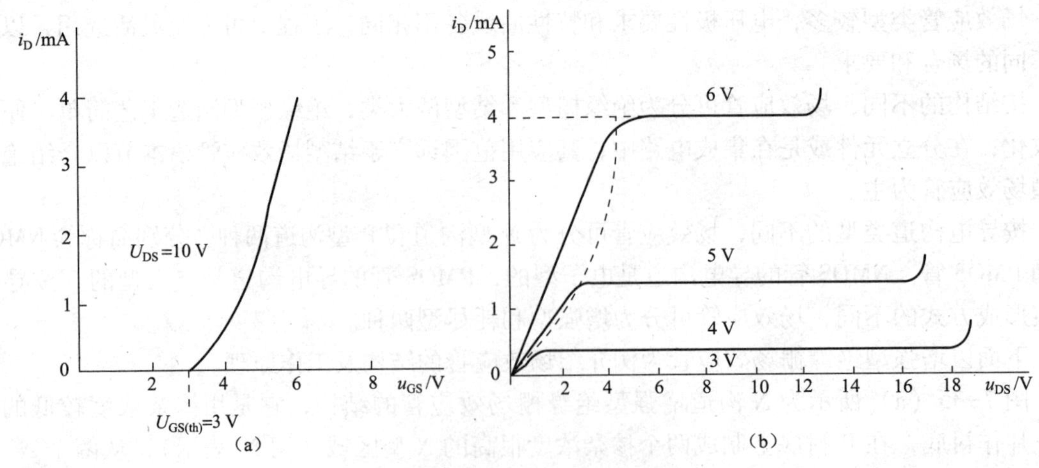

图 7-36　N 沟道增强型场效应管特性曲线

（a）转移特性；（b）输出特性

图 7-37 所示为 N 沟道耗尽型绝缘栅场效应管的结构，其结构与增强型场效应管的结构相似，不同的是这种管子在制造时，就在两个 N^+ 区之间形成原始导电沟道（在二氧化硅绝缘层中掺入大量的正离子，使两个 N^+ 区之间的 P 型衬底中感应较多的自由电子），因此，在 $u_{GS}=0$ 时，只要在漏、源极之间加上正向电压 U_{DS}，就会产生漏极电流 i_D。通常将 $u_{GS}=0$ 时的漏极电流 i_D 称为饱和漏极电流，用 I_{DSS} 表示。当 $u_{GS}<0$ 时，沟道中感应的负电荷减少，原始沟道变窄，从而使 i_D 减小。当 u_{GS} 减小到某一负电压时，原始导电沟道因外电场作用下"耗尽"而夹断，此时，$i_D=0$，此时的 u_{GS} 称为夹断电压，用 $U_{GS(off)}$ 表示。N 沟道耗尽型场效应管的特性曲线如图 7-38 所示。这种管子的 u_{GS} 不论是正是负或者是零都可以控制 i_D，这使它的使用更具有较大的灵活性。在 $u_{GS} \geqslant U_{GS(off)}$ 时，i_D 与 u_{GS} 的关系可用下式表示，即

$$i_D = I_{DSS}\left(1 - \frac{u_{GS}}{U_{GS(off)}}\right)^2$$

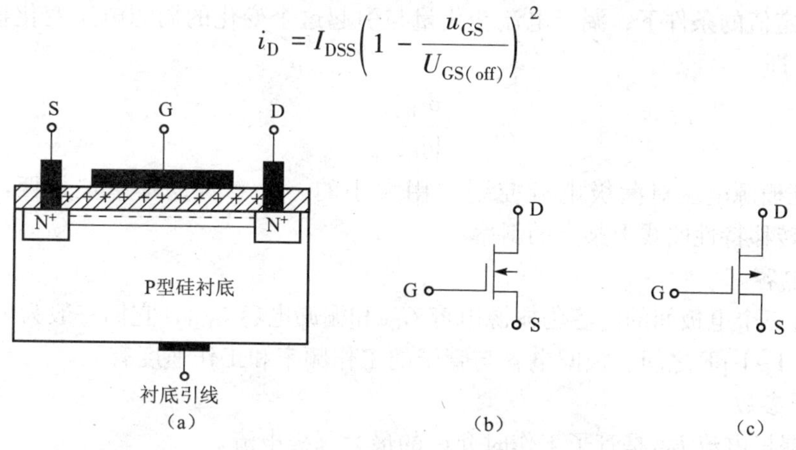

图 7-37　耗尽型 MOS 管结构及符号

（a）N 沟道结构图；（b）N 沟道符号；（c）P 沟道符号

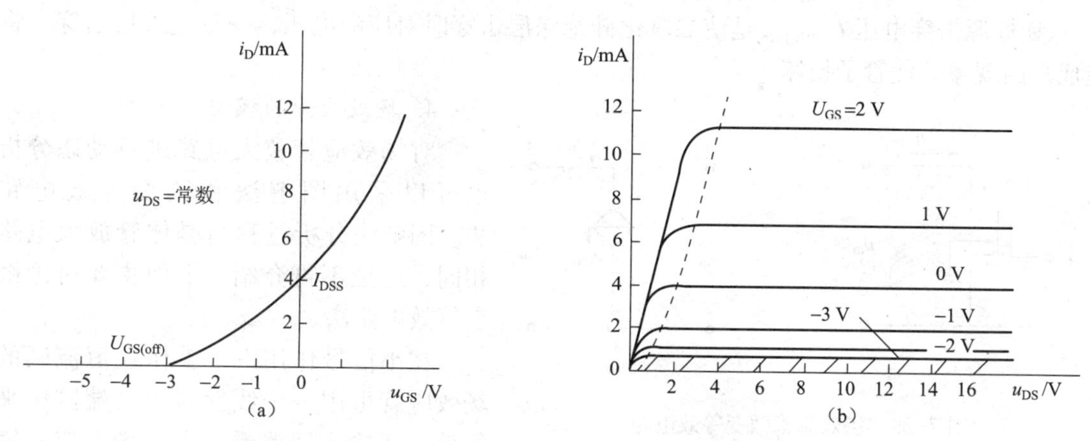

图 7-38　N 沟道耗尽型场效应管特性曲线

（a）转移特性；（b）输出特性

3. 场效应管的主要参数

（1）直流参数

① 夹断电压 $U_{GS(off)}$ 或开启电压 $U_{GS(th)}$。当漏源电压 u_{DS} 为某固定值时，使耗尽型管子的漏极电流 i_D 减小到某一微小值（如 10 μA）时，所需施加的栅源电压即为夹断电

压 $U_{GS(off)}$。

当漏源电压 u_{DS} 为某一固定值时，增强型场效应管开始导通（i_D 达到某一定值，如 20 μA）时，所需施加的栅源电压即为开启电压 $U_{GS(th)}$。

② 饱和漏极电流 I_{DSS}。当 u_{DS} 为某固定值时，栅源电压为零时的漏极电流称为饱和漏极电流 I_{DSS}。

③ 直流输入电阻 R_{GS}。R_{GS} 是指栅、源间所加的一定电压与栅极电流的比值。因为 MOS 管栅、源极之间存在 SiO_2 绝缘层，故 R_{GS} 数值很大，一般在 10^{15} Ω 左右。

（2）交流参数

① 跨导 g_m。

在 u_{DS} 为定值的条件下，漏极电流变化量与引起这个变化的栅源电压变化量之比，称为跨导或互导，即

$$g_m = \left.\frac{di_D}{du_{GS}}\right|_{u_{DS}=常数}$$

g_m 是表征栅源电压对漏极电流控制作用大小的一个参数，其单位是西门子（S）或（mS）。g_m 是转移特性曲线上某点的斜率。

② 极间电容。

场效应管三个电极间的电容为栅源电容 C_{GS} 和栅漏电容 C_{GD}，它们一般为 1~3 pF，漏源电容 C_{DS} 在 0.1~1 pF 之间。极间电容与管子的工作频率和工作速度有关。

（3）极限参数

① 最大漏极电流 I_{DM} 是管子工作时允许的最大漏极电流。

② 最大耗散功率 P_{DM} 是由管子工作时允许的最高温升所决定的参数。

③ 漏源击穿电压 $U_{(BR)DS}$ 是 U_{DS} 增大时使 I_D 急剧上升时的 U_{DS} 值。

④ 栅源击穿电压 $U_{(BR)GS}$ 是使二氧化硅绝缘层击穿时对应的电压，一旦绝缘层击穿，将造成短路现象，使管子损坏。

4. 场效应管的模型

对场效应管放大电路进行动态分析也可以采用图解法和微变等效电路法。图解法分析过程与晶体管放大电路相同，这里不再介绍。下面主要讨论微变等效电路法。

在小信号作用下，工作在恒流区的场效应管可用一个线性有源二端网络来等效。从输入回路看，由于场效应管输入电阻很高，可看作开路；从输出回路看，由于 $i_d = g_m u_{gs}$，可等效为受控电流源，这样场效应管的等效模型如图 7-39 所示。

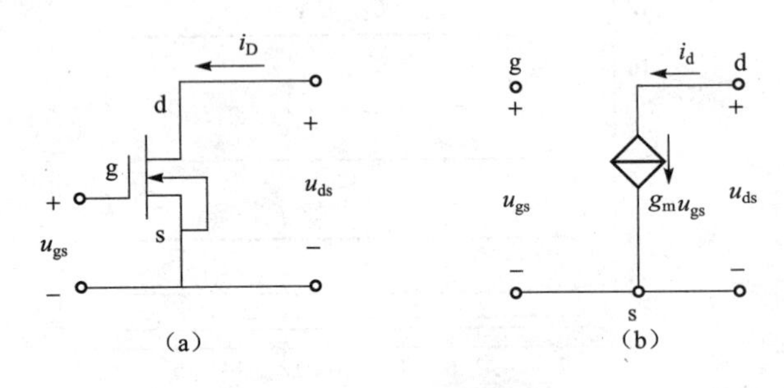

图 7-39　场效应管微变等效电路
（a）原电路；（b）微变等效电路

7.7.2　场效应管放大器的构成

由于场效应管也具有放大作用，如不考虑物理本质上的区别，可把场效应管的栅极（G）、源极（S）、漏极（D）分别与晶体三极管的基极（B）、发射极（E）、集电极（C）

相对应，所以场效应管也可构成三种基本组态电路，分别称为共源、共漏和共栅极放大电路。下面主要介绍共源放大电路。

1. 直流偏置及静态分析

场效应管放大电路的组成原则和晶体管放大电路一样，为了使输出波形不失真，管子也必须工作在输出特性曲线的放大区域内，即也要设置合适的静态工作点。为此，栅、源之间要加上合适的直流电压，通常称为栅极偏置电压。

图 7-40（a）是由 N 沟道耗尽型场效应管组成的共源放大电路，C_1、C_2为耦合电容，R_d为漏极负载电阻，R_g为栅极电阻，R_s为源极电阻，C_s为源极旁路电容。该电路利用漏极电流 I_{DQ}在源极电阻 R_s上产生的压降来获得所需的偏置电压。由于场效应管的栅极不吸取电流，R_g中无电流通过，因此栅极 G 和源极 S 之间的偏压 $U_{GSQ}=-I_{DQ}R_s$。这种偏置方式称为自给偏压，也称自偏压电路。

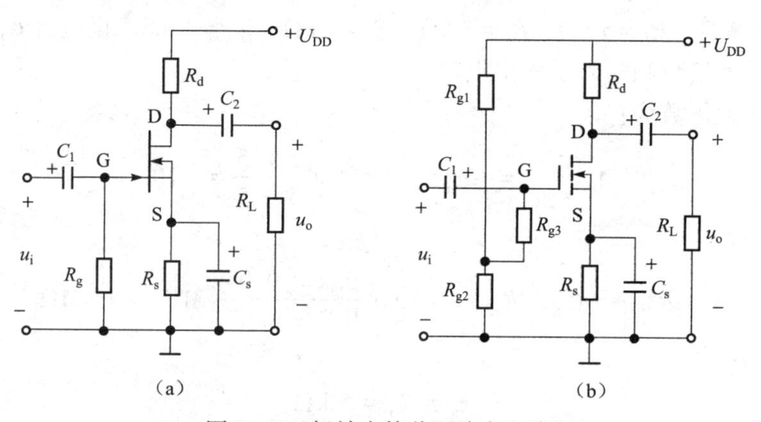

图 7-40　场效应管共源放大电路

（a）固定偏置电路；（b）分压式偏置电路

必须指出，自给偏压电路只能产生反向偏压，所以它只适用于耗尽型场效应管，而不适于增强型场效应管，因为增强型场效应管的栅源电压只有达到开启电压后才能产生漏极电流。所以增强型场效应管构成的放大电路采用图 7-40（b）所示的分压式偏压电路。图中 R_{g1}、R_{g2}为分压电阻，将 U_{DD}分压后，取 R_{g2}上的压降供给场效应管栅极偏压。由于 R_{g3}中没有电流，它对静态工作点没有影响，所以，由图得

$$U_{GSQ}=U_{DD}R_{g2}/(R_{g1}+R_{g2})-I_{DQ}R_s \tag{7-54}$$

由式（7-54）可见，U_{GSQ}可正、可负，所以这种偏置方式也适用于耗尽型场效应管。

2. 动态分析

对场效应管放大电路进行动态分析也可以采用图解法和微变等效电路法。图解法分析过程与晶体管放大电路相同，这里不再介绍。下面用微变等效电路法分析电路。

分压式偏置共源放大电路的微变等效电路如图 7-41所示。

由图 7-41 所示的微变等效电路可得电压放大倍

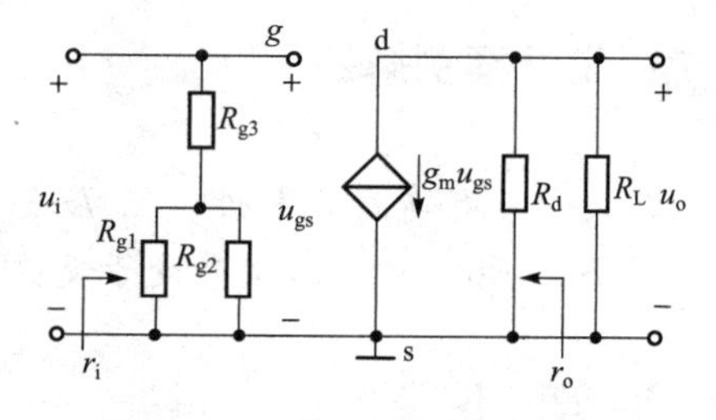

图 7-41　分压式偏置共源放大电路的微变等效电路

数为

$$A_u = \frac{u_o}{u_i} = -\frac{i_d(R_d//R_L)}{u_{gs}} = -\frac{g_m u_{gs} R'_L}{u_{gs}} \tag{7-55}$$

$$= -g_m R'_L$$

输入电阻为

$$r_i = R_{g3} + (R_{g1}//R_{g2}) \tag{7-56}$$

由式（7-56）可以看出，R_{g3}是用来提高放大电路的输入电阻的。

输出电阻：由戴维南定理可知，当 $u_i=0$，即 $u_{gs}=0$ 时，受控电流源 $g_m u_{gs}=0$，相当于开路，所以得放大电路的输出电阻为

$$r_o = R_d \tag{7-57}$$

例 7-3 在图 7-40（b）所示的分压式偏置共源放大电路中，已知 $R_{g1}=200\ \text{k}\Omega$，$R_{g2}=30\ \text{k}\Omega$，$R_{g3}=10\ \text{M}\Omega$，$R_L=5\ \text{k}\Omega$，$R_d=5\ \text{k}\Omega$，$R_s=1\ \text{k}\Omega$，$g_m=4\ \text{mS}$。设电容 C_1、C_2和 C_s足够大。试求电压放大倍数和输入、输出电阻。

解 电压放大倍数为：

$$A_u = \frac{u_o}{u_i} = -g_m R'_L = -4 \times \frac{5 \times 5}{5+5} = -10$$

输入电阻为：

$$r_i = R_{g3} + (R_{g1}//R_{g2}) = \left(10 + \frac{0.2 \times 0.03}{0.2 + 0.03}\right)\ \text{M}\Omega \approx 10\ \text{M}\Omega$$

输出电阻为：

$$r_o = R_d = 5\ \text{k}\Omega$$

知 识 拓 展

读放大电路图时要按照“逐级分解、抓住关键、细致分析、全面综合”的原则和步骤进行。首先把整个放大电路按输入、输出逐级分开，然后逐级抓住关键进行分析，弄清原理。放大电路有它本身的特点：一是有静态和动态两种工作状态，所以有时往往要画出它的直流通路和交流通路才能进行分析；二是电路往往加有负反馈，这种反馈有时在本级内，有时是从后级反馈到前级，所以在分析这一级时还要能“瞻前顾后”。在理解了每一级的原理之后就可以把整个电路串通起来进行全面综合。

先导案例解决

二极管具有单向导电性，图 7-1（a）中二极管正偏，相当于开关导通，因此灯泡发光。图 7-1（b）中，二极管处于反偏状态，相当于开关断开，因此灯泡不发光。

本 章 小 结

① 半导体的导电能力介于导体和绝缘体之间，纯净的半导体称为本征半导体，在纯净

的半导体中掺入三价或五价元素，形成两种杂质半导体，即P型半导体和N型半导体。PN结具有单向导电性，二极管由一个PN结封装起来引出两个金属电极构成。

② 三极管由两个PN结构成，其特点是具有电流放大作用。三极管实现放大作用的条件是：发射结正偏，集电结反偏。三极管的输出特性曲线可划分为三个工作区域：放大区、饱和区和截止区。在放大区，三极管具有电流放大作用。在饱和区和截止区，三极管具有开关特性。

③ 放大电路是构成其他电子电路的基本单元电路，放大的概念实质上是能量的控制，放大的对象是变化量，放大电路的能量来自直流电源，放大电路中交、直流信号并存。由三极管构成的放大电路有共射、共集和共基三种组态。

④ 分析放大电路在直流信号作用下的工作状态即分析静态，利用放大电路的直流通路，估算静态工作点，通过估算的静态工作点参数判断三极管的工作区域。分析放大电路的交流信号时，利用放大电路的交流通路来分析。放大电路在输入交流信号后的工作状态称为动态。

⑤ 放大电路的小信号模型分析法是在输入小信号的条件下，将非线性的电子器件局部线性化。通常利用放大电路的微变等效电路来分析估算电压放大倍数、输入电阻和输出电阻。

⑥ 差动放大电路作为集成运放的输入级，能够抑制零点漂移。多级放大电路的电压放大倍数是各级电路电压放大倍数的乘积，输入电阻是第一级的输入电阻，输出电阻是最后一级的输出电阻。功率放大电路直接与负载连接，能够输出足够大的功率驱动负载工作。

⑦ 场效应管是一种电压控制型器件，场效应管构成的放大电路有共源、共漏和共栅三种方式。

习　题　七

7-1　填空题

（1）杂质半导体有________型和________型之分，PN结具有__________特性。

（2）三极管按结构类型分为________型和________型，按材料分为________管和________管，三极管是一种________放大器件。三极管要实现放大，需发射结________，集电结________。场效应管是一种________控制型器件。

（3）差动放大电路能够抑制________，大小相等、极性相同的信号称为________信号，大小相等、极性相反的信号称为________信号。

（4）多级放大电路的电压放大倍数是各级电路电压放大倍数的________，输入电阻是________，输出电阻是________。

7-2　在两个放大电路中，测得三极管各极电流分别如图7-42所示，求另一个电极的电流，并

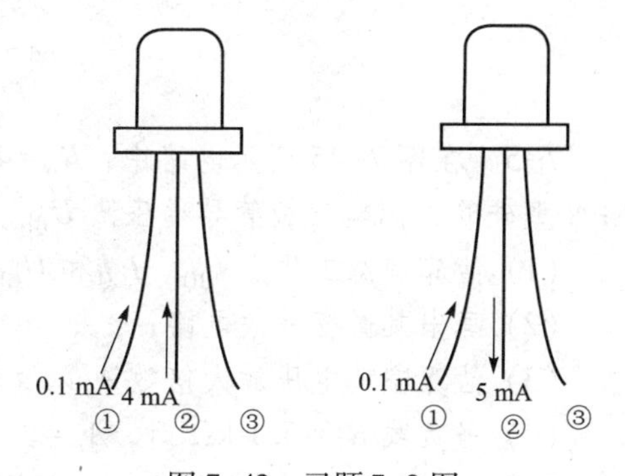

图7-42　习题7-2图

在图中标出其实际方向及各电极 e、b、c，并分别判断它们是 NPN 管还是 PNP 管。

7-3　试判断图 7-43 所示各电路能否对交流信号实现正常放大。若不能，简单说明原因。

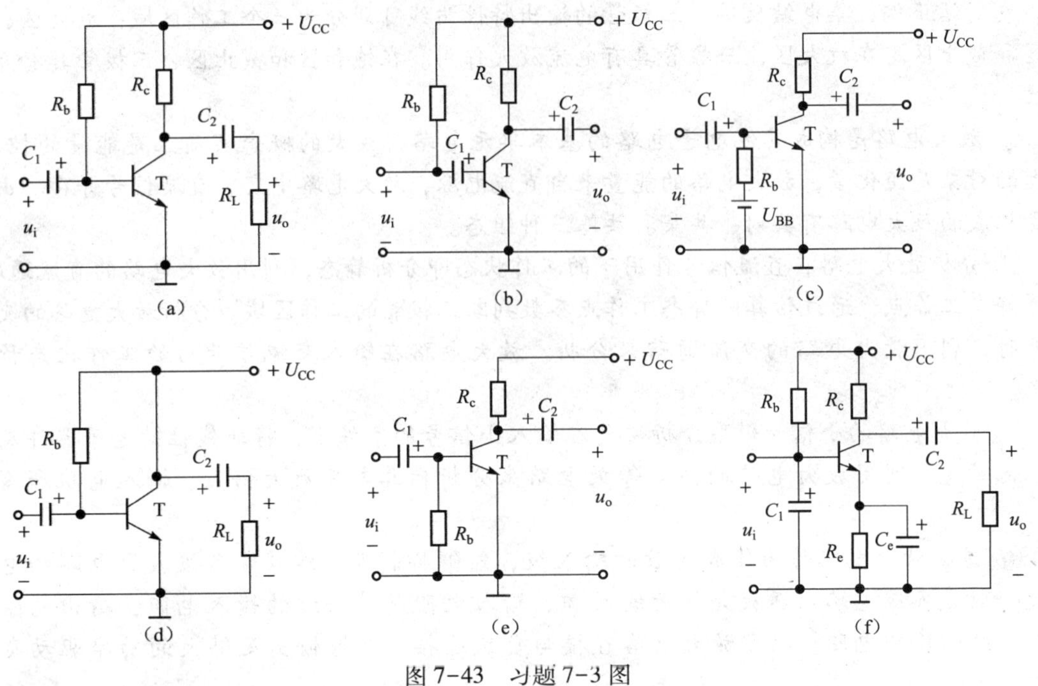

图 7-43　习题 7-3 图

7-4　试画出图 7-44 中各电路的直流通路和交流通路。

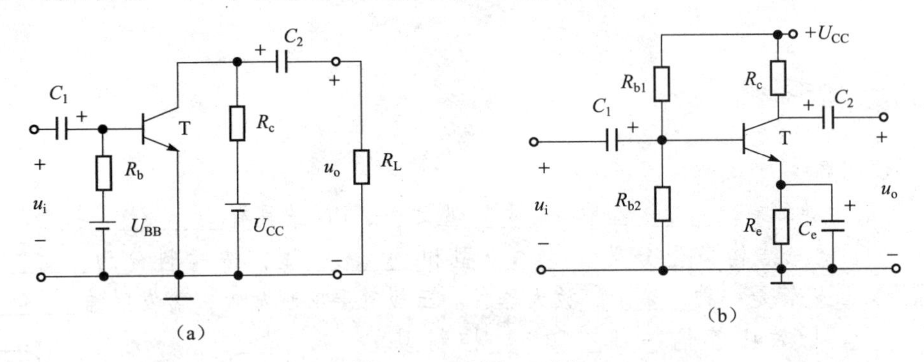

图 7-44　习题 7-4 图

7-5　在图 7-45 所示电路中，$R_b=400\ \text{k}\Omega$，$R_c=5.1\ \text{k}\Omega$，$\beta=40$，$U_{CC}=12\ \text{V}$，三极管为 NPN 型硅管，忽略三极管导通压降 U_{BE}。

(1) 估算静态工作点 I_{BQ}、I_{CQ}和 U_{CEQ}；

(2) 画出其微变等效电路；

(3) 估算空载电压放大倍数 A_u以及输入电阻 r_i和输出电阻 r_o。

(4) 当负载 $R_L=5.1\ \text{k}\Omega$ 时，$A_u=?$

7-6　分压式共发射极放大电路如图 7-46 所示，$U_{BEQ}=0.7\ \text{V}$，$\beta=50$，试解答：

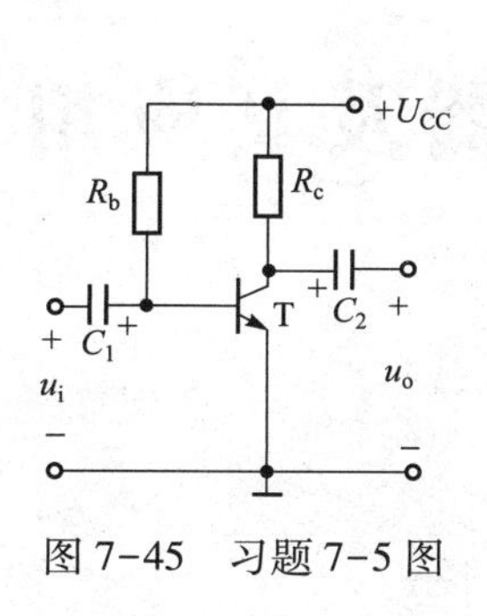

图 7-45　习题 7-5 图

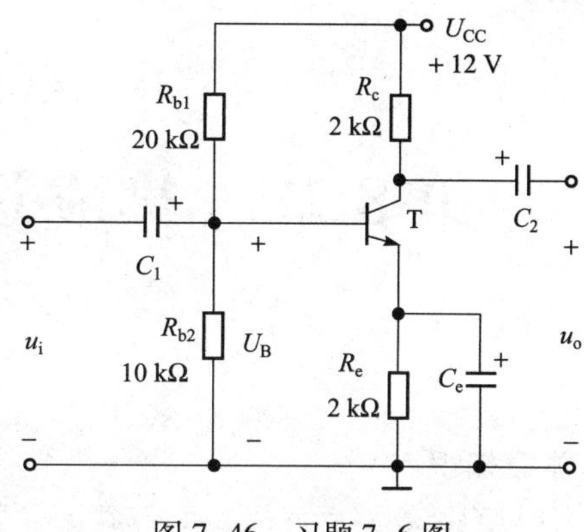

图 7-46　习题 7-6 图

（1）估算静态工作点 I_{BQ}、I_{CQ}和 U_{CEQ}；

（2）画出其微变等效电路；

（3）估算空载电压放大倍数 A_u 以及输入电阻 r_i和输出电阻 r_o；

（4）当负载 $R_L = 2\ \text{k}\Omega$ 时，$A_u = ?$

7-7　共集电极放大电路如图 7-47 所示，已知 $U_{CC} = 12\ \text{V}$，$R_b = 200\ \text{k}\Omega$，$R_e = 2\ \text{k}\Omega$，$R_L = 2\ \text{k}\Omega$，三极管的 $\beta = 50$，$r_{be} = 1.2\ \text{k}\Omega$，忽略三极管导通压降 U_{BE}。信号源 $U_s = 200\ \text{mV}$，$r_s = 1\ \text{k}\Omega$。试解答：

（1）画出电路的直流通路，估算静态工作点 I_{BQ}、I_{CQ}和 U_{CEQ}；

（2）画出其微变等效电路；

（3）估算电压放大倍数 A_u，源电压放大倍数 A_{us}，输入电阻 r_i和输出电阻 r_o。

7-8　如图 7-48 所示场效应管构成的源极输出器，已知 $R_{g1} = 2\ \text{M}\Omega$，$R_{g2} = 500\ \text{k}\Omega$，$R_{g3} = 1\ \text{M}\Omega$，$R_s = 10\ \text{k}\Omega$，$R_L = 10\ \text{k}\Omega$，$g_m = 1\ \text{mS}$，$U_{DD} = 12\ \text{V}$。试求电路的电压放大倍数、输入电阻和输出电阻。

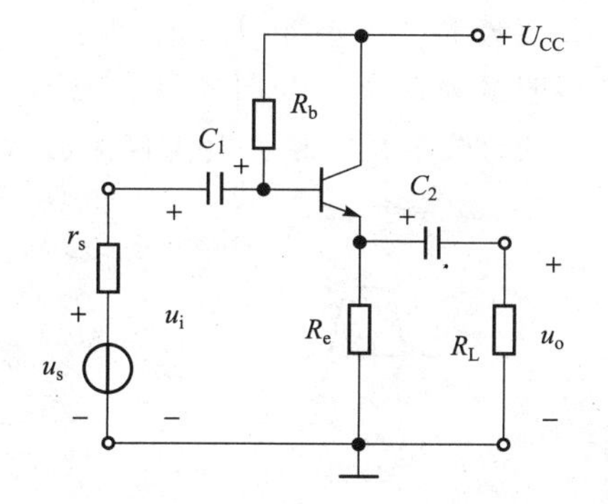

图 7-47　习题 7-7 图

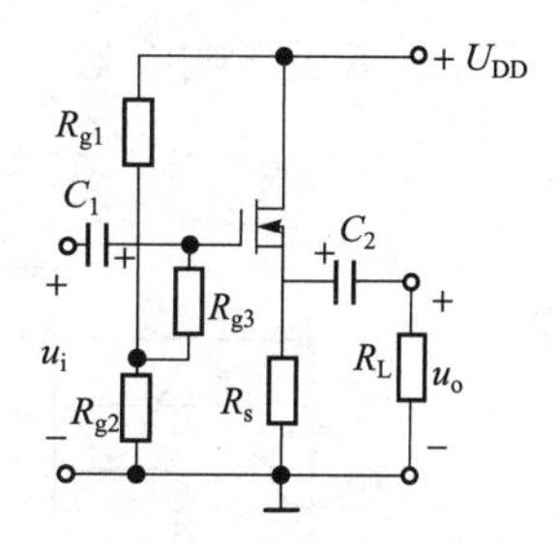

图 7-48　习题 7-8 图

第 7 章　放大器基础

第8章　集成运算放大器及其应用

本章知识点

[1] 了解集成运放的基本组成及主要参数的意义。

[2] 理解运算放大器的电压传输特性，掌握其基本分析方法。

[3] 掌握用集成运放组成的比例、加减、微分和积分运算电路的工作原理。

[4] 理解电压比较器的工作原理和应用。

[5] 能判别电子电路中的直流反馈和交流反馈、正反馈和负反馈以及负反馈的四种类型。

[6] 理解负反馈对放大电路工作性能的影响。

[7] 掌握正弦波振荡电路自激振荡的条件。

[8] 了解 *RC* 振荡电路的工作原理。

先导案例

电路如图 8-1 所示，由信号发生器输入一频率为 1 kHz，峰-峰值为 1 V 的正弦波。将开关 S 断开，用示波器观察波形，可看到输出波形明显地失真，如图 8-1（a）所示的输出波形。将开关 S 闭合，观察输出波形，可看到失真波形明显地改善，如图 8-1（b）所示的输出波形。为什么开关 S 闭合后，输出波形得到如此明显的改善呢？这主要是因为引入了负反馈。

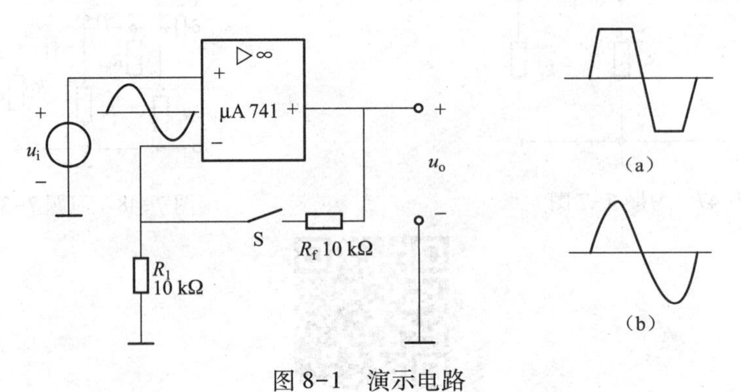

图 8-1　演示电路

（a）失真输出波形；（b）改善后的输出波形

前面所讨论的放大电路都是由彼此独立的单个元件连接而成的，称之为分立元件的电子电路。本章将讨论集成电路，主要介绍集成运算放大器的组成、主要性能、放大电路中的负反馈及其应用。最后介绍正弦波振荡器的基本工作原理。

8.1　集成运算放大器简介

8.1.1　集成运算放大器的符号、类型及主要参数

利用硅平面工艺技术将半导体、电阻、小电容等器件以及它们间的连线集中制作在一块小的半导体芯片上，构成一个具有特定功能的完整电路称为集成电路。与分立元件电路相比，集成电路具有体积小、重量轻、功耗小、成本低、可靠性高、寿命长等性能。

集成运算放大器简称集成运放，它实际上是一个多级直接耦合高电压放大倍数的放大器。由于早期的运算放大器主要用于各种数学运算，故至今仍保留这个名称。随着集成运放技术的发展，各项技术指标不断改善，价格日益低廉，而且能够制造出适应各种特殊需要的专用电路。目前集成运放的应用几乎渗透到电子技术的各个领域，除运算外还可以对信号进行处理、变换和测量，也可以用来产生正弦信号和非正弦信号，成为电子系统的基本功能单元。

集成运放一般包括输入级、中间级、输出级和偏置电路四个部分，如图 8-2 所示。

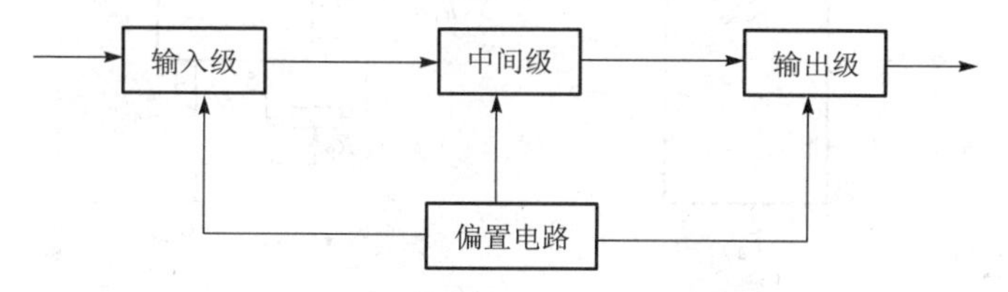

图 8-2　集成运放内部组成原理框图

输入级是提高集成运放质量的关键部分，其主要作用是提高放大电路的输入电阻，减小零漂，有效地抑制干扰信号。输入级一般采用具有恒流源的差动放大电路。

中间级的主要作用是进行电压放大，一般由共发射极电路组成。

输出级主要向负载提供足够大的输出功率，并具有较低的输出电阻和较强的带负载能力。此外，还设有过载保护电路。输出级一般由射极输出器或互补对称电路组成。

偏置电路的作用是为上述各级电路提供稳定和合适的偏置电流，一般由各种恒流源电路组成。

图 8-3 所示为通用型集成运算放大电路 μA741（F007）的原理电路。

输入端，在图中分别用“+”“-”表示。意思就是当信号从同相端输入，输出的信号相位和输入相位相同。反之，如果信号从反相端输入，输出的信号相位和输入相位相反。图中的“▷”表示放大信号传输的方向，如图 8-4（a）所示，左边是信号输入端，右边是信号输出端，“∞”表示电压放大倍数为无穷大的理想条件。图 8-4（b）所示为通用型集成运算放大电路 μA741（F007）的接线图。

集成运放的外形通常有三种：双列直插式、扁平式、圆壳式，如图 8-5 所示。

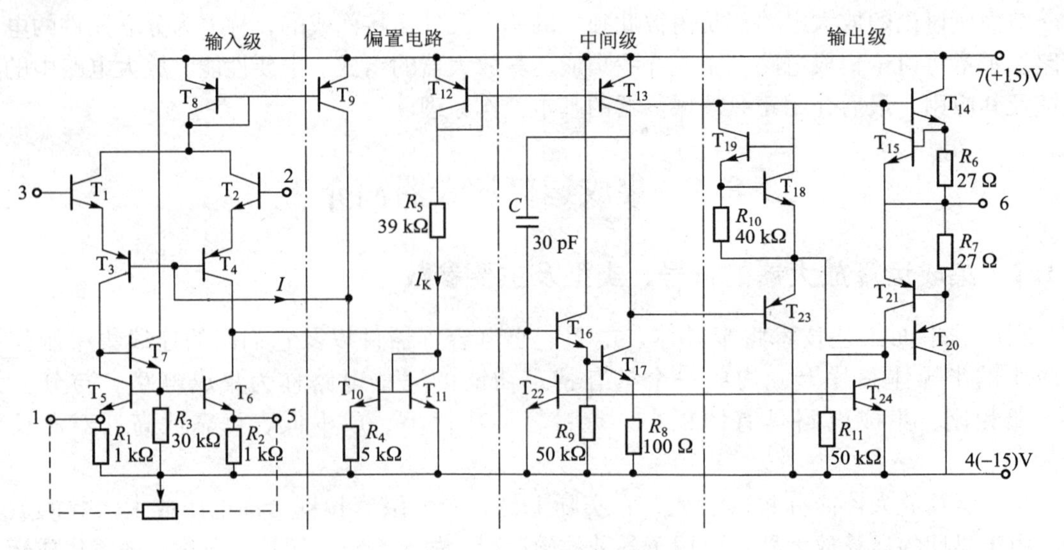

图 8-3　μA741 内部电路

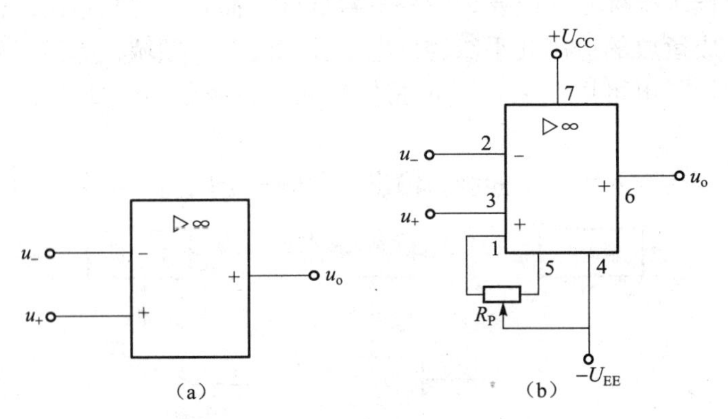

图 8-4　集成运放的符号及引脚

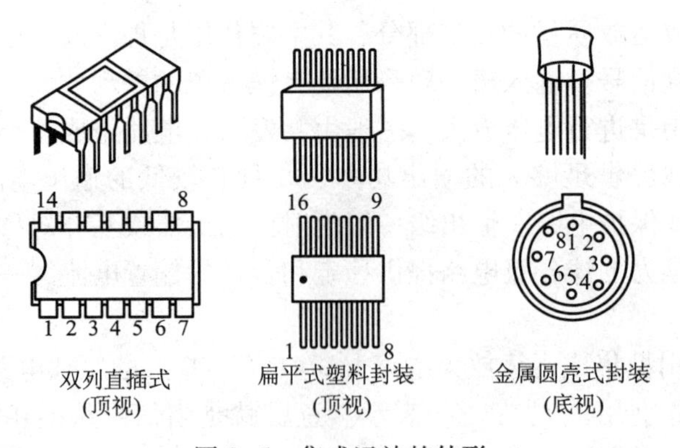

图 8-5　集成运放的外形

集成运放的性能指标较多，运用时可查阅集成运放手册。现将一些主要性能指标说明如下。

① 差模电压增益 A_{ud}。差模电压增益是指在标称电源电压和额定负载下，运放在开环时

对差模信号的电压放大倍数。A_{ud}越大越好，一般运放的 A_{ud}为 60～100 dB。

② 共模抑制比 K_{CMR}。共模抑制比是指差模电压放大倍数与共模电压放大倍数绝对值之比，即 $K_{CMR}=20\lg|A_{ud}/A_{uc}|$(dB)。$K_{CMR}$越大表示集成运放对共模信号（零漂）的抑制能力越强。多数集成运放的 K_{CMR}在 65～110 dB 之间。

③ 差模输入电阻 r_{id}和输出电阻 r_{od}。差模输入电阻是指集成运放对差模信号所呈现的电阻，即运放两输入端之间的电阻。一般在几十千欧到几十兆欧范围内。输出电阻是指集成运放开环时，从输出端向里看的等效电阻。一般在几十到几百欧姆之间。

④ 输入失调电压 U_{IO}。一个理想的集成运放应满足零输入时零输出。而一个实际的集成运放，当输入为零时一般总存在一定的输出电压，将其折算到输入端即为输入失调电压。U_{IO}在数值上等于输出电压为零时，输入端应施加的直流补偿电压。U_{IO}的大小反映了差分输入级的不对称程度，其值越小越好。通用型运放的 U_{IO}约为毫伏级。

⑤ 输入偏置电流 I_{IB}。输入偏置电流是指运放在静态时，流过两个输入端的偏置电流的平均值，即 $I_{IB}=(I_{B1}+I_{B2})/2$。其值越小越好，通用型集成运放的 I_{IB}约为几个微安。

⑥ 输入失调电流 I_{IO}。一个理想的集成运放其两输入端的静态电流应该完全相等。实际上，当集成运放的输出电压为零时，流入两输入端的电流并不相等。这个静态电流之差（$I_{IO}=I_{B1}-I_{B2}$）就是输入失调电流。其值越小越好，一般为纳安级。

⑦ 最大差模输入电压 U_{idmax}。是指能安全地加在运放两个输入端之间最大的差模电压。若超过此值，输入级的 PN 结或栅、源间绝缘层可能被反向击穿。

⑧ 最大共模输入电压 U_{icmax}，是指输入端能够承受的最大共模电压，如超过这个范围，集成运放的共模抑制性能将急剧恶化，甚至导致运放不能正常工作。

⑨ 最大输出电压 U_{om}，最大输出电压亦称额定输出电压，是指电源电压一定时，集成运放的最大不失真输出电压，一般用峰-峰值表示。

8.1.2　集成运算放大器的理想模型

理想运算放大器应满足以下各项技术指标：

开环差模电压放大倍数 $A_{ud}\to\infty$；

输入电阻 $r_{id}\to\infty$；

输出电阻 $r_{od}\to 0$；

共模抑制比 $K_{CMR}\to\infty$。

实际上真正的理想运放并不存在，但各项指标与理想运放非常接近，因此在分析计算和应用中，往往将实际集成运放理想化，以简化分析过程。

在分析运放应用电路时，还需了解运放是工作在线性区还是非线性区，只有这样才能按照不同区域所具有的特点与规律进行分析。

1. 线性放大区

当集成运放工作在线性区时，其输出信号随输入信号作线性变化，即 $u_{od}=A_{ud}(u_+-u_-)$，二者的关系曲线（称为传输特性）如图 8-6 所示。

对于理想集成运放，由于 $A_{ud}\to\infty$，而 u_{od}为有限值（不超过电源电压），可得 $u_{id}=u_+-u_-=u_{od}/A_{ud}\approx 0$，即

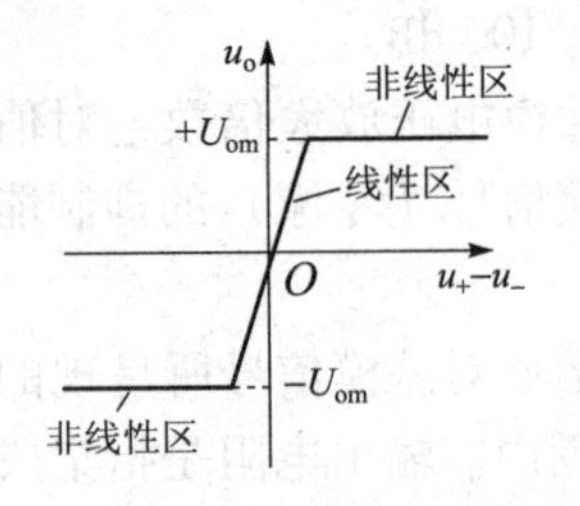

图 8-6　集成运放的传输特性

$$u_+ \approx u_-$$

上式表明，集成运放同相端和反相端的电位近似相等，即两输入端为近似短路状态，并称之为“虚短”。

其次，又因为 $r_{id} \to \infty$，两输入端几乎不取用电流，即两输入端都接近于开路状态，称之为“虚断”，记为

$$i_+ = i_- \approx 0$$

这里需要指出的是，为了使集成运放可靠地工作在线性区，需引入深度负反馈，有关内容将在下节介绍。

2. 非线性工作区

当集成运放的输入信号过大，或未采取相关措施时，由于 A_{ud} 很大，只要有微小的输入信号，电路立即进入饱和状态。依据净输入状况，将有两种输出状态，即正饱和电压和负饱和电压，可表示为

$$\begin{cases} u_+ > u_- \text{时}, u_o = +U_{om} \\ u_+ < u_- \text{时}, u_o = -U_{om} \end{cases}$$

其传输特性如图 8-6 所示。

当集成运放工作在饱和状态时，两输入端的电流依然为零，即 $i_+ = i_- \approx 0$。

综上所述，在分析具体的集成运放应用电路时，可将集成运放按理想运放对待，判断它是否工作在线性区。一般来说，集成运放引入负反馈时，将工作在线性区；引入正反馈或开环状态时，将工作在非线性区。运用上述线性区或非线性区的特点，分析电路的工作原理，可使分析工作大为简化。

8.2　放大电路中的负反馈

8.2.1　反馈的一般概念

将放大电路的输出信号（电压或电流）的一部分或全部通过某种电路（称为反馈网络）引回到输入端，从而影响净输入信号的过程称为反馈。从输出端反送到输入端的信号称为反馈信号。

含有反馈网络的放大电路称为反馈放大电路，其组成框图如图 8-7 所示。图中 A 表示没有反馈的放大电路，称作基本放大电路。F 表示反馈网络，反馈网络一般由线性元件组成。由图 8-7 可见，反馈放大电路由基本放大电路和反馈网络构成一个闭环系统，因此又把它称为闭环放大电路。而把没有反馈的基本放大电路称为开环放大电路。x_i、x_f、x_{id} 和 x_o 分别表示电路的输入量、反馈量、净输入量和输出量，它们可以是电压，也可以是电流。

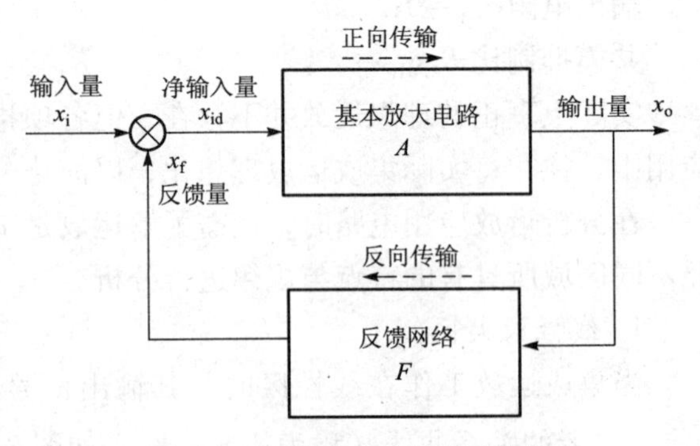

图 8-7　反馈放大电路组成框图

判断一个电路是否存在反馈，要看该电路的输出回路和输入回路之间有无起联系作用的元件（网络），若有则该元件（网络）称为反馈元件（网络）。

8.2.2　负反馈放大电路中的物理量间的基本关系

再看图 8-8 所示负反馈放大器的方框图，按图中各物理量极性和传输方向，可得放大器的开环增益、反馈系数和净输入量分别为

$$A=\frac{x_o}{x_{id}} \tag{8-1}$$

$$F=\frac{x_f}{x_o} \tag{8-2}$$

$$x_{id}=x_i-x_f \tag{8-3}$$

$$A_f=\frac{x_o}{x_i} \tag{8-4}$$

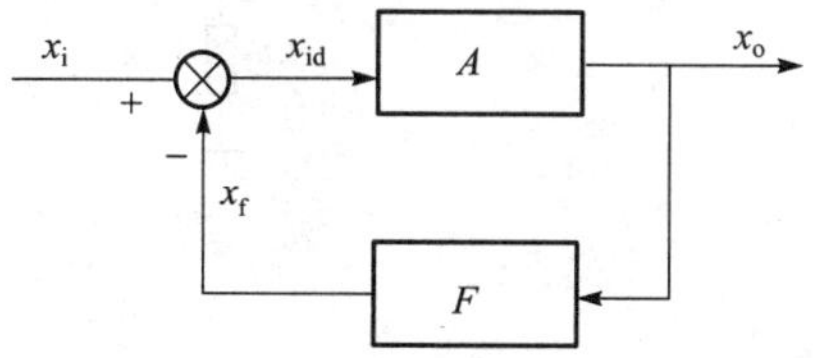

图 8-8　负反馈放大器的方框图

由此可得，放大电路闭环电压放大倍数为

$$A_f=\frac{x_o}{x_i}=\frac{x_o}{x_{id}+x_f}=\frac{\dfrac{x_o}{x_{id}}}{1+\dfrac{x_f}{x_o}\dfrac{x_o}{x_{id}}}=\frac{A}{1+AF} \tag{8-5}$$

反馈有正负之分，如果反馈量使净输入量得到增强，则称为正反馈；反之，若反馈量使净输入量减弱，则称为负反馈。

因此，由式（8-1）和式（8-4）知，放大电路引入负反馈后，由于 $x_i>x_{id}$，即 $(1+AF)>1$，式（8-5）表明闭环放大倍数 A_f减小到开环放大倍数 A 的 $\frac{1}{1+AF}$。式中 AF 称为环路增益，$1+AF$ 称为反馈深度，其值越大，则负反馈越深。工程中，通常把 $(1+AF)\gg 1$ 时的反馈称为深度负反馈，此时

$$A_f=\frac{A}{1+AF}\approx\frac{A}{AF}=\frac{1}{F} \tag{8-6}$$

8.2.3　反馈的基本类型

1. 反馈极性

通常采用瞬时极性法来判断反馈的极性。具体方法是：先假定输入信号在某一瞬时对地极性为正，并用⊕标示，然后顺着信号的传输方向，逐步推出输出信号和反馈信号的瞬时极性，并用⊕或⊖标示，最后判断反馈信号是增强还是减弱输入信号，如果是增强则为正反馈，反之则为负反馈。

例 8-1　判断图 8-9 所示电路的反馈极性。

图 8-9（a）：假定输入电压对地瞬时极性为⊕，根据运放同相输入的特性，输出电压 u_o对地的瞬时极性也为⊕，通过反馈支路，将反馈电压 u_f送到反相输入端，瞬时极性仍为⊕。由于 $u_{id}=u_i-u_f$，u_f使净输入量减少，则该电路为负反馈。上述过程可表示为：

$u_i\oplus\rightarrow u_+\oplus\rightarrow u_o\oplus\rightarrow u_f\oplus\rightarrow u_-\oplus\rightarrow u_{id}=u_i-u_f$　净输入量减少

图 8-9（b）：假定输入信号对地瞬时极性为⊕，则各点电压变化过程为：

$$u_i\oplus \to u_-\oplus \to u_o\ominus \to u_f\ominus \to u_+\ominus \to u_{id}=u_i-u_f \quad \text{净输入量增强}$$

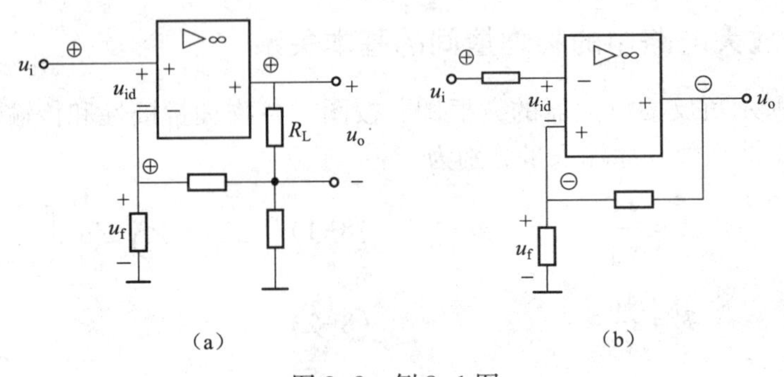

图 8-9　例 8-1 图

（a）负反馈；（b）正反馈

因此该电路为正反馈。

2. 交流反馈和直流反馈

反馈还有交流和直流之分。若反馈信号是交流量，则称为交流反馈，它影响电路的交流性能（如电压放大倍数、输入电阻和输出电阻等）；若反馈信号是直流量，则称为直流反馈，它影响电路的直流性能（如静态工作点）；若反馈信号中既有交流量又有直流量，则反馈对电路的交、直流性能都有影响。可根据反馈元件所出现的电流通路进行判断，若反馈元件只出现在交流通路中，则该元件起交流反馈作用，若只出现在直流通路中，则起直流反馈作用。若该元件既在直流通路中出现又在交流通路中出现，则是既有直流反馈又有交流反馈。

3. 反馈电路的类型

根据反馈信号在输出端的取样和在输入端的连接方式，放大电路可以组成四种不同类型的负反馈：电压串联负反馈、电压并联负反馈、电流串联负反馈和电流并联负反馈。判断方法如下：

（1）电压反馈和电流反馈

判断是电压反馈还是电流反馈是按照反馈信号在放大器输出端的取样方式来分类的。若反馈信号取自输出电压，即反馈信号与输出电压成比例，称为电压反馈；若反馈信号取自输出电流，即反馈信号与输出电流成比例，称为电流反馈。常采用负载电阻 R_L 短路法进行判断，将 R_L 短路，此时若反馈信号消失，则为电压反馈；若反馈依然存在，则为电流反馈。

（2）串联反馈和并联反馈

串联反馈和并联反馈是按照反馈信号在放大器输入端的连接方式来分类的。若反馈信号在放大器输入端以电压形式出现，即与输入信号串联，则为串联反馈；若反馈信号在放大器输入端以电流形式出现，即与输入信号并联，则为并联反馈。判断方法：如果反馈信号与输入信号加在同一端上，则为并联反馈；若加在不同端上则为串联反馈。

例 8-2　电路如图 8-10 所示，判断反馈类型。

假定输入信号对地瞬时极性为⊕，由于三极管的集电极和基极的信号相位相反，而发射极的信号相位跟随基极相位，所以经两级共射放大电路反相后，输出 u_o 为⊕，反馈电压 u_f 为⊕。因净输入量 $u_{id}=u_{be}=u_i-u_f$ 减少，电路为负反馈。

在输入端，输入信号与反馈信号分别加在三极管 b、e 两端，由上述概念，反馈信号线

和输入信号线不在一个端，故为串联反馈。在输出端，若将负载电阻处短路，则输出信号通地，反馈信号随之消失，故为电压反馈。

综上所述，电路为电压串联负反馈。

4. 本级和级间反馈

本级反馈是指由一个三极管或一个运算放大器构成一级电路产生的反馈，而级间反馈是指由两个或两个以上的三极管或运算放大器构成的多级电路中级与级之间发生的反馈。在多级电路中主要研究级间反馈。

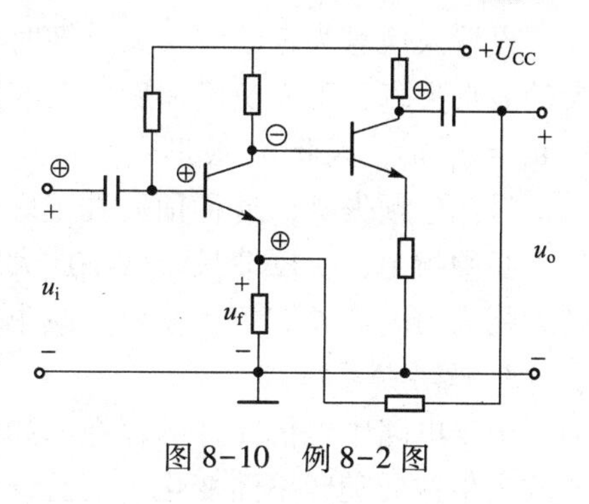

图 8-10　例 8-2 图

8.2.4　负反馈对放大器性能的影响

1. 提高放大倍数的稳定性

由于负载和环境温度的变化、电源电压的波动以及元器件老化等原因，放大电路的放大倍数也将随之变化。通常用放大倍数相对变化量的大小来表示放大倍数稳定性的优劣，相对变化量越小，则稳定性越好。

对表达式（8-5）求微分，可得

$$\frac{\mathrm{d}A_f}{A_f} = \frac{1}{1 + AF}\frac{\mathrm{d}A}{A}$$

可见，引入负反馈后放大倍数的相对变化量 $\mathrm{d}A_f/A_f$ 为未引入负反馈时的相对变化量 $\mathrm{d}A/A$ 的 $1/(1+AF)$ 倍，即放大倍数的稳定性提高到未加负反馈时的（$1+AF$）倍。因为在负反馈时，$1+AF$ 是大于 1 的，所以加入负反馈时稳定性提高了。

引入深度负反馈后，由式（8-6）可见，电路的闭环增益仅取决于反馈系数 F，因为反馈网络大多由线性元件构成，稳定性比较高，因此放大倍数比较稳定。

2. 减小非线性失真

由于三极管、场效应管等元件的非线性，会造成输出信号的非线性失真，引入负反馈后可以减小这种失真。其原理如图 8-11 所示。

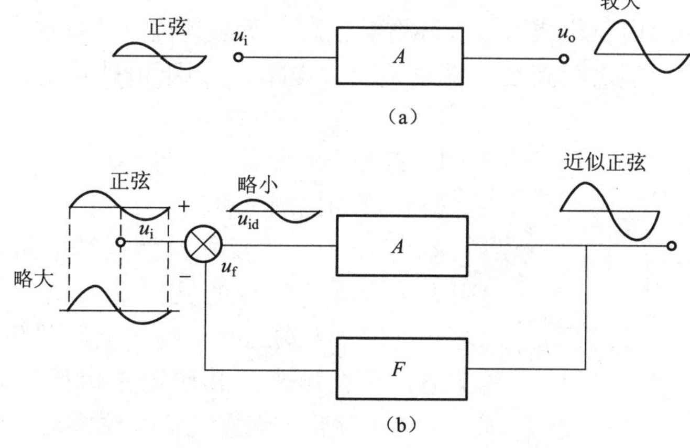

图 8-11　负反馈减小非线性失真

（a）未引入负反馈；（b）引入了负反馈

设输入信号为正弦波，无反馈时，放大电路的输出信号产生了正半周幅度比负半周幅度大的波形失真，引入负反馈后，反馈信号也为正半周幅度略大于负半周幅度的失真波形。由于 $u_{id}=u_i-u_f$，因此 u_{id}波形变为正半周幅度略小于负半周幅度的波形。即通过负反馈使净输入信号产生预失真，这种预失真正好补偿放大电路的非线性失真，使输出波形得到改善。

必须指出，负反馈只能减小放大电路内部引起的非线性失真，对于信号本身固有的失真则无能为力。此外，负反馈只能减小而不能消除非线性失真。

3. 改善频率响应

由于电路中电抗元件的存在，如耦合电容、旁路电容及三极管本身的结电容等，放大器的放大倍数会随频率而变化。实验证明，放大电路在高频区和低频区的电压放大倍数比中频区低。当输入等幅不同频的信号时，高、低频段的输出信号比中频段的小。因此，反馈信号也小，所以高、低频段的放大倍数减小程度比中频段的小，类似于频率补偿作用。

4. 改变输入电阻和输出电阻

根据不同的反馈类型，负反馈对放大器的输入电阻、输出电阻有不同的影响。

负反馈对输入电阻的影响取决于反馈信号在输入端的连接形式。在串联负反馈电路中，反馈信号与输入信号串联，以电压形式存在，相当于两电压源串联，因而可使输入电阻变大。

而在并联负反馈电路中，反馈信号以电流形式存在，与输入信号并联，相当于两电流源并联，从而使输入电阻减小。

负反馈对输出电阻的影响取决于反馈信号在输出端的取样方式。因电压负反馈可稳定输出电压，具有恒压特性，因此电压负反馈使输出电阻减小。因电流负反馈可稳定输出电流，具有恒流特性，由恒流源特性可知，电流负反馈使输出电阻变大。

8.3 集成运算放大器的应用

由集成运算放大器可以组成各种线性和非线性应用电路，如信号运算电路、信号处理电路、信号产生电路和信号变换电路等。本节将介绍集成运放电路和电压比较器电路。

采用集成运放接入适当的反馈电路就可构成各种运算电路，主要有比例运算、加减运算和微积分运算等电路。由于集成运放开环增益很高，所以其构成的基本运算电路均为深度负反馈电路，在两个输入端之间满足“虚短”和“虚断”，以下电路均是根据这一特性进行分析的。

1. 集成运放的线性应用

(1) 反相比例运算

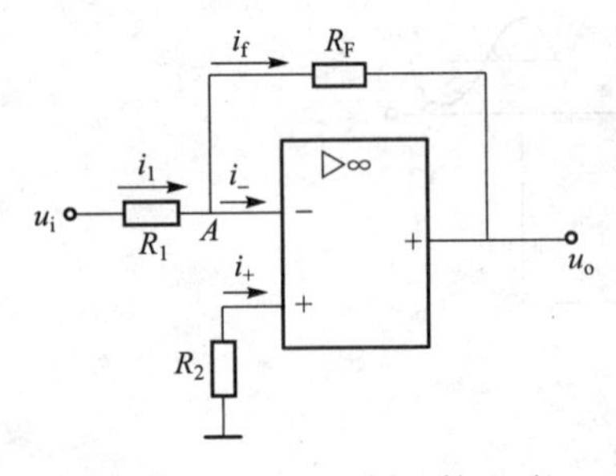

图 8-12　反相比例运算电路

图 8-12 所示为反相比例运算电路，输入信号 u_i通过电阻 R_1加到集成运放的反相输入端，反馈电阻 R_F接在输出端和反相输入端之间，构成电压并联负反馈。$R_2=R_1//R_F$为直流平衡电阻，其作用是保证当 u_i为零时，u_o也为零，从而消除输入偏置电流及温漂对放大电路的影响。

因 $i_+=i_-\approx0$，$u_+\approx u_-$，可得 A 点的电位为 $u_A\approx u_+\approx 0$，并称 A 点为“虚地”，它是反相比例运算电路的重要

特征。

根据“虚断”的概念，可得

$$i_1 \approx i_f$$

又因为

$$i_1 = \frac{u_i}{R_1}, \quad i_f = \frac{u_- - u_o}{R_F} = -\frac{u_o}{R_F}$$

所以

$$\frac{u_i}{R_1} = -\frac{u_o}{R_F}$$

即

$$u_o = -\frac{R_F}{R_1}u_i \tag{8-7}$$

$$A_{uf} = \frac{u_o}{u_i} = -\frac{R_F}{R_1}$$

式（8-7）表明，输出电压与输入电压成比例关系，式中负号表示二者相位相反。同时，u_o与u_i的关系仅取决于外部元件R_1和R_F的阻值，而与运放本身参数无关。这样，只要R_1和R_F的精度和稳定性达到要求，就可以保证比例运算的精度和稳定性。

当$R_1 = R_F = R$时，$u_o = -\frac{R_F}{R_1}u_i = -u_i$，即输出电压与输入电压大小相等、相位相反，图 8-12 所对应的电路则称为反相器。

反相比例运算放大器的输入、输出电阻分别为$r_{if} = \frac{u_i}{i_1} \approx R_1$，$r_{of} \approx 0$。

（2）同相比例运算电路

图 8-13 所示为同相比例运算电路，输入信号u_i通过电阻R_2加到集成运放的同相输入端，反馈电阻R_F接在输出端和反相输入端之间，构成电压串联负反馈。R_2为直流平衡电阻，满足$R_2 = R_1 // R_F$的关系。

由图 8-13 可见，同相输入时，A点经R_1接地，因此不再具有“虚地”特征，其电位应根据R_1、R_F分压关系计算。

根据$u_+ \approx u_-$，$i_+ = i_- \approx 0$，由图 8-13 可得

$$i_1 \approx i_f, \ u_+ \approx u_i, \ u_i \approx u_- = u_A = u_o \frac{R_1}{R_1 + R_F}$$

所以

$$u_o = \left(1 + \frac{R_F}{R_1}\right) u_i \tag{8-8}$$

$$A_{uf} = 1 + \frac{R_F}{R_1}$$

式（8-8）表明，输出电压与输入电压成比例关系，且相位相同。

如取$R_F = 0$或$R_1 = \infty$，由式（8-8）可得$u_o = \left(1 + \frac{R_F}{R_1}\right) u_i = u_i$，这时电路称为电压跟随器，如图 8-14 所示。

由于同相比例运算电路引入了深度电压串联负反馈，所以输入、输出电阻分别为$r_{if} \approx$

∞、$r_{of}\approx 0$。

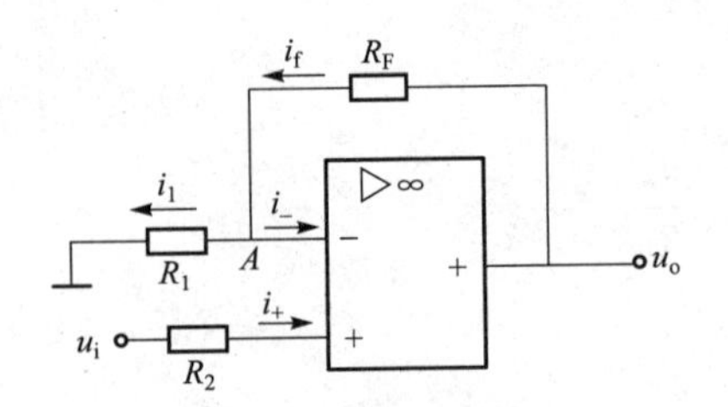

图 8-13　同相比例运算电路

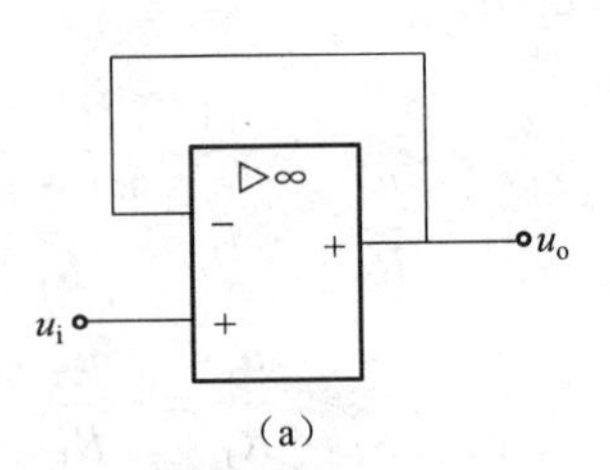

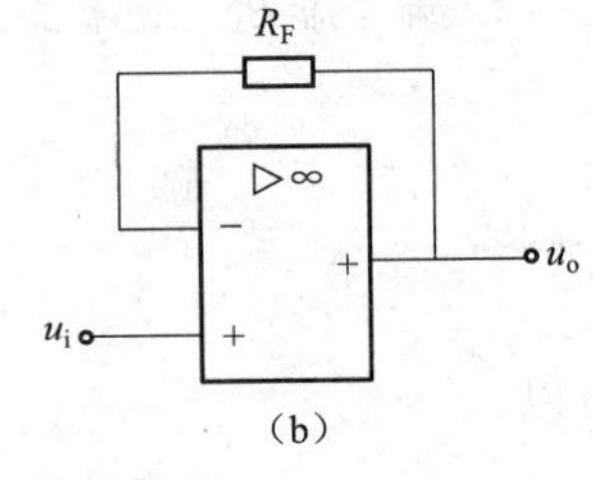

图 8-14　电压跟随器

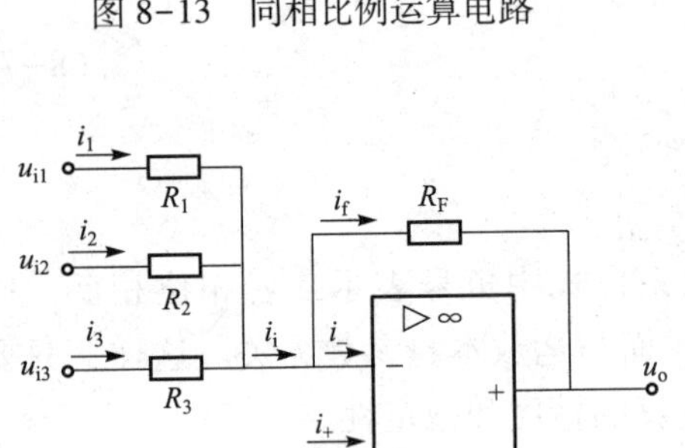

图 8-15　加法电路

(3) 加法运算电路

图 8-15 所示为三个输入信号的加法运算电路，输入信号采用反相输入方式。直流平衡电阻 $R_4 = R_1 // R_2 // R_3 // R_F$。

根据“虚断”的概念，由图 8-15 可得

$$i_i \approx i_f$$

又
$$i_i = i_1 + i_2 + i_3$$

再根据“虚地”的概念，可得

$$i_1 = \frac{u_{i1}}{R_1},\ i_2 = \frac{u_{i2}}{R_2},\ i_3 = \frac{u_{i3}}{R_3}$$

则

$$u_o = -R_F i_f = -R_F\left(\frac{u_{i1}}{R_1} + \frac{u_{i2}}{R_2} + \frac{u_{i3}}{R_3}\right)$$

电路实现了各信号的比例求和运算。

当 $R_1 = R_2 = R_3 = R_F = R$ 时，$u_o = -(u_{i1} + u_{i2} + u_{i3})$，电路实现了各输入信号的反相求和运算。

实际上，因为运算放大器在构成负反馈时是工作在线性状态下的，所以加法运算电路也可以在反相比例运算电路的基础上运用叠加法进行分析。

(4) 减法运算电路

图 8-16 所示为减法运算电路，它是反相端和同相端都有信号输入的放大器，也称差分输入放大器。其中 u_{i1} 通过 R_1 加到反相端，而 u_{i2} 通过 R_2、R_3 分压后加到同相端。由图可知

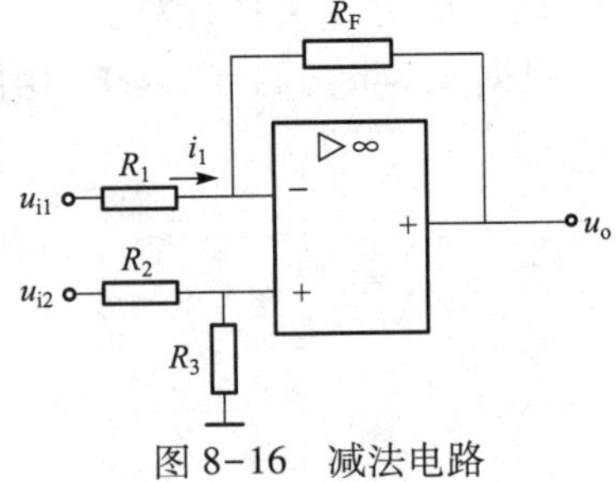

图 8-16　减法电路

$$u_- = u_{i1} - i_1 R_1 = u_{i1} - \frac{u_{i1} - u_o}{R_1 + R_F} R_1$$

$$u_+ = \frac{R_3}{R_2 + R_3} u_{i2}$$

由“虚短”的概念，得

$$u_{i1}-\frac{u_{i1}-u_{o}}{R_1+R_F}R_1=\frac{R_3}{R_2+R_3}u_{i2}$$

整理可得

$$u_o=\frac{R_1+R_F}{R_1}\left(\frac{R_3}{R_2+R_3}u_{i2}\right)-\frac{R_F}{R_1}u_{i1}$$

当 $R_1=R_2$，$R_3=R_F$时

$$u_o=\frac{R_F}{R_1}(u_{i2}-u_{i1}) \tag{8-9}$$

即电路的输出电压与差分输入电压成比例。

式（8-9）中，若再设 $R_1=R_F$，则

$$u_o=u_{i1}-u_{i2}$$

可见，适当选配电阻值，可使输出电压与输入电压的差值成正比，实现了减法运算。亦可在比例运算电路的基础上运用叠加法而得到。

（5）积分运算电路

图 8-17 所示为积分运算电路，它和反相比例运算电路的差别仅是用电容 C 代替反馈电阻 R_F。图中直流平衡电阻 $R_2=R_1$。

根据运放反相端的“虚地”概念和图示电压、电流的参考方向，可得

$$i_1=\frac{u_i}{R_1}=i_f,\quad u_o=-u_C=-\frac{1}{C}\int i_f dt=-\frac{1}{C}\int i_1 dt=-\frac{1}{C}\int\frac{u_i}{R_1}dt$$

即

$$u_o=-\frac{1}{R_1C}\int u_i dt$$

可见，输出电压与输入电压的积分成比例关系，实现了积分运算。式中负号表示输出电压与输入电压反相，R_1C 为积分时间常数。

（6）微分运算电路

微分与积分互为逆运算。将图 8-17 中 C 与 R_1 互换位置，即成为微分运算电路，如图 8-18 所示。

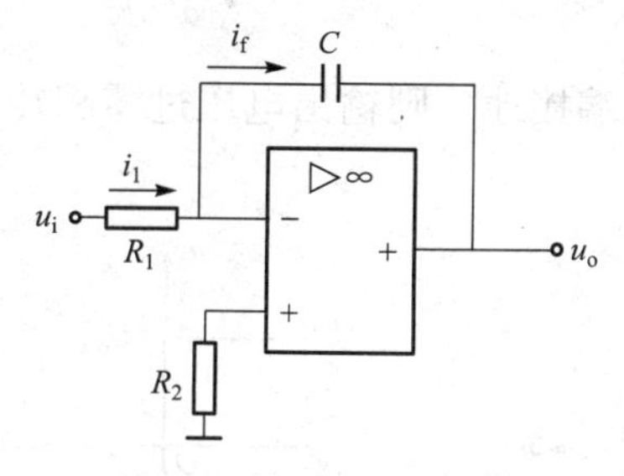

图 8-17　积分运算电路

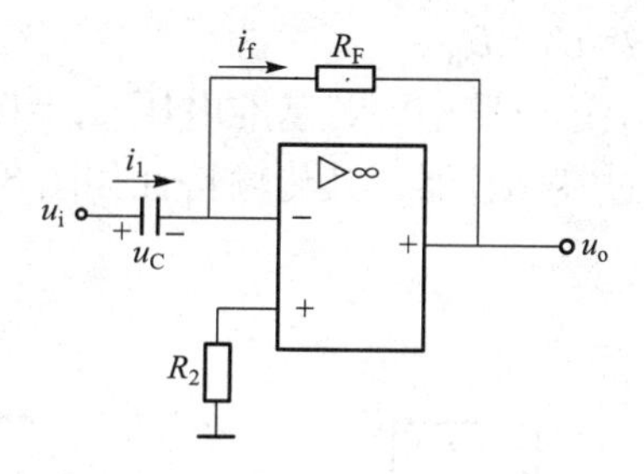

图 8-18　微分运算电路

由图 8-18 所示电压、电流的参考方向以及“虚地”概念可得

$$i_1=C\frac{du_C}{dt}=C\frac{du_i}{dt}=i_f$$

$$u_o = -R_F i_f = -R_F C \frac{du_i}{dt}$$

可见，输出电压与输入电压的微分成比例关系，实现了微分运算。$R_F C$ 为电路的时间常数。

电子技术中，常通过积分和微分电路实现波形变换。积分电路可将方波变换为三角波，微分电路可将方波变换为尖脉冲。图 8-19 所示分别为它们的输入、输出波形的一种类型，读者可自行分析其原理。

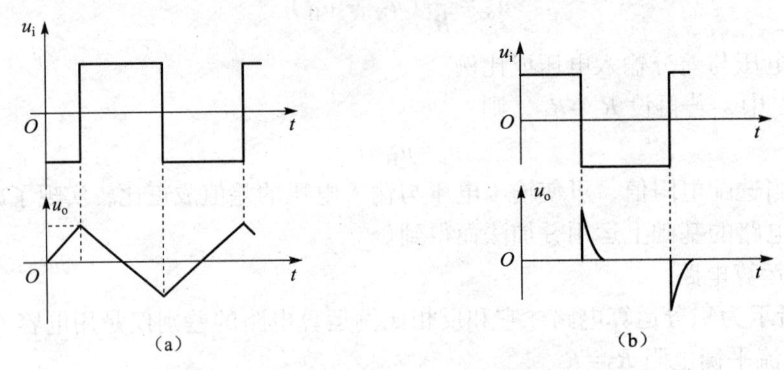

图 8-19　微分、积分运算电路用于波形转换

（a）通过积分电路的输出波形；（b）通过微分电路的输出波形

2. 集成运放的非线性应用——电压比较器

在自动控制中，常通过电压比较电路将一个模拟信号与基准信号相比较，并根据比较结果决定执行机构的动作。各种越限报警器就是利用这一原理工作的。

图 8-20 所示为电压比较器原理电路，输入信号 u_i 加在反相输入端，基准信号 U_R 加在同相输入端，集成运放工作在开环状态。

由集成运放工作特性可知，当 $u_i<U_R$ 时，输出正饱和电压 $+U_{om}$；当 $u_i>U_R$ 时，输出负饱和电压 $-U_{om}$，其传输特性如图 8-21（a）所示。

由传输特性可见，在 U_R 处，输出电压 u_o 从一种状态跃变到另一种状态。通常称这种跃变为翻转，并把输出电压发生翻转时所对应的输入电压叫作触发电压或门限电压，用 U_T 表示，显然 $U_T=U_R$。

在上述电路中，若基准电压 $U_R=0$，也即同相输入端接地，则输出电压过零翻转，该电路称为过零比较器，其传输特性如图 8-21（b）所示。

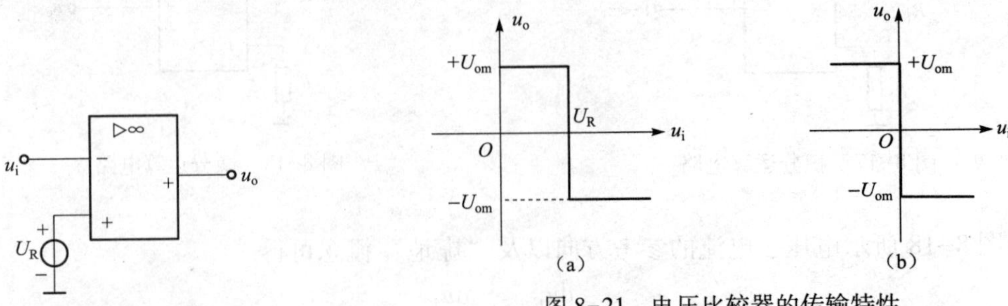

图 8-20　电压比较器

图 8-21　电压比较器的传输特性

（a）$U_R \neq 0$；（b）$U_R=0$

电压比较器在信号的测量、控制以及波形变换方面有着广泛的应用。

例 8-3　电路如图 8-22（a）所示，已知输入电压 u_i 为三角波，试画出输出电压的波形。

电路为反相输入的过零比较器，当 $u_i>0$ 时，输出负饱和电压；当 $u_i<0$ 时，输出正饱和电压；当 u_i 过零时，比较器的输出 u_o 将产生跳变。其输出波形如图 8-22（b）所示。

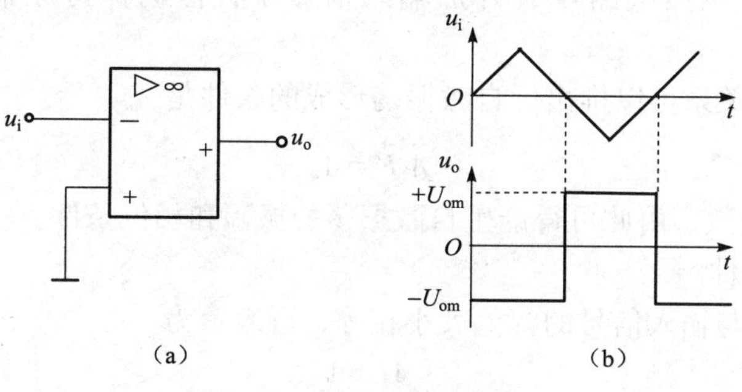

图 8-22　例 8-3 电路及波形

（a）电路；（b）输出波形

8.4　用集成运放构成振荡电路

波形产生电路是一种能量转换电路，它能把直流电能转换为具有一定频率、一定幅度和一定波形的交流电能。根据所产生的波形，波形产生电路可分为正弦波产生电路和非正弦波产生电路两类，各种振荡电路工作时不需要外加输入信号。

8.4.1　正弦波振荡电路的基础知识

1. 自激振荡现象

扩音系统在使用中有时会产生刺耳的啸叫声，其形成过程如图 8-23 所示。

扬声器发出的声音传入话筒，话筒将声音转化为电信号，送给扩音机放大，再由扬声器将放大了的电信号转化为声音，声音又返送回话筒，形成正反馈，如此反复循环，就产生了自激振荡啸叫声。显然，自激振荡是扩音系统应该避免的，而信号发生器正是利用自激振荡的原理来产生正弦波的。信号发生器为什么不需要输入信号，就能得到一定频率、一定幅度的正弦波信号输出呢？

2. 自激振荡形成的条件

可以借助图 8-24 所示的方框图来分析正弦波振荡形成的条件。

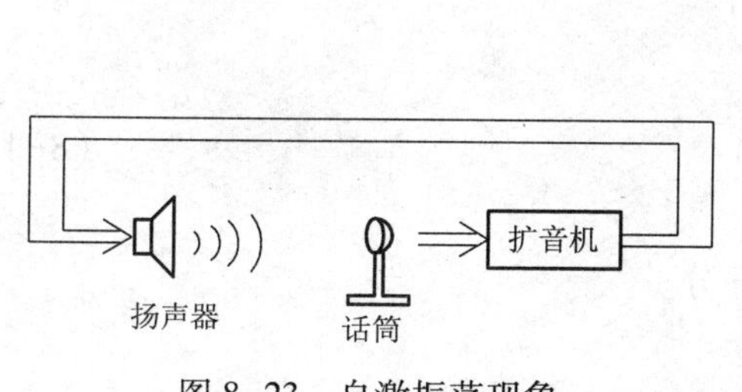

图 8-23　自激振荡现象

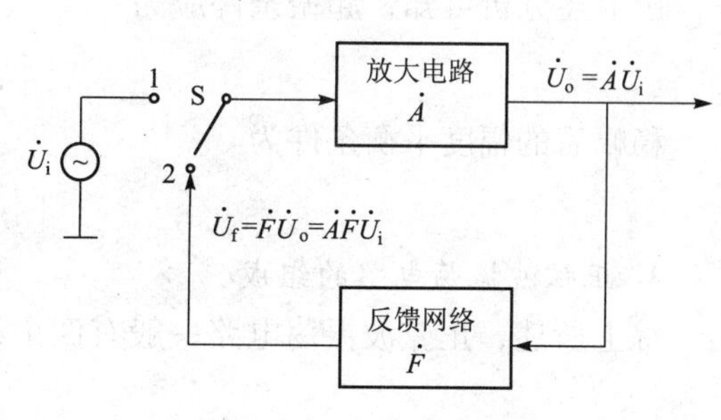

图 8-24　自激振荡框图

图 8-24 是自激振荡框图。当开关 S 处在“1”时，放大电路与电源接通，此时，电路的输入信号、输出信号和反馈信号分别为$\dot{U}_i$、$\dot{U}_o$和$\dot{U}_f$，它们相互间的关系已在图中标出。若适当选择电路参数，使$\dot{U}_i=\dot{U}_f$，且将开关 S 打到“2”处，用反馈电压代替原输入电压。此时，虽然电路没有外加输入信号了，但仍保持原输出电压不变，形成自激振荡。

由框图中各电量关系可以推出，自激振荡形成的条件是

$$\dot{A}\dot{F}=1 \tag{8-10}$$

式（8-10）是复数，由此可得产生自激振荡的振幅和相位条件。

（1）振幅平衡条件

反馈信号的幅值与输入信号的幅值大小相等，可表示为

$$AF=1 \tag{8-11}$$

（2）相位平衡条件

反馈信号与原输入信号的相位相同，即电路中必须引入正反馈。

3. 振荡的建立与稳定

众所周知，放大电路的输出信号是由输入信号引起的，而在实际振荡电路中并没有输入信号，那么输出信号又是如何产生的呢？

当放大电路接通电源的瞬间，随着电源电压由零开始的突然增大，电路受到扰动，在放大器的输入端产生一个微弱的扰动电压 u_i，经放大器放大、正反馈、再放大、再反馈、……，如此反复循环，输出信号的幅度很快增加。这个扰动电压包括从低频到甚高频的各种频率的谐波成分。为了能得到所需要频率的正弦波信号，必须增加选频网络，只有在选频网络中心频率上的信号才能通过，其他频率的信号被抑制，在输出端就会得到如图 8-25 的 ab 段所示的起振波形。

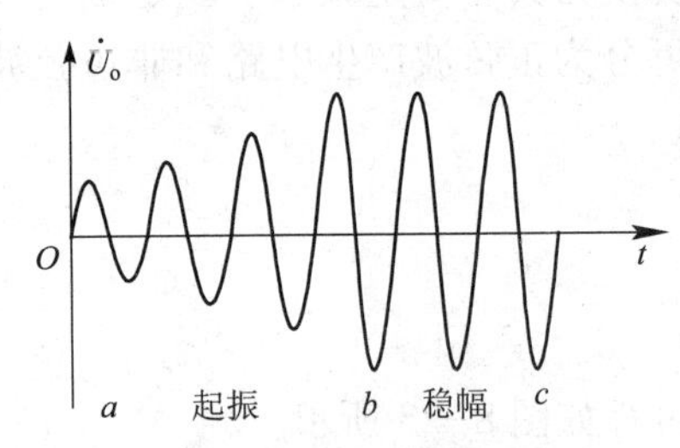

图 8-25　自激振荡的起振波形

那么，振荡电路在起振以后，振荡幅度会不会无休止地增长下去呢？这就需要增加稳幅环节，当振荡电路的输出达到一定幅度后，稳幅环节就会使输出减小，维持一个相对稳定的稳幅振荡，如图 8-25 的 bc 段所示。也就是说，在振荡建立的初期，必须使反馈信号大于原输入信号，反馈信号一次比一次大，才能使振荡幅度逐渐增大；当振荡建立后，还必须使反馈信号等于原输入信号，才能使建立的振荡得以维持下去。

由上述分析可知，起振条件应为

$$|\dot{A}\dot{F}|>1 \tag{8-12}$$

稳幅后的幅度平衡条件为

$$|\dot{A}\dot{F}|=1 \tag{8-13}$$

4. 正弦波振荡电路的组成

综上所述，正弦波振荡电路一般有四个组成部分。

（1）放大电路

完成信号的放大，是维持振荡器工作的主要环节。

（2）反馈网络

将输出信号反馈到输入端，并形成正反馈以满足相位平衡条件。

（3）选频网络

由扰动信号引起的振荡，并不是单一频率的振荡，其中包含了各种频率的谐波成分，为了从中获得单一频率的正弦波信号，振荡电路中应设选频网络。有些振荡电路中，选频网络兼作反馈网络。

（4）稳幅环节

使振荡信号幅值稳定。

根据组成选频网络的元件和结构，正弦波振荡电路通常分为 *LC* 振荡电路、*RC* 振荡电路和石英晶体振荡电路。在这里主要介绍 *RC* 振荡电路。

8.4.2　*RC* 振荡电路

RC 正弦波振荡电路结构简单，性能可靠，用来产生几兆赫兹以下的低频信号。常用的 *RC* 振荡电路有 *RC* 桥式振荡电路和移相式振荡电路。本节只介绍由 *RC* 串并联网络构成的 *RC* 桥式振荡电路。

1. *RC* 串并联网络的选频特性

RC 串并联网络由 R_2 和 C_2 并联后与 R_1 和 C_1 串联组成，如图 8-26 所示。

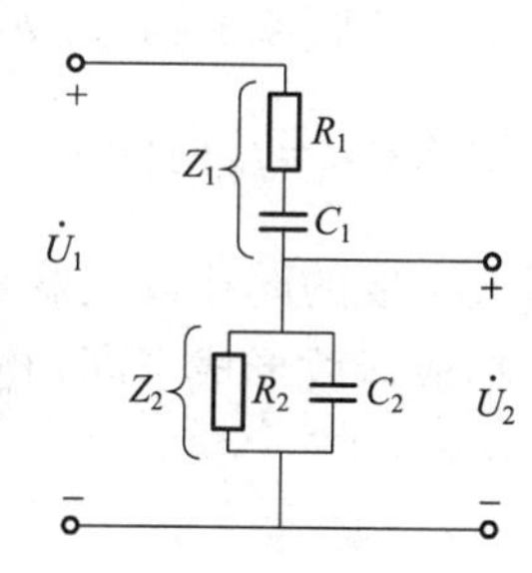

图 8-26　*RC* 串并联网络

设 R_1、C_1 的串联阻抗用 Z_1 表示，R_2 和 C_2 的并联阻抗用 Z_2 表示，输入电压 $\dot{U}_1$ 加在 Z_1 与 Z_2 串联网络的两端，输出电压 $\dot{U}_2$ 从 Z_2 两端取出。将输出电压 $\dot{U}_2$ 与输入电压 $\dot{U}_1$ 之比作为 *RC* 串并联网络的传输系数，记为 $\dot{F}$，那么

$$\dot{F} = \frac{\dot{U}_2}{\dot{U}_1} = \frac{Z_2}{Z_1 + Z_2}$$

在实际电路中，取 $C_1 = C_2 = C$，$R_1 = R_2 = R$，由数学推导得

$$\dot{F} = \frac{1}{3 + \mathrm{j}\left(\omega RC - \dfrac{1}{\omega RC}\right)} \tag{8-14}$$

设输入电压 $\dot{U}_1$ 为振幅恒定、频率可调的正弦信号电压。由式（8-14）可知：

当 $\omega = 0$ 时，传输系数 $\dot{F}$ 的模值 $F=0$，相角 $\varphi_F = +90°$；

当 $\omega = \infty$ 时，传输系数 $\dot{F}$ 的模值 $F=0$，相角 $\varphi_F = -90°$；

当 $\omega = 1/(RC)$ 时，传输系数 $\dot{F}$ 的模值 $F = 1/3$，且为最大，相角 $\varphi_F = 0°$。

由此可以看出，当 ω 由 0 趋于 ∞ 时，F 的值先从 0 逐渐增加，然后又逐渐减少到 0。

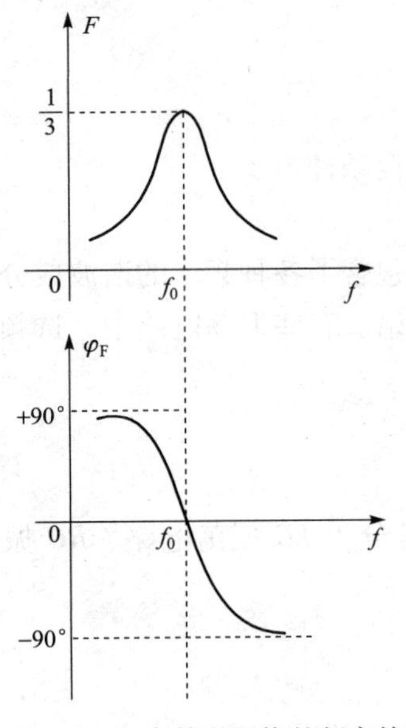

图 8-27　RC 串并联网络的频率特性

其相角也从 +90° 逐渐减少为 0° ~ -90°，如图 8-27 所示。

由以上分析可知：RC 串并联网络只在

$$\omega=\omega_0=\frac{1}{RC}$$

频率上产生振荡，即

$$f=f_0=\frac{1}{2\pi RC}$$

2. RC 桥式振荡电路

RC 桥式振荡电路如图 8-28 所示。

在图 8-28 中，集成运放 A 和 R_1、R_f、D_1、D_2、R_2 组成一个同相放大器，D_1 和 D_2 构成稳幅环节。RC 串并联网络既是选频网络又是正反馈网络。

集成运放的输出电压 u_o 作为 RC 串并联网络的输入电压，而将 RC 串并联网络的输出电压作为放大器的输入电压，当 $f=f_0$ 时，RC 串并联网络的相位移为 0°，即 $\varphi_F=0°$。放大器是同相放大器，$\varphi_A=0°$，电路的总相位移 $\varphi_A+\varphi_F=0°$，满足相位平衡条件。而对于其他频率的信号，RC 串并联网络的相位移不为 0°，不满足相位平衡条件。由于 RC 串并联网络在 $f=f_0$ 时的传输系数 $F=\frac{1}{3}$，因此要求放大器的总电压增益 A_u 应大于 3，这对于集成运放组成的同相放大器来说是很容易满足的。由 R_1、R_f、D_1、D_2 及 R_2 构成负反馈支路，它与集成运放形成了同相输入比例运算放大器

$$A_u=1+\frac{R_f}{R_1}$$

只要适当选择 R_f 与 R_1 的比值，就能实现 $A_u>3$ 的要求。其中，D_1、D_2 和 R_2 是实现自动稳幅的限幅电路。D_1、D_2 反向并联再与电阻 R_2 并联，然后串接在负反馈支路中，不论在振荡的正半周或负半周，两只二极管总有一只处于正向导通状态。当振荡幅度增大时，

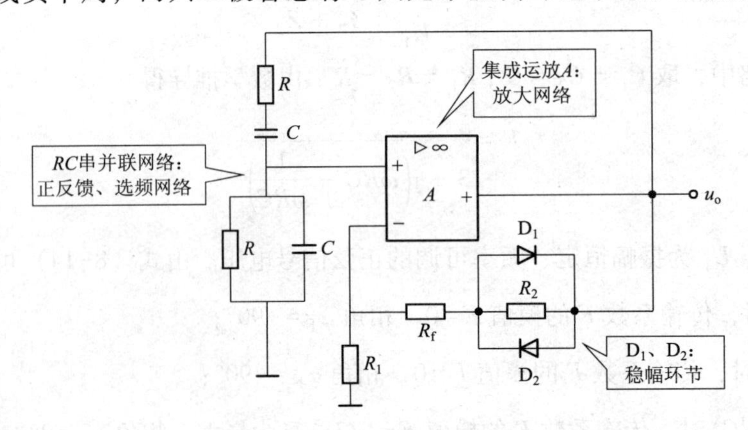

图 8-28　RC 桥式正弦波振荡电路

二极管正向导通电阻减小，放大电路的增益下降，限制了输出幅度的增大，起到了自动稳幅的作用。

由集成运算放大器构成的 *RC* 桥式振荡电路，具有性能稳定、电路简单等优点。其振荡频率由 *RC* 串并联正反馈选频网络的参数决定，即

$$f_0 = \frac{1}{2\pi RC} \tag{8-15}$$

8.5　使用运算放大器应注意的几个问题

集成运放在使用前除应正确选型，了解各引脚排列位置、外接电路外，在调试、使用时还应注意以下问题。

1. 调零

失调电压、失调电流的存在，使得实际运放输入信号为零时，输出不为零。为此，有些运放在引脚中设有调零端，使用时需接上调零电位器进行调零，如 F007。图 8-29 所示为 F007 的调零电路。调零时，将电路的输入端接地，调整电位器 R_P 使输出为零。

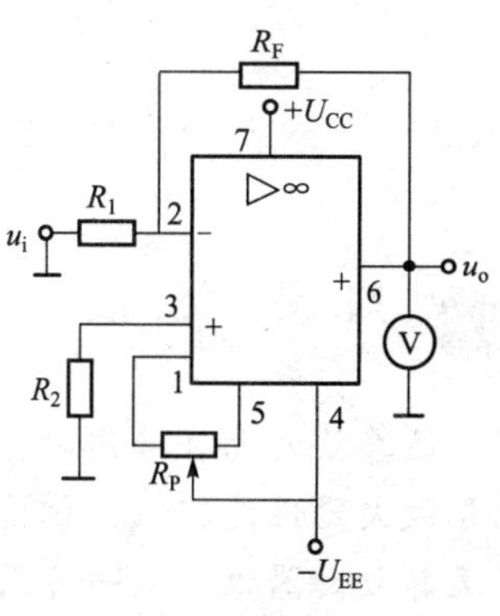

图 8-29　F007 的调零电路

2. 消除自激

运放工作时，很容易产生自激振荡。利用示波器可以观察到输出信号中叠加了一个频率较高的正弦波。消除措施是根据不同类型的运放，在电路中加入适当的补偿电容 *C* 或 *RC* 补偿网络。图 8-30（a）、（b）所示为常见的消振电路。

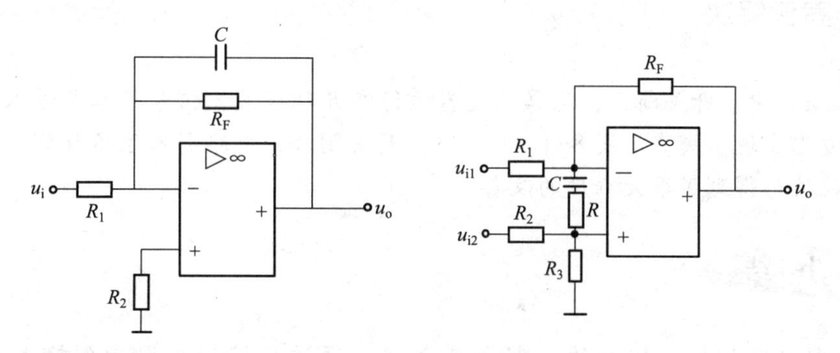

图 8-30　集成运放的消振电路

3. 保护措施

在使用中，由于电源极性接反、输入信号电压过高、输出端负载过大等原因，都会造成集成运放的损坏。所以运放在使用中须加保护电路。图 8-31（a）所示为输入端保护电路。在输入端接入两个反向并联的二极管，可将输入电压限制在二极管导通电压之内。图 8-31（b）所示为输出端保护电路。正常工作时，输出电压小于双向稳压管的稳压值，双向稳压管相当于开路，保护支路不起作用。当输出电压大于稳压管稳压值时，稳压管击穿导通，使运放负反馈加深，将输出电压限制在稳压管的稳压值范围内。图 8-31（c）

所示为电源保护电路，它是利用二极管的单向导电性来防止电源极性接错造成运放损坏的。

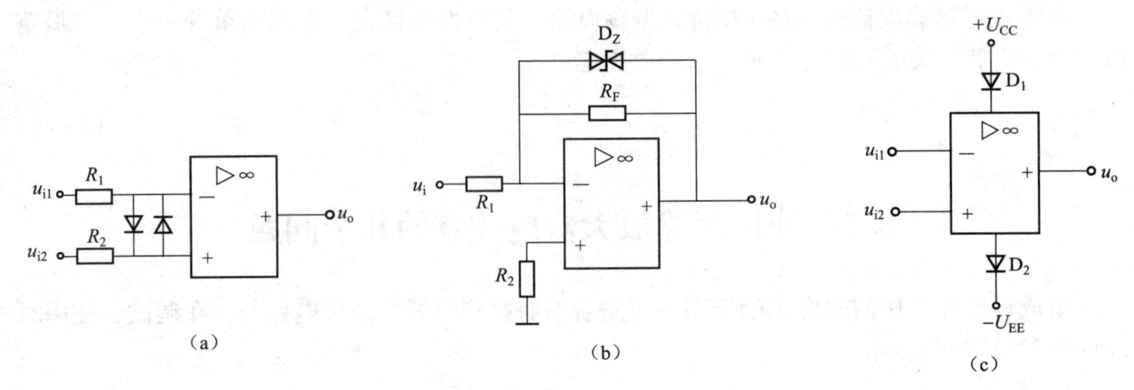

图 8-31　集成运放的保护电路

(a) 输入端保护电路；(b) 输出端保护电路；(c) 电源保护电路

知识拓展

运算放大器在选用时，一般需考虑两点：① 高的性能价格比。一般来说，专用型集成运算放大器性能较好，但价格较高。② 在工程实践中不能一味地追求高性能，而且专用集成运算放大器仅在某一方面有优异性能，而其他性能参数不高，所以在使用时，应根据电路的要求，查找集成运算放大器手册中的有关参数，合理地选用。

先导案例解决

图 8-1 (a) 中，开关断开，运算放大器运行在开环模式，信号很容易进入饱和区和截止区，因此波形出现了失真。图 8-1 (b) 中，开关闭合，电路引入了负反馈，运放工作在放大区，因此波形得到了很大程度的改善。

本章小结

① 把放大电路的输出信号的一部分或全部，通过反馈网络引回到输入端，从而影响净输入信号的过程称为反馈。基本关系式是 $A_f = A/(1+AF)$。判断一个电路是否有反馈，主要看有没有联系输出和输入回路的元件或者网络，如果有，那么说明这个电路有反馈。反馈有正负之分，可以用瞬时极性法判断。三极管的集电极和基极瞬时极性相反，发射极和基极瞬时极性相同。而运放则比较容易，从它的名称或符号上可以直接得知。

② 负反馈有四种基本类型：串联电压负反馈、串联电流负反馈、并联电压负反馈、并联电流负反馈。输入端的反馈方式主要看输入信号线和反馈信号线有没有相交，如果相交了，就是并联负反馈；反之，就是串联负反馈。输出端的反馈方式判别，首先

将输出端短路，看是否还有反馈信号存在，如果有，就是电流负反馈；反之，就是电压负反馈。

③ 交流负反馈会使放大倍数下降，但是带来的好处就是可以稳定放大倍数、减小非线性失真、扩展通频带等。串联负反馈能使输入电阻增大，并联负反馈可以使输入电阻变小，与输出电阻无关；电压负反馈可以减小输出电阻，稳定输出电压，电流负反馈可以增大输出电阻，稳定输出电流，跟输入电阻无关。

④ 因为运算放大器的开环放大倍数很大，理想化以后认为是无穷大，因此用运放构成负反馈以后电路肯定能够满足深度负反馈的条件，即 $1+AF\gg1$。因此在运放的输出端满足“虚断”和“虚短”。

⑤ 利用负反馈技术，可用集成运算放大器构成比例、加法、减法、微分、积分等电路。其中比例运算电路是基础。加法和减法电路都可以在比例运算电路的基础上运用叠加法进行分析。

⑥ 放大电路在某些条件下会形成正反馈，产生自激振荡，构成振荡电路。

⑦ RC 振荡电路适用于低频振荡，一般在 1 MHz 以下。

⑧ 在使用运算放大器时，应注意调零和消除自激。

习　题　八

8-1　填空

（1）集成运算放大器是一种采用________耦合方式的多级放大电路，一般由四部分组成，即________、________、________和________。

（2）集成运放也存在________问题，因此输入级大多采用________电路。

（3）理想集成运放的开环差模电压放大倍数 A_{ud} 为________，差模输入电阻 r_{id} 为________，差模输出电阻 r_{od} 为________。

（4）集成运放的两个输入端分别为________输入端和________输入端，前者的极性与输出端________，后者的极性与输出端________。

（5）电路产生自激振荡的条件是________。

（6）正弦波振荡电路由________组成。

8-2　选择填空（a. 电压　b. 电流　c. 提高　d. 降低）

（1）电压串联负反馈能稳定输出________，并能使输入电阻________。

（2）电压并联负反馈能稳定输出________，并能使输入电阻________。

（3）电流串联负反馈能稳定输出________，并能使输入电阻________。

（4）电流并联负反馈能稳定输出________，并能使输入电阻________。

8-3　负反馈对放大电路的性能有何影响？

8-4　判断图 8-32 所示电路的级间反馈极性。

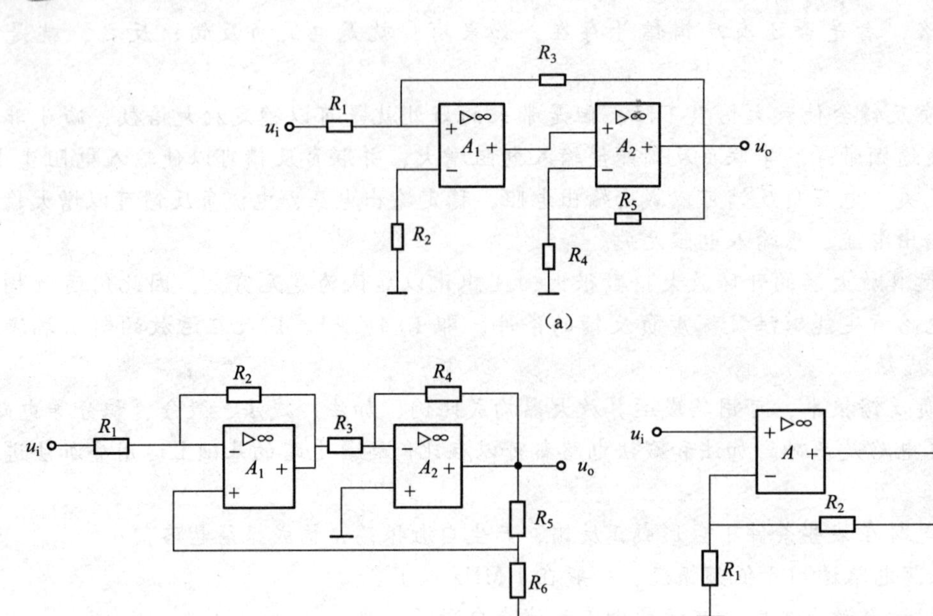

图 8-32　习题 8-4 图

8-5　判断图 8-33 所示电路的反馈类型。

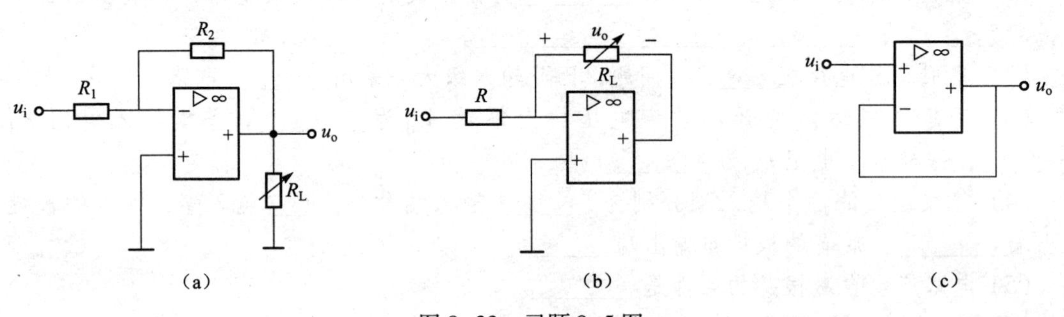

图 8-33　习题 8-5 图

8-6　电路如图 8-34 所示，试计算输出电压 u_o 的值。

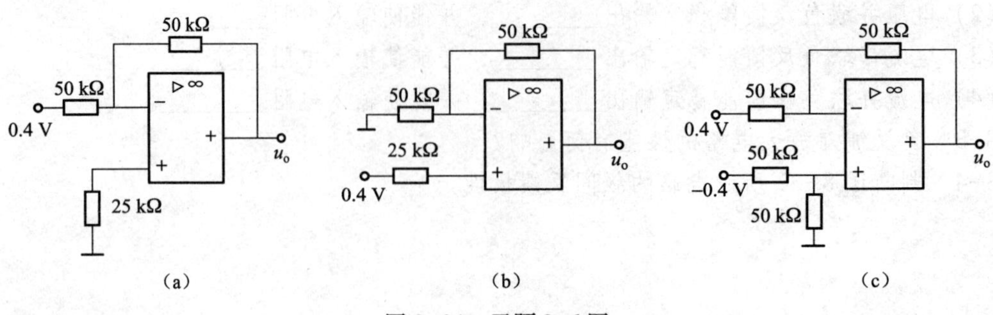

图 8-34　习题 8-6 图

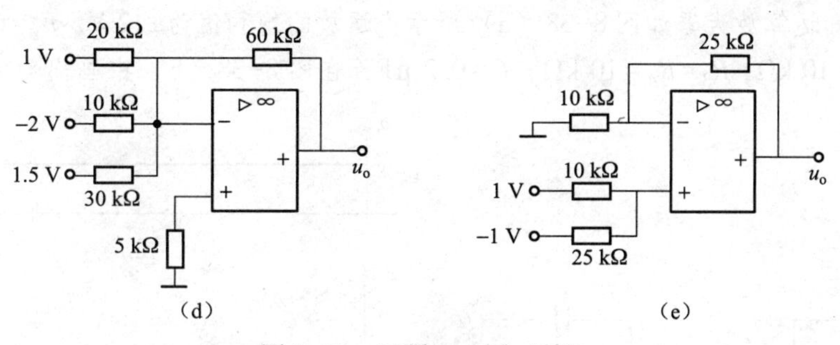

图 8-34 习题 8-6 图（续）

8-7 电路如图 8-35 所示，求电路的输出电压值，并指出 A_1 属于什么类型的电路。

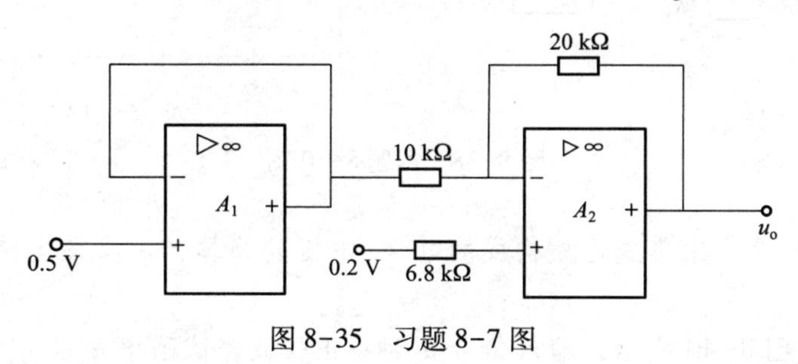

图 8-35 习题 8-7 图

8-8 电路如图 8-36 所示，试写出 u_o 表达式，并求出当 $u_{i1}=1.5\ \text{V}$，$u_{i2}=-0.5\ \text{V}$ 时，u_o 的值。

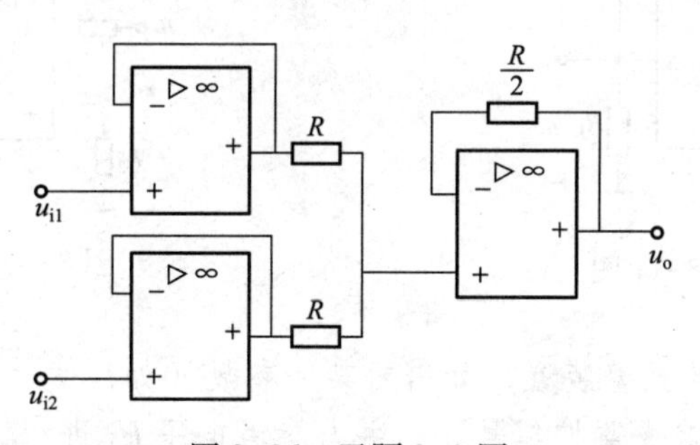

图 8-36 习题 8-8 图

8-9 积分电路和微分电路分别如图 8-37（a）、（b）所示，输入电压如图 8-37（c）所示，且 $t=0$ 时，$u_C=0$，试分别画出电路输出电压 u_{o1}、u_{o2} 的波形。

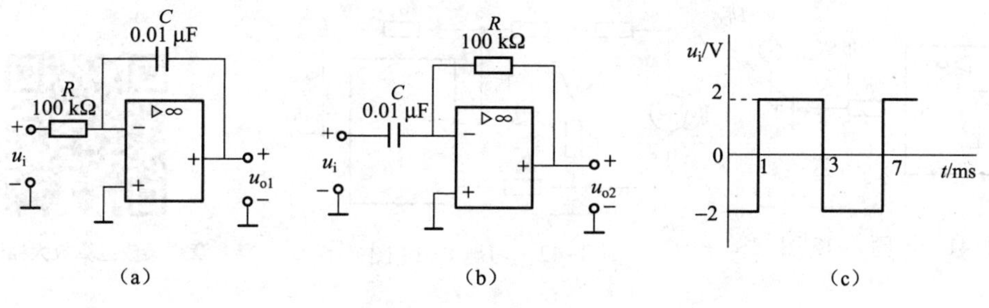

图 8-37 习题 8-9 图

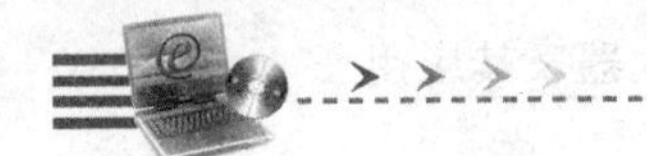

8-10　已知运算放大器如图 8-38（a）所示：运放的饱和值为±12 V，$u_i=6$ V，$R_1=5$ kΩ，$R_2=5$ kΩ，$R_F=10$ kΩ，$R_3=R_4=10$ kΩ，$C=0.2$ μF，在图 8-38（b）中画出输出电压的波形。

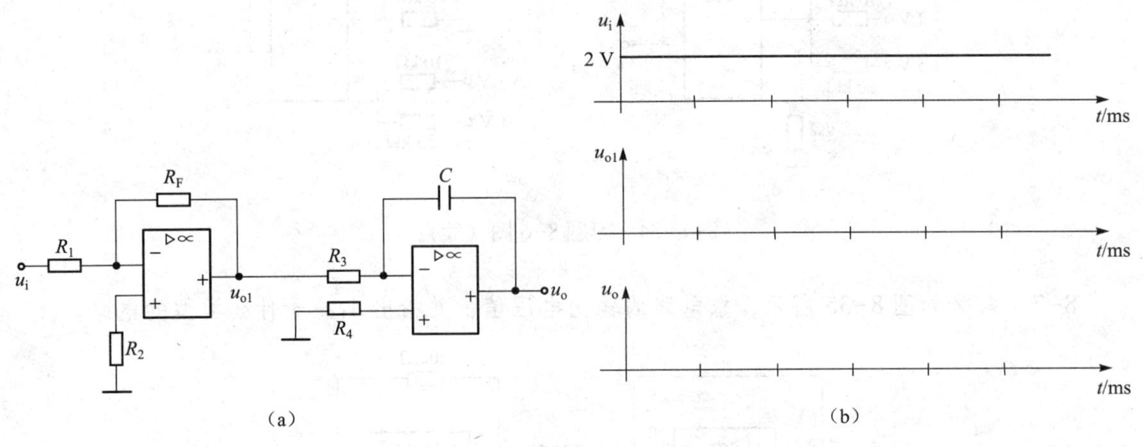

图 8-38　习题 8-10 图

8-11　图 8-39 是利用集成运放构成的电流-电压转换器，试求该电路输出电压 u_o 与输入电流 i_s 的关系式。

8-12　电路如图 8-40 所示，输入信号 u_i 为一正弦波，试画出 u_o 及 u'_o 的波形。

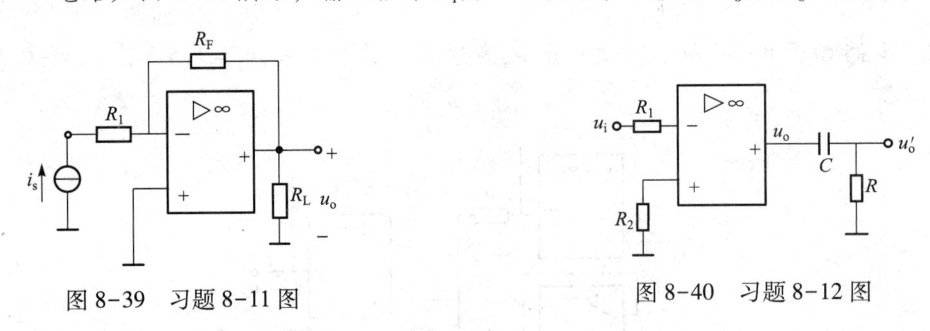

图 8-39　习题 8-11 图　　图 8-40　习题 8-12 图

8-13　图 8-41 是监控报警装置，如需对某一参数（如温度、压力等）进行监控时，可由传感器取得该参数并转换成监控信号 u_i，并与参考电压 U_R 进行比较。当 u_i 超过正常值时，报警灯亮，试说明其工作原理。

8-14　如图 8-42 所示为运算放大器电路，电阻 $R_1=4R$。当输入信号 $u_i=8\sin\omega t$ mV 时，试分别计算开关 K 断开和闭合时的输出电压 u_o。

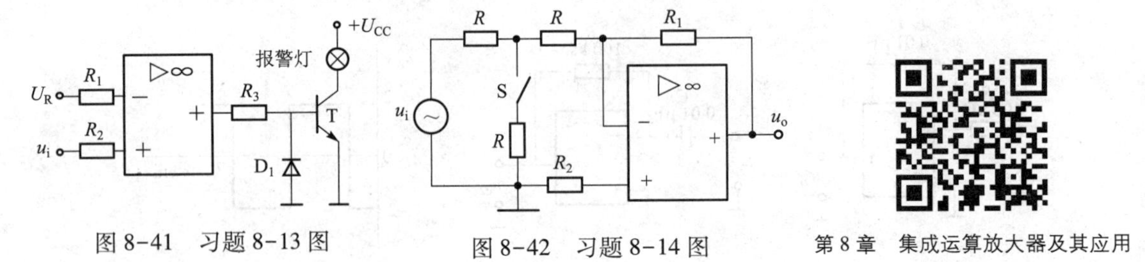

图 8-41　习题 8-13 图　　图 8-42　习题 8-14 图　　第 8 章　集成运算放大器及其应用

第 9 章　直流稳压电源

本章知识点

[1] 理解单相整流电路和滤波电路的工作原理及参数的计算。

[2] 了解稳压管稳压电路和串联型稳压电路的工作原理。

[3] 了解集成稳压电路的性能及应用。

先导案例

在工农业生产和科学实验中，主要采用交流电，但是在某些场合，如电解、电镀蓄电池的充电、直流电动机等，都需要用直流电源供电。此外，在电子电路和自动控制装置中，还需要用电压非常稳定的直流电源。为了得到直流电，除了采用直流发电机、干电池等直流电源外，目前广泛采用各种半导体直流电源。

图 9-1 所示是半导体直流稳压电源的原理方框图，它表示把交流电变换为直流电的过程。图中各部分实现的功能为变压、整流、滤波、稳压等，这些功能是如何实现的呢？

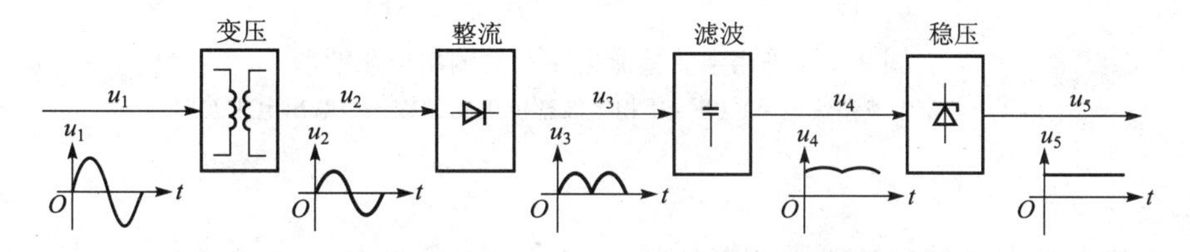

图 9-1　半导体直流稳压电源的原理框图

9.1　整流电路

整流电路的任务是将交流电变换为直流电。完成这一任务主要是靠二极管的单向导电作用，因此二极管是构成整流电路的核心元件。

整流电路按输入电源相数可分为单相整流电路和三相整流电路，按输出波形又可分为半波整流电路、全波整流电路和桥式整流电路等。目前广泛使用的是桥式整流电路。

为了简单起见，分析计算整流电路时把二极管当作理想元件来处理，即认为二极管的正向导通电阻为零，而反向电阻为无穷大。

9.1.1 单相半波整流电路

1. 工作原理

单相半波整流电路如图 9-2（a）所示。它是最简单的整流电路，由整流变压器、整流二极管 D 及负载电阻 R_L 组成。其中 u_1、u_2分别为整流变压器的原边和副边交流电压。电路的工作情况如下。

设整流变压器副边电压为

$$u_2=\sqrt{2}U_2\sin\omega t$$

当 u_2为正半周时，其极性为上正下负，即 a 点电位高于 b 点电位，二极管 D 因承受正向电压而导通，此时有电流流过负载，并且和二极管上的电流相等，即 $i_o=i_D$。忽略二极管的电压降，则负载两端的输出电压等于变压器副边电压，即 $u_o=u_2$，输出电压 u_o 的波形与变压器副边电压 u_2的相同。

当 u_2为负半周时，其极性为上负下正，即 a 点电位低于 b 点电位，二极管 D 因承受反向电压而截止。此时负载上无电流流过，输出电压 $u_o=0$，变压器副边电压 u_2全部加在二极管 D 上。

综上所述，在负载电阻 R_L 得到的是如图 9-2（b）所示的单向脉动电压。

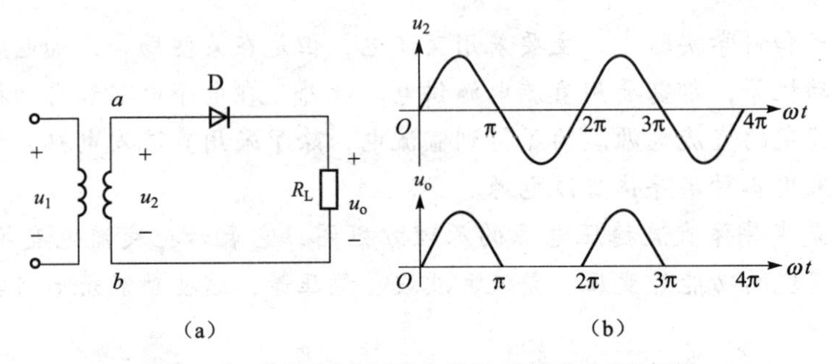

图 9-2　单相半波整流电路及其输出电压波形

（a）单相半波整流电路；（b）单相半波整流电路的输入、输出电压波形

2. 参数计算

（1）负载上的电压平均值和电流平均值

负载 R_L 上得到的整流电压虽然是单方向的（极性一定），但其大小是变化的。常用一个周期的平均值来衡量这种单向脉动电压的大小。

单相半波整流电压的平均值为

$$U_o=\frac{1}{2\pi}\int_0^{\pi}\sqrt{2}U_2\sin\omega t\mathrm{d}(\omega t)=\frac{\sqrt{2}}{\pi}U_2=0.45U_2 \tag{9-1}$$

流过负载电阻 R_L的电流平均值为

$$I_o=\frac{U_o}{R_L}=0.45\frac{U_2}{R_L} \tag{9-2}$$

（2）整流二极管的电流平均值和承受的最高反向电压

流经二极管的电流平均值就是流经负载电阻 R_L 的电流平均值，即

$$I_D = I_o = 0.45\frac{U_2}{R_L} \tag{9-3}$$

二极管截止时承受的最高反向电压就是整流变压器副边交流电压 u_2 的最大值，即

$$U_{DRM} = \sqrt{2}U_2 \tag{9-4}$$

根据 I_D 和 U_{DRM} 可以选择合适的整流二极管。

例 9-1　有一单相半波整流电路如图 9-2（a）所示。已知负载电阻 $R_L = 750\ \Omega$，变压器副边电压有效值 $U_2 = 20$ V，试求 U_o、I_o，并选用二极管。

解　输出电压的平均值为

$$U_o = 0.45U_2 = 0.45 \times 20 = 9\ (\text{V})$$

负载电阻 R_L 的电流平均值为

$$I_o = \frac{U_o}{R_L} = \frac{9}{750} = 12\ (\text{mA})$$

整流二极管的电流平均值为

$$I_D = I_o = 12\ \text{mA}$$

二极管承受的最高反向电压为

$$U_{DRM} = \sqrt{2}U_2 = \sqrt{2} \times 20 = 28.2\ (\text{V})$$

查半导体手册，可以选用型号为 2AP4 的整流二极管，其最大整流电流为 16 mA，最高反向工作电压为 50 V。为了使用安全，二极管的反向工作峰值电压要选得比 U_{DRM} 大一倍左右。

9.1.2　单相桥式整流电路

单相半波整流的缺点是只利用了电源电压的半个周期，同时整流电压的脉动较大。为了克服这些缺点，常采用全波整流电路，其中最常用的是单相桥式整流电路。

1. 工作原理

单相桥式整流电路是由 4 个整流二极管接成电桥的形式构成的，如图 9-3（a）所示。图 9-3（b）所示为单相桥式整流电路的一种简便画法。

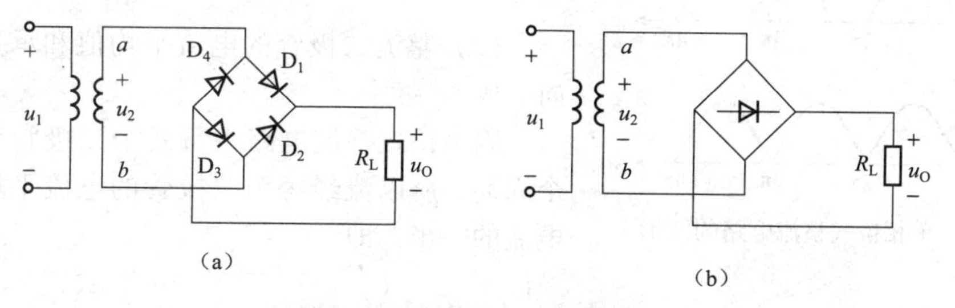

图 9-3　单相桥式整流电路

（a）单相桥式整流电路；（b）单相桥式整流电路的简化画法

单相桥式整流电路的工作情况如下：

设整流变压器副边电压为：

$$u_2 = \sqrt{2}U_2 \sin \omega t$$

当 u_2 为正半周时，其极性为上正下负，即 a 点电位高于 b 点电位，二极管 D_1、D_3 因承受正向电压而导通，D_2、D_4 因承受反向电压而截止。此时电流的路径为：$a \rightarrow D_1 \rightarrow R_L \rightarrow D_3 \rightarrow b$，如图 9-4（a）所示。

当 u_2 为负半周时，其极性为上负下正，即 a 点电位低于 b 点电位，二极管 D_2、D_4 因承受正向电压而导通，D_1、D_3 因承受反向电压而截止。此时电流的路径为：$b \rightarrow D_2 \rightarrow R_L \rightarrow D_4 \rightarrow a$，如图 9-4（b）所示。

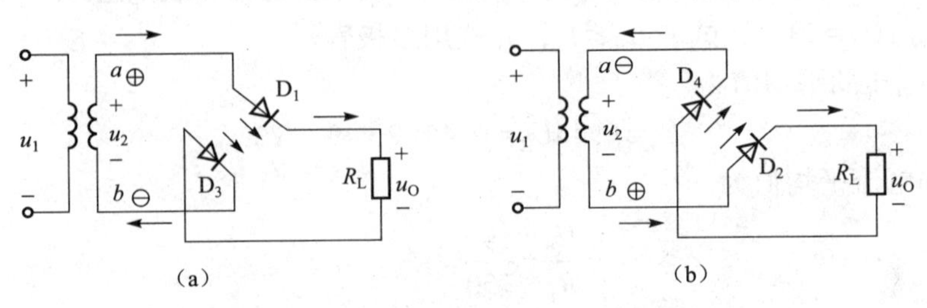

图 9-4　单相桥式整流电路的电流通路

（a）正半周时电流的通路；（b）负半周时电流的通路

可见无论电压 u_2 是在正半周还是在负半周，负载电阻 R_L 上都有相同方向的电流流过，因此在负载电阻 R_L 上得到的是单向脉动电压和电流。忽略二极管导通时的正向压降，则单相桥式整流电路的波形如图 9-5 所示。

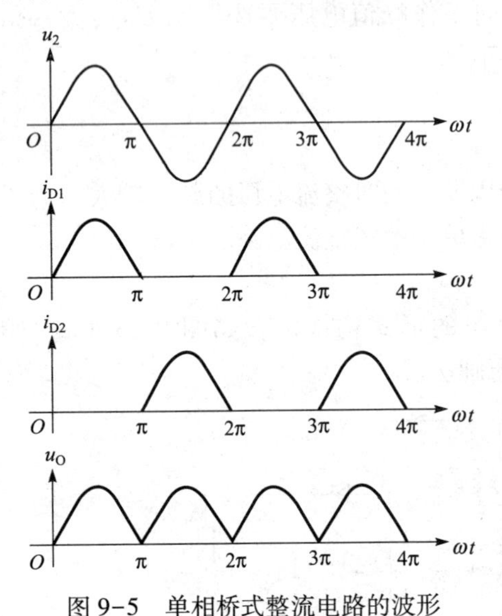

图 9-5　单相桥式整流电路的波形

2. 参数计算

（1）负载上的电压平均值和电流平均值

单相全波整流电压的平均值为

$$U_o = \frac{1}{\pi}\int_0^{\pi}\sqrt{2}U_2\sin\omega t\,\mathrm{d}(\omega t) = \frac{2\sqrt{2}}{\pi}U_2 = 0.9U_2 \tag{9-5}$$

流过负载电阻 R_L 的电流平均值为

$$I_o = \frac{U_o}{R_L} = 0.9\frac{U_2}{R_L} \tag{9-6}$$

（2）整流二极管的电流平均值和承受的最高反向电压

因为桥式整流电路中每两个二极管串联导通半个周期，所以流经每个二极管的电流平均值为负载电流的一半，即

$$I_D = \frac{1}{2}I_o = 0.45\frac{U_2}{R_L} \tag{9-7}$$

每个二极管在截止时承受的最高反向电压为 u_2 的最大值，即

$$U_{DRM} = \sqrt{2}\,U_2 \tag{9-8}$$

（3）整流变压器副边电压有效值和电流有效值

整流变压器副边电压有效值为

$$U_2=\frac{U_o}{0.9}=1.11U_o$$

整流变压器副边电流有效值为

$$I_2=\frac{U_2}{R_L}=1.11\frac{U_2}{R_L}=1.11I_o$$

由以上计算，可以选择整流二极管和整流变压器。

除了用分立组件组成桥式整流电路外，现在半导体器件厂已将整流二极管封装在一起，制成单相整流桥和三相整流桥模块，这些模块只有输入交流和输出直流引脚，减少了接线，提高了电路工作的可靠性，使用起来非常方便。单相整流桥模块的外形和实物接线如图 9-6 所示。

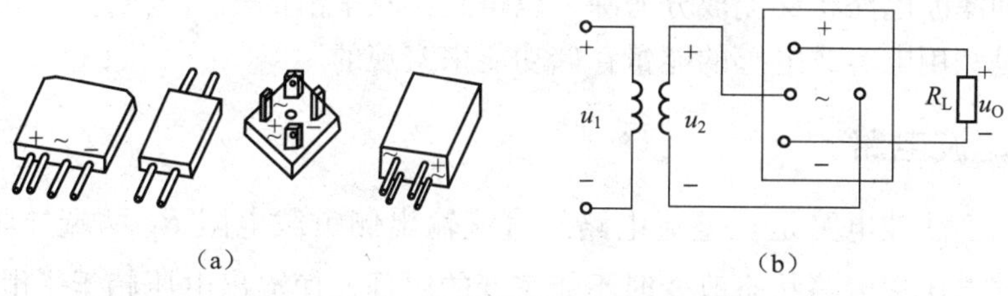

图 9-6 单相整流桥模块的外形和接线

(a) 外形；(b) 接线

例 9-2 试设计一台输出电压为 24 V，输出电流为 1 A 的直流电源，电路形式可以采用半波整流或桥式整流。试确定两种电路形式的变压器副边电压有效值，并选定相应的整流二极管。

解 ① 当采用半波整流电路时，变压器副边电压有效值为

$$U_2=\frac{U_o}{0.45}=\frac{24}{0.45}=53.3\ (\text{V})$$

整流二极管承受的最高反向电压为

$$U_{DRM}=\sqrt{2}U_2=1.41\times53.3=75.2\ (\text{V})$$

流过整流二极管的平均电流为

$$I_D=I_o=1\ (\text{A})$$

因此，可以选用型号为 2CZ12B 的整流二极管，其最大整流电流为 3 A，最高反向工作电压为 200 V。

② 当采用桥式整流电路时，变压器副边电压有效值为

$$U_2=\frac{U_o}{0.9}=\frac{24}{0.9}=26.7\ (\text{V})$$

整流二极管承受的最高反向电压为

$$U_{DRM}=\sqrt{2}U_2=1.41\times26.7=37.6\ (\text{V})$$

流过整流二极管的平均电流为

$$I_D=\frac{1}{2}I_o=0.5\ (\text{A})$$

因此，可以选用 4 只型号为 2CZ11A 整流二极管，其最大整流电流为 1 A，最高反向工作电压为 100 V。变压器副边电流有效值为

$$I_2=1.11I_o=1.11\times1=1.11\ (\text{A})$$

变压器的容量为

$$S=U_2I_2=26.7\times1.11=29.6\ (\text{VA})$$

9.2 滤 波 电 路

整流电路可以将交流电转换为直流电，但脉动较大，在某些应用中如电镀、蓄电池充电等可以直接使用脉动直流电源。但许多电子设备需要平稳的直流电源。这种电源中的整流电路后面还需要加滤波电路将交流成分滤除，以得到比较平滑的输出电压。

滤波通常是利用电容或电感的能量存储功能来实现的。

9.2.1 电容滤波电路

最简单的电容滤波电路是在整流电路的直流输出侧负载电阻 R_L 两端并联一电容器 C，利用电容器的端电压在电路状态改变时不能突变的原理，使输出电压趋于平滑。

1. 工作原理

图 9-7（a）所示为单相半波整流电容滤波电路，其工作原理介绍如下。

设整流变压器副边电压为

$$u_2=\sqrt{2}U_2\sin\omega t$$

假设电路接通时恰恰在 u_2 由负到正过零的时刻，这时二极管 D 开始导通，电源 u_2 在向负载 R_L 供电的同时又对电容 C 充电。如果忽略二极管正向压降，电容电压 u_C 紧随输入电压 u_2 按正弦规律上升至 u_2 的最大值。随后 u_2 和 u_C 都开始下降，当 u_2 按正弦规律下降至 $u_2<u_C$ 时，二极管 D 因承受反向电压而截止，而电容 C 则对负载电阻 R_L 按指数规律放电，负载中仍有电流。在 u_2 的下一个正半周内，当 u_C 降至 $u_2>u_C$ 时，二极管又导通，电容 C 再次充电。这样循环下去，u_2 周期性地变化，电容 C 周而复始地充电和放电。电容两端的电压 u_C 即为输出电压 u_o，其波形如图 9-7（b）所示，可见输出电压的脉动大为减小，并且电压较高。

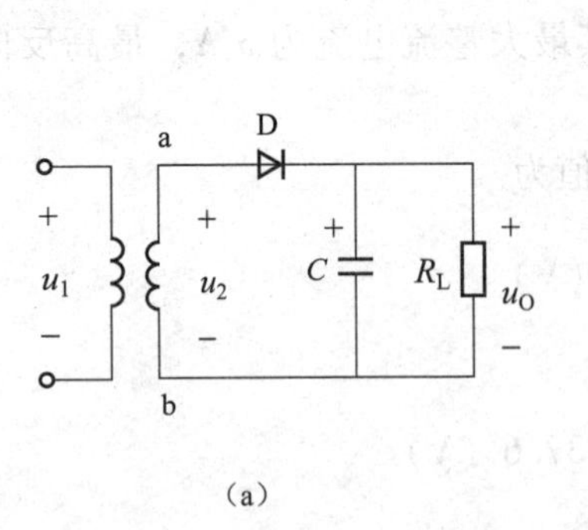

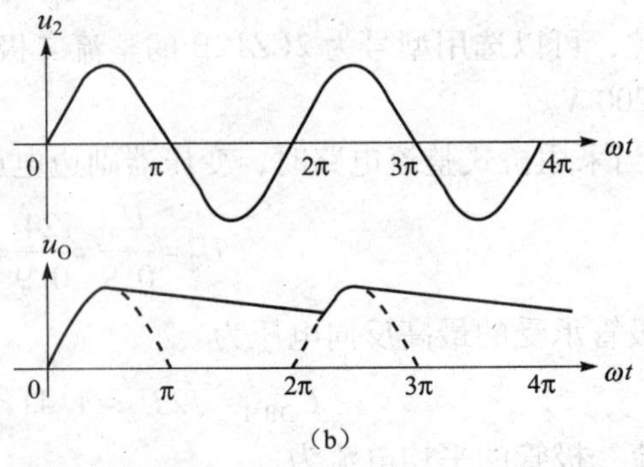

图 9-7　单相半波整流电容滤波电路及其输出电压波形

（a）电路；（b）波形

桥式整流电容滤波电路与半波整流电容滤波电路的工作原理一样，不同之处在于，在 u_2 的一个周期里，电路中总有二极管导通，电容 C 经历两次充、放电过程，因此输出电压更加平滑。其原理电路和工作波形分别如图 9-8（a）、（b）所示。

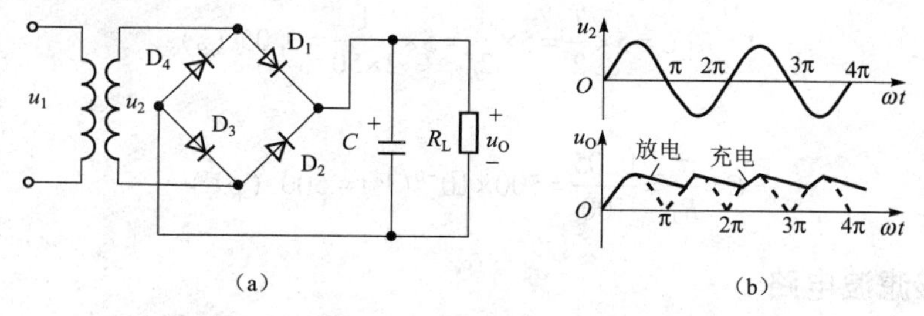

图 9-8 桥式整流电容滤波电路及其输出电压波形

（a）电路；（b）波形

2. 参数计算

一般常用以下经验公式估算电容滤波时的输出电压平均值，即

半波：
$$U_o = U_2 \tag{9-9}$$

全波：
$$U_o = 1.2U_2 \tag{9-10}$$

采用电容滤波时，输出电压的脉动程度与电容器的放电时间常数 $\tau = R_L C$ 有关，时间常数大，脉动就小。为了获得较平滑的输出电压，选择电容时一般要求：

$$\tau = R_L C \geqslant (3 \sim 5)T \quad （半波） \tag{9-11}$$

$$\tau = R_L C \geqslant (3 \sim 5)\frac{T}{2} \quad （桥式） \tag{9-12}$$

式中，T 为交流电压的周期；滤波电容 C 一般选择体积小、容量大的电解电容器。应注意，普通电解电容器有正、负极性，使用时正极必须接高电位端，如果接反会造成电解电容器损坏。

加入滤波电容以后，二极管导通时间缩短，导通角小于 180°，且在短时间内承受较大的冲击电流，容易使二极管损坏。为了保证二极管的安全，选管时应放宽裕量。

单相半波整流电容滤波电路中，二极管承受的反向电压为 $u_{DR} = u_C + u_2$。当负载开路时，二极管承受的反向电压最高为 $U_{DRM} = 2\sqrt{2}U_2$。

单相桥式整流电容滤波电路中，二极管承受的反向电压与没有电容滤波时一样，为 $U_{DRM} = \sqrt{2}U_2$。

例 9-3 设计一单相桥式整流电容滤波电路。要求输出电压 $U_o = 48$ V，已知负载电阻 $R_L = 100\ \Omega$，交流电源频率为 $f = 50$ Hz，试选择整流二极管和滤波电容器。

解 流过整流二极管的平均电流为

$$I_D = \frac{1}{2}\frac{U_o}{R_L} = \frac{1}{2} \times \frac{48}{100} = 0.24(\text{A}) = 240(\text{mA})$$

变压器副边电压有效值为

$$U_2 = \frac{U_o}{1.2} = \frac{48}{1.2} = 40\ （\text{V}）$$

整流二极管承受的最高反向电压为

$$U_{DRM}=\sqrt{2}U_2=1.414\times40=56.4\ (V)$$

因此，可以选择型号为 2CZ11B 的整流二极管，其最大整流电流为 1 A，最高反向工作电压为 200 V。取

$$\tau=R_LC=5\times\frac{T}{2}=5\times\frac{1}{2f}=5\times\frac{1}{2\times50}=0.05\ (s)$$

则

$$C=\frac{\tau}{R_L}=\frac{0.05}{100}=500\times10^{-6}(F)=500\ (\mu F)$$

9.2.2　电感滤波电路

电感滤波电路如图 9-9 所示，即在整流电路与负载电阻 R_L 之间串联一个电感器 L。交流电压 u_2 经全波整流后变成脉动直流电压，其中既含有各次谐波的交流分量，又含有直流分量。电感 L 的感抗 $X_L=\omega L$。对于直流分量，$X_L=0$，电感相当于短路，所以直流分量基本上都降在电阻 R_L 上；对于交流分量，谐波频率越高，感抗越大，因而交流分量大部分降在电感 L 上。这样，在输出端即可得到较平滑的电压波形。

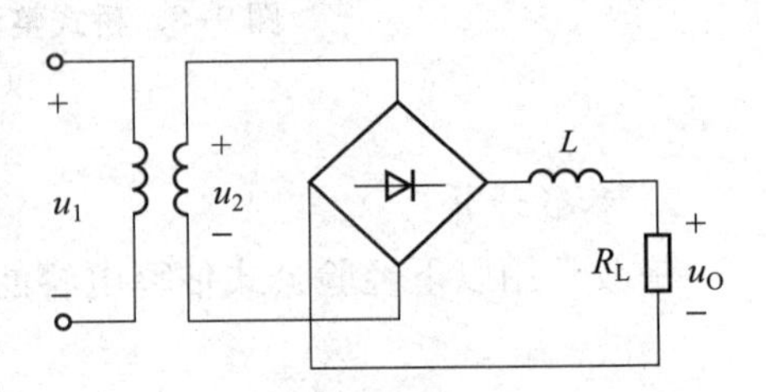

图 9-9　单相桥式整流电感滤波电路

与电容滤波相比，电感滤波的特点是：

① 二极管的导电角较大（大于 180°，是因为电感 L 的反电动势使二极管导电角增大），峰值电流很小，输出特性较平坦。

② 输出电压没有电容滤波的高。当忽略电感线圈的电阻时，输出的直流电压与不加电感时一样，为 $U_o=0.9U_2$。负载改变时，对输出电压的影响也较小。因此，电感滤波适用于负载电压较低、电流较大以及负载变化较大的场合。它的缺点是制作复杂、体积大、笨重，且存在电磁干扰。

9.3　直流稳压电路

大多数电子设备和微机系统都需要稳定的直流电压，但是经变压、整流和滤波后的直流电压往往受交流电源波动与负载变化的影响，稳压性能较差。将不稳定的直流电压变换成稳定且可调的直流电压的电路称为直流稳压电路。

直流稳压电路按调整器件的工作状态可分为线性稳压电路和开关稳压电路两大类。线性稳压电路制作起来简单易行，但转换效率低，体积大。开关稳压电路体积小，转换效率高，但控制电路较复杂。随着自关断电力电子器件和电力集成电路的迅速发展，开关稳压电路已得到越来越广泛的应用。线性稳压电路按电路结构可分为并联型稳压电路和串联型稳压电路，开关稳压电路有串联降压型、并联升压型、变压器输出型等多种类型。

9.3.1　并联型线性稳压电路

稳压管工作在反向击穿区时，即使流过稳压管的电流有较大的变化，其两端的电压却基

本保持不变。利用这一特点，将稳压管与负载电阻并联，并使其工作在反向击穿区，就能在一定的条件下保证负载上的电压基本不变，从而起到稳定电压的作用。

根据上述原理构成的并联型直流稳压电路如图 9-10 所示，其中稳压管 D_Z 反向并联在负载电阻 R_L 两端，电阻 R 起限流和分压作用。稳压电路的输入电压 U_i 来自整流滤波电路的输出电压。

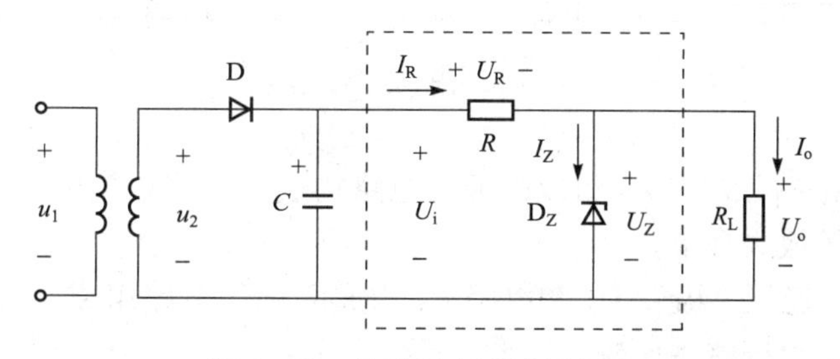

图 9-10　并联型直流稳压电路

并联型直流稳压电路的工作原理如下：

当输入电压 U_i 波动时，会引起输出电压 U_o 波动。例如，U_i 升高将引起 $U_o=U_Z$ 随之升高，这会导致稳压管的电流 U_o 急剧增加，因此电阻 R 上的电流 I_R 和电压 U_R 也跟着迅速增大，U_R 的增大抵消了 U_i 的增加，从而使输出电压 U_o 基本上保持不变。这一自动调压过程可表示如下：

$$U_i\uparrow \to U_o\uparrow \to I_Z\uparrow \to I_R\uparrow \to U_R\uparrow \to U_o\downarrow$$

反之，当 U_i 减小时，U_R 相应减小，仍可保持 U_o 基本不变。

当负载电流 I_o 变化引起输出电压 U_o 发生变化时，同样会引起 I_Z 的相应变化，使得 U_o 保持基本稳定。如当 I_o 增大时，I_R 和 U_R 均会随之增大而使 U_o 下降，这将导致 I_Z 急剧减小，使 I_R 仍维持原有数值，保持 U_R 不变，从而使 U_o 得到稳定。

可见，这种稳压电路中稳压管 D_Z 起着自动调节的作用，电阻 R 一方面保证稳压管的工作电流不超过最大稳定电流 I_{ZM}；另一方面还起到电压补偿作用。

选择稳压管时，一般取

$$\begin{aligned} U_Z &= U_o \\ I_{ZM} &= (1.5\sim3)I_{omax} \\ U_i &= (2\sim3)U_o \end{aligned} \qquad (9-13)$$

式中，I_{omax} 为负载电流 I_o 的最大值。

9.3.2　串联型线性稳压电路

硅稳压管稳压电路虽然很简单，但受稳压管最大稳定电流的限制，负载电流不能太大。另外，输出电压不可调且稳定性也不够理想。若要获得稳定性高且连续可调的输出直流电压，可以采用由三极管或集成运算放大器所组成的串联型直流稳压电路。串联型直流稳压电路的基本原理如图 9-11 所示。

整个电路由 4 部分组成：

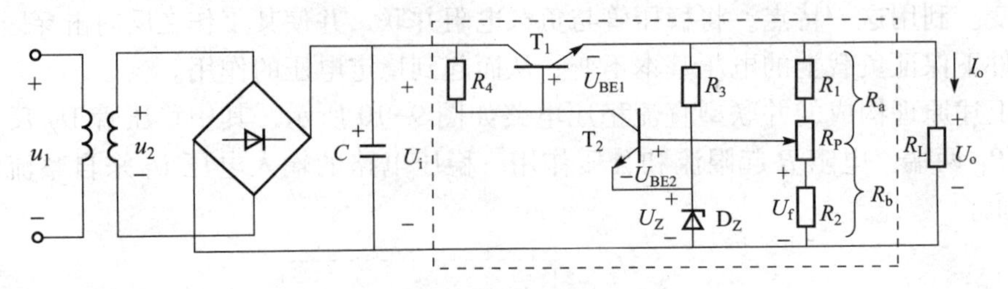

图 9-11　串联型稳压电路

① 取样环节。由 R_1、R_P、R_2 组成的分压电路构成。它将输出电压 U_o 分出一部分作为取样电压 U_f 送到比较放大环节。

② 基准电压。由稳压二极管 D_Z 和电阻 R_3 构成的稳压电路组成。它为电路提供一个稳定的基准电压 U_Z，作为调整、比较的标准。

设 T_2 发射结电压 U_{BE2} 可以忽略，则

$$U_f = U_Z = \frac{R_b}{R_a + R_b} U_o$$

或

$$U_o = \frac{R_a + R_b}{R_b} U_Z \tag{9-14}$$

用电位器 R_P 即可调节输出电压 U_o 的大小，但 U_o 必定大于或等于 U_Z。

③ 比较放大环节。由 T_2 和 R_4 构成的直流放大电路组成。其作用是将取样电压 U_f 与基准电压 U_Z 之差放大后去控制调整管 T_1。

④ 调整环节。由工作在线性放大区的功率管 T_1 组成。T_1 的基极电流 I_{B1} 受比较放大电路输出的控制，它的改变又可使集电极电流 I_{C1} 和集、射电压 U_{CE1} 改变，从而达到自动调整稳定输出电压的目的。

电路的工作原理如下：

当输入电压 U_i 或输出电流 I_o 变化引起输出电压 U_o 增加时，取样电压 U_f 相应增大，使 T_2 管的基极电流 I_{B2} 和集电极电流 I_{C2} 随之增加，T_2 管的集电极电位 U_{C2} 下降，因此 T_1 管的基极电流 I_{B1} 下降，I_{C1} 下降，U_{CE1} 增加，U_o 下降，从而使 U_o 保持基本稳定。这一自动调压过程可以表示如下：

$$U_o\uparrow \rightarrow U_f\uparrow \rightarrow I_{B2}\uparrow \rightarrow I_{C2}\uparrow \rightarrow U_{C2}\downarrow \rightarrow I_{B1}\downarrow \rightarrow U_{CE1}\uparrow \rightarrow U_o\downarrow$$

同理，当 U_i 或 I_o 变化使 U_o 降低时，调整过程相反，U_{CE1} 将减小使 U_o 保持基本不变。从上述调整过程可以看出，该电路是依靠电压负反馈来稳定输出电压的。比较放大环节也可采用集成运算放大器，如图 9-12 所示。

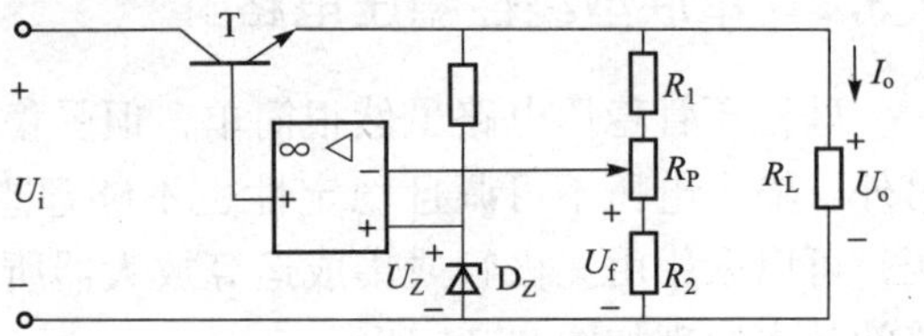

图 9-12　采用集成运算放大器的串联型稳压电路

9.3.3 线性集成稳压器

由分立组件组成的直流稳压电路需要外接

不少组件，因而体积大、使用不便。集成稳压器是将稳压电路的主要组件甚至全部组件制作在一块硅基片上的集成电路，因而具有体积小、使用方便、工作可靠等特点。

集成稳压器的种类很多，作为小功率的直流稳压电源，应用最为普遍的是三端式串联型集成稳压器。三端式是指稳压器仅有输入端、输出端和公共端 3 个接线端子。图 9-13 所示为 W78XX 和 W79XX 系列稳压器的外形和管脚排列。W78XX 系列输出正电压有 5 V、6 V、8 V、9 V、10 V、12 V、15 V、18 V 和 24 V 等多种。若要获得负输出电压则选 W79XX 系列即可。例如，W7805 输出+5 V 电压，W7905 则输出-5 V 电压。这类三端稳压器在加装散热器的情况下，输出电流可达 1.5~2.2 A，最高输入电压为 35 V，最小输入、输出电压之差为 2~3 V，输出电压变化率为 0.1%~0.2%。

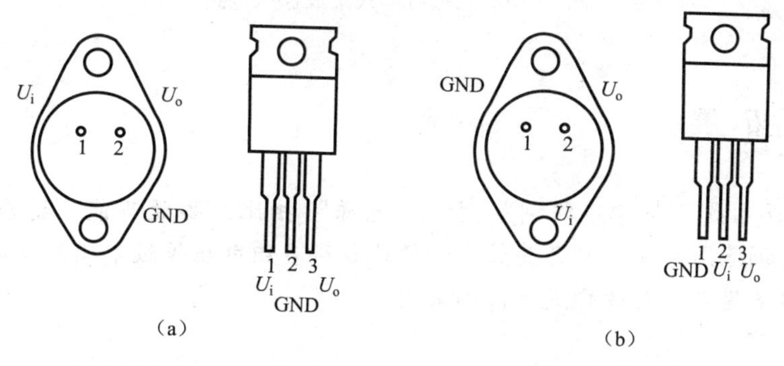

图 9-13　W78XX 和 W79XX 系列稳压器的外形和管脚排列

(a) W78XX 系列；(b) W79XX 系列

下面介绍几种三端式串联型集成稳压器的应用电路。

三端稳压器可以用最简单的形式接入电路中使用。图 9-14（a）所示为 W7805 系列的基本应用电路，从变压器输出的交流电压经整流滤波后产生的直流电压从 1、2 两端输入，从 2、3 两端输出的是稳定的直流电压。当稳压器远离整流滤波电路时，接入电容 C_1 以抵消较长线路的电感效应，防止产生自激振荡。电容 C_2 的接入是为了减小电路的高频噪声。C_1 一般取 0.1~1 μF，C_2 取 1 μF。

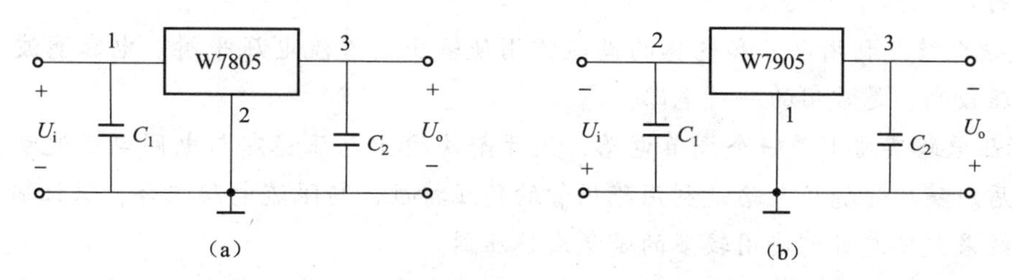

图 9-14　三端稳压器基本接线

(a) 输出固定正电压的电路；(b) 输出固定负电压的电路

当需要负电源时，应选用 W79XX 系列的产品。图 9-14（b）所示为 W7905 系列的基本应用电路，C_1、C_2 的选取和连接方法与 W7805 系列相同，只是输入和输出均为负电压，且从 2、1 两端输入，从 3、1 两端输出。图 9-15 所示为三端可调式正电压输出的稳压电路，输入电压范围为 2~40 V，输出电压可在 1.25~37 V 之间调整。图中 U_1 为整流滤波后的电压，R_1、R_P 用来调整输出电压。若忽略调整端的电流（调整电流很小，约为 50 μA），则 R_1 与 R_P 近似为串联，输出电压可用式（9-15）表示，即

$$U_o \approx \left(1+\frac{R_P}{R_1}\right) \times 1.25\ \text{V} \tag{9-15}$$

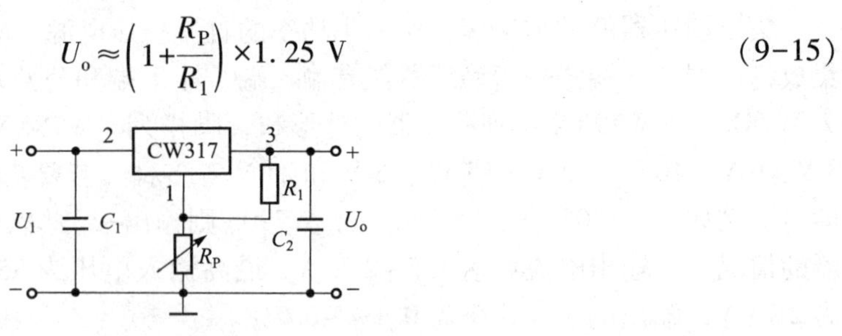

图 9-15　三端可调式集成稳压电路

知 识 拓 展

“开关型稳压电源”与“串联调整型稳压电源”相比，高效节能；适应市电变化能力强；输出电压可调范围宽；一只开关管可方便地获得多组电压等级不同的电源；还具有体积小，重量轻等诸多优点，而被广泛地得到采用。

先导案例解决

通过采用变压、整流、滤波、稳压等环节，把交流电转换成直流电。

本 章 小 结

① 小功率整流电路通常是利用二极管的单向导电性将交流电变为单向脉动直流电的。桥式整流电路输出的直流电压为正弦波全周期的绝对值，其输出电压平均值是变压器副边电压有效值的 0.9 倍。

② 滤波电路是利用电容和电感的储能作用使输出的直流电压平滑。电容滤波电路的平均输出电压较高，是常用的一种电路。

③ 稳压电路实质上是一个调节电路，用于解决输出电压稳定与电网电压波动、负载变化间的矛盾。稳压管稳压电路是利用稳压管的稳压特性，与限流电阻配合，保证输出电压稳定的，但效果欠佳。目前使用较多的是集成稳压器。

学完本章后，应掌握直流稳压电源的组成及各部分的功能，会分析平均输出电压值，并能掌握稳压管稳压电路中的限流电阻。

习 题 九

9-1　直流稳压电源一般由哪几部分电路组成？它们各自的作用是什么？

9-2　电路如图 9-16 所示，变压器副边电压有效值为 $2U_2$。

（1）画出 u_2、u_{D_1}和 u_o 的波形。

（2）写出输出电压平均值和输出电流平均值的表达式。

（3）写出二极管的平均电流和所承受的最大反向电压的表达式。

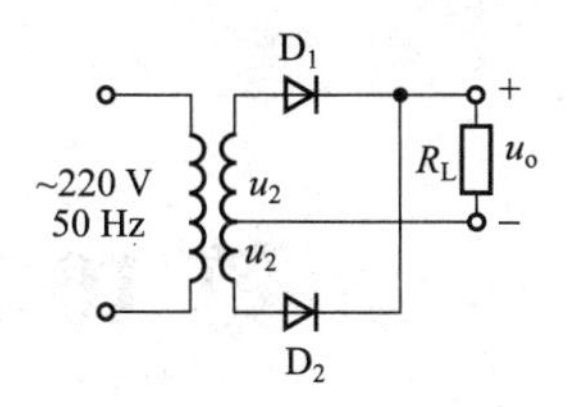

图 9-16　习题 9-2 图

9-3　在单相桥式整流电路中，已知 $R_L=125\ \Omega$，直流输出电压为 110 V，试估算电源变压器副边电压的有效值，并选择整流二极管的型号。

9-4　今要求直流输出电压为 24 V，电流为 400 mA，采用单相桥式整流电容滤波电路，已知电源频率为 50 Hz，试选用二极管的型号及合适的滤波电容。

9-5　在单相桥式整流滤波电路中，已知 $U_2=20$ V，$R_L=47\ \Omega$，$C=1\,000\ \mu$F，现用直流电压表测量输出电压，问下列几种情况下，其 U_o 各为多大？

（1）正常工作时，$U_o=?$

（2）R_L 断开时，$U_o=?$

（3）C 断开时，$U_o=?$

（4）有一个二极管因虚焊而断开时，$U_o=?$

9-6　元件排列如图 9-17 所示，试合理连线，使之构成直流稳压电源电路。

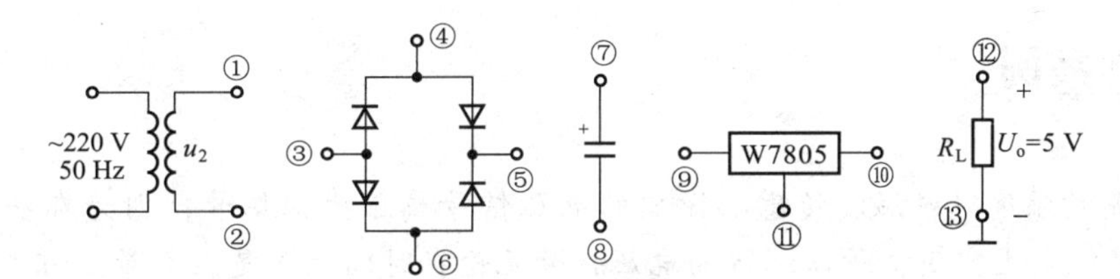

图 9-17　习题 9-6 图

第 9 章　直流稳压电源

第 10 章　门电路和组合逻辑电路

本章知识点

[1] 掌握基本门电路的逻辑功能、逻辑符号、真值表和逻辑表达式。了解 TTL 门电路、CMOS 门电路的特点。

[2] 会用逻辑代数的基本运算法则化简逻辑函数。

[3] 会分析和设计简单的组合逻辑电路。

[4] 理解加法器、编码器、译码器等常用组合逻辑电路的工作原理和功能。

[5] 学会数字集成电路的使用方法。

先导案例

[1] 在测量温度时，温度传感器输出的电压信号属于模拟信号，因为在任何情况下被测温度都不可能发生突变，所以测得的电压信号无论在时间上还是在数量上都是连续的。而且，这个电压信号在连续变化过程中的任何一个取值都具有具体的物理意义，即表示一个相应的温度。

再有用电子计数器记录客流量时，当有人通过时，给计数器一个信号使之加 1；平时没有人通过时，给计数器的信号是 0。可见计数这个信号无论在时间上还是在数量上都是不连续的，因此它是一个数字信号。你还能找出一些这样的例子吗？

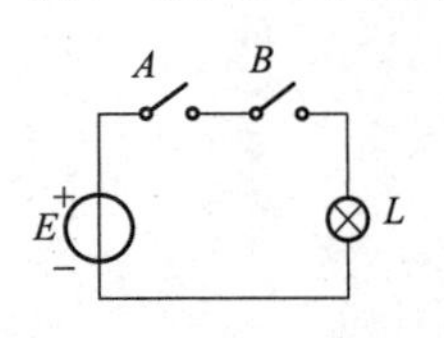

图 10-1　灯的控制电路

[2] 如果数字量表示的是事件的逻辑状态，如图 10-1 所示的灯的控制电路，开关 A 和 B 的开与合决定了灯 L 的亮灭，而开关 A 和 B 只有两种取值，要么取 1 为开关闭合，要么取 0 为开关打开，灯 L 的亮为 1，灭为 0，显然它们都是数字量。数字量之间的因果关系有什么运算规律？

10.1　逻辑代数基础知识

10.1.1　概述

逻辑代数是一种描述客观事物间逻辑关系的数学方法，它是英国数学家乔治·布尔创立的，所以又称布尔代数，该函数表达式中逻辑变量的取值和逻辑函数值都只有两个值，即 0 和 1。这两个值不具有数量大小的意义，仅表示客观事物的两种相反的状态，如开关的闭合

与断开；晶体管的饱和导通与截止；电位的高与低；真与假等。数字电路在早期又称为开关电路，因为它主要由一系列开关元件组成，具有相反的二状态特征，所以特别适用于用逻辑代数来进行分析和研究，因此逻辑代数广泛应用于数字电路。

数字信号在时间上和数值上均是离散的，如图 10-2 所示。数字信号在电路中常表现为突变的电压或电流。

数字信号是一种二值信号，用两个电平（高电平和低电平）分别来表示两个逻辑值（逻辑 1 和逻辑 0）。有两种逻辑体制：正逻辑体制和负逻辑体制。正逻辑体制规定：高电平为逻辑 1，低电平为逻辑 0；负逻辑体制规定：低电平为逻辑 1，高电平为逻辑 0。如果采用正逻辑，图 10-2 所示的数字电压信号就成为图 10-3 所示的逻辑信号。

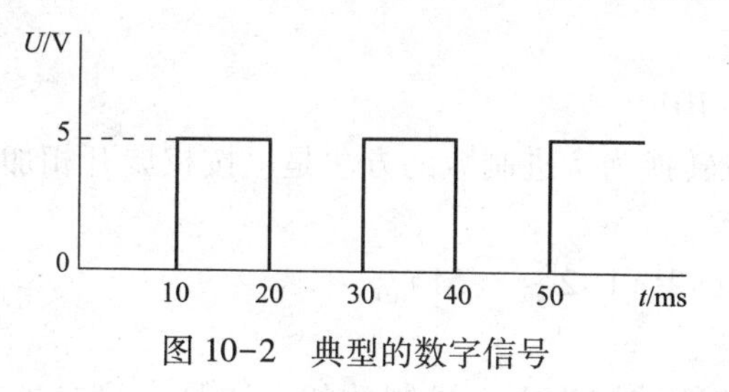

图 10-2　典型的数字信号

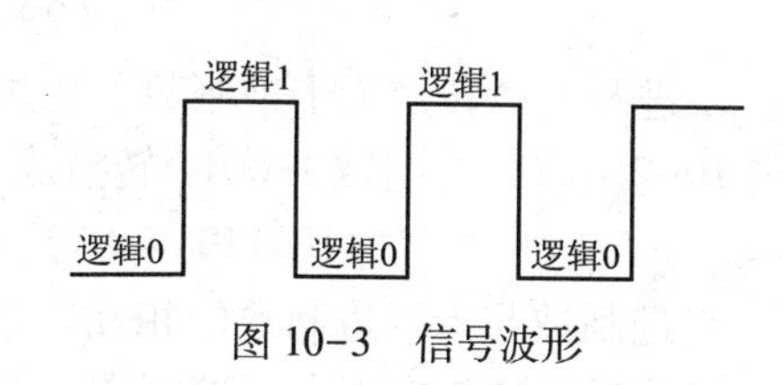

图 10-3　信号波形

10.1.2　数制与码制

1. 数制

数制就是计数的方法。在日常生活中，人们习惯用十进制数，而在数字系统中多采用二进制数、八进制数、十六进制数等。

（1）十进制数

日常生活中人们最习惯用的就是十进制。十进制用 0~9 十个数码表示，基数为 10，计数规律是“逢十进一”。十进制整数从个位起各位的权分别为 10^0、10^1、10^2、…。例如，十进制数 555 的按权展开式为

$$(555)_{10}=5\times10^2+5\times10^1+5\times10^0$$

（2）二进制数

二进制数用 0 和 1 两个数码表示，基数为 2，计数规律是“逢二进一”。二进制数从右至左的权分别为 2^0、2^1、2^2、…。例如，二进制数 1011 的按权展开式为

$$(1011)_2=1\times2^3+0\times2^2+1\times2^1+1\times2^0$$

（3）十六进制数

十六进制数用 0~9、A、B、C、D、E、F 十六个数码表示，基数为 16，计数规律是“逢十六进一”，其中 A、B、C、D、E、F 分别表示十进制数的 10、11、12、13、14、15。十六进制数从右至左的权分别为 16^0、16^1、16^2、…。例如，十六进制数 4F5 的按权展开式为

$$(4F5)_{16}=4\times16^2+15\times16^1+5\times16^0$$

（4）不同进制之间的转换

① 十进制数与二进制数的相互转换。

a. 十进制整数转换成二进制数。将十进制整数转换成二进制数可以采用除 2 取余法。

其方法是：将十进制整数连续除以2，求得各次的余数，直到商为0，每次所得余数依次是二进制数由低位到高位的各位数码。

例10-1 将十进制数29转换成二进制数。

解

$$
\begin{array}{r|l}
2 & 29 \quad \cdots\cdots\text{余}1\text{（低位）} \\
2 & 14 \quad \cdots\cdots\text{余}0 \\
2 & 7 \quad \cdots\cdots\text{余}1 \\
2 & 3 \quad \cdots\cdots\text{余}1 \\
2 & 1 \quad \cdots\cdots\text{余}1\text{（高位）} \\
 & 0
\end{array}
$$

所以 $(29)_{10}=(11101)_2$

b. 二进制整数转换为十进制数。二进制整数转换为十进制数的方法是：按权展开相加。

例10-2 将二进制数110011转换成十进制数。

解 $(110011)_2=1\times2^5+1\times2^4+1\times2^1+1\times2^0=(51)_{10}$

② 二进制数与十六进制数的相互转换。

a. 二进制整数转换为十六进制数。二进制整数转换为十六进制数的方法是：将二进制整数从最低位开始，每四位一组，将每组都转换为一位的十六进制数。

例10-3 写出二进制数10011101010的十六进制表示。

解 因为 0100　1110　1010

↓　↓　↓

4　E　A

所以 $(10011101010)_2=(4EA)_{16}$

b. 十六进制整数转换为二进制数。十六进制整数转换为二进制数的方法是：将十六进制整数的每一位转换为相应的四位二进制数。

例10-4 写出十六进制数3B9的二进制表示。

解 因为 3　B　9

↓　↓　↓

0011　1011　1001

所以 $(3B9)_{16}=(1110111001)_2$

十进制数转换成十六进制数，可先将十进制数转换为二进制数，然后转换成十六进制数，也可用除16取余法。

2. 码制

在数字系统中，二进制数码不仅可表示数值的大小，而且常用于表示特定的信息。将若干个二进制数码0和1按一定的规则排列起来表示某种特定含义的代码，称为二进制代码。将十进制数的0~9十个数字用二进制数表示的代码，称为二-十进制码，又称BCD码。常用的二-十进制代码为8421BCD码，这种代码的每一位的权值是固定不变的，为恒权码。它取了4位自然二进制数的前10种组合，即0000（0）~1001（9），从高位到低位的权值分别是8、4、2、1，去掉后6种组合，所以称为8421BCD码。如 $(1001)_{8421BCD}=(9)_{10}$，$(64)_{10}=(0110\ 0100)_{8421BCD}$。表10-1给出了十进制数与8421BCD码的对应关系。

表 10-1　十进制数与 8421BCD 码的对应关系

十进制数	0	1	2	3	4	5	6	7	8	9
8421 码	0000	0001	0010	0011	0100	0101	0110	0111	1000	1001

10.1.3　基本逻辑运算

基本的逻辑关系有与逻辑、或逻辑和逻辑非三种，与之对应的逻辑运算为与运算（逻辑乘）、或运算（逻辑加）、非运算（逻辑非）。

（1）与逻辑

在图 10-4 所示的串联开关电路中，可以看出，只有开关 A 和 B 全都闭合，灯 L 才亮，两个开关中只要有一个不闭合，灯 L 就不会亮。这个电路表示了这样一个逻辑关系：决定某一事件的全部条件都具备（如开关 A、B 都闭合）时，该事件才会发生（灯 L 亮）。这种关系称为与逻辑。

如果规定开关闭合、灯亮为逻辑 1 态，开关断开、灯灭为逻辑 0 态，则开关 A、B 的全部状态组合和灯 L 状态之间的关系可用表 10-2 表示。该表又称为与逻辑真值表，它真实地反映了输出函数与输入变量间的逻辑关系。由该表可看出逻辑变量 A、B 的取值和函数 L 的值之间的关系满足逻辑乘的运算规律，可用式（10-1）表示，即

$$L=A\cdot B \tag{10-1}$$

式中“·”是与运算符号，在不致混淆的情况下可省去。实现与运算的电路称为与门，其逻辑符号如图 10-5 所示。对于多变量的逻辑乘可写成

$$Y=A\cdot B\cdot C\cdot\cdots$$

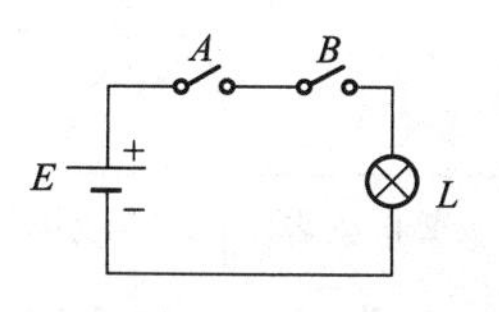

图 10-4　串联开关电路

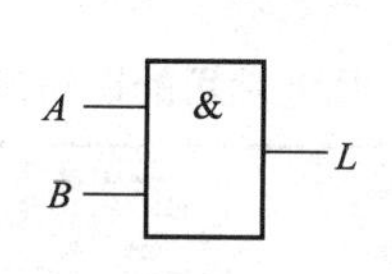

图 10-5　与门符号

表 10-2　与逻辑真值表

A	B	L
0	0	0
0	1	0
1	0	0
1	1	1

（2）或逻辑

在图 10-6 所示的并联开关电路中，可以看出，只要开关 A 闭合，或者开关 B 闭合，或者开关 A 和 B 都闭合，灯 L 就亮；只有两个开关都断开时，灯 L 才熄灭。这个电路表示了这样一个逻辑关系：决定某一事件的全部条件中，只要有一个或几个条件都具备时，该事件就会发生（灯 L 亮）。这种关系称为或逻辑。表 10-3 所示为或逻辑真值表，由该表可看出逻辑变量 A、B 的取值和函数 L 的值之间的关系满足逻辑加的运算规律，可用式（10-27）表示，即

$$L=A+B \tag{10-2}$$

式中“+”是或运算符号，实现或运算的电路称为或门，其逻辑符号如图 10-7 所示。对于多变量的逻辑加可写成

$$L=A+B+C+\cdots$$

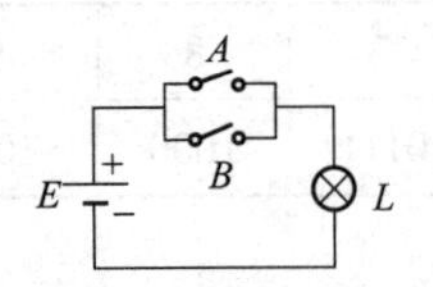

图 10-6　并联开关电路

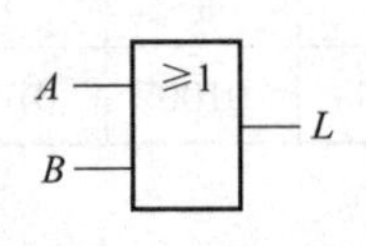

图 10-7　或门符号

表 10-3　或逻辑真值表

A	B	L
0	0	0
0	1	1
1	0	1
1	1	1

（3）非逻辑

如图 10-8 所示的电路中，可看出开关 A 的状态与灯 L 的状态满足表 10-4 所表示的逻辑关系：开关闭合则灯灭；反之则灯亮，即在事件中结果总是和条件呈相反状态的逻辑关系，这种互相否定的因果关系称为逻辑非，可用式（10-3）表示，即

$$L=\overline{A} \tag{10-3}$$

式中变量的上方“-”号表示非。$\overline{A}$是 A 的反变量，读作 A 非。实现非运算的电路称为非门，其逻辑符号如图 10-9 所示。由于非门的输出信号和输入信号反相，故非门又称为反相器。

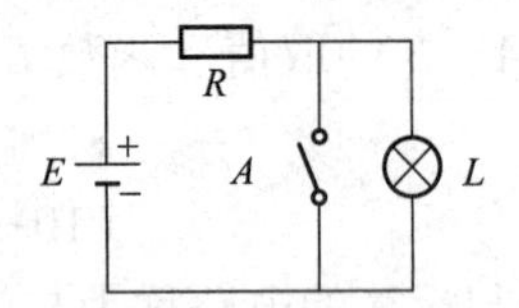

图 10-8　开关与灯并联电路

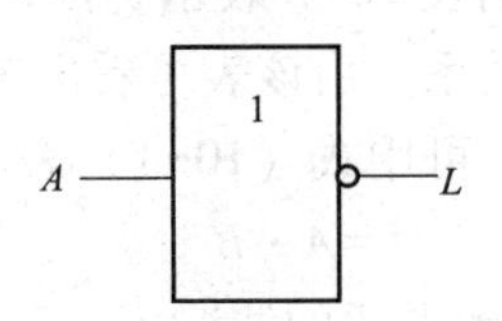

图 10-9　非门符号

表 10-4　逻辑非真值表

A	L
0	1
1	0

其他常用逻辑运算都可由上述基本运算组合而成。表 10-5 列出了几种常用的逻辑运算函数及其相应的逻辑门电路的代表符号，以便于比较和应用。

表 10-5　几种常用的逻辑运算

逻辑运算 / 符号 / 变量 A	B	与运算 $L=A\cdot B$	或运算 $L=A+B$	非运算 $L=\overline{A}$	与非运算 $L=\overline{A\cdot B}$	或非运算 $L=\overline{A+B}$	异或运算 $L=A\overline{B}+\overline{A}B$
符号		&	≥1	1	&	≥1	=1
0	0	0	0	1	1	1	0
0	1	0	1	1	1	0	1
1	0	0	1	0	1	0	1
1	1	1	1	0	0	0	0

例 10-5　已知与门、或门的两个变量的输入波形如图 10-10 所示，试画出或门输出 L_1 和与门输出 L_2 的波形。

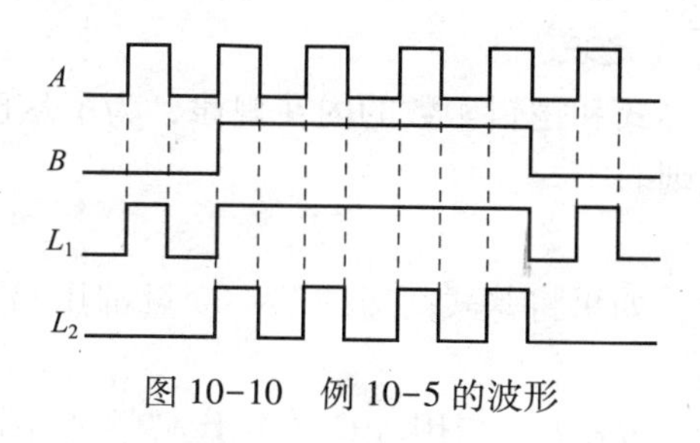

图 10-10　例 10-5 的波形

10.1.4　逻辑代数的基本公式、定律及其规则

1. 逻辑代数的基本运算公式

逻辑代数的基本公式是一些不需要证明的、可以直观看出的恒等式。它们是逻辑代数的基础，利用这些基本公式可以化简逻辑函数，还可以用来推证一些逻辑代数的基本定律。对于逻辑常量间、变量与常量间以及变量间的与、或、非三种基本逻辑运算公式列于表 10-6 中。

表 10-6　逻辑代数的基本公式

	与运算	或运算	非运算
常量	$0\cdot 0=0$ $0\cdot 1=0$ $1\cdot 0=0$ $1\cdot 1=1$	$0+0=0$ $0+1=1$ $1+0=1$ $1+1=1$	$\overline{1}=0$ $\overline{0}=1$
变量与常量	$A\cdot 0=0$ $A\cdot 1=A$	$A+0=A$ $A+1=1$	
变量	$A\cdot A=A$ $A\cdot\overline{A}=0$	$A+A=A$ $A+\overline{A}=1$	$\overline{\overline{A}}=A$

2. 逻辑代数的基本定律

逻辑代数的基本定律是分析、设计逻辑电路，化简和变换逻辑函数式的重要工具。表 10-7 所列是一些常用的逻辑代数的基本定律。

表 10-7　逻辑代数的基本定律

公式名称	公式内容
交换律	$A+B=B+A$；$A\cdot B=B\cdot A$
结合律	$A+(B+C)=(A+B)+C$；$A\cdot(B\cdot C)=(A\cdot B)\cdot C$
分配律	$A+(B\cdot C)=(A+B)\cdot(A+C)$；$A\cdot(B+C)=(A\cdot B)+(A\cdot C)$
吸收律	$A+AB=A$；$A(A+B)=A$
反演律（摩根定律）	$\overline{A+B}=\overline{A}\cdot\overline{B}$；$\overline{A\cdot B}=\overline{A}+\overline{B}$
包含律	$\overline{A}B+AC+BC=\overline{A}B+AC$

3. 逻辑代数的重要规则（定理）

为了更好地理解逻辑恒等式和逻辑函数的内在规律，为了从已知的恒等式推出更多的恒等式，下面介绍 3 个重要规则。

（1）代入规则（定理）

在任何一个逻辑等式中，如果将等式两边的某一变量都用另一个变量或逻辑函数代替，该等式依然成立。

例如，恒等式 $A(B+C)=AB+AC$，当用（$C+D$）代替等式中的 C，则可得到：$A(B+C+D)=AB+A(C+D)=AB+AC+AD$，此等式仍然成立。

（2）反演规则（定理）

求一个逻辑函数 L 的反函数时，只要将函数中所有“·”换成“+”，“+”换成“·”；“0”换成“1”，“1”变成“0”；原变量换成反变量，反变量换成原变量；则得到的逻辑函数式就是逻辑函数 L 的反函数。

例如，利用反演规则求 $L=AB+\bar{C}\ \bar{D}$的反函数为$\bar{L}=(\bar{A}+\bar{B})\cdot(C+D)$。

证明：$\bar{L}=\overline{AB+\bar{C}\ \bar{D}}=\overline{AB}\cdot\overline{\bar{C}\ \bar{D}}=(\bar{A}+\bar{B})\cdot(C+D)$

利用反演定理，可以较容易地求出一个函数的反函数，但变换时要注意两点：一是要保持原式中运算的优先顺序，即必须按照先括号，再“与”后“或”的顺序变换；二是不是同一个变量上的“非”号应保持不变。

（3）对偶规则（定理）

L 是一个逻辑表达式，如果将 L 中的“·”换成“+”，“+”换成“·”；“0”换成“1”，“1”换成“0”，得到新的逻辑函数式 L'，称 L'为原函数 L 的对偶函数。求对偶函数时应注意变量和原式中的优先顺序应保持不变。

对偶规则是指当某个恒等式成立时，其对偶式也成立。如果两个函数相等，那么它们的对偶函数式也相等，反之也成立。

例如，$L_1=\bar{A}\ (B+C)$，其对偶式为 $L'_1=\bar{A}+BC$；

$L_2=\overline{\bar{A}+\overline{B\ \bar{C}D}}$，其对偶式为 $L_2'=\overline{\bar{A}\,\overline{B+\bar{C}+D}}$。

在运用对偶规则时应注意：求对偶式与求反演式不同，对偶变换时，内外“非”号一律不动；要保持变换前后运算次序不变。

10.1.5 逻辑函数及其表示方法

1. 逻辑函数的建立

例 10-6 三个人表决一件事情，结果按“少数服从多数”的原则决定，试建立该逻辑函数。

解 第一步：设置自变量和因变量。

第二步：状态赋值。对于自变量 A、B、C，设：同意为逻辑“1”，不同意为逻辑“0”。对于因变量 L，设：事情通过为逻辑“1”，没通过为逻辑“0”。

第三步：根据题意及上述规定，列出函数的真值表如表 10-8 所示。

表 10-8 真值表

输入			输出
A	B	C	L
0	0	0	0
0	0	1	0
0	1	0	0
0	1	1	1
1	0	0	0
1	0	1	1
1	1	0	1
1	1	1	1

一般地，若输入逻辑变量 A、B、C、…的取值确定以后，输出逻辑变量 L 的值也唯一地确定了，就称 L 是 A、B、C 的逻辑函数，写作

$$L=f(A,B,C,\cdots)$$

逻辑函数与普通代数中的函数相比较，有两个突出的特点：

① 逻辑变量和逻辑函数只能取两个值 0 和 1。

② 函数和变量之间的关系是由“与”“或”“非”三种基本运算决定的。

2. 逻辑函数的表示方法

逻辑函数的表示方法主要有三种，它们是真值表、函数表达式和逻辑图。

(1) 真值表表示法

将输入逻辑变量的各种可能取值和相应的函数值排列在一起而组成的表格。

如例 10-6 中根据三个输入 A、B、C 的表决逻辑，使输出 L 与输入的多数相一致。表 10-8 所示为该表决电路的逻辑真值表，在该表中把全部可能出现的逻辑组合状态都反映出来。这种表示方法直观，并且具有唯一性。

(2) 函数表示法

函数表示法是由逻辑变量和“与”“或”“非”三种运算符所构成的表达式。

① 由真值表写出表达式。以例 10-6 的三变量表决逻辑为例，从真值表 10-8 中可以看出：

当 $A=0$，$B=1$，$C=1$ 时，$L=1$，即 $\overline{A}BC=1$。

当 $A=1$，$B=0$，$C=1$ 时，$L=1$，即 $A\overline{B}C=1$。

当 $A=1$，$B=1$，$C=0$ 时，$L=1$，即 $AB\overline{C}=1$。

当 $A=1$，$B=1$，$C=1$ 时，$L=1$，即 $ABC=1$。

把输出为“1”时的所有取值组合项逻辑“或”，即可得到表示该函数的逻辑表达式：

$$L=\overline{A}BC+A\overline{B}C+AB\overline{C}+ABC$$

用函数式表示逻辑关系不如真值表直观，但它便于运用定理和规则来运算、变换和化简。

② 逻辑表达式的基本类型。逻辑函数的真值表是唯一的，而表达式是多种多样的，常用的典型表达式有与-或式、或-与式、与非-与非式、或非-或非式和与-或-非式。例如：

$$L=AC+\bar{A}B \qquad \text{与-或表达式}$$

$$=(A+B)(\bar{A}+C) \qquad \text{或-与表达式}$$

$$=\overline{\overline{AC}\cdot\overline{\bar{A}B}} \qquad \text{与非-与非表达式}$$

$$=\overline{\overline{A+B}+\overline{\bar{A}+C}} \qquad \text{或非-或非表达式}$$

$$=\overline{A\bar{C}+\bar{A}\bar{B}} \qquad \text{与-或-非表达式}$$

这五种类型的表达式恰好和门电路的主要类型相对应，与-或式和或-与式可用与门和或门的组合来实现，与非-与非式可用与非门来实现，或非-或非式可用或非门来实现，与-或-非式可用与或非门来实现。其中，与-或表达式是逻辑函数的最基本表达形式。

（3）逻辑图表示法

逻辑图是由逻辑符号及其之间的连线而构成的图形。

① 由函数表达式可以画出其相应的逻辑图。

例 10-7 画出函数 $L=AB+\bar{A}\ \bar{B}$的逻辑图。

解 可用两个非门、两个与门和一个或门组成，如图 10-11 所示。

② 由逻辑图也可以写出其相应的函数表达式。

例 10-8 写出如图 10-12 所示逻辑图的函数表达式。

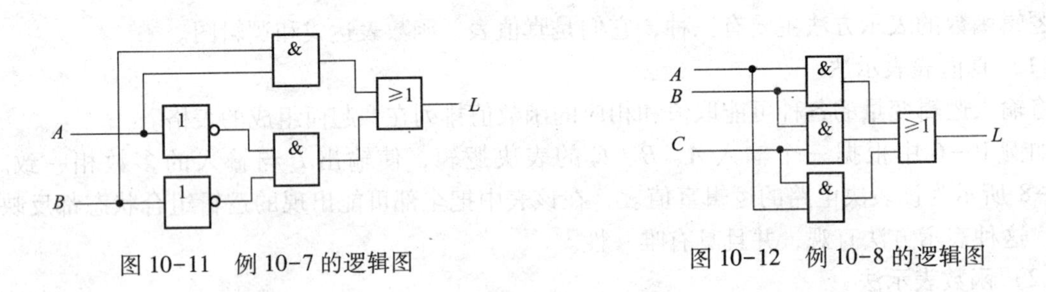

图 10-11 例 10-7 的逻辑图　　图 10-12 例 10-8 的逻辑图

解 可由输入至输出逐步写出逻辑表达式：

$$L=AB+BC+AC$$

10.1.6 逻辑函数的化简

逻辑图是根据表达式做出来的，表示同一个逻辑关系时，表达式越简单，用的门电路数目和连接线就越少。这样既经济，又提高了电路的可靠性。为此，常常要对逻辑函数进行化简。化简时又常以与-或式为基础，因为这种表达式便于推演和利用各种定理。公式化简法就是利用逻辑代数的基本定理、公式等来化简。以下介绍一些常用的代数化简法。

（1）并项法

运用公式 $A+\bar{A}=1$，将两项合并为一项，消去一个变量。例如：

$$L=A(BC+\overline{B}\ \overline{C})+A(B\overline{C}+\overline{B}C)=ABC+A\overline{B}\ \overline{C}+AB\overline{C}+A\overline{B}C$$
$$=AB(C+\overline{C})+A\overline{B}(C+\overline{C})=AB+A\overline{B}=A(B+\overline{B})=A$$

（2）吸收法

运用吸收律 $A+AB=A$，消去多余的与项。例如：

$$L=A\overline{B}+A\overline{B}(C+DE)=A\overline{B}$$

（3）消去法

运用吸收律 $A+\overline{A}B=A+B$ 消去多余的因子。例如：

$$L=\overline{A}+AB+\overline{B}E=\overline{A}+B+\overline{B}E=\overline{A}+B+E$$

（4）配项法

先通过乘以 $A+\overline{A}$或加上 $A\overline{A}$，增加必要的乘积项，再用以上方法化简。例如：

$$L=AB+\overline{A}C+BCD=AB+\overline{A}C+BCD\ (A+\overline{A})$$
$$=AB+\overline{A}C+ABCD+\overline{A}BCD=AB+\overline{A}C$$

在化简逻辑函数时，要灵活运用上述方法，才能将逻辑函数化为最简。

例10-9　化简逻辑函数：$L=AD+A\overline{D}+AB+\overline{A}C+BD+A\overline{B}EF+\overline{B}EF$。

解
$$L=A+AB+\overline{A}C+BD+A\overline{B}EF+\overline{B}EF\ （利用\ A+\overline{A}=1）$$
$$=A+\overline{A}C+BD+\overline{B}EF\ （利用\ A+AB=A）$$
$$=A+C+BD+\overline{B}EF\ （利用\ A+\overline{A}B=A+B）$$

代数化简法的优点是不受变量数目的限制。缺点是：没有固定的步骤可循；需要熟练运用各种公式和定理；在化简一些较为复杂的逻辑函数时还需要一定的技巧和经验；有时很难判定化简结果是否为最简。

10.2　基本逻辑门电路

门电路是数字电路中最基本的单元电路。门电路的输入量与输出量满足一定的逻辑关系。按其逻辑功能来分，有与门电路、或门电路、与非门电路、或非门电路等。本节着重介绍晶体管的开关特性、TTL门电路、CMOS门电路和集成门电路使用注意事项，主要掌握这些门电路的特点、外部特性和逻辑功能，对其内部电路也要作一些了解，以有助于合理地选择和正确地使用。

10.2.1　晶体管的开关特性

数字电路中二极管、三极管和场效应管基本上是工作在开关状态，即饱和、导通和截止状态。因此需要了解它们在开关状态下工作的特点，同时还要研究它们在“开”与“关”状态转换过程中所出现的问题。

1. 二极管的开关特性

二极管电路如图10-13（a）所示，二极管的特性如图10-13（b）所示，u_D 为二极管两端的电压。

（1）静态特性

输入电压 u_i 的波形如图 10-13（c）所示，正向电压值为 U_F，反向电压值为 $-U_R$，在不考虑动态变化过程的条件下，其正向导通电流为

$$I_F=\frac{U_F-U_D}{R_L}$$

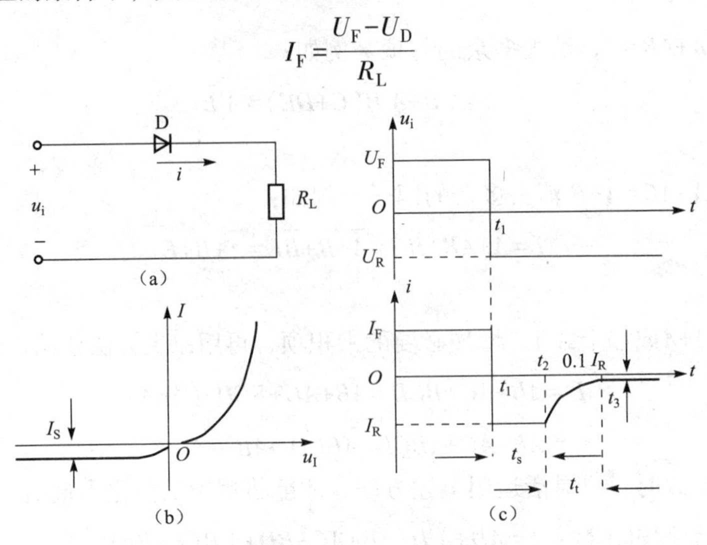

图 10-13　二极管的开关特性

（a）电路；（b）二极管的伏安特性；（c）二极管的动态特性

式中，U_D 为二极管导通时的止向压降（硅管 $U_D\approx0.7$ V，锗管 $U_D\approx0.2$ V），当输入电压 u_i 为反向电压 $-U_R$ 时，流过二极管和 R_L 中的电流为 $-I_R$，与输入 u_i 相对应的电流波形如图 10-13（c）中的下图粗实线所示。由以上分析可见，二极管开关并不是理想开关，正向导通时有管压降 U_D，反向截止时有反向饱和电流 I_R；如果正向导通时忽略 U_D，二极管相当于一个闭合的开关，反向截止时忽略 I_R，二极管相当于一个断开的开关。

（2）动态特性

如图 10-13（c）所示，在 $t=t_1$ 时，输入电压 u_i 由 U_F 突变到 $-U_R$，而二极管不能立刻截止，因为二极管有电容效应（PN 结势垒电容和扩散电容），电容两端的电压不能突变，也就是存在电容充放电的渐变过程。在输入电压突变的瞬间，二极管仍维持突变前的压降值 U_D 和极性，这瞬间的反向电流为

$$I_R=-\frac{U_R+U_D}{R_L}$$

当 $t=t_2$ 时存储电荷基本消散，反向电流开始下降。当 $t=t_3$ 时反向电流降到 $0.1I_R$。

$t_s=t_2-t_1$ 为存储时间，这是消散存储电荷的时间，体现了扩散电容效应。

$t_t=t_3-t_2$ 为下降时间，这是势垒区变宽的过程，体现了势垒电容效应。

$t_{re}=t_s+t_t$ 称为反向恢复时间。

二极管作开关作用是利用它的单向导电性，当外加电压频率较高，输入的反向电压保持的时间小于 t_{re} 时，二极管就失去了单向导电的特性，也就不能作开关了。

同理，二极管从截止转为正向导通也需要时间，这段时间称为开通时间。开通时间比反向恢复时间要小得多，一般可以忽略不计。

2. 三极管的开关特性

（1）静态开关特性

在数字电路中，三极管是作为一个开关管来使用的，它工作在饱和导通状态或截止状态。下面参照图 10-14 所示共发射极三极管开关电路和输出特性曲线来讨论三极管的静态开关特性。

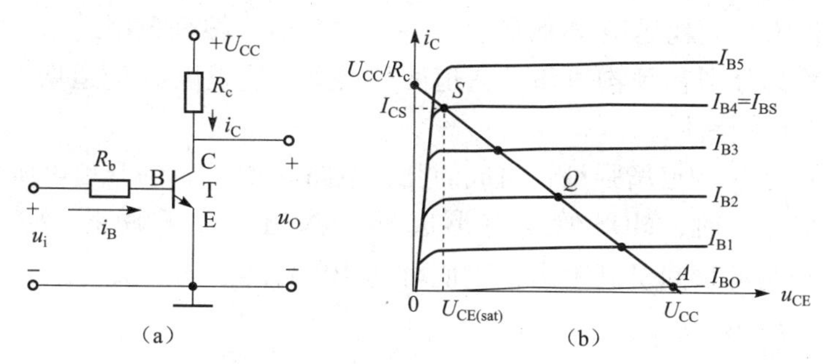

图 10-14　三极管的静态开关特性

（a）电路图；（b）输出特性曲线

① 截止条件。当输入 u_i 小于三极管发射结死区电压时，$I_B=I_{CBO}\approx 0$，$I_C=I_{CEO}\approx 0$，$U_{CE}\approx U_{CC}$，三极管工作在截止区，对应图 10-14（b）中的 A 点。三极管工作在截止状态的条件为：发射结反偏或小于死区电压。对于硅三极管，当 $U_{BE}<0.5$ V 时，$i_B\leqslant 0$，即可认为管子处于截止状态。实际应用中，为提高管子的截止可靠性，防止因外界干扰使三极管脱离截止区，一般都加一定的反偏电压。截止时的等效电路如图 10-15 所示。

② 放大状态。发射结正向偏置，集电结反向偏置，Δi_C 与 Δi_B 间呈正比关系且有放大作用，即

$$i_C=\beta i_B$$

管子工作于放大状态。

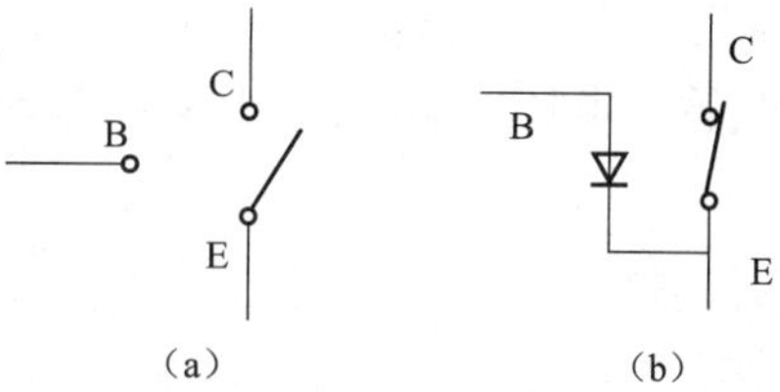

图 10-15　三极管截止与饱和时的等效电路

（a）截止状态；（b）饱和状态

③ 饱和状态。当 $i_B\geqslant I_{B(sat)}=\dfrac{U_{CC}}{\beta R_c}$，$U_{CE}<U_{BE}$，集电结和发射结均正偏时，$i_B$ 增大，i_C 不再以 β 倍的关系增大，而基本上保持不变。此时三极管工作于饱和状态。

通常以 $U_{CE}=U_{BE}$ 或以 $i_B=I_{B(sat)}=\dfrac{U_{CC}}{\beta R_c}$ 为临界饱和条件，当 $U_{CE}<U_{BE}$ 或 $i_B>I_{B(sat)}$ 时为过饱和。称 $I_B/I_{B(sat)}$ 为饱和深度系数 N_S，一般 N_S 取值为 1.5~2.5。在饱和时，C、E 间的饱和压降很小，即

$$U_{CE(sat)}=0.1\sim 0.3\ \text{V}$$

因此，C、E 间可视为短路，相当于开关接通。其等效电路如图 10-15（b）所示。

（2）动态开关特性

和二极管相似，三极管工作在开关状态时，其内部电荷的建立与消散都需要一定的时间。因此，集电极电流 i_C 的变化总是滞后于输入电压 u_i 的变化，这说明三极管由截止变为饱和或由饱和变为截止需要一定的时间。由于关断时间比导通时间大得多，因此要提高三极

管的开关速度，就必须降低三极管的饱和深度，加速基区存储电荷的消散。

10.2.2 MOS 管的开关特性

金属-氧化物-半导体场效应管（简称 MOS）也可作为开关管使用，它分为增强型 MOS 管和耗尽型 MOS 管两类，两者的工作原理相同，区别在于当栅-源极电压 $u_{GS}=0$ 时，增强型 MOS 管无导电沟道，而耗尽型 MOS 管已存在导电沟道。根据采用的基片材料不同，增强型和耗尽型 MOS 管又分别有 N 沟道和 P 沟道两种类型。这里以 N 沟道增强型 MOS 管为例，来说明这类管子的开关特性。

图 10-16（a）是 N 沟道增强型管组成的开关电路，MOS 管的开启电压为 $U_{GS(th)}$。当输入电压 $u_i=u_{GS}<U_{GS(th)}$ 时，MOS 管没有形成导电沟道，管子截止，$i_{DS}\approx 0$，输出电压 $u_o\approx U_{DD}$。这时漏极与源极间呈高阻态，阻值可达 $10^9\ \Omega$，如同开关的断开状态，其等效电路如图 10-16（b）所示。

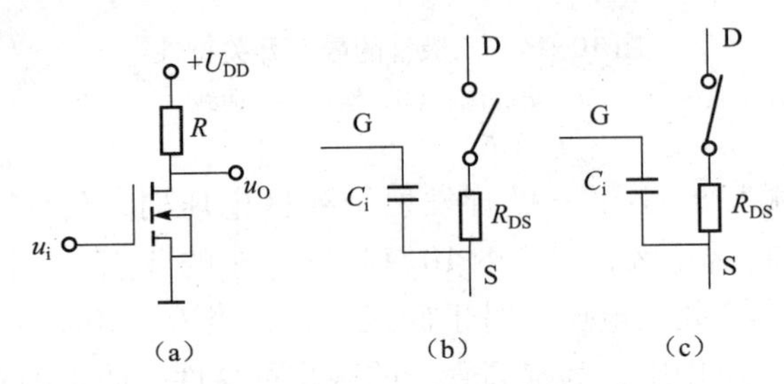

图 10-16 MOS 管开关电路及其等效电路
（a）开关电路；（b）截止时；（c）导通时

当输入电压 u_i 增大，使 $u_i=u_{GS}>U_{GS(th)}$ 时，MOS 管形成导电沟道，管子导通，沟道电阻为

$$R_{DS}=\left.\frac{1}{2k(u_{GS}-U_{GS(th)})}\right|_{u_{DS=0}}$$

上式表明，MOS 管沟道电阻与 u_{GS} 有关，当 $u_{GS}>U_{GS(th)}$ 时，沟道电阻与 u_{GS} 近似成反比。

当输入电压 u_i 增加到足够大时，MOS 管的沟道电阻将变得很小，只要 $R\gg R_{DS}$，输出电压将变为低电平，即 $u_o\approx 0$，MOS 管相当于开关闭合状态，其等效电路如图 10-16（c）所示。

由上述可知，输入信号 u_i 的高、低电平可以控制 MOS 管的工作状态，并在输出端得到相应的高、低电平。

由于 MOS 管是单极型器件，沟道的形成和消失基本上不需要时间，MOS 管的开关时间主要取决于输入电容及输出电容的充、放电时间，因此在等效电路中输入电容是不能忽略的，它的大小直接影响 MOS 管的开关时间。

10.2.3 TTL 与非门

TTL 门电路就是晶体管-晶体管逻辑电路，其输入端、输出端均由晶体管组成。TTL 门电路具有功耗小、速度快、扇出系数大、成本低等优点，是一种使用较为广泛的电路。

1. TTL 与非门

(1) 工作原理

标准 TTL 与非门电路和逻辑符号如图 10-17（a）、（b）所示。它的工作原理如下。

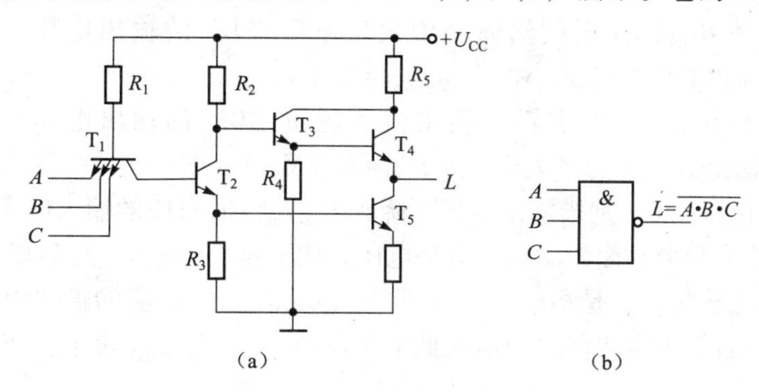

（a）　　（b）

图 10-17　TTL 与非门电路

（a）TTL 与非门电路；（b）与非门电路逻辑符号

① 输入 A、B、C 中有一个为“0”时，T_1 管饱和，T_1 管的基极被钳位在 1 V 左右，不能使 T_2、T_5 导通，T_3、T_4 组成的复合管导通，输出 $u_o \approx 5-0.7-0.7=3.6$ V，为高电平“1”。

② 输入 A、B、C 中全为“1”时，+5 V 经 R_1、T_1 管集电结、T_2 管的发射结、T_5 管发射结导通，此时 T_1 基极被钳位在 2.1 V 左右，T_1 管的发射结反偏截止，T_2、T_5 饱和导通，T_3、T_4 截止，输出 $u_o \approx 0.3$ V 为低电平“0”。

(2) 电压传输特性

电压传输特性是指输出电压 u_o 随输入电压 u_i 变化的关系曲线。图 10-18 所示为测试电路和特性曲线（分为 AB、BC、CD 和 DE 四段）。

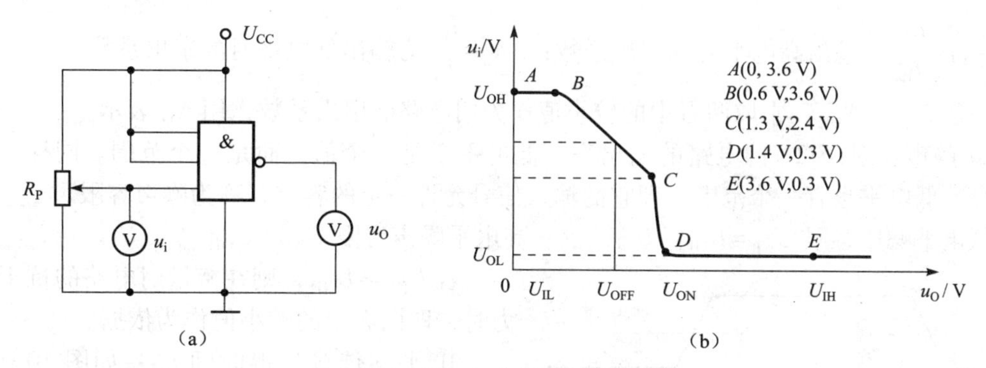

（a）　　（b）

图 10-18　TTL 与非门电压传输特性

（a）测试电路图；（b）特性曲线

如图 10-18（a）所示，将 TTL 与非门的一个输入端的电位由小变大，而将其他输入端接电源（高电平），测其输出电压。从图 10-18（b）所示的电压传输特性上可以看到，当输入电压 u_i 小于 0.6 V 时，输出电压 u_o 为高电平，对应图中 AB 段；当 u_i 由 0.6 V 继续升高时，u_o 线性下降，对应图中 BC 段；当 u_i 增大到 1.4 V 左右时，输出 u_o 急剧下降，并变为低电平，对应图中 CD 段，这一段叫作过渡区或转折区，所对应的输入电压称为阈值电压

或门限电压，用 U_{TH}表示（典型值为 1.3～1.4 V）；此后，u_i 再升高，输出 u_o 保持为低电平，即 $u_o \approx 0.3$ V，对应图中 DE 段。

（3）TTL 与非门的主要参数

① 输出高电平 U_{OH}：在正逻辑体制中代表逻辑“1”的输出电压。U_{OH} 的理论值为 3.6 V，产品规定输出高电平的最小值 $U_{OH(min)} = 2.4$ V。

② 输出低电平 U_{OL}：在正逻辑体制中代表逻辑“0”的输出电压。U_{OL} 的理论值为 0.3 V，产品规定输出低电平的最大值 $U_{OL(max)} = 0.4$ V。

③ 开门电平电压 U_{ON}：是指输出电压下降到 $U_{OL(max)}$ 时对应的输入电压。即输入高电压的最小值。在产品手册中常称为输入高电平电压，用 $U_{IH(min)}$ 表示。产品规定$U_{IH(min)} = 2$ V。

④ 关门电平电压 U_{OFF}：是指输出电压下降到 $U_{OH(min)}$ 时对应的输入电压，即输入低电压的最大值。在产品手册中常称之为输入低电平电压，用 $U_{IL(max)}$ 表示。产品规定$U_{IL(max)} =$ 0.8 V。

⑤ 输入低电平电流 I_{IL}：是指当门电路的输入端接低电平时，从门电路输入端流出的电流。产品规定 $I_{IL} \leqslant 1.6$ mA。

⑥ 输入高电平电流 I_{IH}：是指当门电路的输入端接高电平时，流入输入端的电流。产品规定 $I_{IH} \leqslant 40$ μA。

⑦ 输出低电平电流 I_{OL}：当驱动门输出低电平时，电流从负载门灌入驱动门。当负载门的个数增加，灌电流增大，会使输出低电平升高。因此，把允许灌入输出端的电流定义为输出低电平电流 I_{OL}。产品规定 $I_{OL} \leqslant 16$ mA。

⑧ 输出高电平电流 I_{OH}：当驱动门输出高电平时，电流从驱动门拉出，流至负载门的输入端。拉电流增大时，会使输出高电平降低。因此，把允许拉出输出端的电流定义为输出高电平电流 I_{OH}。产品规定 $I_{OH} \leqslant 0.4$ mA。

⑨ 扇出系数 N：允许驱动同类门电路的最大数目。

$N_{OH} = \dfrac{I_{OH}}{I_{IH}}$为输出高电平时的扇出系数；$N_{OL} = \dfrac{I_{OL}}{I_{IL}}$为输出低电平时的扇出系数。

一般 $N_{OL} \neq N_{OH}$，常取两者中的较小值作为门电路的扇出系数，用 N_O 表示。

⑩ 噪声容限：TTL 门电路的输出高、低电平不是一个值，而是一个范围。同样，它的输入高、低电平也有一个范围，即它的输入信号允许一定的容差，称为噪声容限。

低电平噪声容限 $U_{NL} = U_{OFF} - U_{OL(max)}$；高电平噪声容限 $U_{NH} = U_{OH(min)} - U_{ON}$。

若 $U_{NL} \neq U_{NH}$，则在衡量门电路的抗干扰能力时，取两者中的较小值作为依据。

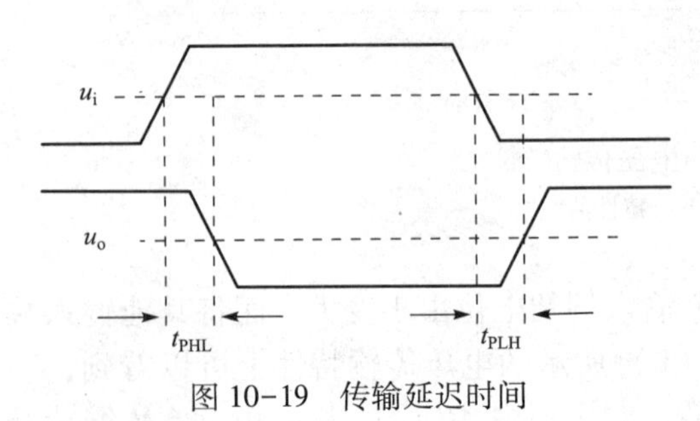

图 10-19　传输延迟时间

⑪ 平均传输延迟时间 t_{pd}：如图 10-19 所示，导通延迟时间 t_{PHL}是指从输入波形上升沿的中点到输出波形下降沿的中点所经历的时间。截止延迟时间 t_{PLH}是指从输入波形下降沿的中点到输出波形上升沿的中点所经历的时间。与非门的传输延迟时间 t_{pd} 是 t_{PHL} 和 t_{PLH} 的平均值，即

$$t_{pd}=\frac{t_{PLH}+t_{PHL}}{2}$$

一般 TTL 与非门传输延迟时间 t_{pd} 的值为几纳秒至十几纳秒，典型值为 3～10 ns。

（4）TTL 集成芯片

74X 系列为标准的 TTL 门系列。其中 X 为 L 表示低功耗；X 为 H 表示高速；X 为 S 表示肖特基（采用抗饱和技术）系列；X 为 LS 表示低功耗肖特基系列，这是应用较广泛的一种 TTL 门电路，相当于国产的 CT4000 系列。常用的集成 TTL 与非门电路有 74LS00（四个二输入端）、74LS20（两个四输入端）等。图 10-20（a）、（b）所示分别为芯片 74LS00、74LS20 的外引脚排列。

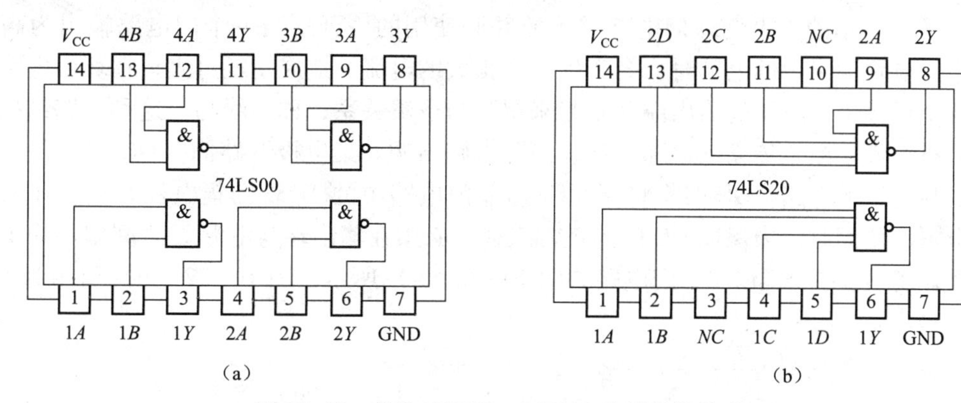

图 10-20　芯片 74LS00、74LS20 的外引脚排列

（a）芯片 74LS00 外引脚排列；（b）芯片 74LS20 外引脚排列

2. 三态与非门

所谓三态门，是指逻辑门的输出除有高、低电平两种状态外，还有第三种状态——高阻状态（或称禁止状态）的门电路，简称 TSL 门。其电路组成是 TTL 与非门的输入级多了一个控制器件 D，如图 10-21（a）所示，对应的逻辑符号如图 10-21（b）所示。

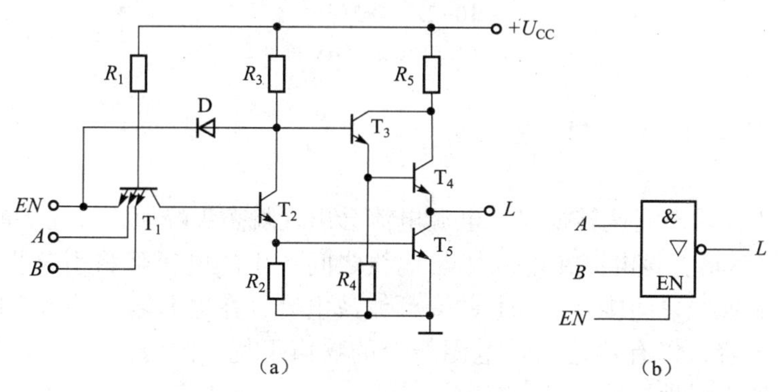

图 10-21　三态门电路、符号

（a）三态门电路；（b）符号

A 和 B 是输入端，EN 是控制端或称使能端。当 $EN=0$ 时，T_1 管和 D 同时导通，T_1 导通使 T_2、T_5 截止，D 导通使 T_3、T_4 截止，此时输出处于高阻态，与输入 A、B 间无任何关

系；当 $EN=1$ 时，D 截止，此时电路即为普通的与非门，输出 L 与输入 A、B 之间为与非逻辑关系，可输出“0”或“1”。

图 10-21 所示的电路，在 $EN=0$ 时，电路为高阻状态；在 $EN=1$ 时，电路为“与非”门状态，故称控制端为高电平有效。有的三态与非门为低电平有效，在逻辑符号中用 EN 加小圆圈表示，不加小圆圈时表示高电平有效。

三态与非门可作为输入设备与数据总线之间的接口。可将输入设备的多组数据分时传递到同一数据总线上，并且任何时刻只允许有一个三态门处于工作状态，占用数据总线，而其余的三态门均处于高阻态，即脱离总线状态。

3. 集电极开路门（OC 门）

图 10-17 所示的 TTL 与非门电路是不能并联使用的，否则当一个门电路输出为高电平而另一个门电路输出为低电平时，会产生一个很大的电流，造成功耗过大，损坏门电路。

将两个或多个门电路的输出端并联起来得到与逻辑关系，称为线与。这种电路结构的特点是：节省组件、减少传输延迟和功耗、简化电路结构。集电极开路门（OC 门）是一种能够实现线与逻辑的电路。OC 门是将原 TTL 与非门电路中的 T_5 管的集电极开路，并取消了集电极电阻。使用时，为保证 OC 门的正常工作，必须在输出端与电源 U 之间串联一个电阻 R_L，该电阻称为上拉电阻。OC 门电路如图 10-22（a）所示，图 10-22（b）所示为 OC 门的逻辑符号。

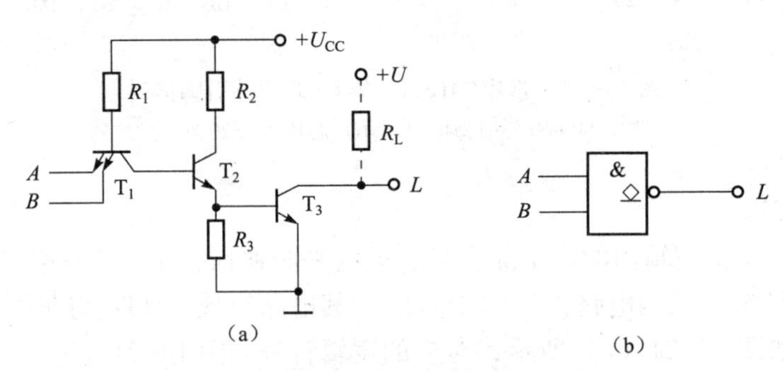

图 10-22　OC 门电路

（a）OC 门电路；（b）符号

4. TTL 门电路使用注意事项

（1）电源和地

TTL 电路在工作状态高速转换时，电源电流会出现瞬态尖峰值，称为尖峰电流或浪涌电流，幅度可达 4~5 mA，该电流在电源线与地线之间产生的电压降将引起噪声干扰。为此，在集成电路电源和地线之间接 0.01 μF 的高频滤波电容，在电源输入端接 20~50 μF 的低频滤波电容或电解电容，以有效地消除电源线上的噪声干扰。同时，为了保证系统的正常工作，必须保证电路良好地接地。

（2）电路外引线端的连接

电路外引线端的连接应注意以下几点。

① 不能将电源与地线接错，否则将烧毁电路。

② 各输入端不能直接与高于 5.5 V 和低于 -0.5 V 的低内阻电源相连，因为低内阻电源

会产生较大电流而烧坏电路。

③ 输出端不允许与低内阻电源直接相连，但可以通过电阻相连，以提高输出电平。

④ 输出端接有较大的容性负载时，电路在断开到接通的瞬间，会产生很大的冲击电流而损坏电路，应用时应串联电阻。

⑤ 除具有 OC 结构和三态结构的电路外，不允许将电路的输出端并联使用。

（3）多余输入端的处理

与门、与非门电路多余输入端可以悬空，但这样处理容易受到外界的干扰而使电路产生错误动作，所以应接电源 U_{CC} 以获得高电平输入；或门、或非门的多余输入端不能悬空，所以对门电路的多余输入端一般采取接地以直接获得低电平输入；也可以采取与其他输入端并联使用的方法，但这样对信号驱动电流的要求会相应增加。3 种处理方法如图 10-23 所示。

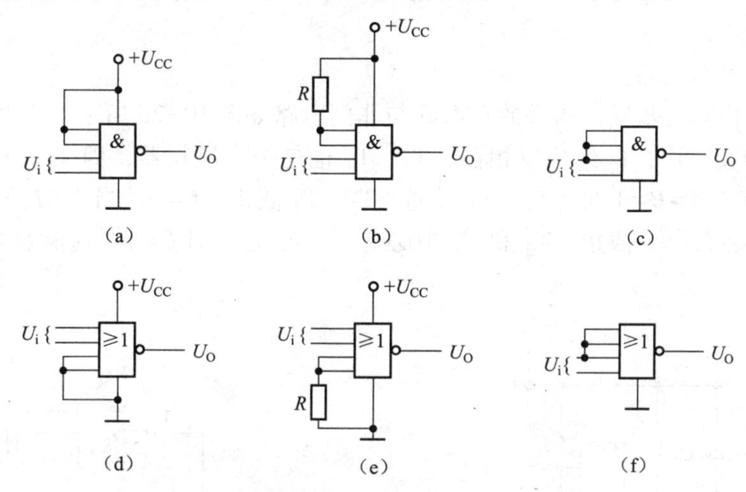

图 10-23　门电路多余输入端的处理方法

10.2.4　CMOS 集成门电路

CMOS 逻辑门是在 NMOS 的基础上发展起来的，电路采用 N 沟道增强型 MOS 管与 P 沟道增强型 MOS 管接成互补形式，具有结构简单、功耗小、品种繁多等优点，得到广泛的应用。它的特点是功耗极小，工作电流是纳安级，抗干扰能力强，输入阻抗高，带负载能力强，电源电压允许范围大（3~15 V）。

1. CMOS 反相器

CMOS 反相器是 CMOS 电路的一种基本结构。在改进的 CMOS 集成电路中，都以 CMOS 反相器作为输入、输出电路。因而掌握 CMOS 反相器的组成及特性具有普遍的意义。图 10-24 所示为 CMOS 反相器电路。

CMOS 反相器是由一个 NMOS 管和一个 PMOS 管串接组成的，两管的栅极连接在一起作输入端，两管的漏极连接在一起作输出端，如图 10-24 所示。对于 T_N 来说，当 $u_{GS1}>U_{TN}$（T_N 的开启电压）时，就导通；对于 T_P 来说，当 $u_{GS2}<U_{TP}$（T_P 的开启电压）时，就导通。设 $U_{DD}=10$ V，$U_{T_N}=|U_{T_P}|=2$ V，反相器的工作原理如下：

当 $u_i<2$ V 时，T_N 截止，T_P 导通，输出 $u_O\approx U_{DD}=10$ V；当 2 V$<u_i<$5 V 时，T_N 工作在

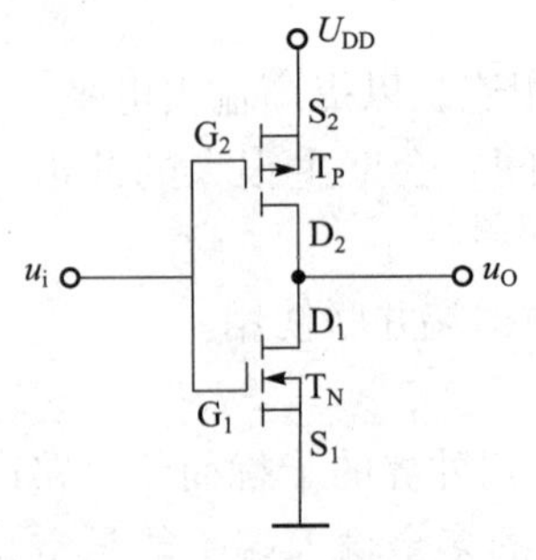

图 10-24　CMOS 反相器电路

饱和区，T_P 工作在可变电阻区；当 $u_i=5$ V 时，两管都工作在饱和区，$u_O=(U_{DD}/2)=5$ V；当 5 V<u_i<8 V 时，T_P 工作在饱和区，T_N 工作在可变电阻区；当 u_i>8 V 时，T_P 截止，T_N 导通，输出 $u_O=0$。可见该 CMOS 门电路的阈值电压 $U_{TH}=U_{DD}/2$。

对于反相器来说：当输入为低电平时，输出为高电平；当输入为高电平时，输出为低电平。输入与输出是反相（非）的关系，即

$$L=\overline{A}$$

在实际的 CMOS 反相器电路中，为了防止击穿，需在电路中加保护措施，如图 10-25 所示。

2. CMOS 与非门电路

以 CMOS 反相器为基础，构成的 CMOS 与非门电路如图 10-26 所示，由两个 PMOS 管和两个 NMOS 管构成。T_1、T_2 组成反相器，T_3、T_4 也是一个反相器，但 T_1、T_3 相串联，T_2、T_4 相并联。只有当 $A=B=1$ 时，T_1、T_3 导通，T_2、T_4 截止，$L=0$。当 A、B 输入为其他组合时，T_1 和 T_3 中必有一个截止，T_2 和 T_4 中必有一个导通，则 $L=1$。这满足与非逻辑关系，即 $L=\overline{A\cdot B}$。

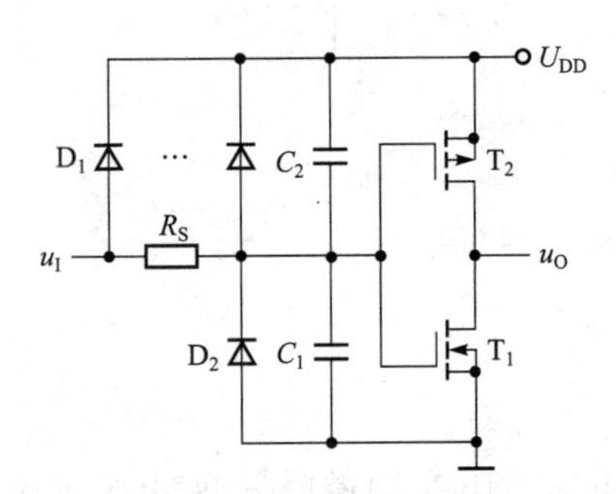

图 10-25　实际的 CMOS 电路

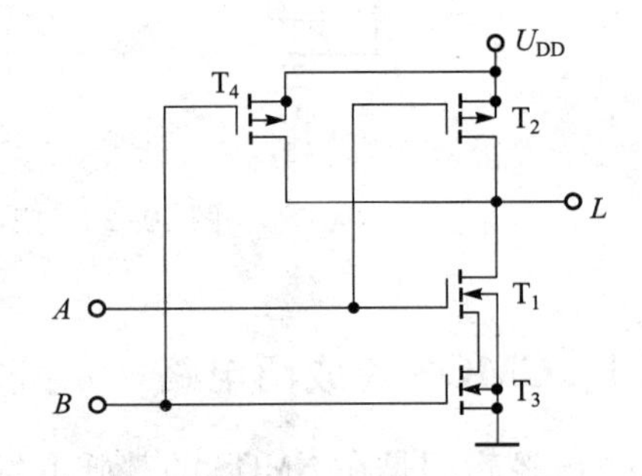

图 10-26　CMOS 与非门电路

3. CMOS 集成门电路使用注意事项

（1）操作规则

静电击穿是 CMOS 电路失效的原因之一，在实际使用时应遵守以下保护原则。

① 在防静电材料中储存或运输；

② 进行手工焊接时所采用的设备应接地；

③ 电源接通期间不应把器件从测试座上插入或拔出；

④ 调试电路时，应先接通线路板电源，后接通信号源电源。断电时应先断开信号源电源，后断开线路板电源。

（2）输入规则

① 输入信号电压必须控制在 $U_{SS}\sim U_{DD}$之间；

② 输入端接低内阻信号源时，应在输入端与信号源之间串联限流电阻；

③ 输入端接大电容时，同样要加限流电阻；

④ 与 TTL 门电路不同，CMOS 门电路的多余输入端不允许悬空，要根据电路逻辑功能的不同接 U_{DD}（高电平）或 U_{SS}（低电平）。

（3）输出规则

① 输出端的电平只能在 $U_{SS} \sim U_{DD}$之间；

② 除具有 OC 门结构和三态输出结构的门电路外，不允许把输出端并联使用以实现线与逻辑；

③ 不允许直接与 U_{DD}或 U_{SS}连接；

④ 为增加 CMOS 门电路的驱动能力，同一芯片的几个电路可以并联在一起使用，不在同一芯片上不允许这样使用。

（4）电源使用规则

① 电源电压应保持在最大极限电源电压范围之内；

② CMOS 门电路的电源极性不能倒接。

10.3　组合逻辑电路的分析与设计

10.3.1　概述

在数字系统中，根据逻辑功能特点的不同，数字电路可分为组合逻辑电路和时序逻辑电路两大类。所谓组合逻辑电路是这样一类电路：在任意时刻，电路的输出状态仅仅取决于该时刻电路输入信号的取值组合，而与电路以前的状态无关。组合逻辑电路的一般框图如图 10-27 所示。

根据组合逻辑电路的上述特点，在电路结构上，组合逻辑电路一般由逻辑门电路组成，电路中没有记忆单元，没有反馈通路。组合逻辑电路的逻辑功能可以用逻辑函数表达式来描述，也可以用真值表、逻辑图和卡诺图来描述。

图 10-27　组合逻辑电路的一般框图

10.3.2　组合逻辑电路的分析

组合逻辑电路的分析主要是根据给定组合逻辑电路的逻辑图，确定电路输入与输出之间的逻辑关系，从而确定电路的逻辑功能。组合逻辑电路的一般分析步骤如下。

① 根据给定逻辑图，写出组合逻辑电路输出端的逻辑函数表达式。

② 将输出逻辑函数表达式化简或变换成最简表达式。

③ 由逻辑表达式列出电路的真值表。

④ 由真值表说明电路的逻辑功能，或直接由真值表给出电路的逻辑功能。有时逻辑电路的逻辑功能难以用语言归纳，此时列出真值表即可。

用框图表示组合逻辑电路的分析步骤如下：

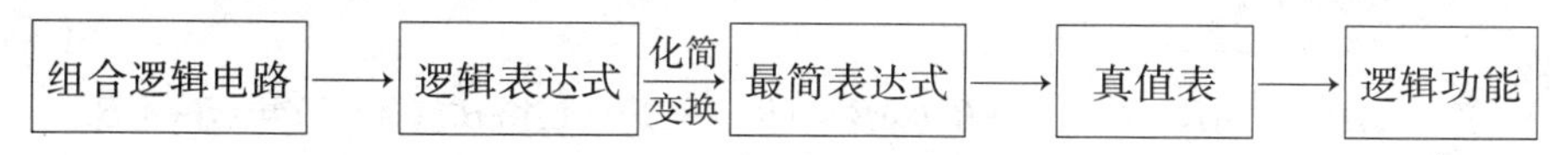

例 10-10　组合电路如图 10-28 所示，分析该电路的逻辑功能。

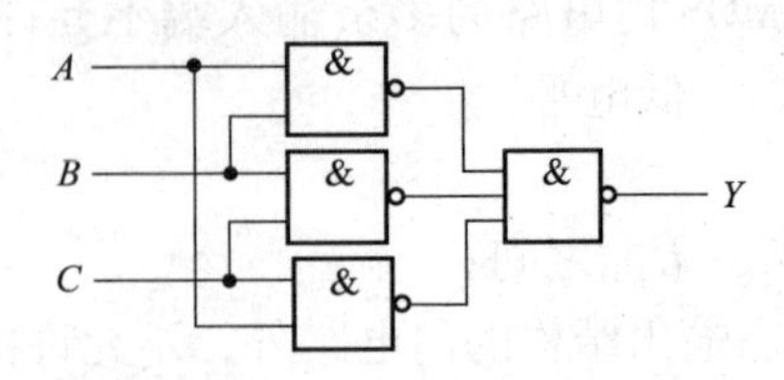

图 10-28　例 10-10 的逻辑图

解　① 由逻辑图逐级写出逻辑表达式：

$$Y=\overline{\overline{AB}\cdot\overline{BC}\cdot\overline{CA}}$$

② 化简与变换如下：

$$Y=AB+BC+CA$$

③ 由表达式列出真值表，如表 10-9 所示。

表 10-9　例 10-10 的真值表

A	B	C	Y
0	0	0	0
0	0	1	0
0	1	0	0
0	1	1	1
1	0	0	0
1	0	1	1
1	1	0	1
1	1	1	1

④ 分析逻辑功能：

由表可以看出，当 A、B、C 中有两个或两个以上为“1”时，电路输出为“1”，可知这是一个多数表决电路。

例 10-11　已知逻辑电路如图 10-29 所示，分析其逻辑功能。

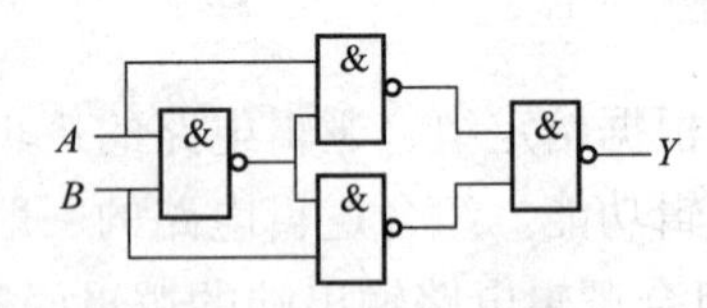

图 10-29　例 10-11 的逻辑电路

解　① 由逻辑图逐级写出逻辑表达式：

$$Y=\overline{\overline{A\,\overline{AB}}\cdot\overline{B\,\overline{AB}}}$$

② 化简与变换如下：

$$Y=\overline{\overline{A\,\overline{AB}}\cdot\overline{B\,\overline{AB}}}=A\cdot\overline{AB}+B\cdot\overline{AB}=\overline{AB}(A+B)=(\overline{A}+\overline{B})(A+B)=\overline{A}B+A\,\overline{B}$$

③ 列真值表如表 10-10 所示。

表 10-10　例 10-11 的真值表

A	B	Y
0	0	0
0	1	1
1	0	1
1	1	0

④ 分析真值表可知，本电路的逻辑功能是：输入相同（同为 0 或同为 1）时输出为 0；输入相异（一个为 0，一个为 1）时输出为 1。这种逻辑电路称为“异或”门。逻辑表达式可写为

$$Y=A\overline{B}+\overline{A}B=A\oplus B$$

如果 A 与 B 相同时 $Y=1$，A 与 B 相反时 $Y=0$，这种电路称为“同或”门。“同或”门的逻辑表达式为

$$Y=AB+\overline{A}\,\overline{B}=\overline{A\oplus B}=A\odot B$$

“异或”门和“同或”门的逻辑符号分别如图 10-30（a）、（b）所示。

图 10-30　“异或”门、“同或”门的逻辑符号

（a）“异或”门逻辑符号；（b）“同或”门逻辑符号

10.3.3　用小规模器件实现组合逻辑电路

组合逻辑电路的设计就是根据给定的实际逻辑问题，求解实现该逻辑要求的逻辑电路图的过程。组合逻辑电路设计的一般步骤如下：

① 对实际逻辑问题进行逻辑抽象，确定电路的输入变量和输出变量及其逻辑状态值。

② 按照逻辑要求确定电路输入与输出之间的逻辑关系，列写电路的真值表。

③ 由真值表写出输出的逻辑表达式并进行化简，并根据所选用的门电路类型进行适当变形。

④ 根据输出端的逻辑表达式选用逻辑门，画出逻辑电路图。

综上所述，用小规模器件实现组合逻辑电路设计过程的基本步骤如下框图表示：

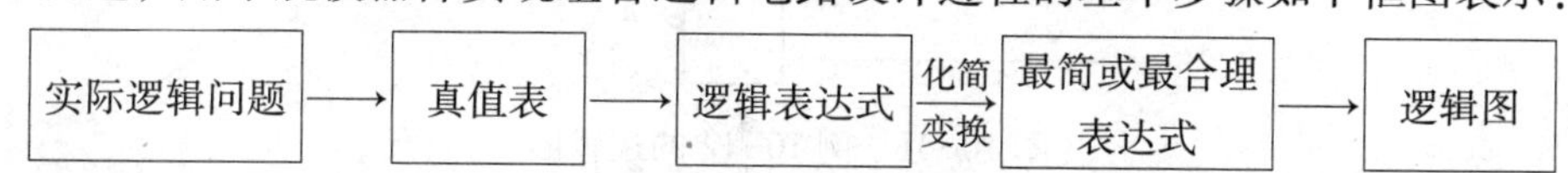

例 10-12　设计一个监测信号灯工作状态的逻辑电路。电路正常工作时，红、黄、绿三盏灯中只能是红、绿单独亮或黄、绿同时亮。而当出现其他五种点亮状态时，表明发生了故障，要求监测电路发出故障信号，以提醒维护人员前去维修。用“与非”门实现电路。

解　（1）以红、黄、绿三盏灯的状态为输入变量，分别用 R、Y、G 表示，规定灯亮为“1”，不亮为“0”。取故障信号为输出变量，用 L 表示，正常工作时 L 为“0”，发生故障时

L为“1”。根据题意列出真值表如表 10-11 所示。

表 10-11　例 10-12 真值表

输入			输出
R	Y	G	L
0	0	0	1
0	0	1	0
0	1	0	1
0	1	1	0
1	0	0	0
1	0	1	1
1	1	0	1
1	1	1	1

（2）由真值表写出各输出的逻辑表达式：

$$L=\overline{R}\ \overline{Y}\ \overline{G}+\overline{R}Y\overline{G}+R\overline{Y}G+RY\overline{G}+RYG$$

（3）根据要求，将上式化简并转换为与非表达式：

$$\begin{aligned}L&=\overline{R}\ \overline{Y}\ \overline{G}+\overline{R}Y\overline{G}+R\overline{Y}G+RY\overline{G}+RY\overline{G}+RYG\\&=\overline{R}\ \overline{G}(\overline{Y}+Y)+RG(\overline{Y}+Y)+RY(\overline{G}+G)\\&=\overline{R}\ \overline{G}+RG+RY\\&=\overline{\overline{\overline{R}\ \overline{G}+RG+RY}}\\&=\overline{\overline{\overline{R}\ \overline{G}}\cdot\overline{RG}\cdot\overline{RY}}\end{aligned}$$

（4）画出逻辑图，如图 10-31 所示。

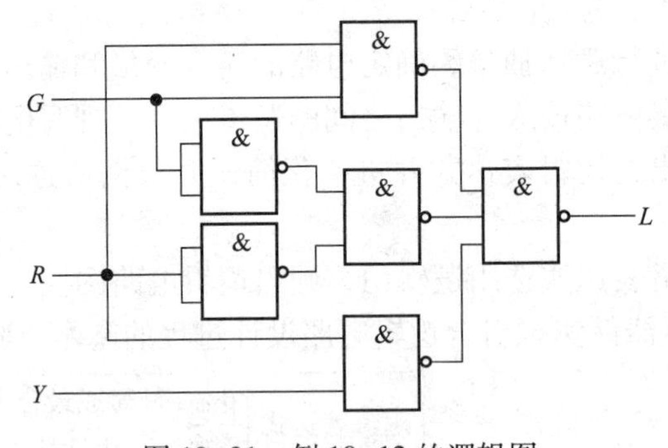

图 10-31　例 10-12 的逻辑图

例 10-13　三台设备分别为 A、B、C，有 1 号、2 号两个电源，设计一个设备电源控制电路。若只有一台设备投入运行，则由 Y_0 输出信号启动 1 号电源供电；若有两台设备投入运行，则由 Y_1 输出信号启动 2 号电源供电；若三台设备同时投入工作，则由 Y_0、Y_1 同时输出信号启动 1 号、2 号电源供电。试按照上述要求设计该电源自动切换控制电路。

解　以 A、B、C 三台设备的状态为输入变量，规定投入运行为“1”；否则为“0”。取输出信号 Y_0、Y_1 为输出变量，启动电源工作时为“1”；否则为“0”。根据题意列出真值表如表 10-12 所示。

（1）列真值表如表 10-12 所示。

表 10-12　例 10-13 真值表

A	B	C	Y_0	Y_1
0	0	0	0	0
0	0	1	1	0
0	1	0	1	0
0	1	1	0	1
1	0	0	1	0
1	0	1	0	1
1	1	0	0	1
1	1	1	1	1

（2）由真值表写出各输出的逻辑表达式：

$$Y_0=\bar{A}\bar{B}C+\bar{A}B\bar{C}+A\bar{B}\bar{C}+ABC$$

$$Y_1=\bar{A}BC+A\bar{B}C+AB\bar{C}+ABC$$

（3）化简与变换输出逻辑表达式：

$$\begin{aligned}Y_0&=\bar{A}\bar{B}C+\bar{A}B\bar{C}+A\bar{B}\bar{C}+ABC\\&=\bar{A}(\bar{B}C+B\bar{C})+A(\bar{B}\bar{C}+BC)=\bar{A}(B\oplus C)+A(B\odot C)\\&=\bar{A}(B\oplus C)+A(\overline{B\oplus C})=A\oplus B\oplus C\end{aligned}$$

$$\begin{aligned}Y_1&=\bar{A}BC+A\bar{B}C+AB\bar{C}+ABC\\&=\bar{A}BC+A\bar{B}C+AB(\bar{C}+C)=\bar{A}BC+A\bar{B}C+AB\\&=\bar{A}BC+A(B+\bar{B}C)=\bar{A}BC+A(B+C)\\&=\bar{A}BC+AB+AC=B(A+\bar{A}C)+AC\\&=AB+BC+AC\end{aligned}$$

（4）画出逻辑图如图 10-32 所示。

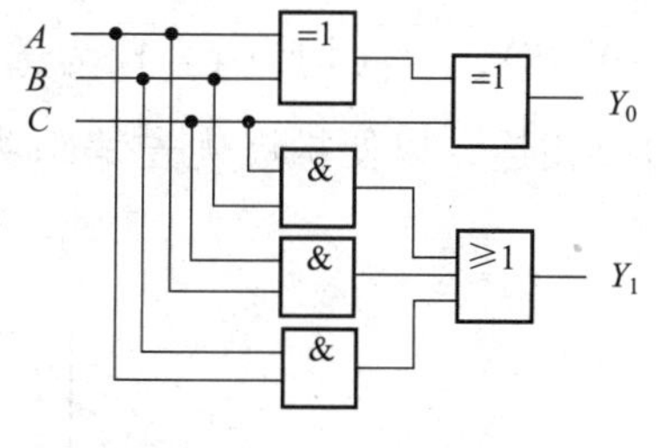

图 10-32　例 10-13 的逻辑电路

以上两个例子说明了如何根据要求来设计出逻辑图，掌握这种方法后，面对各种实用的中规模电路不仅知其然，而且要知其所以然。

10.4　常用组合逻辑器件

组合逻辑电路的种类很多，常用的有编码器、译码器、加法器等。目前，这些组合逻辑电路已被制成各种中、小规模的单片集成器件，它们体积小、适用性强、兼容性好、功耗低、可靠性高，其应用日益广泛。下面介绍几种常用的组合逻辑器件。

10.4.1　编码器

能实现编码的数字电路称为编码器。例如，计算机的键盘就是由编码器组成的，当按键时，编码器便自动将该键的信号编成一个二进制代码送到计算机中，以便计算机对信号进行传送、运算处理和存储。

编码器是一个多输入、多输出的组合逻辑电路，其每一个输入线代表一种信息（如数、字符等），而全部输出线表示与该信息相对应的二进制代码。

按照输出代码种类的不同，编码器可分为二进制编码器和二-十进制编码器。

1. 二进制编码器

将输入信号编成二进制代码的电路称为二进制编码器。由于 n 位二进制代码可以表示 2^n 个信息，所以输出 n 位代码的二进制编码器最多可以有 2^n 个输入信号。

二进制编码器有普通编码器和优先编码器两种类型。图 10-33 所示的是三位二进制编码器示意图，I_0、I_1、…、I_7是信号输入端，分别对应 0、1、…、7 八个数码，Y_0、Y_1、Y_2为编码输出端。普通编码器不可同时输入两个或两个以上的输入信号；否则，电路的逻辑功能将会混乱。优先编码器允许输入两个或两个以上的输入信号，它只对优先级别最高的输入信号编码，故逻辑功能不会混乱。

常用的有 8 线-3 线优先编码器，该编码器有 8 个信号输入端和 3 个输出端，任意一个输入端输入信号后，3 个输出端以三位二进制数码与之对应。

实际的 8 线-3 线优先编码器 74LS148 的引脚如图 10-34 所示。图中$\overline{I_0}\sim\overline{I_7}$为输入信号端，输入信号低电平有效；$\overline{Y_0}\sim\overline{Y_2}$为编码输出端，采用反码输出。所谓反码是指它的数值原定输出为 1 时，现在输出为 0。如原定为 101，那么它的反码是 010。该编码器还设有控制端 $\overline{S}$，也称选通端、禁止端或使能端，当$\overline{S}=0$ 时，允许编码；$\overline{S}=1$ 时，禁止编码，此时输入$\overline{I_0}\sim\overline{I_7}$不论为何种状态，输出$\overline{Y_0}\sim\overline{Y_2}$和$\overline{Y_S}$、$\overline{Y_{EX}}$均为 1。$\overline{Y_S}$为选通输出端，在两片集成电路串接应用时，高位片的$\overline{Y_S}$与低位片$\overline{S}$相连，以便扩展优先编码功能。$\overline{Y_{EX}}$为优先扩展输出端，

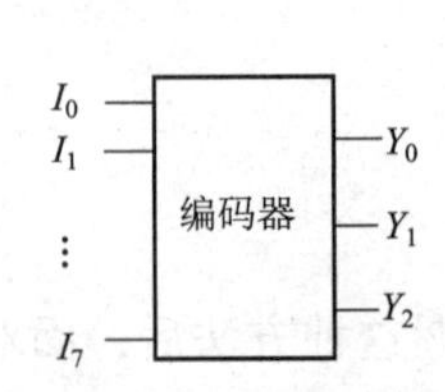

图 10-33　三位二进制编码器示意图

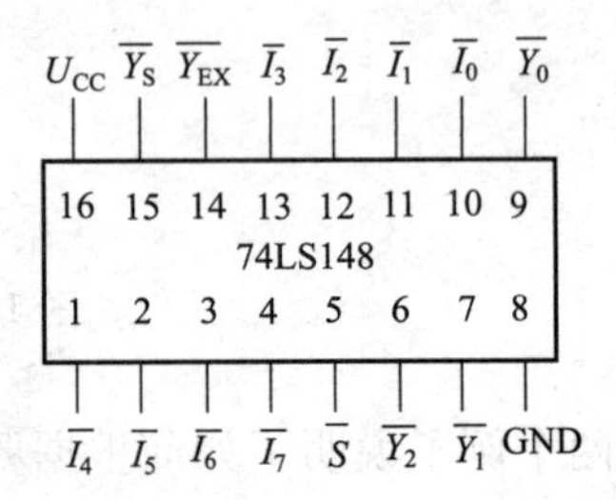

图 10-34　74LS148 引脚排列

应用它可以使所编数码输出位得到扩展。优先编码器 74LS148 的真值表如表 10-13 所示，表中“×”表示任意态。

表 10-13　8 线-3 线优先编码器 74LS148 真值表

输入									输出				
$\overline{S}$	$\overline{I_0}$	$\overline{I_1}$	$\overline{I_2}$	$\overline{I_3}$	$\overline{I_4}$	$\overline{I_5}$	$\overline{I_6}$	$\overline{I_7}$	$\overline{Y_2}$	$\overline{Y_1}$	$\overline{Y_0}$	$\overline{Y_S}$	$\overline{Y_{EX}}$
1	×	×	×	×	×	×	×	×	1	1	1	1	1
0	1	1	1	1	1	1	1	1	1	1	1	0	1
0	×	×	×	×	×	×	×	0	0	0	0	1	0
0	×	×	×	×	×	×	0	1	0	0	1	1	0
0	×	×	×	×	×	0	1	1	0	1	0	1	0
0	×	×	×	×	0	1	1	1	0	1	1	1	0
0	×	×	×	0	1	1	1	1	1	0	0	1	0
0	×	×	0	1	1	1	1	1	1	0	1	1	0
0	×	0	1	1	1	1	1	1	1	1	0	1	0
0	0	1	1	1	1	1	1	1	1	1	1	1	0

由真值表可知：编码器输入$\overline{I_0}$~$\overline{I_7}$中，$\overline{I_7}$优先级最高，$\overline{I_0}$优先级最低，因此，当$\overline{I_7}=0$时，不管其他编码输入为何值，只对“7”编码，即$\overline{Y_2Y_1Y_0}=000$。当$\overline{I_7}=1$，$\overline{I_6}=0$时，不管其他编码输入端为何值，只对“6”编码，即$\overline{Y_2Y_1Y_0}=001$。

根据以上分析可以看出，在优先编码器中，允许几个信号同时加到输入端，而电路只对优先级别最高的信号进行编码，能保证编码的唯一性。

2. 键盘输入 8421BCD 码编码器

计算机的键盘输入逻辑电路就是由编码器组成的。

图 10-35 所示为一个用十个按键和门电路组成的 8421BCD 码编码器，其功能表如表 10-14 所示。

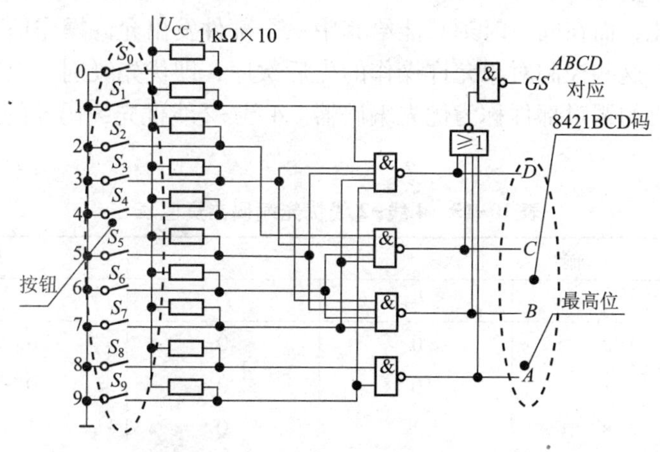

图 10-35　按键和门电路组成的 8421BCD 码编码器

表 10-14　8421BCD 码编码器真值表

输入										输出				
S_9	S_8	S_7	S_6	S_5	S_4	S_3	S_2	S_1	S_0	A	B	C	D	GS
1	1	1	1	1	1	1	1	1	1	0	0	0	0	0
1	1	1	1	1	1	1	1	1	0	0	0	0	0	1
1	1	1	1	1	1	1	1	0	1	0	0	0	1	1
1	1	1	1	1	1	1	0	1	1	0	0	1	0	1
1	1	1	1	1	1	0	1	1	1	0	0	1	1	1
1	1	1	1	1	0	1	1	1	1	0	1	0	0	1
1	1	1	1	0	1	1	1	1	1	0	1	0	1	1
1	1	1	0	1	1	1	1	1	1	0	1	1	0	1
1	1	0	1	1	1	1	1	1	1	0	1	1	1	1
1	0	1	1	1	1	1	1	1	1	1	0	0	0	1
0	1	1	1	1	1	1	1	1	1	1	0	0	1	1

其中 $S_0 \sim S_9$ 代表十个按键，即对应十进制数 0~9 的输入键，它们对应的输出代码正好是 8421BCD 码，同时也把它们作为逻辑变量，$ABCD$ 为输出代码（A 为最高位），GS 为控制使能标志。

对功能表和逻辑电路进行分析可知：① 该编码器为输入低电平有效；② 在按下 $S_0 \sim S_9$ 中任意一个键时，即输入信号中有一个为有效电平时 $GS=1$，代表有信号输入；而只有 $S_0 \sim S_9$ 均为高电平时 $GS=0$，代表无信号输入，此时的输出代码 0000 为无效代码。由此解决了前面提出的如何区分两种情况下输出都是全 0 的问题。上述机械式按键编码电路虽然比较简单，但当同时按下两个或更多个键时，其输出将是混乱的。在数字系统中，特别是在计算机系统中，常常要控制几个工作对象，如微型计算机主机要控制打印机、磁盘驱动器、输入键盘等。当某个部件需要实行操作时，必须先送一个信号给主机（称为服务请求），经主机识别后再发出允许操作信号（服务响应），并按事先编好的程序工作。这里会有几个部件同时发出服务请求的可能，而在同一时刻只能给其中一个部件发出允许操作信号。因此，必须根据轻重缓急，规定好这些控制对象允许操作的先后次序，即优先级别。识别这类请求信号的优先级别并进行编码的逻辑部件称为优先编码器。4 线-2 线优先编码器的功能表如表 10-15 所示。

表 10-15　4 线-2 线优先编码器真值表

输入				输出	
I_0	I_1	I_2	I_3	Y_1	Y_0
1	0	0	0	0	0
×	1	0	0	0	1
×	×	1	0	1	0
×	×	×	1	1	1

分析该表中的 $I_0 \sim I_3$ 的优先级别，可以发现，对于 I_0，只有当 I_1、I_2、I_3 均为 0，即均无有效电平输入，且 I_0 为 1 时，输出为 00。对于 I_3，无论其他 3 个输入是否为有效电平输入，输出均为 11。由此可知，I_3 的优先级别高于 I_0 的优先级别，且这 4 个输入的优先级别的高低次序依次为 I_3、I_2、I_1、I_0。

由该功能表可以导出该优先编码器的逻辑表达式为

$$Y_1 = I_2\bar{I}_3 + I_3$$

$$Y_0 = I_1\ \overline{I_2 I_3} + I_3$$

由于这里包括了无关项，逻辑表达式比前面介绍的非优先编码器简单些。

10.4.2　译码器

译码是编码的逆过程，它能将输入的二进制代码的含义“翻译”成对应的输出信号，用来驱动显示电路或控制其他部件工作，实现代码所规定的操作。能实现译码功能的数字电路称为译码器。常用的译码器有二进制译码器、二-十进制译码器和显示译码器等。

1. 二进制译码器

将二进制代码“翻译”成对应的输出信号的电路称为二进制译码器，其示意图如图 10-36 所示。它的输入是一组二进制代码，输出是一组高、低电平值。若输入是 n 位二进制代码，译码器必然有 2^n 个输出端。所以二位二进制译码器有 2 个输入端，4 个输出端，故又称 2 线-4 线译码器。三位二进制译码器有 3 个输入端，8 个输出端，又称 3 线-8 线译码器。本书只介绍 2 线-4 线译码器。

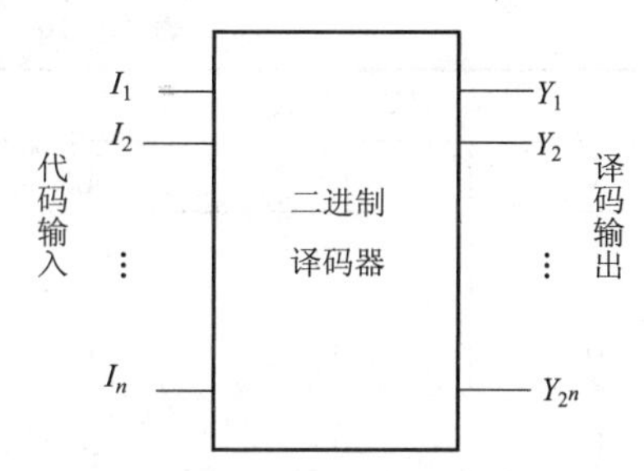

图 10-36　二进制译码器示意图

2 线-4 线译码器的典型产品有 74LS139 等。图 10-37（a）是 2 线-4 线译码器 74LS139 的逻辑电路，图 10-37（b）是其引脚排列。A_0、A_1 为二进制代码输入端，$\bar{Y}_0 \sim \bar{Y}_3$ 为译码输出端，$\bar{S}$ 为选通端，用以控制译码器工作，S 上的“非”号表示低电平有效。

由图 10-37（a）可见，当选通端 $\bar{S}=1$，则接选通端的反相器输出为 0 时，四个与非门被封锁，不论 A_0、A_1 为何值，$\overline{Y_0} \sim \overline{Y_3}$ 均输出高电平，译码器不工作。当 $\bar{S}=0$，则接选通端的反相器输出为 1 时，四个与非门打开，译码器工作，对应 A_0、A_1 的不同取值组合，$\overline{Y_0} \sim \overline{Y_3}$ 只有一个输出为低电平，其余输出均为高电平。例如，若输入代码 $\bar{A}_1\bar{A}_0=11$，只有对应的输出端 $\overline{Y_3}=0$，而其余输出端均输出高电平（无效）。

由图 10-37（a）可写出译码器的输出表达式为

$$\bar{Y}_0 = \overline{S\ \overline{A_1 A_0}} \qquad \bar{Y}_1 = \overline{S\ \overline{A_1} A_0} \qquad \bar{Y}_2 = \overline{S A_1\ \overline{A_0}} \qquad \overline{Y_3} = \overline{S A_1 A_0}$$

2 线-4 线译码器 74LS139 真值表如表 10-16 所示。

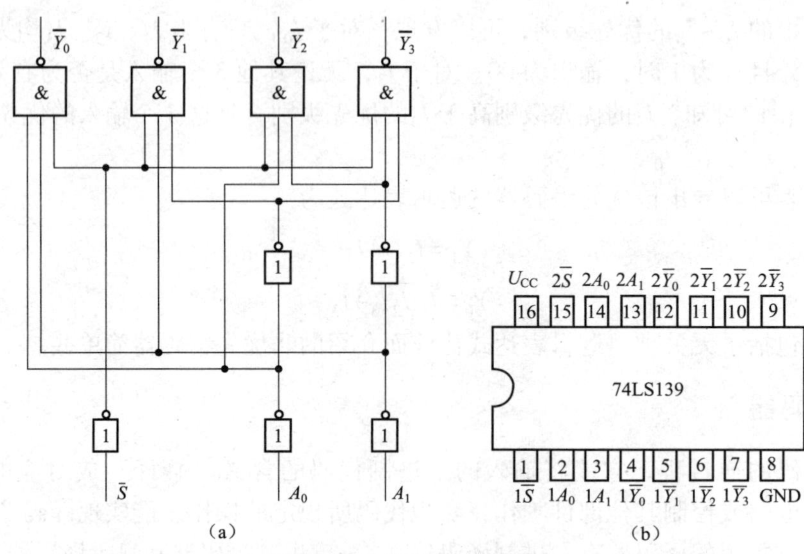

图 10-37　74LS139 译码器

（a）逻辑电路；（b）引脚排列

表 10-16　2 线-4 线译码器 74LS139 真值表

输　入			输　出			
$\overline{S}$	$\overline{A_1}$	$\overline{A_0}$	$\overline{Y_0}$	$\overline{Y_1}$	$\overline{Y_2}$	$\overline{Y_3}$
1	×	×	1	1	1	1
0	0	0	0	1	1	1
0	0	1	1	0	1	1
0	1	0	1	1	0	1
0	1	1	1	1	1	0

2. 二-十进制译码器

将二进制代码译成 0~9 十个十进制数信号的电路，叫作二-十进制译码器。二-十进制译码器中有四位二进制代码，所以这种译码器有 4 个输入端，10 个输出端，因此又叫作 4 线-10 线译码器。8421BCD 码是最常用的二-十进制码，图 10-38（a）所示为 4 线-10 线 74LS42 的逻辑电路，输出低电平有效。图 10-38（b）是 74LS42 的引脚排列。

根据逻辑图可得

$$\overline{Y_0}=\overline{\overline{A_3}\,\overline{A_2A_1A_0}}\qquad \overline{Y_1}=\overline{\overline{A_3A_2A_1}A_0}$$

$$\overline{Y_2}=\overline{\overline{A_3}\,\overline{A_2}A_1\overline{A_0}}\qquad \overline{Y_3}=\overline{\overline{A_3A_2}A_1A_0}$$

$$\overline{Y_4}=\overline{\overline{A_3}A_2\overline{A_1A_0}}\qquad \overline{Y_5}=\overline{\overline{A_3}A_2\overline{A_1}A_0}$$

$$\overline{Y_6}=\overline{\overline{A_3}A_2A_1\overline{A_0}}\qquad \overline{Y_7}=\overline{\overline{A_3}A_2A_1A_0}$$

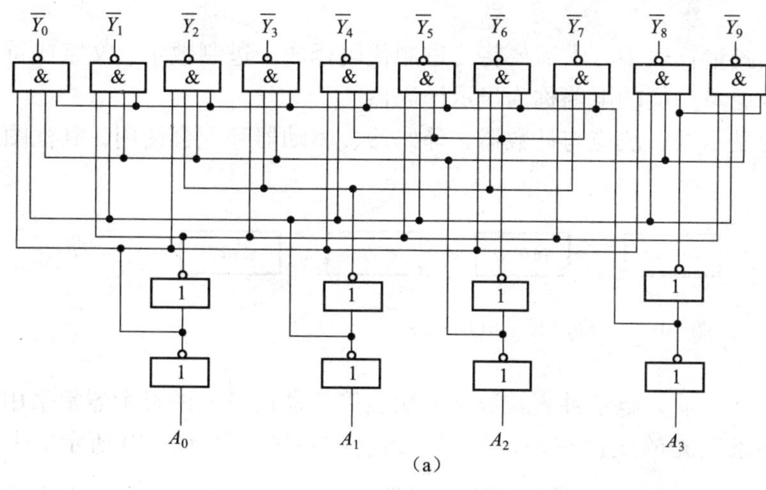

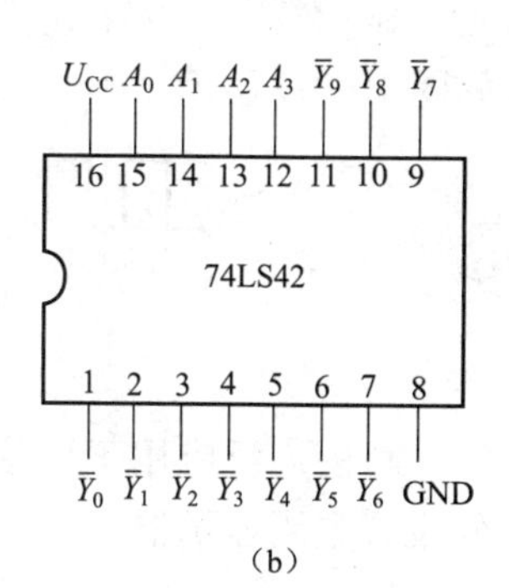

图 10-38　74LS42 译码器

（a）逻辑电路图；（b）引脚排列图

$$\overline{Y}_8=\overline{A_3\overline{A_2}\,\overline{A_1}\,\overline{A_0}}\qquad \overline{Y}_9=\overline{A_3\overline{A_2}\,\overline{A_1}A_0}$$

其真值表如表 10-17 所示，由表可知，当译码器的输入从 0000 变到 1001 时，在其输出端$\overline{Y}_0\sim\overline{Y}_9$中，只有对应的一个输出为 0，其余均为 1。如输入 $A_3A_2A_1A_0$为 0110 时，$\overline{Y}_6$ 输出为 0，其余均为 1。当译码的输入从 1010 变到 1111 时，$\overline{Y}_0\sim\overline{Y}_9$中无低电平信号产生，译码器拒绝“翻译”，这些没有被采用的代码称为伪码。可见，这种电路结构具有拒绝伪码的功能。

表 10-17　74LS42 译码器真值表

十进制数	输入				输出									
	A_3	A_2	A_1	A_0	$\overline{Y}_9$	$\overline{Y}_8$	$\overline{Y}_7$	$\overline{Y}_6$	$\overline{Y}_5$	$\overline{Y}_4$	$\overline{Y}_3$	$\overline{Y}_2$	$\overline{Y}_1$	$\overline{Y}_0$
0	0	0	0	0	1	1	1	1	1	1	1	1	1	0
1	0	0	0	1	1	1	1	1	1	1	1	1	0	1
2	0	0	1	0	1	1	1	1	1	1	1	0	1	1
3	0	0	1	1	1	1	1	1	1	1	0	1	1	1
4	0	1	0	0	1	1	1	1	1	0	1	1	1	1
5	0	1	0	1	1	1	1	1	0	1	1	1	1	1
6	0	1	1	0	1	1	1	0	1	1	1	1	1	1
7	0	1	1	1	1	1	0	1	1	1	1	1	1	1
8	1	0	0	0	1	0	1	1	1	1	1	1	1	1
9	1	0	0	1	0	1	1	1	1	1	1	1	1	1
伪码	1	0	1	0	1	1	1	1	1	1	1	1	1	1
	⋮		⋮											
	1	1	1	1	1	1	1	1	1	1	1	1	1	1

3. 显示译码器

在数字计算系统及数字式测量仪表中，常需要将二进制代码译成十进制数字、文字或符号，并显示出来，能完成这种逻辑功能的电路称为显示译码器。

显示数字、文字或符号的显示器一般应与计数器、译码器、驱动器等配合使用，其框图如图 10-39 所示。

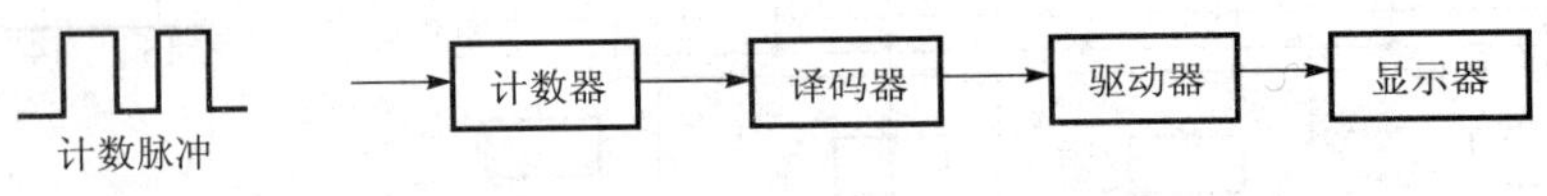

图 10-39　译码显示电路框图

目前广泛应用于袖珍电子计算器、电子钟表及数字万用表等仪器设备上的显示器常采用分段式数码显示器，它是由多条发光的线段按一定的方式组合构成的。图 10-40 所示的七段数码显示字形管中，光段的排列形状为“8”字形，通常用 a、b、c、d、e、f、g 七个小写字母表示。一定的发光线段组合，便能显示相应的十进制数字。例如，当 a、b、c、d、g 线段亮而其他段不亮时，可显示数字“3”。

分段显示器有荧光数码管、半导体数码管及液晶显示器等，虽然它们结构原理各异，但译码显示电路的原理是相同的。

（1）荧光数码管显示器

荧光数码管是一种分段式电真空显示器件，其优点是清晰悦目、稳定可靠、视距较大、工作电压较低、电流小、寿命长，缺点是需要灯丝电源、强度差、安装不便。

（2）液晶显示器（简称 LCD）

电子手表、微型计算器等电子器件的数字显示部分常采用液晶分段数码显示器。它是利用液态晶体（简称液晶）的光学特性，即液晶透明度和颜色随电场、磁场、光的变化而变化制成的显示器。由于它具有工作电压低、耗电省、成本低、体积小等优点，获得了较广泛的应用。其缺点是显示不够清晰，工作温度范围较窄（-10～+60 ℃）。

（3）半导体数码管显示器（LED 数码管）

半导体数码管显示器是将发光二极管（发光段）布置成“8”字形状制成的。按照高低电平的不同驱动方式，半导体数码管显示器有共阳极接法和共阴极接法，如图 10-41 所示，图 10-41（a）是共阴极接法，图 10-41（b）是共阳极接法。图中 a～g 是七段数字发光段，h 是小数点发光段。译码器输出高电平驱动显示器时，需选用共阴极接法（所有二极管阴极接地）的半导体数码管；译码器输出低电平驱动显示器时，需选用共阳极接法（所有二极管阳极并接到电源）。当两种接法中的某些二极管导通而发光时，则发光各段组成不同的数字及小数点。

下面以译码器驱动共阴极数码管为例，来说明译码显示电路。如图 10-42 所示，在译码器的 4 个输入端 $DCBA$ 输入 8421BCD 码，译码器的 7 个输出端分别接到 7 个发光二极管的阳极，译码器的某一输出端为高电平时，与之相连的发光二极管导通、发光，显示出与 8421BCD 码对应的 0～9 某个数字。例如，对于 8421BCD 码的 0101 状态，对应的十进制为“5”，则译码器的 Y_a、Y_c、Y_d、Y_f、Y_g 为高电平，分别接 5 个对应的发光二极管的阳极，使

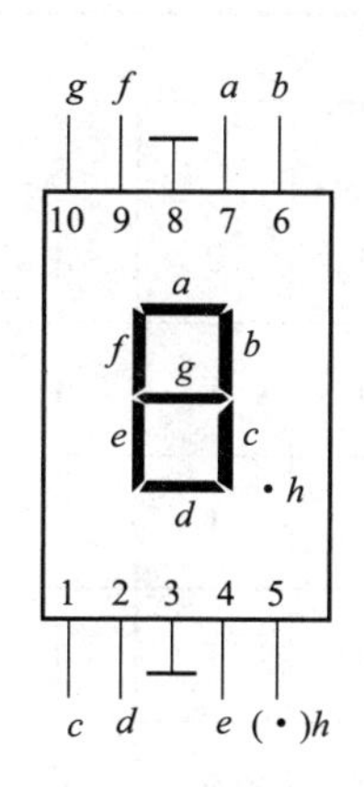

图 10-40　七段数码字形管

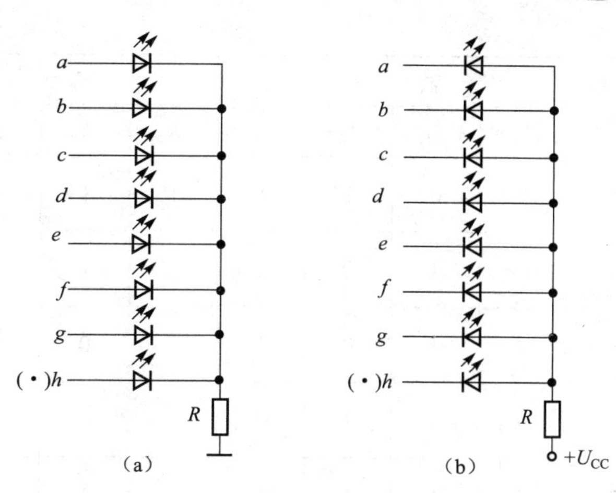

图 10-41　半导体 LED 数码管

（a）共阴极接法；（b）共阳极接法

发光二极管发光，显示“5”。

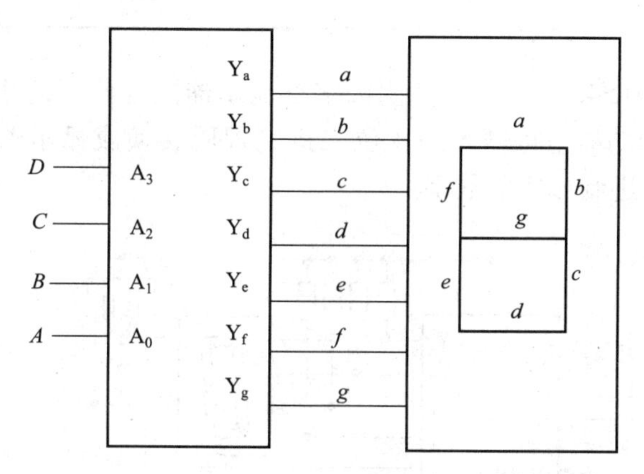

图 10-42　译码显示电路

表 10-18 是共阴极七段显示译码电路的真值表，根据这个真值表可设计出译码电路的逻辑图。这个逻辑图是比较复杂的，欲了解译码电路的逻辑图，可根据使用的 TTL 或 CMOS 集成电路的型号，查阅有关手册。

表 10-18　七段显示译码电路真值表

十进制数	输入				输出							字形
	A_4	A_3	A_2	A_1	a	b	c	d	e	f	g	
0	0	0	0	0	1	1	1	1	1	1	0	0
1	0	0	0	1	0	1	1	0	0	0	0	1
2	0	0	1	0	1	1	0	1	1	0	1	2

续表

十进制数	输入				输出							字形
	A_4	A_3	A_2	A_1	a	b	c	d	e	f	g	
3	0	0	1	1	1	1	1	1	0	0	1	3
4	0	1	0	0	0	1	1	0	0	1	1	4
5	0	1	0	1	1	0	1	1	0	1	1	5
6	0	1	1	0	1	0	1	1	1	1	1	6
7	0	1	1	1	1	1	1	0	0	0	0	7
8	1	0	0	0	1	1	1	1	1	1	1	8
9	1	0	0	1	1	1	1	1	0	1	1	9

数字显示译码器 74LS48 是一种与共阴极字符显示器配合使用的集成译码器，连接方法如图 10-43 所示。它的功能是将输入的 4 位二进制代码转换成显示器所需要的七段驱动信号，以便显示器显示十进制形式的数字。

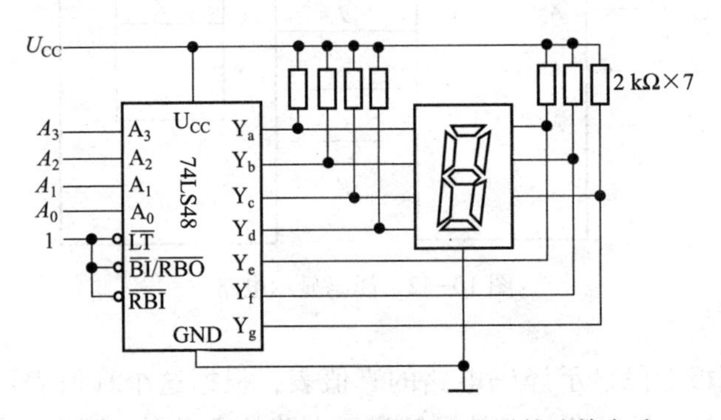

图 10-43　用 74LS48 驱动数字显示器的连接方法

图 10-44（a）所示为 74LS48 芯片的符号，图 10-44（b）所示为其引脚排列。其中 A_3 A_2 A_1 A_0 为译码器的译码输入端，$Y_a \sim Y_g$ 为译码输出端，三个控制端分别是试灯输入端 $\overline{LT}$、灭零输入端 $\overline{RBI}$、特殊控制端 $\overline{BI}/\overline{RBO}$。

10.4.3　加法器

加法器是实现两个二进制数的加法运算。在数字系统中，二进制加法器是算术运算电路中的基本单元。

1. 半加器

两个一位二进制数相加，若不考虑低位送来的进位，只求本位和，称为半加器。半加器

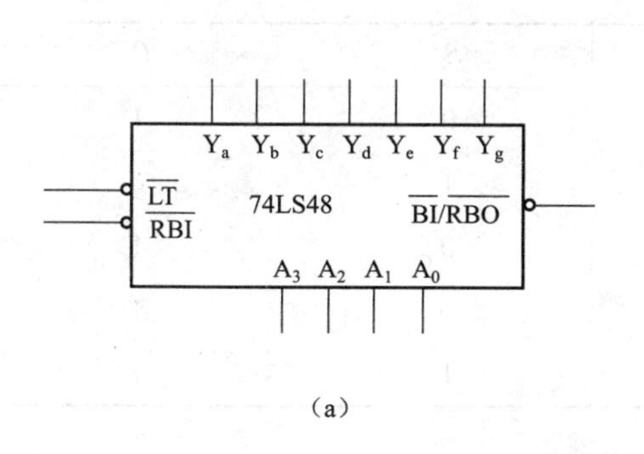

(a)

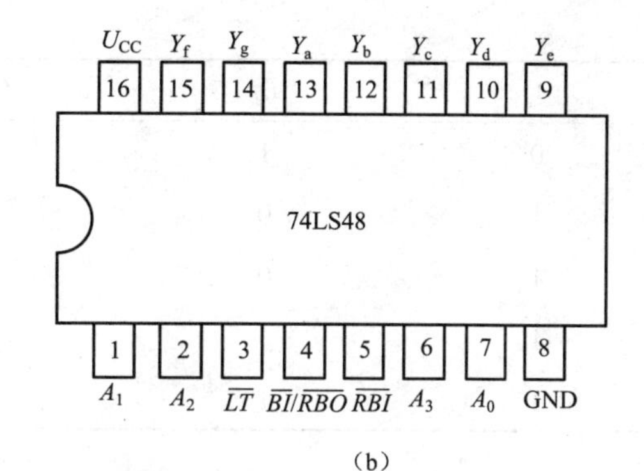

(b)

图 10-44　74LS48 符号和引脚排列

(a) 符号图；(b) 引脚图

的逻辑真值表如表 10-19 所示。

表 10-19　半加器的逻辑真值表

输　　入		输　　出	
被加数 A	加数 B	和数 S	进位 C
0	0	0	0
0	1	1	0
1	0	1	0
1	1	0	1

由真值表可得到半加器的逻辑表达式：

$$\begin{cases}S=\overline{A}B+A\,\overline{B}=A\oplus B\\ C=AB\end{cases}$$

因此可用一个“异或”门和一个“与”门组成半加器，半加器逻辑图及图形符号如图 10-45 所示。其中 A、B 是两个相加的数，C 表示半加进位数，S 表示半加和数。

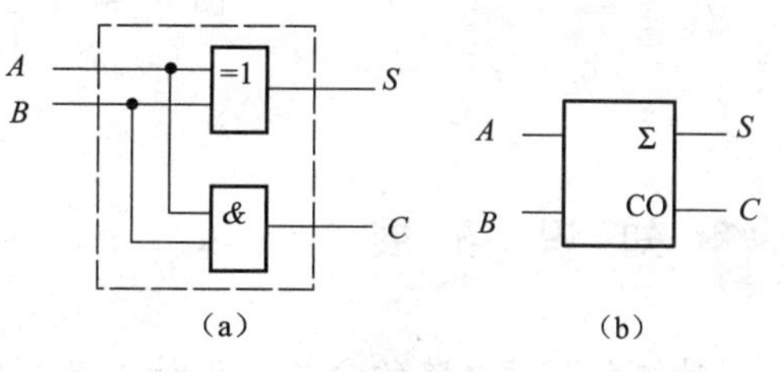

(a)　(b)

图 10-45　半加器逻辑图及图形符号

(a) 逻辑图；(b) 图形符号

2. 全加器

两个一位二进制数相加时，若要考虑来自低位的进位，称为全加器，表 10-20 是全加器的逻辑真值表，其中 A_i、B_i 表示两个加数，C_{i-1} 表示来自低位的进位，S_i 表示全加和数，C_i 表示全加进位数。

表 10-20　全加器的逻辑真值表

A_i	B_i	C_{i-1}	S_i	C_i
0	0	0	0	0
0	0	1	1	0
0	1	0	1	0

续表

A_i	B_i	C_{i-1}	S_i	C_i
0	1	1	0	1
1	0	0	1	0
1	0	1	0	1
1	1	0	0	1
1	1	1	1	1

由真值表直接写出逻辑表达式，再经代数法化简和转换得

$$S_i=\overline{A_i}\,\overline{B_i}C_{i-1}+\overline{A_i}B_i\overline{C_{i-1}}+A_i\overline{B_i}\,\overline{C_{i-1}}+A_iB_iC_{i-1}=\overline{(A_i\oplus B_i)}C_{i-1}+(A_i\oplus B_i)\overline{C_{i-1}}$$
$$=A_i\oplus B_i\oplus C_{i-1}$$

$$C_i=\overline{A_i}B_iC_{i-1}+A_i\overline{B_i}C_{i-1}+A_iB_i\overline{C_{i-1}}+A_iB_iC_{i-1}=A_iB_i+(A_i\oplus B_i)C_{i-1}$$

可以看出，全加器可用两个半加器和一个“或”门组成，如图 10-46（a）所示。全加器也是一种组合逻辑电路，其图形符号如图 10-46（b）所示。

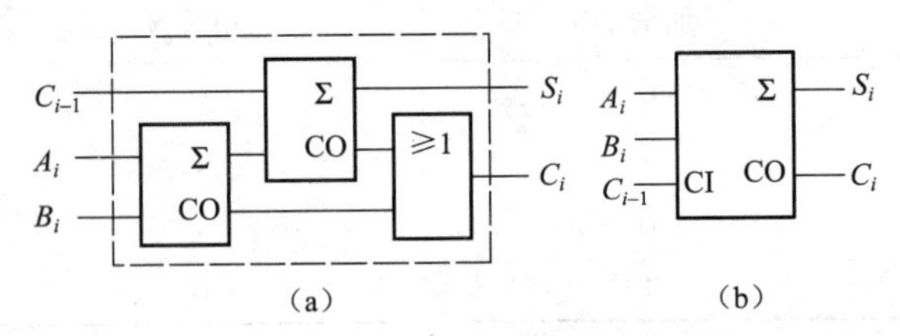

图 10-46　全加器逻辑图及图形符号

（a）全加器逻辑图；（b）图形符号

知识拓展

对组合逻辑电路的分析和设计，是在门电路的输入、输出信号处于稳态的逻辑电平下进行的，而没有考虑门电路的传输延迟对电路工作情况的影响。实际上，当输入信号经过不同的路径传输到同一个门电路时，由于信号所经过的门电路的传输延时不同，或者所经过的门电路的级数不同，导致信号到达会合点门电路的时间不同，从而可能引起该门电路的输出波形出现尖峰脉冲（干扰信号），这一现象称为组合逻辑电路中的竞争-冒险现象。

竞争-冒险对数字电路工作的可靠性有影响，消除竞争-冒险的方法主要有引入封锁脉冲、引入选通脉冲、接滤波电容或修改逻辑设计等。

先导案例解决

[1] 灯的亮与灭、开关的通断、电平的高低等。[2] 根据布尔代数对逻辑电路中的数字量进行运算，能得出因果关系。

本章小结

① 数字电路中用高电平和低电平分别来表示逻辑 1 和逻辑 0，它和二进制数中的 0 和 1 正好对应。因此，数字系统中常用二进制数来表示数据。

② 逻辑运算中的三种基本运算是与、或、非运算。逻辑代数是分析和设计逻辑电路的工具，应熟记基本公式与基本规则。

③ 常用的逻辑函数表示方法有真值表、函数表达式、逻辑图等，它们之间可以任意地相互转换。

④ 公式法是用逻辑代数的基本公式与规则进行化简，必须熟记基本公式和规则，并具有一定的运算技巧和经验。

⑤ 在数字电路中，半导体二极管、三极管一般都工作在开关状态，即工作于导通（饱和）和截止两个对立的状态，来表示逻辑 1 和逻辑 0。影响它们开关特性的主要因素是管子内部电荷存储和消散的时间。

⑥ 目前普遍使用的数字集成电路主要有两大类：一类由 NPN 型三极管组成，简称 TTL 集成电路；另一类由 MOSFET 构成，简称 MOS 集成电路。

⑦ TTL 与非门电路在工业控制上应用最广泛，是本章介绍的重点。对该电路要着重了解其外部特性和参数，以及使用时的注意事项。

⑧ MOS 集成电路常用的是两种结构。一种是 NMOS 门电路；另一类是 CMOS 门电路。与 TTL 门电路相比，它具有功耗低、扇出系数大、噪声容限大、开关速度快和集成度高等优点，在数字集成电路中逐渐被广泛采用。

⑨ 组合逻辑电路的特点是，电路任一时刻的输出状态只决定于该时刻各输入状态的组合，而与电路的原状态无关。组合电路就是由门电路组合而成的，电路中没有记忆单元，没有反馈通路。

⑩ 组合逻辑电路的分析步骤为：写出各输出端的逻辑表达式→化简和变换逻辑表达式→列出真值表→确定功能。

⑪ 组合逻辑电路的设计步骤为：根据设计要求列出真值表→写出逻辑表达式（或填写卡诺图）→逻辑化简和变换→画出逻辑图。

⑫ 常用的中规模组合逻辑器件包括编码器、译码器、数据选择器、加法器等。

习　题　十

10-1　列出下列函数的真值表：

（1）$L=A\overline{B}+BC+AC$

（2）$L=ABC$

（3）$L=\overline{A}B+BC+AC\overline{D}$

10-2　画出下列逻辑函数的逻辑图：

（1）$L=AB+BC$

(2) $L=A\overline{BC}+\overline{AB}C$

(3) $L=\overline{AD+\overline{B}C+AB}$

10-3　利用公式证明下列等式成立：

(1) $(A+B+C)(\overline{A}+\overline{B}+\overline{C})=A\overline{B}+\overline{A}C+B\overline{C}$

(2) $AB\overline{D}+A\overline{B}\,\overline{D}+AB\overline{C}=A\overline{D}+AB\overline{C}$

(3) $A+A\overline{B}\,\overline{C}+\overline{A}CD+(\overline{C}+\overline{D})E=A+CD+E$

(4) $\overline{A\overline{B}+\overline{A}C+B\overline{C}}=\overline{A}\,\overline{B}\,\overline{C}+ABC$

10-4　写出下列函数的反演式：

(1) $L=\overline{\overline{A\overline{B}+C}+D}+C$

(2) $L=(A+\overline{B}\cdot\overline{C\cdot\overline{D}})\cdot\overline{E}$

10-5　写出下列逻辑函数的对偶式：

(1) $L=\overline{A+\overline{B+\overline{C}}}$

(2) $L=A\cdot(B+\overline{C})$

10-6　利用公式化简法化简下列函数：

(1) $L=AB(BC+A)$

(2) $L=(A\oplus B)C+ABC+\overline{A}\,\overline{B}C$

(3) $L=\overline{\overline{A}BC}(B+\overline{C})$

(4) $L=\overline{B}+\overline{C}+A\overline{B}\,C+\overline{A}\,\overline{C}+\overline{A}\,\overline{B}$

(5) $L=\overline{\overline{\overline{A}+B}+\overline{A+B}+\overline{AB}A\overline{B}}$

(6) $L=A\overline{B}+B\overline{C}+\overline{B}C+\overline{A}B$

10-7　TTL 与非门多余输入端应如何处理？什么是“线与”？普通 TTL 门电路为什么不能进行“线与”？TTL 门与 CMOS 门相比各有什么优、缺点？

10-8　已知如图 10-47 所给的三种 TTL 门电路的输入波形，试画出相应的输出波形。

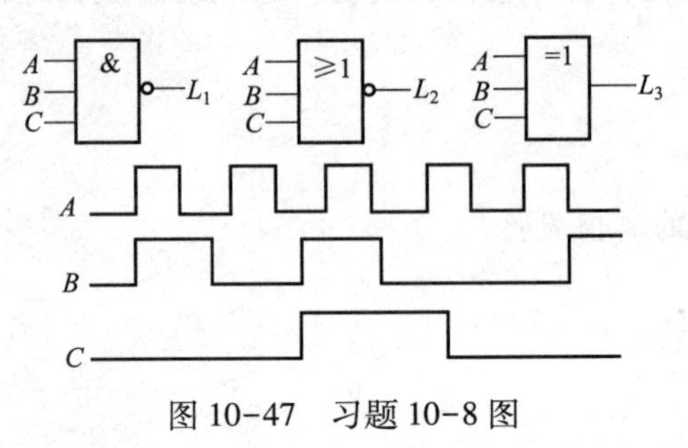

图 10-47　习题 10-8 图

10-9　图 10-48 所示均为 TTL 门电路。

（1）写出 Y_1、Y_2、Y_3、Y_4 的逻辑表达式。

（2）若已知 A、B、C 的波形，分别画出 $Y_1 \sim Y_4$ 的波形。

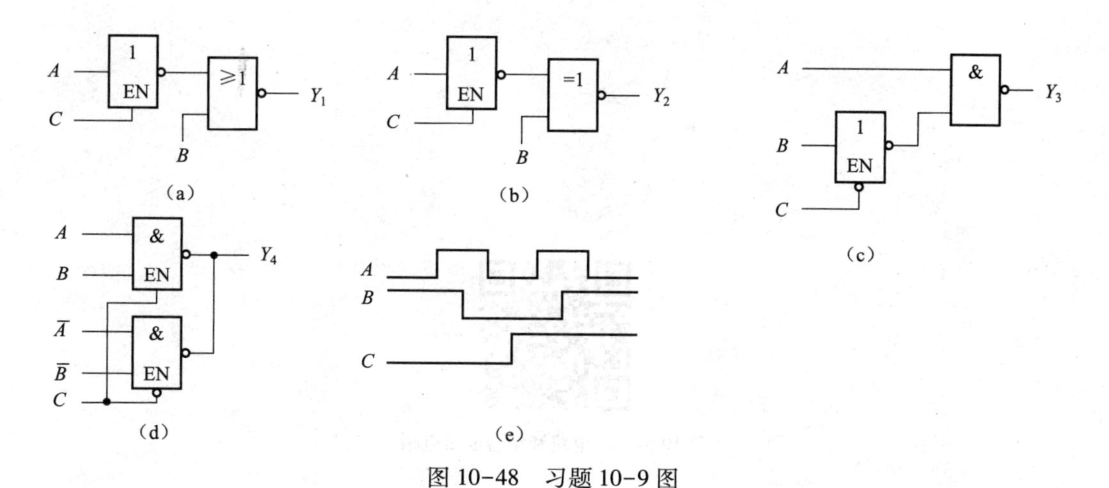

图 10-48　习题 10-9 图

10-10　试判断图 10-49 所示 TTL 电路能否按各图要求的逻辑关系正常工作？若电路的接法有错，则修改电路。

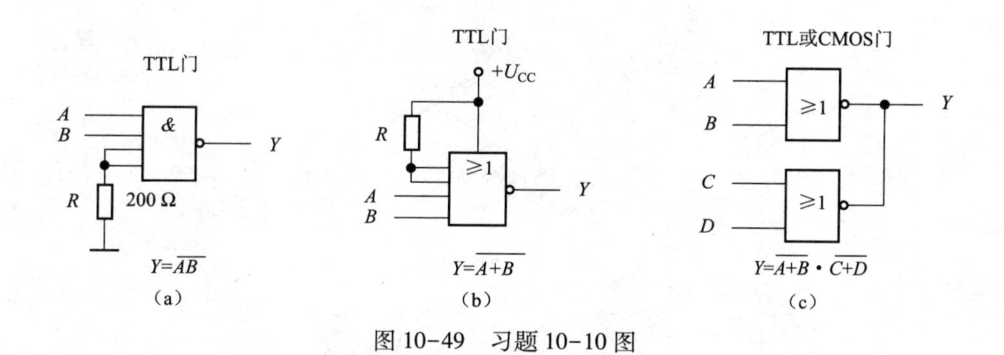

图 10-49　习题 10-10 图

10-11　组合电路如图 10-50 所示，分析该电路的逻辑功能。

10-12　组合电路如图 10-51 所示，分析该电路的逻辑功能。

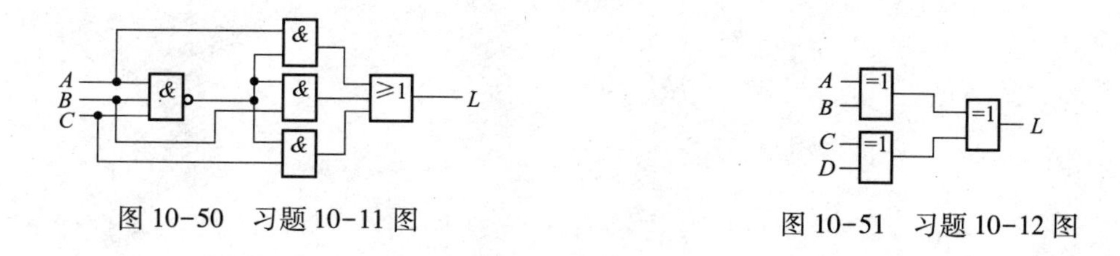

图 10-50　习题 10-11 图　　　图 10-51　习题 10-12 图

10-13　在举重比赛中，有两名副裁判，一名主裁判。当两名以上裁判（必须包括主裁判在内）认为运动员上举杠铃合格，按动电钮，裁决合格信号灯亮，试用与非门设计该电路。

10-14 某机床电动机由电源开关 S_1、过载保护开关 S_2 和安全开关 S_3 控制。三个开关同时闭合时，电动机转动；任一开关断开时，电动机停转，试用逻辑门实现该控制功能。

第 10 章　门电路和组合逻辑电路

第 11 章　触发器和时序逻辑电路

本章知识点

[1] 掌握 *RS*、*JK*、*D* 触发器的逻辑功能及不同结构触发器的动作特点。

[2] 掌握寄存器、移位寄存器、二进制计数器、十进制计数器的逻辑功能，会分析时序逻辑电路。

[3] 学会使用本章所介绍的各种集成电路。

[4] 了解集成定时器及由其组成的单稳态触发器和多谐振荡器的工作原理。

先导案例

[1] 下面的电路图 11-1（a）所示为防抖动电路，试分析由 *A*、*B* 两个与非门组成的电路起什么作用？具有什么特点？

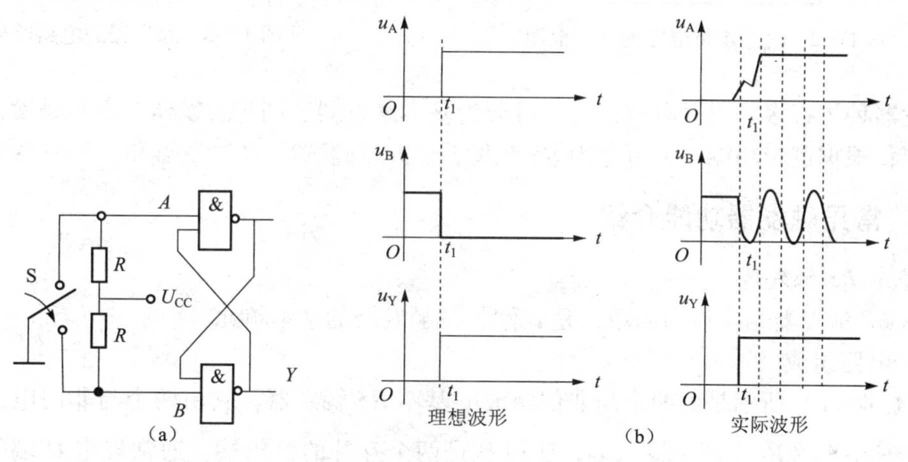

图 11-1　防抖动电路及其输出波形

（a）防抖动电路；（b）输出波形

[2] 由逻辑门加反馈线构成的类似上述结构的电路，具有存储数据、记忆信息等功能吗？

11.1 触 发 器

11.1.1 概述

时序逻辑电路不仅具备组合逻辑电路的基本功能，还必须具备对过去时刻的状态进行存储或记忆的功能。具备记忆功能的电路称为存储电路，它主要由各类触发器组成。时序逻辑电路一般由组合逻辑电路和存储电路（存储器）两部分组成，其结构框图如图 11-2 所示。

时序逻辑电路的基本单元是触发器，触发器是一种具有记忆功能的单元电路，它有 0 和 1 两种稳定状态。当无外界信号作用时，保持原状态不变；在输入信号作用下，触发器可从一种状态翻转到另一种状态。

图 11-3 所示为触发器的电路符号示意图，它有两个输出端，分别用 Q 和 $\overline{Q}$ 表示。要注意 $\overline{Q}$ 是在 Q 上加一条横线，在图中引出线上加一个小圈，在逻辑表示中就是取反——“非”的含义，即说明两个输出端的状态是相反的，当 $Q=0$ 时，$\overline{Q}=1$；反之，当 $Q=1$ 时，$\overline{Q}=0$。触发器一般有一个以上的输入端，此外还有一个触发信号输入端。

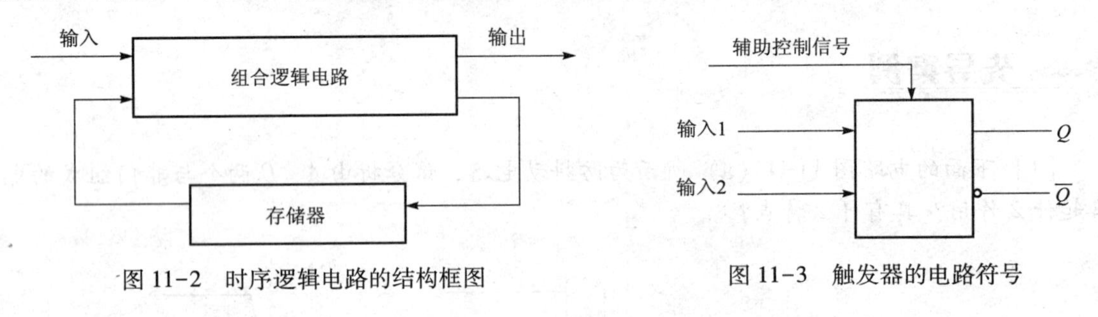

图 11-2 时序逻辑电路的结构框图　　图 11-3 触发器的电路符号

触发器种类很多，根据电路结构，可分为基本触发器、同步触发器、主从触发器和边沿触发器等；根据逻辑功能，又可分为 *RS* 触发器、*JK* 触发器、*D* 触发器和 *T* 触发器等。

11.1.2 常见触发器功能介绍

1. 基本 *RS* 触发器

基本 *RS* 触发器结构最为简单，是其他各种触发器的基本单元。

（1）电路组成

图 11-4（a）所示是由两个与非门组成的基本 *RS* 触发器。它由两个与非门电路交叉连接而成。其中 $\overline{S_D}$ 和 $\overline{R_D}$ 是两个输入端，Q 和 $\overline{Q}$ 是两个互补的输出端，通常规定 Q 端的状态为触发器的状态。例如，当 $Q=0$、$\overline{Q}=1$ 时，表示触发器处于“0”状态；反之，当 $Q=1$、$\overline{Q}=0$ 时，触发器处于“1”状态。

（2）工作原理

① 当 $\overline{R}_D=1$、$\overline{S}_D=0$ 时，触发器置“1”。因 $\overline{S}_D=0$，与非门 G_1 的输出 $Q=1$，与非门 G_2 的输入都为高电平 1，使输出 $\overline{Q}=0$，即触发器被置“1”。这时，即使 $\overline{S}_D=0$ 的信号消失，因 $\overline{Q}=0$ 反馈到 G_1 的输入端，Q 端仍保持“1”状态。因为是在 $\overline{S}_D$ 端输入低电平，将触发器置

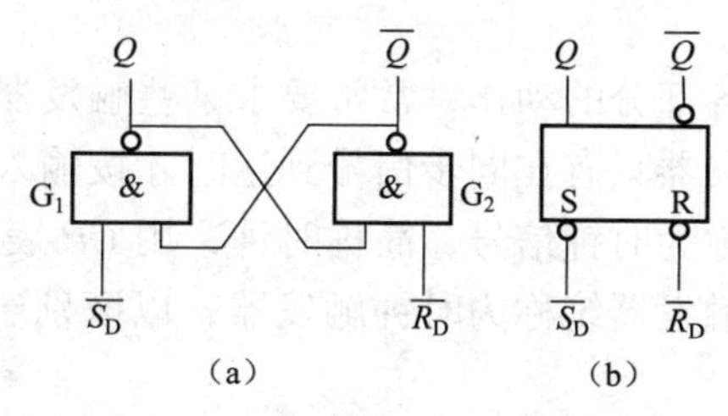

图 11-4　基本 RS 触发器的逻辑电路及逻辑符号

（a）逻辑电路；（b）逻辑符号

“1”，所以称 $\overline{S}_D$ 端为置“1”端，也称置位端。$\overline{S}_D$ 端是输入低电平有效。

② 当 $\overline{R}_D=0$、$\overline{S}_D=1$ 时，触发器置“0”。因 $\overline{R}_D=0$，与非门 G_2 的输出 $\overline{Q}=1$，与非门 G_1 的输入都为高电平 1，使输出 $Q=0$，即触发器被置“0”。这时，即使 $\overline{R}_D=0$ 的信号消失，因 $\overline{Q}=1$ 反馈到 G_1 的输入端，Q 端仍保持“0”状态。因为是在 $\overline{R}_D$ 端输入低电平，将触发器置“0”，所以称 $\overline{R}_D$ 端为置“0”端，也称清零端或复位端。$\overline{R}_D$ 端也是输入低电平有效。

③ 当 $\overline{R}_D=\overline{S}_D=1$ 时，触发器保持原状态不变。若触发器原处于 $Q=0$，$\overline{Q}=1$ 的“0”状态时，$Q=0$ 反馈到 G_2 的输入端，使与非门 G_2 的输出 $\overline{Q}=1$，$\overline{Q}=1$ 又反馈到 G_1 的输入端，这样，与非门 G_1 的输入都为高电平，输出 $Q=0$，即电路保持“0”状态；若触发器原处于 $Q=1$，$\overline{Q}=0$ 的“1”状态时，电路同样保持“1”状态。

④ 当 $\overline{R}_D=\overline{S}_D=0$ 时，触发器状态不定。当 $\overline{R}_D=\overline{S}_D=0$ 时，输出 $Q=\overline{Q}=1$，这不符合 Q 与 $\overline{Q}$ 互补的关系。而且，当 $\overline{R}_D=\overline{S}_D=0$ 的信号同时消失或同时变为 1 时，Q 与 $\overline{Q}$ 的状态将是不定状态，可能是“0”状态，也可能是“1”状态。正常工作时，不允许 $\overline{S}_D$ 和 $\overline{R}_D$ 同时为 0。

基本 RS 触发器的逻辑符号如图 11-4（b）所示，图中 $\overline{S}_D$ 和 $\overline{R}_D$ 端的小圆圈以及表示 $\overline{R}_D$、$\overline{S}_D$ 上面的非号均表示低电平有效。

表 11-1 是由与非门组成的基本 RS 触发器的逻辑状态表。表中 Q^n 表示触发器在接收信号之前所处的状态，称为初态；Q^{n+1} 表示触发器在接收信号后建立的新的稳定状态，称为次态。“×”号表示不定状态，即输入信号消失后触发器状态可能是“0”，也可能是“1”。

表 11-1　基本 RS 触发器逻辑状态表

$\overline{R}_D$	$\overline{S}_D$	Q^{n+1}	逻辑功能
0	0	×	不定
0	1	0	置“0”
1	0	1	置“1”
1	1	Q^n	保持

由以上分析可知，基本 RS 触发器有两个状态，它可以直接置“0”或置“1”，并具有记忆功能。

2. 同步 *RS* 触发器

在数字系统中，为协调各部分的动作，常常要求某些触发器在同一时刻动作。因此，必须引入同步信号，使这些触发器只有在同步信号到达时才按输入信号改变状态。通常把这个同步信号叫作时钟脉冲，或称为时钟信号，简称时钟，用 *CP* 表示。

这种受时钟信号控制的触发器统称为时钟触发器，以区别于像基本 *RS* 触发器那样的直接置位、复位触发器。

（1）电路结构

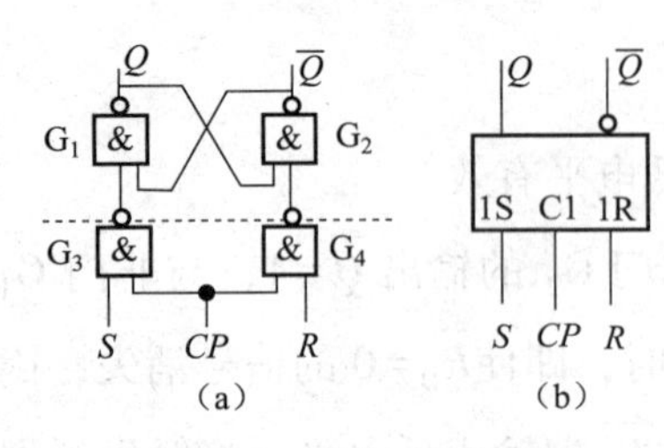

图 11-5　同步 *RS* 触发器

（a）电路结构；（b）逻辑符号

图 11-5 所示是同步 *RS* 触发器的逻辑图，在图中可以看到与非门 G_1、G_2 构成基本 *RS* 触发器，在此基础上，又加了两个与非门 G_3、G_4，它们构成导引电路。G_3、G_4 的输入端 *S*、*R* 分别是置“1”端和置“0”端，*CP* 是起辅助控制作用的信号输入端，称为时钟脉冲端。在脉冲数字电路中，经常用同一个时钟脉冲信号来控制触发器的翻转时刻。这个时钟脉冲信号可以是正脉冲（高电平）信号，也可以是负脉冲（低电平）信号。本同步 *RS* 触发器使用正脉冲信号。

（2）逻辑功能分析

① $CP=0$ 时，G_3、G_4 被封锁，两个门的输出均为 1，此时基本 *RS* 触发器的$\overline{R_D}=\overline{S_D}=1$，触发器的输出状态 Q 及$\overline{Q}$将保持不变。

② $CP=1$ 时，触发器才会由 *R*、*S* 端的输入状态来决定其输出状态。

当 $S=1$、$R=0$ 时，与非门 G_3 输出为 0，向与非门 G_1 送一个置“1”的低电平（负脉冲），使 $Q=1$；同时与非门 G_4 输出为 1，使得$\overline{Q}=0$，同步 *RS* 触发器被置位。

当 $S=0$、$R=1$ 时，与非门 G_4 输出为 0，向与非门 G_2 送一个置“1”的低电平（负脉冲），使$\overline{Q}=1$；同时与非门 G_3 输出为 1，使得 $Q=0$，同步 *RS* 触发器被复位。

当 $S=R=0$ 时，使与非门 G_3、G_4 输出为 1，基本 *RS* 触发器保持原状，也就是同步 *RS* 触发器保持原状。

当 $S=R=1$ 时，将使与非门 G_3、G_4 输出均为 0，使 Q 和$\overline{Q}$端都为 1，待时钟脉冲过后，触发器的状态是不确定的，因此，这种情况是不允许的。该同步 *RS* 触发器的特性如表 11-2 所示。

表 11-2　同步 *RS* 触发器的特性表

CP	*S*	*R*	Q^{n+1}	逻辑功能
0	×	×	Q^n	保持
1	0	0	Q^n	保持
1	0	1	0	置“0”
1	1	0	1	置“1”
1	1	1	不定	不允许

在使用同步 RS 触发器的过程中，有时还需要在 CP 信号来到之前将触发器预先置成指定的状态，为此在实用的同步 RS 触发器上往往还设置有专门的异步置位输入端和异步复位输入端，如图 11-6 所示。

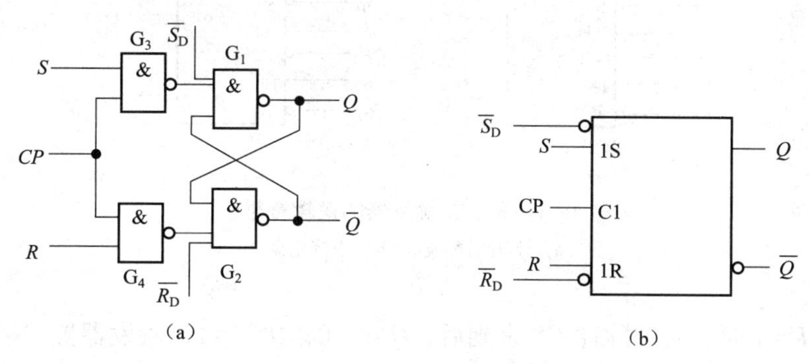

图 11-6　带异步置位、复位端的同步 RS 触发器

（a）电路结构；（b）逻辑符号

只要在$\overline{S}_D$ 或$\overline{R}_D$ 端加入低电平，就可以立即将触发器置“1”或置“0”，而不受时钟信号和输入信号的控制。所以，将$\overline{S}_D$ 称为异步置位端，将$\overline{R}_D$ 称为异步复位端，触发器在时钟信号控制下正常工作时应使$\overline{S}_D$ 和$\overline{R}_D$ 接高电平。但在实际使用过程中，用$\overline{S}_D$ 或$\overline{R}_D$ 将触发器置位或复位应当在 $CP=0$ 的状态下进行，否则当$\overline{S}_D$ 或$\overline{R}_D$ 返回高电平以后预置的状态不一定能保存下来。

（3）动作特点

当 $CP=1$ 的全部时刻，输入端 S 和 R 的信号都能通过与非门 G_3、G_4 加到基本 RS 触发器上，所以在 $CP=1$ 的全部时间里，输入端 S 和 R 的变化都将引起触发器输出状态的变化，这就是同步 RS 触发器的动作特点。显然 $CP=1$ 的时间不能太长，否则将降低电路的抗干扰能力。

为了提高触发器的抗干扰能力，在电路上又做了改进，使触发器的输出状态仅仅取决于时钟脉冲到达的瞬间，如果触发器的状态变化发生在时钟脉冲的上升沿，就称为上升沿触发或正边沿触发；反之，如果触发器的状态变化发生在时钟脉冲的下降沿，则称为下降沿或负边沿触发。这种触发器称为边沿触发器，相应的逻辑符号如图 11-7 所示。

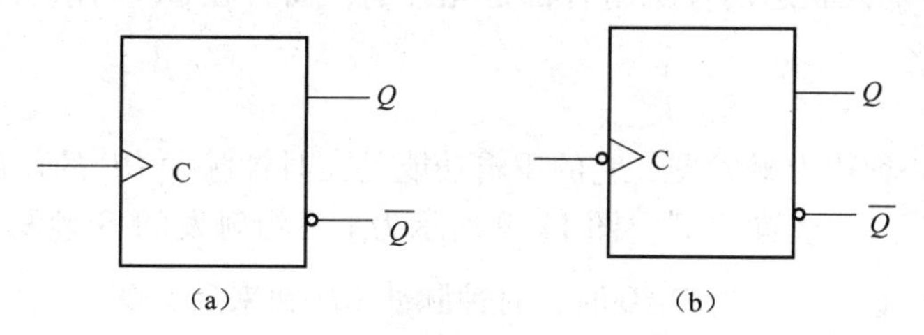

图 11-7　边沿触发器的逻辑符号

（a）上升沿触发；（b）下降沿触发

3. *JK* 触发器

JK 触发器有两个输入控制端，分别用 J 和 K 表示，这是一种逻辑功能齐全的触发器，

它具有置“0”、置“1”、保持和翻转四种功能。JK 触发器的逻辑符号如图 11-8 所示，分为上升沿触发和下降沿触发两种类型，使用时要根据触发器信号特点适当选择。

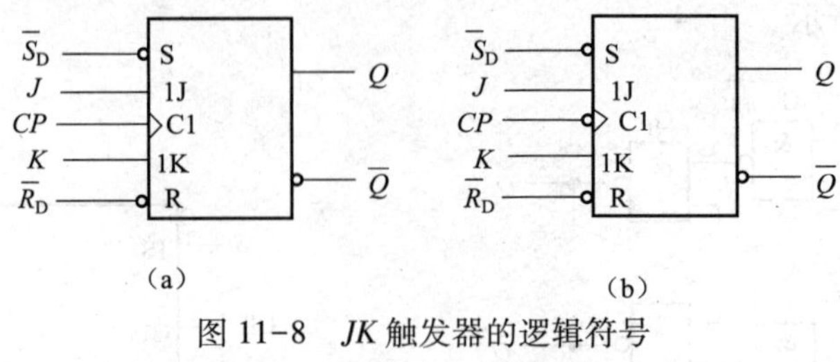

图 11-8 JK 触发器的逻辑符号

(a) 上升沿触发；(b) 下降沿触发

当 $J=0$，$K=1$ 时，时钟脉冲 CP 来到后，$Q^{n+1}=0$，$\overline{Q}^{n+1}=1$，触发器置“0”。

当 $J=1$，$K=0$ 时，时钟脉冲 CP 来到后，$Q^{n+1}=1$，$\overline{Q}^{n+1}=0$，触发器置“1”。

当 $J=0$，$K=0$ 时，时钟脉冲 CP 来到后，$Q^{n+1}=Q^n$，$\overline{Q}^{n+1}=\overline{Q}^n$，触发器保持原来状态。

当 $J=1$，$K=1$ 时，时钟脉冲 CP 来到后，$Q^{n+1}=\overline{Q}^n$，$\overline{Q}^{n+1}=Q^n$，触发器翻转。即若初态为 0，则次态为 1；若初态为 1，则次态为 0。说明每加入一个时钟脉冲，触发器的状态就翻转一次，这种功能又称为计数功能。

JK 触发器的特性如表 11-3 所示。

表 11-3 JK 触发器的特性（下降沿型）

CP	J	K	Q^{n+1}	逻辑功能
×	×	×	Q^n	
↓	0	0	Q^n	保持
↓	0	1	0	置“0”
↓	1	0	1	置“1”
↓	1	1	$\overline{Q}^n$	翻转

根据特性表列出逻辑表达式并化简，得到特性方程为：

$$Q^{n+1}=J\overline{Q}^n+\overline{K}Q^n$$

可以看出 JK 触发器输入状态的任意组合都是允许的，而且在 CP 到来后，触发器的状态总是确定的。

4. D 触发器

D 触发器也是一种边沿触发器，它的逻辑功能是在时钟脉冲 CP 的作用下，进行置“1”或置“0”。图 11-9 所示为上升沿触发的 D 触发器的逻辑符号。

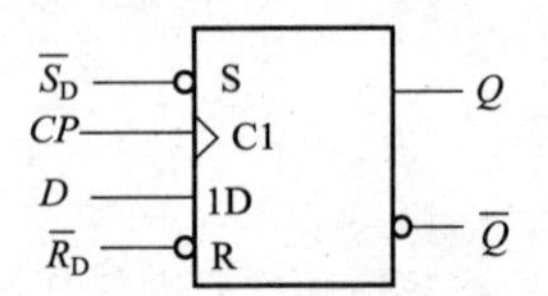

图 11-9 上升沿触发的 D 触发器的逻辑符号

当 $D=0$ 时，时钟脉冲 CP 到来后，$Q^{n+1}=0$，$\overline{Q}^{n+1}=1$，触发器置“0”。

当 $D=1$ 时，时钟脉冲 CP 到来后，$Q^{n+1}=1$，$\overline{Q}^{n+1}=0$，触发器置“1”。

$\overline{S}_D$ 为异步置位端，$\overline{R}_D$ 为异步复位端。

D 触发器的特性如表 11-4 所示。

表 11-4　D 触发器的特性

CP	D	Q^{n+1}	逻辑功能
×	×	Q^n	
↑	0	0	置“0”
↑	1	1	置“1”

由特性表可以得出 D 触发器的特性方程为：

$$Q^{n+1}=D。$$

5. T 触发器

T 触发器也是一种边沿触发器，它的逻辑功能是在时钟脉冲 CP 的作用下具有保持和翻转（计数）功能。图 11-10 所示为下降沿触发的 T 触发器的逻辑符号。

当 $T=0$ 时，时钟脉冲 CP 到来后，$Q^{n+1}=Q^n$，$\overline{Q}^{n+1}=\overline{Q}^n$，触发器保持原来状态。

当 $T=1$ 时，时钟脉冲 CP 到来后，$Q^{n+1}=\overline{Q}^n$，$\overline{Q}^{n+1}=Q^n$，触发器翻转。

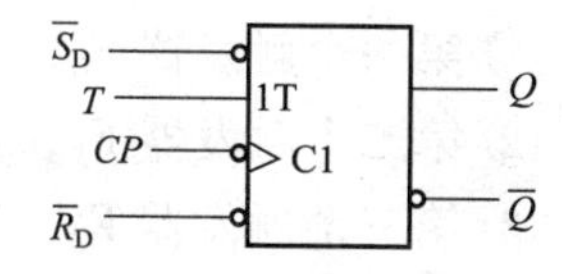

图 11-10　T 触发器的逻辑符号

T 触发器的特性如表 11-5 所示。

表 11-5　T 触发器的特性

CP	T	Q^{n+1}	逻辑功能
×	×	Q^n	
↓	0	Q^n	保持
↓	1	$\overline{Q}^n$	翻转

由特性表可以得出 T 触发器的特性方程为：

$$Q^{n+1}=T\overline{Q}^n+\overline{T}Q^n。$$

11.2　计　数　器

11.2.1　同步计数器

在数字系统中使用最多的时序电路之一就是计数器，它不仅能用于对时钟脉冲计数，还可以用于分频、定时、产生节拍脉冲和脉冲序列及进行数字运算。

触发器的种类繁多，如果按触发方式分，计数器可分为同步式和异步式。在同步计数器中，所有触发器用同一个时钟脉冲作为触发脉冲，在此时钟脉冲作用下，所有触发器的状态同时更新；而在异步触发器中，触发器更新状态的时刻是不一致的。

如果按计数过程中计数器的数字增减分类，又可以把计数器分为加法计数器、减法计数器和可逆计数器。随着计数器脉冲的不断输入而做递增计数的叫加法计数器，做递减计数的叫减法计数器，可增可减的叫可逆计数器。

如果从进位制来分，有二进制计数器、二-十进制计数器等。

如果按计数容量（即计数模）分类，有十进制计数器、十二进制计数器、六十进制计数器等。

由三个 JK 触发器构成的三位二进制同步加法计数器如图 11-11 所示，所有计数器是共用一个时钟脉冲的，因此它们将同时翻转。现在来分析一下它的逻辑功能。

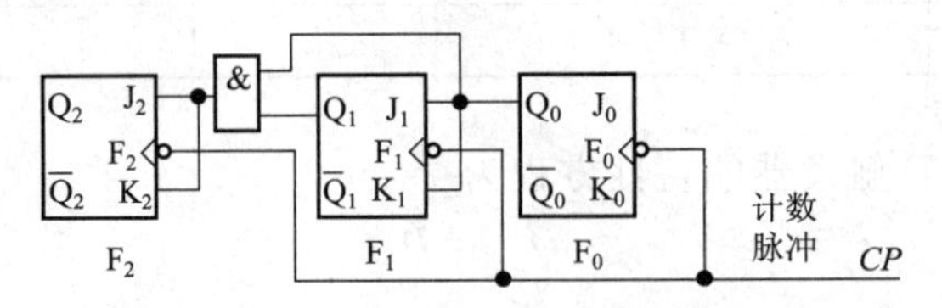

图 11-11　三位二进制同步加法计数器

（1）写出控制端的逻辑表达式

① 第一个触发器 F_0，每来一个计数脉冲就翻转一次，故 $J_0=K_0=1$。

② 第二个触发器 F_1，当 $Q_0=1$ 时来一个计数脉冲才翻转一次，故 $J_1=K_1=Q_0$。

③ 第三个触发器 F_2，当 $Q_1Q_0=11$ 时，来一个计数脉冲才翻转一次，故 $J_2=K_2=Q_1\ Q_0$。

（2）列出状态转换表

列出状态转换表，如表 11-6 所示。分析其状态转换过程。

表 11-6　三位二进制同步加法计数器的状态转换表

CP	Q_2	Q_1	Q_0	对应十进制数
0	0	0	0	0
1	0	0	1	1
2	0	1	0	2
3	0	1	1	3
4	1	0	0	4
5	1	0	1	5
6	1	1	0	6
7	1	1	1	7
8	0	0	0	0

（3）画出波形图（见图 11-12）

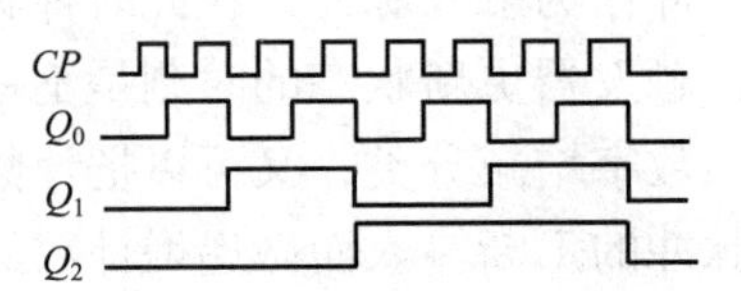

图 11-12　三位二进制同步加法计数器的时序图

11.2.2　异步计数器

异步计数器在做“加 1”计数时是采取从低位到高位逐位进位的方式工作的，所以，其中的各个触发器不是同步翻转的。

图 11-13 是由下降沿触发的 T'触发器（T'触发器是令 JK 触发器的 $J=K=1$ 而得到的）组成的 3 位二进制异步加法计数器。因为所有的触发器都是在时钟信号下降沿动作，所以只要将低位触发器的 Q 端接至高位触发器的时钟输入端就行了。当低位由 1 变 0 时，Q 端的下降沿正好可以作为高位的时钟信号。最低位触发器的时钟信号 CP_0就是要记录的计数输入脉冲。表 11-7 所示为该计数器的状态转换表。

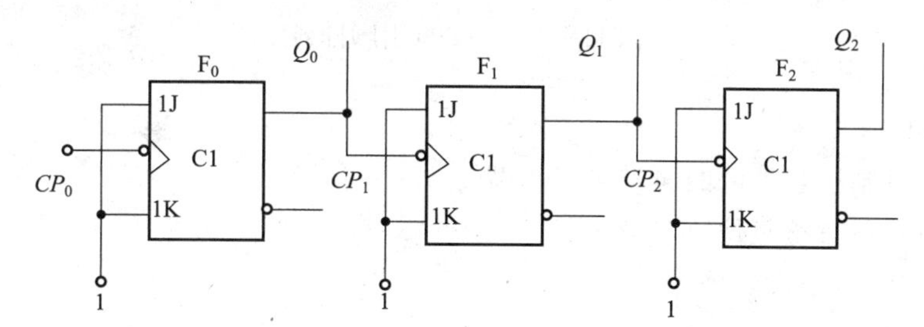

图 11-13　三位二进制异步加法计数器

表 11-7　三位二进制异步加法计数器的状态转换表

CP	Q_2	Q_1	Q_0	对应十进制数
0	0	0	0	0
1	0	0	1	1
2	0	1	0	2
3	0	1	1	3
4	1	0	0	4
5	1	0	1	5
6	1	1	0	6
7	1	1	1	7
8	0	0	0	0

根据 T'触发器的翻转规律，即可画出在一系列 CP_0 脉冲信号作用下 Q_0、Q_1、Q_2的电压波形，如图 11-14 所示。

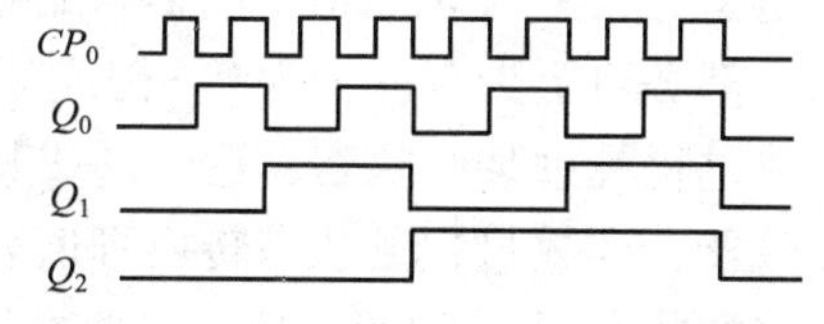

图 11-14　图 11-13 的时序图

11.2.3　集成计数器及其应用

计数器应用非常广泛，所以也有较多型号的计数功能芯片。下面以 74LS90 为例，介绍集成计数器电路的功能及使用方法。

74LS90 是一个 14 脚的芯片，它的内部是一个二进制计数器和一个五进制计数器，下降

沿触发。引脚排列如图 11-15 所示。

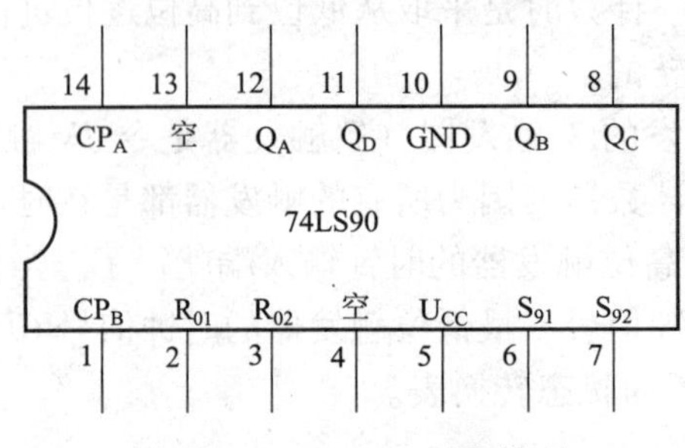

图 11-15　74LS90 引脚排列

引脚功能如下：

脚 1——五进制计数器的时钟脉冲输入端。

脚 2 和脚 3——直接复位（清零）端。

脚 4 和脚 13——空脚。

脚 5——电源（+5 V）。

脚 6 和脚 7——直接置“9”端。

脚 8、脚 9、脚 11——五进制计数器的输出端（由低位到高位排列）。

脚 10——接地。

脚 12——二进制计数器的输出端。

脚 14——二进制计数器的时钟脉冲输入端。

由以上引脚功能可以看出，利用脚 12 和脚 14 可以作为一个一位二进制计数器（即一个触发器）；利用脚 1 和脚 9、脚 8、脚 11 可以直接作为一个五进制计数器。如果要构成十进制计数器可以有两种方法：一种是脚 14 作为时钟脉冲输入端，脚 12 和脚 1 直接相连，输出端由高到低的排列顺序为脚 11、脚 8、脚 9、脚 12，构成 8421BCD 码二-十进制计数器；另一种是脚 1 作为时钟脉冲输入端，脚 11 和脚 14 直接相连，输出端由高到低的排列顺序为脚 12、脚 11、脚 8、脚 9，构成 5421BCD 码二-十进制计数器。此两种具体连接方法如图 11-16 所示。

74LS90 除了时钟输入端和输出端外，还有两个复位端和两个置“9”端（8421 码时）。当两个置“9”端同时为 1 时，脚 11、脚 12 输出为 1，脚 8、脚 9 输出为 0；当两个置“9”端至少有一个为 0，而两个清零端同时为 1 时，输出全为 0。正常计数时，清零端和置“9”端中都必须至少有一个为 0。构成其他进制的计数器电路时，就是要利用这些端的作用，使计数过程跳过某些状态，达到形成其他进制的计数器。例如，要用 74LS90 构成一个六进制计数器，计数过程见状态转换真值表 11-8。在触发器的状态为 0101 后，再来一个 *CP* 脉冲，电路的状态回到 0000，这就需要在计数器出现 0110 时，使复位端为 1，计数器状态恢复到初始的 0000，这种方法称为反馈复位法。

反馈复位法的反馈信号选择及连接特点：利用 74LS90 构成 n 进制计数器时，由表示十进制数 n 的二进制代码中找出 1 所对应的 Q 端，从这些 1 端取出反馈信号，送入与门，与门的输出端接复位端。

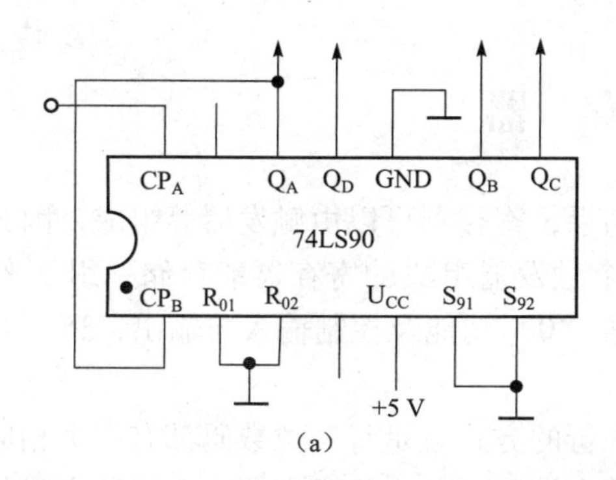

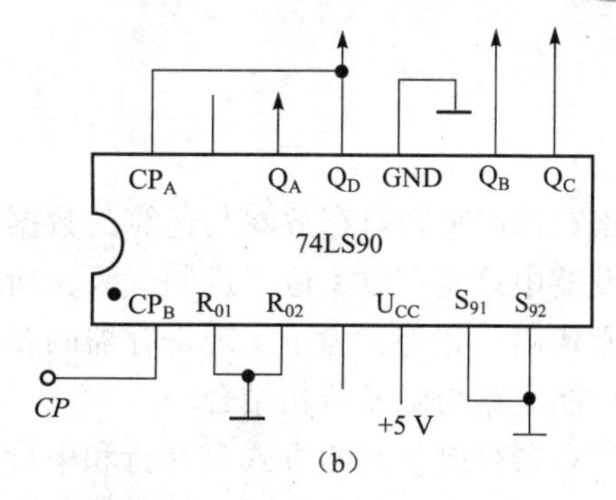

图 11-16　74LS90 构成十进制计数器的两种方式

（a）8421BCD 码二-十进制计数器；（b）5421BCD 码二-十进制计数器

当要构成多位十进制计数器时，就要将两个（或多个）74LS90 连接起来，方法是将相邻两个芯片的高位芯片的时钟输入端接低位芯片的最高位信号输出端，形成十进制的进位关系。利用异步清零和异步置“9”端，也可以形成由某些状态构成的计数器。图 11-17 是用两个 74LS90 构成的 8421BCD 码 24 进制计数器。

表 11-8　六进制计数器的真值表

CP	Q_D	Q_C	Q_B	Q_A
0	0	0	0	0
1	0	0	0	1
2	0	0	1	0
3	0	0	1	1
4	0	1	0	0
5	0	1	0	1
6	0	1	1	0（短暂）

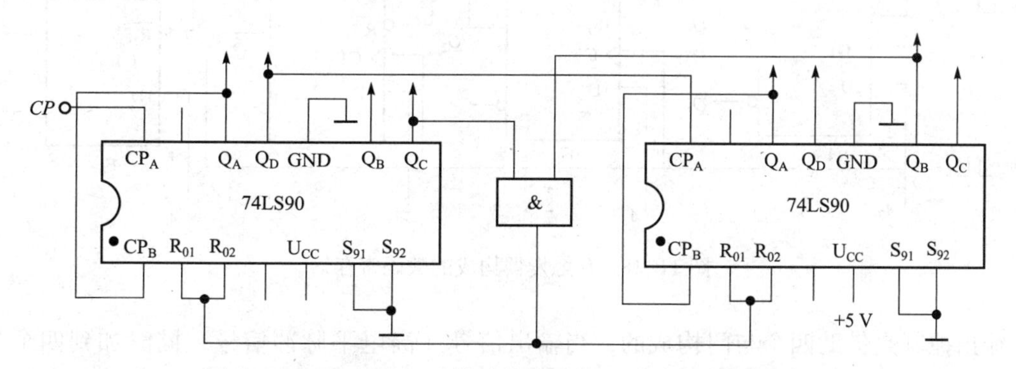

图 11-17　两个 74LS90 构成的 8421BCD 码 24 进制计数器

11.3 寄 存 器

寄存器用来暂时存放参与运算的数据和运算结果，寄存器可以由触发器等组成，因为一个触发器中只能存放1位二进制代码，所以用N个触发器组成的寄存器能存储一组N位的二进制代码。此外，为了实现寄存器的置“1”、置“0”功能及控制输入与输出，还应有必要的控制电路与触发器相结合。

寄存器存放数码的方式有并行和串行两种，并行的方式就是每一位数码都有一个相应的输入端，当控制信号来临时，数码从各自对应的输入端同时输入到寄存器中。这种方式的优点是存入速度快，但缺点是使用的输入导线也较多。串行方式就是整个寄存器只有一个输入端，数码按照一定的规律逐位输入到寄存器中，每来一个控制信号寄存一位。假如有一个八位的数码寄存器，要存满八位数码就要有八个控制脉冲信号。很显然，这种方式速度比较慢，但传输线少，适合远距离传输。

同样，寄存器数码的输出也有并行和串行两种方式。在并行方式中，寄存器输出端引脚数目等于它所存放数码的位数，输出时，各位数码同时在各自对应的输出端出现。而串行方式则是数码的各位都按照一定规律从同一个输出端逐位输出，因此需要与数码位数相同数量的脉冲控制信号才能取出整个数码。

下面介绍几种常用的寄存器。

1. 数码寄存器

如图11-18所示是一个由D触发器构成的四位二进制数码寄存器。它采用并行输入并行输出的方式，把要存入的四位二进制数码A_3、A_2、A_1、A_0分别对应接入四个触发器的输入端（D端），四个触发器的时钟脉冲输入端连在一起作为接收信号的控制输入端，当有寄存信号（CP上升沿）时，四位待存的数码同时存入对应的触发器，使$Q_3Q_2Q_1Q_0=A_3A_2A_1A_0$，完成了接收和寄存的功能。

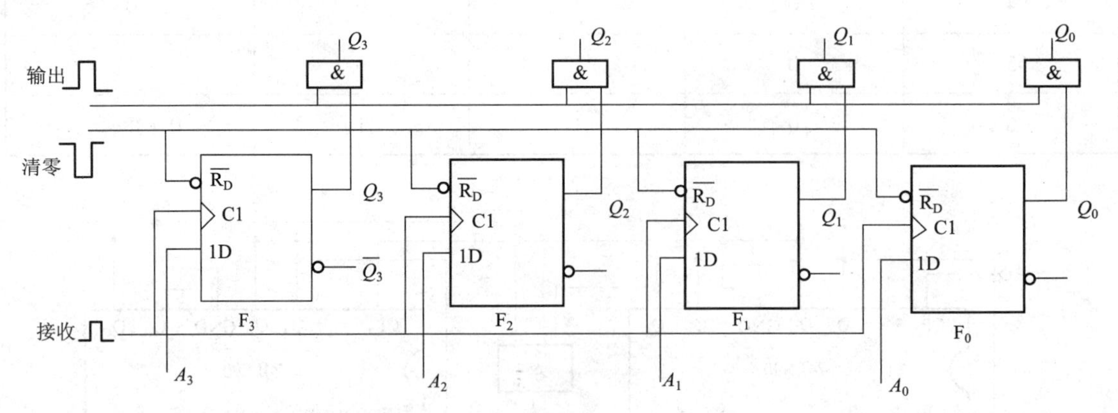

图11-18 D触发器构成的数码寄存器

输出控制是借助四个与门构成的，当输出信号（高电平脉冲信号）同时加到四个与门的输入端，则四位数码$A_3A_2A_1A_0$同时出现在输出端，完成了输出功能。

由分析可见，寄存器中的数码可以反复输出，每当寄存器按照接收脉冲存入新数码时，

寄存器中原来存入的数据就自行清除。

2. 移位寄存器

移位寄存器除了具有存储数码的功能以外，还具有移位功能。所谓移位功能，是指寄存器里存储的数码能在移位脉冲的作用下依次左移或右移。因此，移位寄存器不但可以用来寄存代码，还可以用来实现数据的串行-并行转换、数值的运算及数据处理等。

图 11-19 所示电路是由边沿触发结构的 D 触发器组成的四位移位寄存器。其中第一个触发器 F_0的输入端接收输入信号，其余的每个触发器输入端均与前边一个触发器的 Q 端相连。

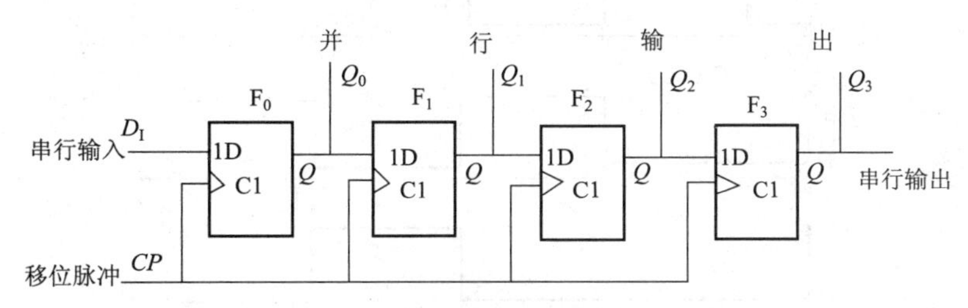

图 11-19　D 触发器构成的四位移位寄存器

因为从 CP 上升沿到达开始到输出端新状态的建立需要经过一段传输延时，所以当 CP 的上升沿同时作用于所有的触发器时，它们的输入端（D 端）的状态还没有改变。于是 F_1 按 Q_0原来的状态翻转，F_2按 Q_1原来的状态翻转，F_3按 Q_2原来的状态翻转。同时，加到寄存器输入端 D_1的数码存入 F_0。总的效果相当于移位寄存器里原有的数码依次右移了一位。

例如，在四个时钟周期内输入数码依次为 1011，而移位寄存器的初始状态为 $Q_0Q_1Q_2Q_3=0000$，那么在移位脉冲 CP 的作用下，移位寄存器里数码的移动情况如表 11-9 所示。

图 11-20 给出了各触发器输出端在移位过程中的波形图。

表 11-9　移位寄存器中数码的移动状况

CP	D_I	Q_0	Q_1	Q_2	Q_3
0	0	0	0	0	0
1	1	1	0	0	0
2	0	0	1	0	0
3	1	1	0	1	0
4	1	1	1	0	1

可以看到，经过四个 CP 信号以后，串行输入的四位代码全部移入了移位寄存器中，并在四个触发器的输出端得到了并行输出的代码。所以，利用移位寄存器可以实现代码的串行-并行转换。如果首先将四位数据并行地置入移位寄存器的四个触发器中，然后连续加入四个移位脉冲，则移位寄存器里的四位代码将从串行输出端 D_0依次送出，从而实现了数据的并行-串行转换。

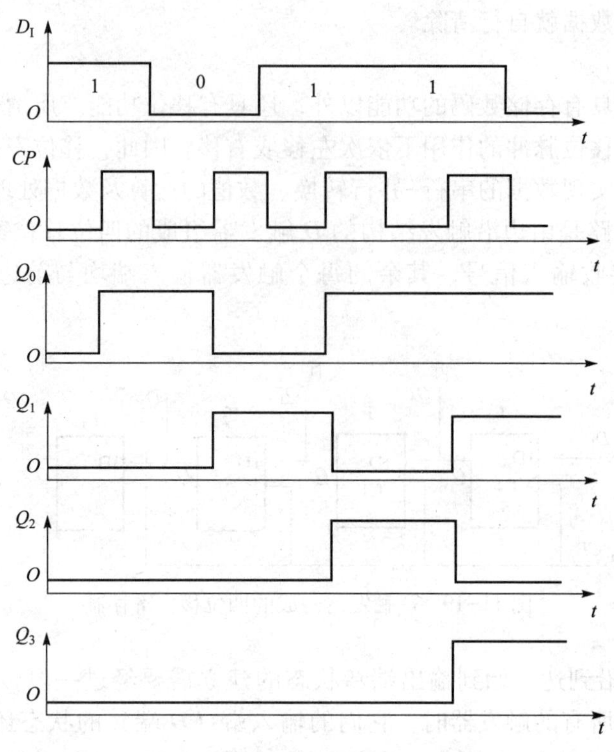

图 11-20　*D* 触发器构成的四位移位寄存器的输出波形

11.4　脉冲单元电路

11.4.1　概述

在同步时序电路中，作为时钟信号的矩形脉冲控制和协调着整个系统的工作。获得矩形脉冲的方法有两种：一种是利用各种形式的多谐振荡器电路直接产生所需要的矩形脉冲；另一种是通过各种整形电路把已有的周期性变化波形变换成符合要求的矩形脉冲。

为了定量描述矩形脉冲的特性，通常给出图 11-21 中所标注的几个主要参数。

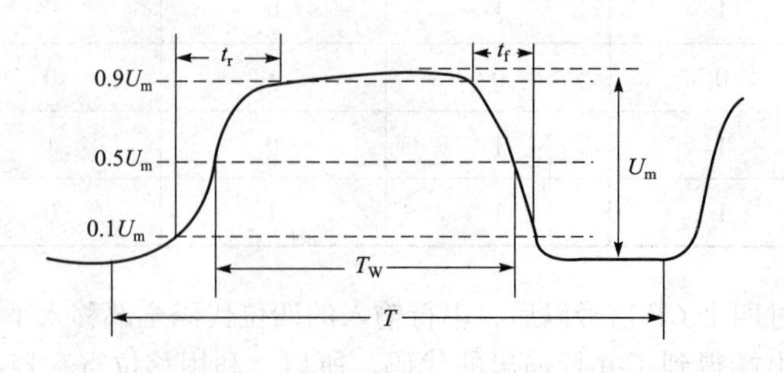

图 11-21　描述矩形脉冲特性的指标

脉冲周期 T——周期性重复的脉冲序列中，两个相邻脉冲之间的时间间隔。

脉冲电平 U_m——脉冲电压的最大变化幅度。

脉冲宽度 T_W——从脉冲前沿到达 $0.5U_m$ 起，到脉冲后沿到达 $0.5U_m$ 为止的时间。

上升时间 t_r——脉冲上升沿从 $0.1U_m$ 上升到 $0.9U_m$ 所需要的时间。

下降时间 t_f——脉冲下降沿从 $0.9U_m$ 下降到 $0.1U_m$ 所需要的时间。

11.4.2　555 定时器

555 定时器是一种将模拟功能和数字功能巧妙地结合在一起的中规模集成电路。其电路功能灵活，应用范围广，只要外接少量的阻容元件，就可以很方便地构成施密特触发器、单稳态触发器和多谐振荡器等电路。因而在信号的产生与变换、自动检测及控制、定时和报警、家用电器等方面都有广泛的应用。

1. 电路结构

图 11-22（a）是 555 定时器内部组成框图。它主要由两个高精度电压比较器 A_1、A_2，一个 RS 触发器，一个放电三极管 T 和三个 5 kΩ 电阻的分压器构成。

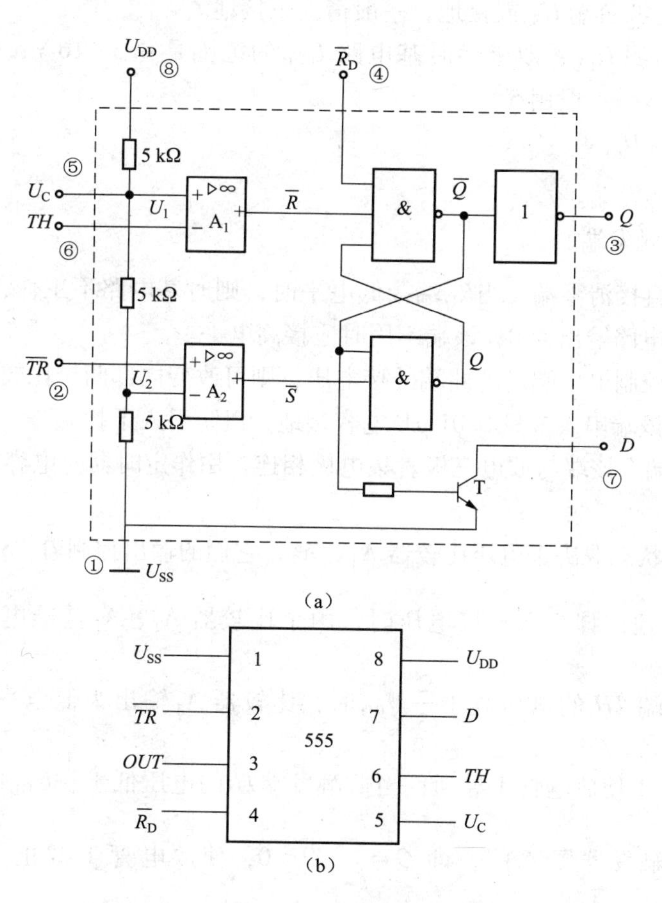

图 11-22　555 定时器的电路结构和逻辑符号

（a）电路结构；（b）逻辑符号

（1）电阻分压器

由 3 个 5 kΩ 的电阻串联起来构成分压器（555 也因此而得名），为电压比较器 A_1 和 A_2 提供两个基准电压。比较器 A_1 的基准电压为 $\frac{2}{3}U_{DD}$，A_2 的基准电压为 $\frac{1}{3}U_{DD}$。若在控制端外加一控制电压，则可改变两个电压比较器的基准电压。

（2）电压比较器

A_1 和 A_2 是两个结构完全相同的高精度电压比较器，分别由两个集成运放构成。比较器 A_1 的同相输入端接基准电压，反相端 TH 称为高触发端。比较器 A_2 的反相输入端接基准电压，同相输入端为低触发端 $\overline{TR}$。

（3）基本 RS 触发器

RS 触发器由两个与非门组成，$\overline{R}$、$\overline{S}$ 端均为低电平有效。电压比较器的输出端控制触发器输出端的状态。

555 定时器的各个引脚功能如下：

脚 1——外接电源负端 U_{SS} 或接地，一般情况下接地。

脚 8——外接电源 U_{DD}，双极型时基电路 U_{DD} 的范围是 4.5～16 V，CMOS 型时基电路 U_{DD} 的范围为 3～18 V。一般用 5 V。

脚 3——输出端 U_o。

脚 2——$\overline{TR}$ 低触发端。

脚 6——TH 高触发端。

脚 4——$\overline{R_D}$ 是直接清零端。当 $\overline{R_D}$ 端接低电平时，则时基电路不工作，此时不论 $\overline{TR}$、TH 处于何电平，时基电路输出为 0，该端不用时应接高电平。

脚 5——U_C 为控制电压端。若此端外接电压，则可改变内部两个比较器的基准电压，当该端不用时，应将该端串入一只 0.01 μF 电容接地，以防引入干扰。

脚 7——放电端。该端与放电三极管集电极相连，用作定时器时电容的放电。

2. 逻辑功能

定时器的工作状态取决于电压比较器 A_1、A_2，它们的输出控制着 RS 触发器和放电管 T 的状态。当脚 1 接地，脚 5 未外接电压时，两个比较器 A_1、A_2 基准电压分别为 $\frac{2}{3}U_{DD}$ 和 $\frac{1}{3}U_{DD}$，当高触发端 TH 的电压高于 $\frac{2}{3}U_{DD}$ 时，比较器 A_1 输出为低电平，使 RS 触发器置“0”，即 $Q=0$，$\overline{Q}=1$ 使放电管 T 导通；当低触发端 $\overline{TR}$ 的电压低于 $\frac{1}{3}U_{DD}$ 时，比较器 A_2 输出为低电平，使 RS 触发器置“1”，即 $Q=1$，$\overline{Q}=0$，使放电管 T 截止。当 $\overline{TR}$ 端电压低于 $\frac{2}{3}U_{DD}$，$\overline{TR}$ 端电压高于 $\frac{1}{3}U_{DD}$ 时，比较器 A_1、A_2 的输出均为 0，放电管 T 和定时器输出端将保持原状态不变。555 定时器的功能如表 11-10 所示。

表 11-10　555 定时器的功能

清零端$\overline{R_D}$	高触发端 TH	低触发端$\overline{TR}$	Q^{n+1}	放电管 T	功能
0	×	×	0	导通	直接清零
1	$>\frac{2}{3}U_{DD}$	$>\frac{1}{3}U_{DD}$	0	导通	置“0”
1	$<\frac{2}{3}U_{DD}$	$<\frac{1}{3}U_{DD}$	1	截止	置“1”
1	$<\frac{2}{3}U_{DD}$	$>\frac{1}{3}U_{DD}$	Q^n	不变	保持

11.4.3　施密特触发器

1. 电路结构

施密特触发器是脉冲波形变换中经常使用的一种电路。将 555 定时电路中的脚 2 和脚 6 连在一起，就构成了施密特电路，如图 11-23 所示。

2. 电压传输特性

图 11-24（a）所示为施密特触发器的电压传输特性。按曲线中所标箭头方向观察可见，当输入电压由小到大达到或超过正向阈值电压 U_{T+}时，输出由高电平翻转为低电平。反之，输入电压由大到小，达到或小于负向阈值电压 U_{T-}时，输出由低电平翻转为高电平。也有输出状态与上述相反的电路，其电压传输特性如图 11-24（b）所示。

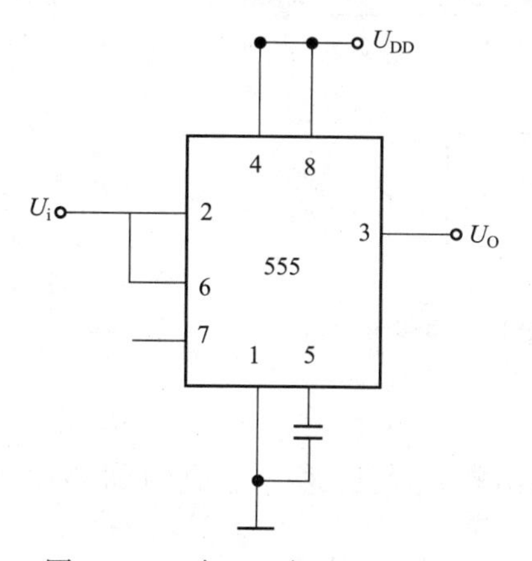

图 11-23　由 555 定时电路构成的施密特触发器

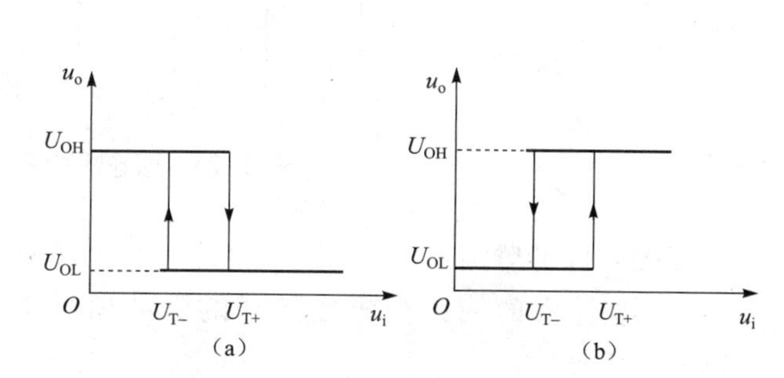

图 11-24　施密特触发器的电压传输特性
（a）电压传输特性 1；（b）电压传输特性 2

由传输特性可见，使电路由高电平翻转为低电平和由低电平翻转到高电平所需要的触发电压不同，这种现象称为回差。回差电压为正向阈值电压 U_{T+}与负向阈值电压 U_{T-}之差，即 $\Delta U_T=U_{T+}-U_{T-}$。

回差电压的存在可以大大提高电路的抗干扰能力。

3. 施密特触发电路的应用

（1）波形变换

波形变换，即将边沿变化缓慢的周期性信号变换为边沿很陡的矩形脉冲信号，如图 11-25 所示。

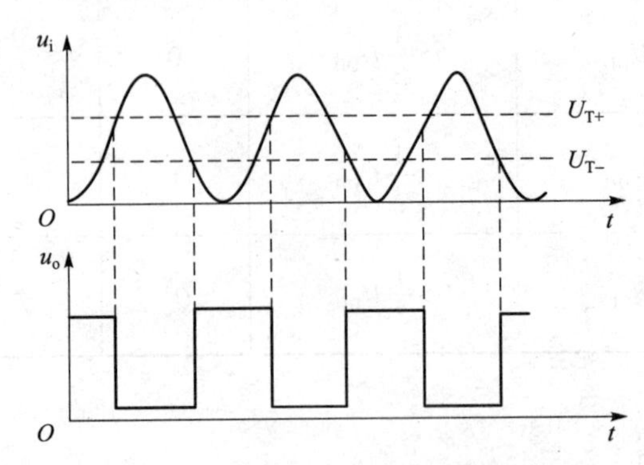

图 11-25　用施密特触发器实现波形变换

（2）脉冲整形

在数字系统中，矩形脉冲经传输后往往发生波形畸变，可以用施密特触发器整形而获得比较理想的矩形脉冲波形，如图 11-26 所示。

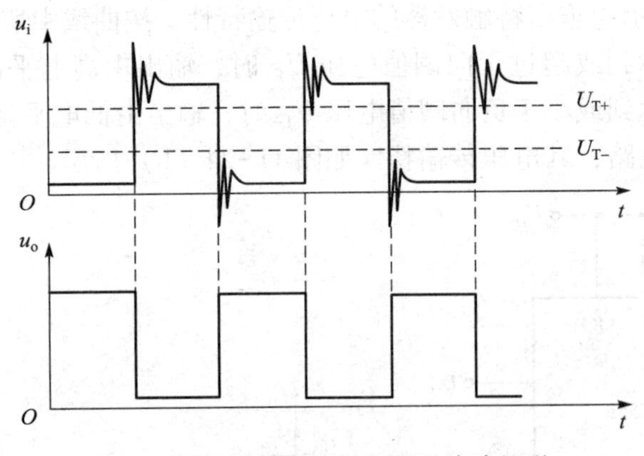

图 11-26　用施密特触发器对脉冲整形

（3）脉冲鉴幅

可在输入的一系列幅度各异的脉冲信号中选出幅度大于某一定值的脉冲输出，如图 11-27 所示。

11.4.4　单稳态触发器

单稳态触发器也是最常用的整形电路，被广泛用于脉冲整形、延时（产生滞后于触发脉冲的输出脉冲）以及定时（产生固定时间宽度的脉冲信号）等。它的工作特性如下：

① 有稳态和暂稳态两个不同的工作状态。

② 在外界触发脉冲作用下，能从稳态翻转到暂稳态，在暂稳态维持一段时间以后，电路能自动返回稳态。

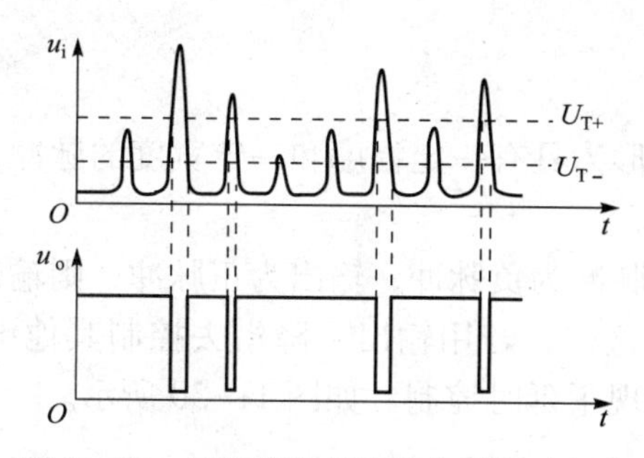

图 11-27　用施密特触发器鉴别脉冲幅度

③ 暂稳态维持时间的长短取决于电路本身的参数，与触发脉冲的宽度和幅度无关。

1. 电路结构

用 555 定时器构成的单稳态触发电路和工作波形如图 11-28 所示。

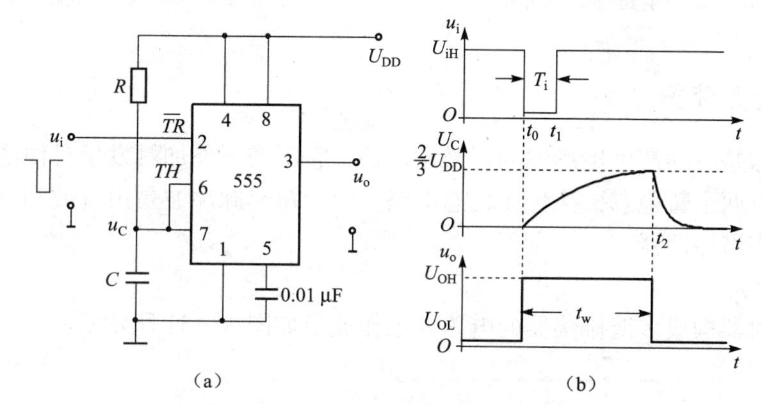

图 11-28　由 555 定时器构成的单稳触发器

(a) 单稳态触发电路；(b) 工作波形

2. 工作原理

接通电源后，未加负脉冲，$u_i>\frac{1}{3}U_{DD}$，而 C 充电，U_C 上升，当 $U_C>\frac{2}{3}U_{DD}$时，电路 u_o 输出为低电平，放电管 T 导通，C 快速放电，使 $U_C=0$。这样，在加负脉冲前，u_o 为低电平，$U_C=0$，这是电路的稳态。在 $t=t_0$ 时刻 u_i 负跳变 $\left(\overline{TR}\text{端电平小于}\frac{1}{3}U_{DD}\right)$，而 $U_C=0$ $\left(TH\text{ 端电平小于}\frac{2}{3}U_{DD}\right)$，所以输出 u_o 翻转为高电平，T 截止，C 充电。U_C 按指数规律上升。$t=t_1$ 时，u_i 负脉冲消失。$t=t_2$ 时 U_C 上升到$\frac{2}{3}U_{DD}$ $\left(\text{此时 }TH\text{ 端电平大于}\frac{2}{3}U_{DD}，\overline{TR}\text{端电平大于}\frac{1}{3}U_{DD}\right)$，$u_o$ 又自动翻转为低电平。在 $t_0 \sim t_2$ 这段时间电路处于暂稳态。$t>t_2$时，T 导通，C 快速放电，电路又恢复到稳态。由分析可得：

输出正脉冲宽度 $t_w=1.1RC$。可见脉冲宽度与 R、C 有关，而与输入信号无关，调节 R 和 C 可改变输出脉冲宽度。

3. 单稳态触发器的应用

(1) 脉冲整形

将输入的不规则脉冲整形为具有一定幅度和一定宽度的脉冲，如图 11-29 所示。

(2) 脉冲延时

若单稳态电路输入触发脉冲为负脉冲，输出为正脉冲，则输出脉冲的下降沿比触发脉冲的下降沿在时间上延迟 t_w，这样，若用输出下降沿去控制其他电路，就比直接用输入触发脉冲控制延迟了 t_w，从而实现了延时控制。如图 11-30 所示。

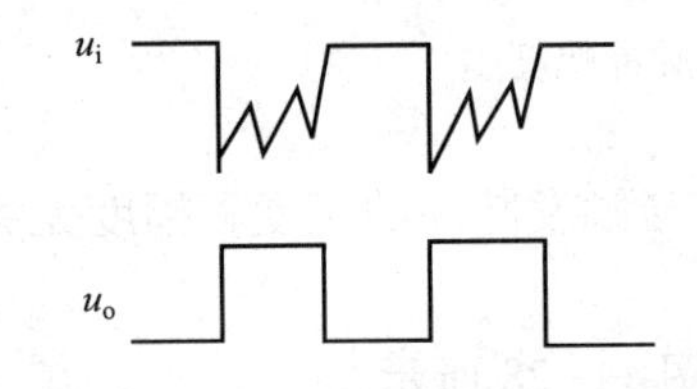

图 11-29 用单稳态电路进行脉冲整形

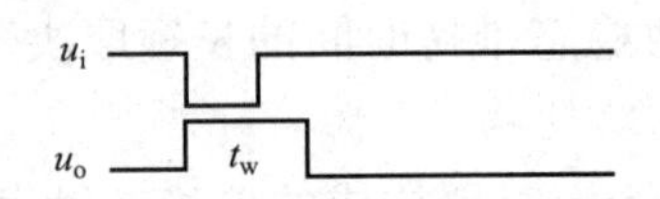

图 11-30 用单稳态电路进行脉冲延时

11.4.5 多谐振荡器

多谐振荡器是一种产生矩形波的自激振荡器，它不需要外加触发信号便能自动地产生矩形脉冲。它只有两个暂稳态，又称无稳态电路。由于矩形脉冲波是由基波和许多高次谐波组成的，故称为多谐振荡器。

1. 电路结构

用 555 定时器构成多谐振荡器的电路和工作波形如图 11-31 所示。

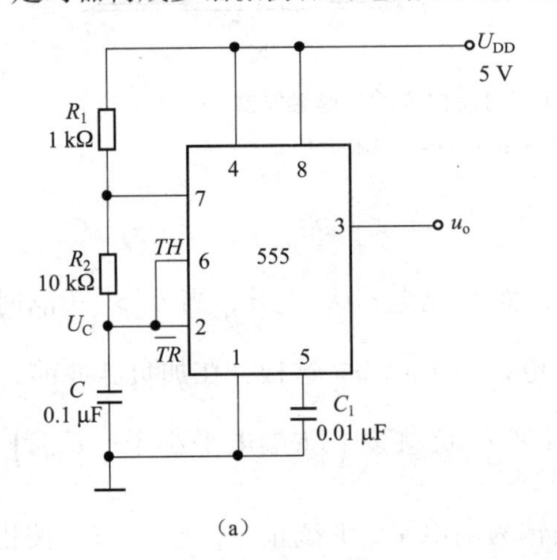

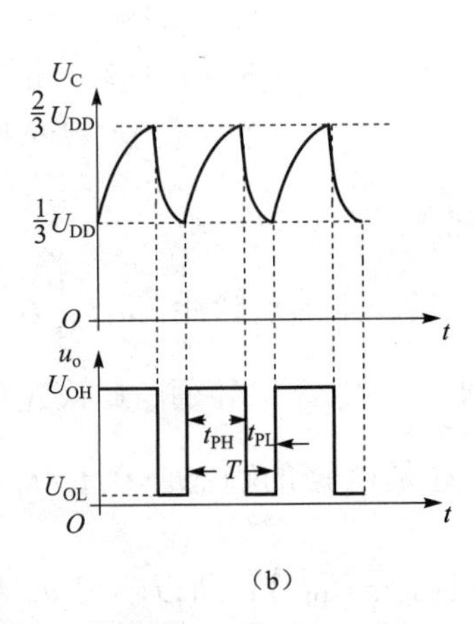

图 11-31 多谐振荡器电路和工作波形

(a) 多谐振荡器电路；(b) 工作波形

2. 工作原理

接通电源后，假定 u_o 是高电平，则 T 截止，电容 C 充电。充电回路是 U_{DD}—R_1—R_2—C—地，U_C 按指数规律上升，当 U_C 上升到 $\frac{2}{3}U_{DD}$ 时 $\left(TH、\overline{TR}\text{端电平大于}\frac{2}{3}U_{DD}\right)$，输出 u_o

翻转为低电平。u_o 是低电平时，T 导通，C 放电，放电回路为 C—R_2—T—地，U_C 按指数规律下降，当 U_C 下降到$\frac{1}{3}U_{DD}$时$\left(TH、\overline{TR}端电平小于\frac{1}{3}U_{DD}\right)$，$u_o$ 输出翻转为高电平，放电管 T 截止，电容再次充电，如此周而复始，产生振荡，经分析可得：

输出高电平时间（即电容的充电时间）$t_{PH}=0.7(R_1+R_2)C$

输出低电平时间（即电容的放电时间）$t_{PL}=0.7R_2C$

振荡周期　$T=t_{PH}+t_{PL}=0.7(R_1+2R_2)C$

振荡频率　$f=1/T=1/[0.7(R_1+2R_2)C]$

输出矩形波的占空比　$D=\frac{t_{PH}}{T}=\frac{R_1+R_2}{R_1+2R_2}$

知 识 拓 展

时序逻辑电路是一种重要的数字逻辑电路，其特点是电路任何一个时刻的输出状态不仅取决于当时的输入信号，而且与电路的原状态有关，具有记忆功能。构成组合逻辑电路的基本单元是逻辑门，而构成时序逻辑电路的基本单元是触发器。时序逻辑电路在实际中的应用很广泛，数字钟、交通灯、计算机、电梯的控制盘、门铃和防盗报警系统中都能见到。

先导案例解决

［1］为了消除开关的接触抖动，可在机械开关与被驱动电路间接入一个基本 *RS* 触发器。若由于机械开关的接触抖动，则 A 的状态会在 0 和 1 之间变化多次，若 $A=1$，由于 $Y=0$，因此与 A 对应的门仍然是“有低出高”，不会影响输出的状态。同理，当松开按键时，B 端出现的接触抖动也不会影响输出的状态。［2］有存储、记忆功能。

本 章 小 结

① 触发器是构成时序逻辑电路的基本逻辑部件，它有两个稳定的状态：“0”状态和“1”状态；在不同的输入情况下，它可以被置成“0”状态或“1”状态，当输入信号消失后，所置成的状态不变。

由于输入方式及触发器状态随输入信号变化的规律不同，各种触发器在具体的逻辑功能上又有所差别。根据这些差异，将触发器分成了 *RS*、*JK*、*T*、*D* 等几种逻辑功能的类型。这些逻辑功能可以利用特性表、特性方程等描述。

② 在数字电路中，能够记忆输入脉冲个数的电路称为计数器。它们都是由具有存储功能的触发器组合构成的。计数器的种类很多，按计数时各触发器的状态转换与计数脉冲是否同步，可以分为同步计数器和异步计数器；按计数的进制不同，可以分为二进制计数器、十进制计数器和任意进制计数器；按计数过程中计数器的数值增减可分为加法计数器、减法计数器等。计数器是数字系统的重要组成部分，是一种应用十分广泛的时序电路，可用于计数、分频、数字测量、运算和控制等方面。

③ 寄存器用于寄存二进制数据或代码，寄存器是由具有存储功能的触发器组合构成的，按功能可分为数码寄存器和移位寄存器两大类。数码寄存器的数据只能并行输入、并行输出。移位寄存器中的数据可以在移位脉冲作用下依次逐位右移或左移。

④ 施密特触发器和单稳态触发器是最常用的两种整形电路。因为施密特触发器输出的高、低电平随输入信号的电平改变，所以输出脉冲的宽度是由输入信号决定的。由于它的滞回特性和输出电平转换过程中正反馈的作用，所以输出电压波形的边沿得到明显的改善。单稳态触发器输出信号的宽度则完全由电路参数决定，与输入信号无关。输入信号只起触发作用。因此，单稳态触发器可以用于产生固定宽度的脉冲信号。

⑤ 多谐振荡器不需要外加输入信号，只要接通供电电源，就自动产生矩形脉冲信号。

⑥ 555 定时器是一种用途很广的集成电路，除了能组成施密特触发器、单稳态触发器和多谐振荡器以外，还可以接成各种应用电路。读者可以参阅有关书籍并且根据需要自行设计出所需的电路。

习 题 十 一

11-1　如图 11-32（a）所示由与非门组成的基本 RS 触发器电路，输入信号$\overline{S}$、$\overline{R}$的波形如图 11-32（b）所示。试对应画出 Q、$\overline{Q}$端的波形。

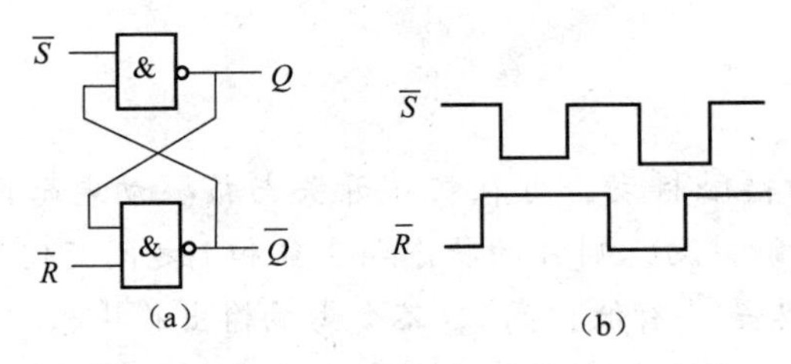

图 11-32　习题 11-1 图

11-2　同步 RS 触发器 R、S 和 CP 的波形如图 11-33 所示，假设初态为“1”，试画出 Q、$\overline{Q}$端的波形。

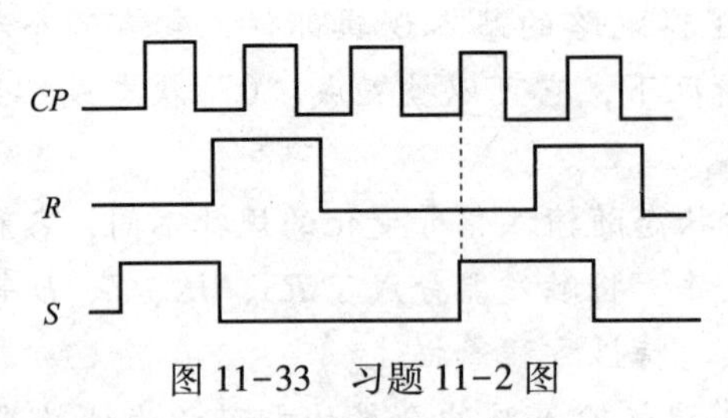

图 11-33　习题 11-2 图

11-3　设一边沿 JK 触发器的初始状态为“0”态，CP、J、K 信号如图 11-34 所示，试画出触发器 Q 端的波形。

11-4　在图 11-35 所示电路中，JK 触发器和 D 触发器相连接，设两触发器初始态均为“0”态，试画出 Q_1和 Q_2端波形。

11-5　什么是数码寄存器？什么是移位寄存器？

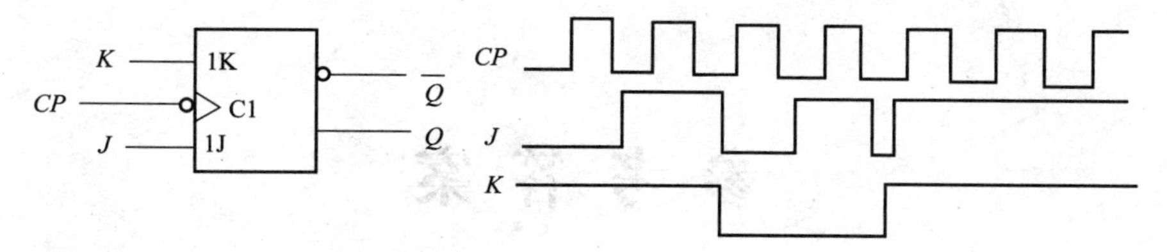

图 11-34 习题 11-3 图

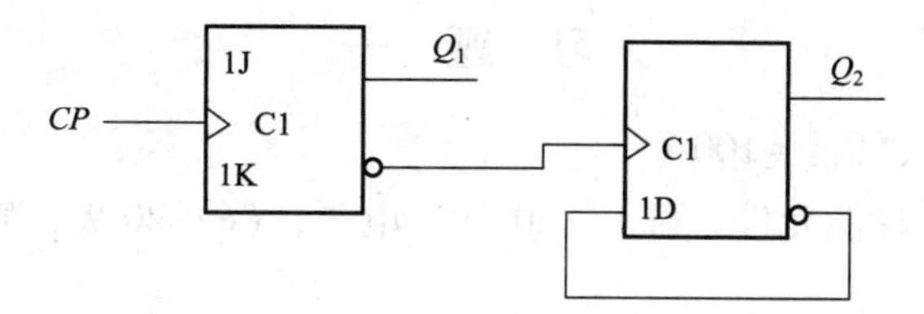

图 11-35 习题 11-4 图

11-6 图 11-36 所示为 555 集成定时器组成的多谐振荡器。试回答下列问题：

（1）说明电容 C 的充电及放电回路及其充电、放电时间常数。

（2）估算电路的振荡频率 f。

（3）画出 U_C 和 u_o 的波形。

11-7 试用 555 定时器构成一个施密特触发器，以实现图 11-37 所示的鉴幅功能。要求画出电路图，并标明电路中的相关参数。

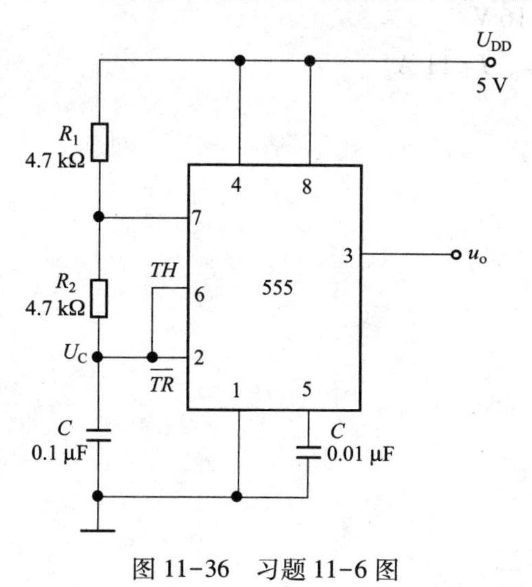

图 11-36 习题 11-6 图

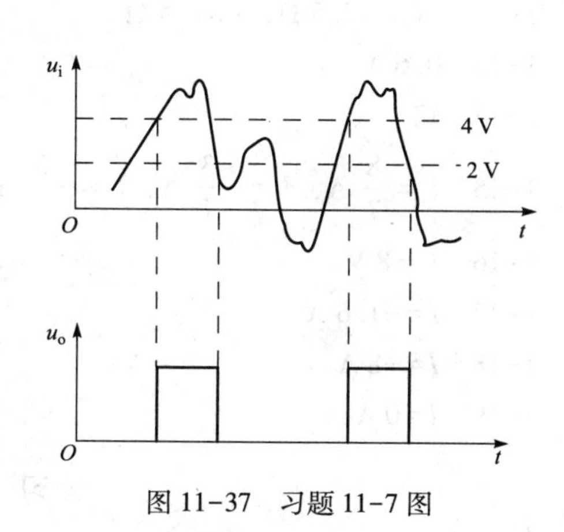

图 11-37 习题 11-7 图

第 11 章 触发器和时序逻辑电路

参考答案

习题一

1-1　$U_{AB}=-100$ V、$U_{BA}=100$ V

1-2　(a) 20 W、耗能元件；(b) −20 W、电源；(c) 20 W、耗能元件；(d) −20 W、电源

1-3　(a) $U_{ab}=10$ V，$a\to b$；(b) $U_{ab}=10$ V，$a\to b$

1-4　(a) $I=-23$ A；(b) $I_1=11$ A、$I_2=23$ A

1-5　$I_3=-5$ mA、$I_4=25$ mA、$I_6=10$ mA、$I_7=10$ mA

1-6　$I_3=3$ mA、$U_3=10$ V、负载

1-7　略

1-8　(a) $R=4\ \Omega$；(b) $U_{ab}=50$ V；(c) $I=-0.4$ A

1-9　$U_{ab}=11$ V

1-10　$I_3=5$ A、$U_{ab}=10$ V、$U_{cb}=12$ V、$U_{db}=16$ V

1-11　(a) $U=4$ V、$I=0.5$ A；(b) $U=22$ V、$I=11$ A

1-12　(a) 2.5 Ω；(b) 5 Ω

1-13　0.6 A

1-14　略

1-15　$I_1=\frac{8}{7}$ A，$I_2=-\frac{3}{7}$ A，$I_3=-\frac{5}{7}$ A

1-16　$U=8$ V

1-17　$I=-1.6$ A

1-18　$I=-8$ A

1-19　$I=0$ A

习题二

2-1　$u_C=4$ V，$i_C=i_1=1$ A，$i_2=0$ A

2-2　2.25 A，1.5 A，0.75 A，3 V

2-3　1.5 μs，2 μs

2-4　0.2 s

2-5　$30e^{-50t}$ V，$-7.5e^{-50t}$ mA

2-6　$2e^{-3\,000t}$，$-18e^{-3\,000t}$

2-7 $i=8e^{-2t}$ mA，$u_C=40\ (1-e^{-2t})$ V，$u_R=40e^{-2t}$ V

2-8 $u_C(t)\ U_S(1-e^{-\frac{t}{R_2C}})$ V

2-9 $4(1-e^{-\frac{5}{3}t})$ A

2-10 $5.2-0.2e^{-\frac{5}{3}t}$ A

2-11 $i(t)=0.2e^{-50\,000t}$ A，$u_{C_1}=(30-10e^{-50\,000t})$ V，$u_{C_2}=(30-20e^{-50\,000t})$ V

2-12 $(1.67+0.33e^{-\frac{t}{5}})$ V

习 题 三

3-1 （1）$U_m=311$ V，$T=0.02$ s，$f=50$ Hz，$\omega=314$ rad/s，$\varphi_0=60°$

（2）$u\ (t=0.01\ s)=-269.4$ V

（3）略

3-2 $i=14.1\sin\ (314t-\pi/6)$ A

3-3 $\varphi=75°$，电压超前电流 75°，图略

3-4 $Q_{直}>Q_{交}$

3-5 220 V，10 A

3-6 （1）$\dot{I}=5\angle 60°$ A，图略

（2）$\dot{U}=10\angle -60°$ V，图略

3-7 略

3-8 $u_L=75\sqrt{2}\sin 628t$ V，$U_L=75$ V

3-9 $\dot{I}=10\angle -23.1°$ A

3-10 $I=20$ A，$\varphi=-53.1°$

3-11 $U=25$ V，$P=15$ W，$Q=20$ var，$S=25$ V·A，$\cos\varphi=0.6$

3-12 $C=381.6\ \mu F$

3-13 $f_0=500$ Hz，$I=0.2$ A，$U_R=10$ V，$U_L=U_C=251.32$ V

3-14 $C=50.7$ pF，$\rho=3\,140\ \Omega$，$Q=314$

习 题 四

4-1 （1）D（2）D（3）C（4）D（5）A（6）D（7）D（8）B（9）A（10）C（11）B（12）D（13）A（14）A（15）A（16）C（17）A（18）B（19）B（20）B（21）C（22）C（23）B

4-2 （1）最大值相等，频率相同，相位彼此互差 120°

（2）三根相线，一根中性线，相线与中性线，相线，$\sqrt{3}$

（3）3 倍，3 倍

（4）相线，保护接地，保护接零

(5) 电击，电伤

(6) 36 V

4-3 略 4-4 略

4-5 星形：22 A，220 V；三角形：$38\sqrt{3}$ A，380 V

4-6 484 W，$2.2\angle 0°$ A，$2.2\angle 150°$ A，$2.2\angle -150°$ A，图略

4-7 (1) 7.6 A，3.8 A，3.8 A；(2) 11.4 A，11.4 A，0 A

4-8 4.55 A，2.27 A，3.64 A，1.98 A

4-9 34.56 kW，17.39 kvar，38.69 kV·A，0.89

习 题 五

5-2 $N_{21}=220$ 匝，$N_{22}=72$ 匝

5-3 增大；$N'_2=85$ 匝

5-5 $U_{2N}=229.2$ 匝

习 题 六

6-2 950 r/min，75.4 N·m，0.89

6-6 33.16 N·m，132.6 N·m

6-7 ① 75 A；② 0.02；③ 259.9 N·m，571.8 N·m，415.8 N·m

习 题 七

7-1 (1) P 型 N 型 单向导电

(2) NPN PNP 硅 锗 电流控制型 正偏 反偏 电压

(3) 零点漂移 共模信号 差模信号

(4) 乘积 输入级的输入电阻 输出级的输出电阻

7-2 略

7-3 (a) 能 (b) 不能 (c) 能 (d) 不能 (e) 不能 (f) 不能

7-4 略

7-5 (1) $I_{BQ}=28$ μA，$I_{CQ}=1.13$ mA，$U_{CEQ}=6.237$ V

(3) $A_u\approx -166$，$r_i\approx 1.229$ kΩ，$r_o=5.1$ kΩ

7-6 (1) $I_{BQ}=33$ μA，$I_{CQ}=1.65$ mA，$U_{CEQ}\approx 5.4$ V

(3) $A'_u\approx -95$，$r_i\approx 1.1$ kΩ，$r_o=2$ kΩ

(4) $A_u\approx -46$

7-7 (1) $I_{BQ}\approx 40$ μA，$I_{CQ}=2$ mA，$U_{CEQ}=8$ V

(3) $A_u\approx 0.98$，$A_{us}\approx 0.96$，$r_i\approx 41.4$ kΩ，$r_o\approx 43$ Ω

7-8 $A_u=0.83$，$r_i=1.4$ MΩ，$r_o\approx 0.9$ kΩ

习 题 八

8-1 (1) 直接、差分电路、电压放大级、功率放大电路、偏置电路

（2）温漂、差分

（3）无穷大、无穷大、0

（4）同相、反相、相同、相反

（5）$\dot{A}\dot{F}=1$

（6）放大电路、反馈网络、选频网络、稳幅环节

8-2 （1）a，c

（2）a，d

（3）b，c

（4）b，d

8-3 交流负反馈会使放大倍数下降，但是带来的好处就是可以稳定放大倍数、减小非线性失真、扩展通频带等。串联负反馈能使输入电阻增大，并联负反馈可以使输入电阻变小，与输出电阻无关；电压负反馈可以减小输出电阻，稳定输出电压，电流负反馈可以增大输出电阻，稳定输出电流，与输入电阻无关。

8-4 （a）正反馈

（b）负反馈

（c）负反馈

8-5 （a）并联电压负反馈

（b）并联电流负反馈

（c）串联电压负反馈

8-6 （a）-0.4 V，（b）0.8 V，（c）-0.8 V，（d）6 V，（e）1.5 V

8-7 -0.4 V，电压跟随器

8-8 0.5 V

8-9 略

8-10 略

8-11 $u_o=-i_sR_F$

8-12 略

8-13 当 $u_i>U_R$ 时，输出高电压，三极管导通，报警灯亮；当 $u_i<U_R$ 时，输出低电压，三极管截止，报警灯不亮。

8-14 K 断开时，$u_o=-16\sin\omega t$ mV

K 闭合时，$u_o=-10.7\sin\omega t$ mV

习 题 九

9-1 略

9-2 （1）略

（2）$U_o=0.9U_2$，$I_o=0.9U_2/R_L$

（3）$I_D=I_o/2$，$U_{DRM}=2\sqrt{2}U_2$

9-3　$U_2=122.2\ \text{V}$，$I_D=0.44\ \text{A}$，$U_{DRM}=172.8\ \text{V}$

9-4　$I_D=0.2\ \text{A}$，$U_2=20\ \text{V}$，$U_{DRM}=28.2\ \text{V}$，1 000 μF/50 V

9-5　（1）24 V；（2）28.2 V；（3）18 V；（4）20 V

9-6　略

习　题　十

10-1～10-3　略

10-4　（1）$\bar{L}=\overline{\overline{(\bar{A}+B)\cdot\bar{C}}\cdot\bar{D}}\cdot\bar{C}$；（2）$\bar{L}=\bar{A}\cdot(B+\overline{\bar{C}+D})+E$

10-5　（1）$L'=\overline{\bar{A}\cdot\overline{B\cdot\bar{C}}}$；（2）$L'=A+B\cdot\bar{C}$

10-6　（1）AB；（2）C；（3）$AB+\bar{C}$；（4）$\bar{B}+\bar{C}$；（5）B；（6）$A\bar{B}+B\bar{C}+\bar{A}C$

10-7～10-8　略

10-9　（a）$C=1$，$Y=A\bar{B}$；$C=0$，$Y=\bar{B}$；（b）$C=1$，$Y=\bar{A}B+A\bar{B}$；$C=0$，$Y=B$；

（c）$C=1$，$Y=\bar{A}$；$C=0$，$Y=\overline{A\bar{B}}$；（d）$C=1$，$Y=\overline{AB}$；$C=0$，$Y=\overline{\bar{A}\ \bar{B}}$

10-10　（a）错，R 应接电源；（b）错，R 应接地；（c）错，门电路应选 OC 门

10-11　$L=\overline{ABC}(A+B+C)$，当 A、B、C 三个变量不一致时，电路输出为 1，所以这个电路称为“不一致电路”。

10-12　$L=(A\oplus B)\oplus(C\oplus D)$ 奇偶校验器

10-13　设主裁判为变量 A，副裁判分别为 B 和 C；按电钮为 1，不按为 0。表示成功与否的灯为 L，合格为 1，否则为 0。则 $L=\overline{\overline{AB}\cdot\overline{AC}}$

10-14　设开关闭合时为 1，断开时为 0；电动机的控制信号为 L，启动为 1，停止为 0。则$L=S_1S_2S_3$

习　题　十一

11-1

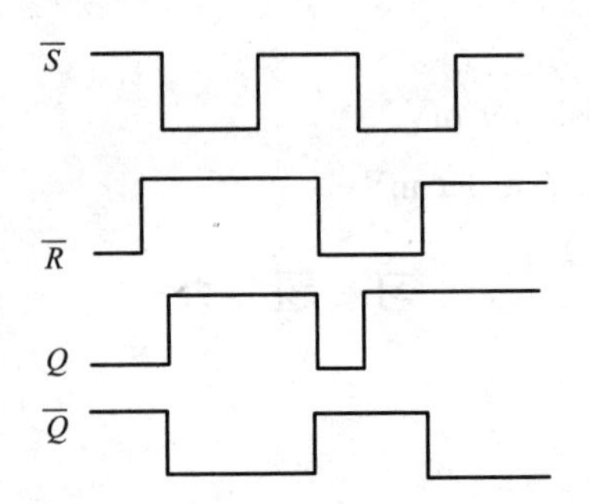

11-2

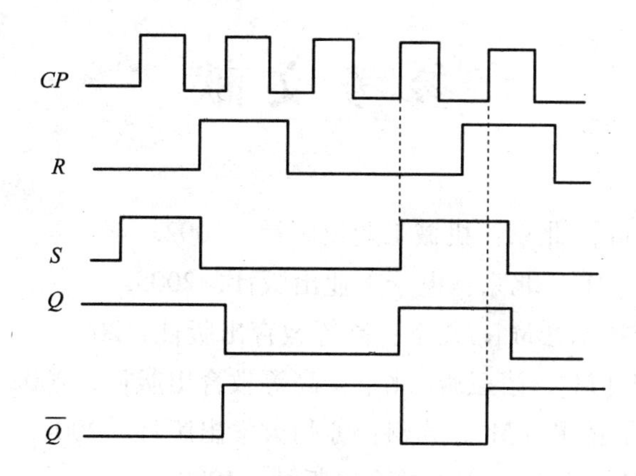

11-3

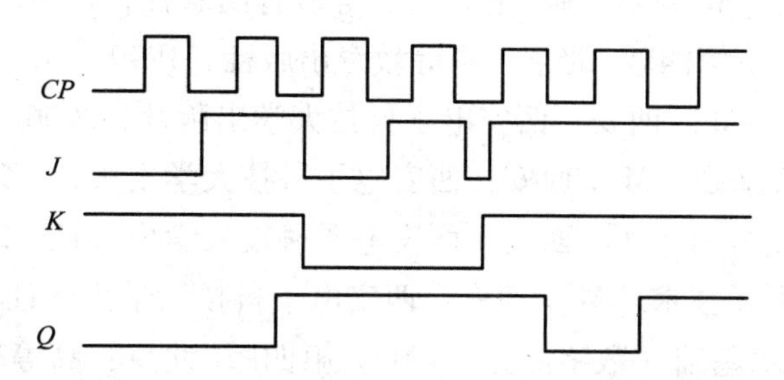

11-4

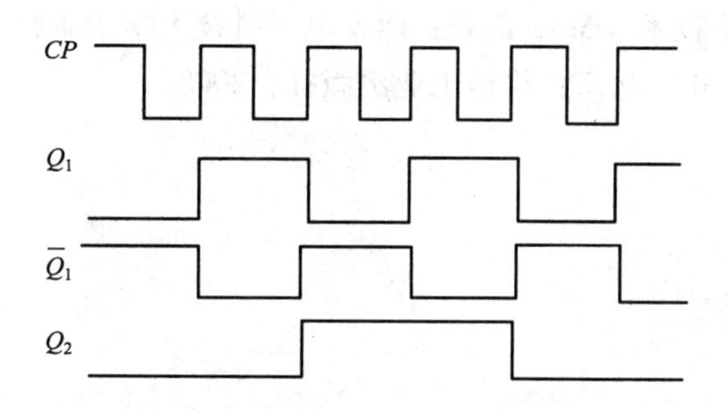

11-5 数码寄存器只供暂时存放数码，根据需要可以将存放的数码随时取出参加运算或进行处理。移位寄存器不仅能寄存数码，而且具有移位功能，即在移位脉冲作用下实现数码逐次左移或右移。

11-6 $t_{PH}=0.658$ ms，$t_{PL}=0.329$ ms，$f=1.013$ kHz

11-7 略

参考文献

[1] 薛涛．电工技术［M］. 北京：机械工业出版社，2002.
[2] 熊伟林. 电工技术［M］. 北京：电子工业出版社，2005.
[3] 陈小虎．电工电子技术［M］. 北京：高等教育出版社，2002.
[4] 周绍敏．电工基础［M］. 第三版. 北京：高等教育出版社，2002.
[5] 许传清. 电工与电子技术［M］. 苏州：苏州大学出版社，2004.
[6] 秦曾煌. 电工学［M］. 北京：高等教育出版社，1999.
[7] 李树燕. 电路基础［M］. 第二版. 北京：高等教育出版社，1994.
[8] 邱关源. 电路［M］. 第四版. 北京：高等教育出版社，1999.
[9] 王秀英. 电工基础［M］. 西安：西安电子科技大学出版社，2006.
[10] 牛金生. 电路分析基础［M］. 西安：西安电子科技大学出版社，2004.
[11] 刘守义. 应用电路分析［M］. 西安：西安电子科技大学出版社，2003.
[12] 路松行. 电路与电子技术［M］. 西安：西安电子科技大学出版社，2005.
[13] 康华光．电子技术基础（数字部分）［M］. 第四版. 北京：高等教育出版社，2004.
[14] 阎石．数字电子技术基础［M］. 第四版. 北京：高等教育出版社，1998.
[15] 孙津平．数字电子技术［M］. 西安：西安电子科技大学出版社，2001.
[16] 赵辉. 电路基础［M］. 北京：机械工业出版社，2008.